覆盖滴灌水肥高效利用调控与模拟

王建东　许　迪　龚时宏　张彦群 等　著

科学出版社
北　京

内 容 简 介

本书以国家自然科学基金项目和国家科技支撑计划课题的研究成果为基础，针对覆盖滴灌模式下作物耗水过程和水氮利用高效调控机制等科学问题，系统定量揭示了覆盖滴灌下田间小气候、蒸发蒸腾、作物光合生理及产量的响应特征，构建了覆盖滴灌下考虑田间复杂微气象条件改变的水碳耦合模型，量化了覆盖滴灌下"农田微气候-作物耗水-光合生理-作物生长"之间的互馈效应，本书成果对于准确估算覆盖滴灌下作物耗水量、构建区域高效水肥调控及用水管理技术方案具有重要科学意义和实用价值。

本书可供水文学、农田水利、水资源管理等学科的科技人员、教师和管理人员参考，也可作为相关专业研究生与本科生的学习参考书。

图书在版编目(CIP)数据

覆盖滴灌水肥高效利用调控与模拟／王建东等著．—北京：科学出版社，2020.5

ISBN 978-7-03-059411-2

Ⅰ．①覆…　Ⅱ．①王…　Ⅲ．①滴灌-肥水管理　Ⅳ．①S275.6

中国版本图书馆 CIP 数据核字（2018）第 252196 号

责任编辑：李　敏　杨逢渤／责任校对：樊雅琼

责任印制：吴兆东／封面设计：无极书装

科学出版社 出版

北京东黄城根北街 16 号

邮政编码：100717

http://www.sciencep.com

北京虎彩文化传播有限公司 印刷

科学出版社发行　各地新华书店经销

*

2020 年 5 月第　一　版　开本：787×1092　1/16

2020 年 5 月第一次印刷　印张：16 1/2

字数：400 000

定价：218.00 元

（如有印装质量问题，我社负责调换）

著者名单

第1章	王建东	张彦群	许　迪
	龚时宏	隋　娟	莫　彦
第2章	王建东	张彦群	许　迪
	龚时宏	隋　娟	王传娟
第3章	王建东	许　迪	王兴勇
	隋　娟	张彦群	莫　彦
第4章	王建东	张彦群	许　迪
	龚时宏	隋　娟	吴忠东
第5章	王建东	隋　娟	张彦群
	许　迪	王兴勇	吴忠东
第6章	张彦群	王建东	许　迪
	王传娟	龚时宏	王兴勇
第7章	龚时宏	王建东	付春晓
	张彦群	莫　彦	李巧灵
第8章	张彦群	王建东	许　迪
	龚时宏	莫　彦	李巧灵

前　　言

基于国家水安全、粮食安全及生态安全等需求，以“农艺节水+高效节灌技术”为特征的节水技术模式是目前及今后农业高效用水技术领域的重点研究方向。农艺覆盖措施（秸秆或塑膜覆盖）下滴灌技术已成为我国西北、东北和华北地区较为常见或普遍采用的节灌增效技术集成模式。系统定量研究覆盖滴灌模式下农田微气候特征、作物耗水过程与光合生理响应及调控机制等，对准确估算覆盖滴灌作物耗水量及构建区域高效精量用水管理技术体系具有重要的科学意义和实用价值，同时对实现区域社会人水和谐发展具有重要的意义和作用。

覆盖措施改变了土壤与大气的界面层状况，改变了传统种植模式下棵间土壤蒸发和作物蒸腾所需的能量分配及农田微气候环境条件等，其与无覆盖下作物耗水、棵间土壤蒸发或裸土蒸发过程存在本质区别。同时，滴灌作为一种局部灌水方式，与覆盖措施结合后对作物耗水过程的影响及其高效利用调控机理急需进一步定量刻画与表征。研究覆盖滴灌模式下农田微气候-作物耗水-光合生理-作物生长之间的互馈机制与响应过程是揭示覆盖滴灌节水增效的焦点所在。其中涉及的一些关键科学问题依然需要做出进一步的明晰和回答，如不同覆盖滴灌模式（包括覆盖材料、覆盖量、水肥制度等因素）如何影响和调控田间能量分配与水热平衡过程，进而如何影响农田微气候环境、作物光合作用及作物生长等问题目前尚无系统定量的研究成果。

近 8 年来，针对覆盖滴灌模式下作物耗水机理和高效调控机制等科学问题，作者开展了大量的相关研究工作。2014 ~ 2018 年，依托国家“十二五”科技支撑计划课题“节水增粮高效灌溉关键技术与装备（2014BAD12B05）”，开展了“塑膜覆盖滴灌节水增产机理”和“玉米塑膜覆盖滴灌水肥一体化高效灌溉技术”等研究，并在 2011 ~ 2016 年完成了多个相关国家自然科学基金项目，包括“覆盖免耕下大田作物高效滴灌的调控机理（51279211）”“滴灌条件下华北主要粮食作物耗水特征及节水的生理调控机制（51309250）”“灌溉影响下的区域潜在蒸散发变化机制研究（51579249）”等。以这些研究项目和课题为支撑，系统开展了野外观测、数据分析、理论探讨、模型构建等大量室内外研究，采用试验观测与理论分析相结合的方法，揭示了覆盖（包括秸秆覆盖和薄膜覆盖）滴灌模式下主要粮食作物蒸散发机理，定量刻画了覆盖滴灌模式下主要粮食作物耗水过程并构建了相应作物耗水模型，定量揭示了不同覆盖滴灌模式对农田微气候关键因子变化的影响，提出了典型区域玉米塑膜覆盖滴灌生育期内施肥量、施肥次数、施肥时间等水肥一体化关键技术参数及应用模式。研究取得的主要创新性成果如下：

1）定量揭示了华北和东北典型粮食产区不同覆盖滴灌模式对土壤水热环境参数、田间微气候因子及主要粮食作物（冬小麦、玉米）生长的影响机理，建立了定量影响及耦合关系，研究成果为揭示覆盖滴灌模式下主要粮食作物节水增效的内在原因提供了科学依据。

覆盖滴灌模式改变了传统种植及灌溉模式下作物田间微气候因子、土壤水热及养分的运移规律和分布特征，是覆盖滴灌模式节水增效的主要内因之一。覆膜使玉米生育期提前，使成熟期提前了4～5天；提高了成熟期玉米株高、地表20cm高度处茎粗、生物量和最大叶面积。相比于不覆膜地表滴灌，塑膜覆盖滴灌增产6%～9%，水分利用效率提高8%～9%；相比于传统雨养灌溉，塑膜覆盖滴灌增产13%～25%，水分利用效率提高20%～25%。

2）研究并提出了适宜东北典型区玉米塑膜覆盖滴灌模式下优化水氮耦合技术参数及运行管理制度，研究成果为大田粮食作物高效节水灌溉优化水肥耦合技术模式构建提供了科学参考，具有较强的区域指导和应用价值。

基于多年田间试验和模型模拟研究，揭示了塑膜覆盖滴灌模式下土壤水氮联合运移及空间分布特征，基于水氮利用效率提高及最小淋失风险等关键因素考虑，提出了东北典型区玉米塑膜覆盖滴灌水氮耦合优化技术参数及模式；东北地区玉米塑膜覆盖滴灌优化氮肥管理方式宜为：氮肥分2次施入田中，拔节期和抽穗期氮肥追施比例为6∶4，施氮量为230 kg/hm^2。相比于传统施氮管理模式，优化的水氮运行技术模式可增产10%～29%，提高水分利用效率（water use efficiency，WUE）24%～25%，提高氮素利用效率（nitrogen use efficiency，NUE）57%～84%。

3）定量揭示了覆盖滴灌模式下主要粮食作物耗水过程、土壤棵间蒸发和作物蒸腾耗水分配规律及转化机制，从能量分配角度阐晰了覆盖滴灌模式下耗水过程的差异，研究成果对构建区域精量用水管理技术体系具有重要的科学意义和实用价值。

建立了覆盖滴灌模式下作物耗水的测定和模拟方法，通过作物耗水规律分析及其对作物蒸腾和土壤蒸发的定量区分，确定了覆盖滴灌模式下田间水分消耗的总量，揭示了覆盖滴灌模式对田间水分消耗的影响机理。覆盖滴灌模式降低了田间作物冠层上方净辐射总量，从而使蒸发蒸腾总量降低，同时降低了土壤蒸发占比约50%，提高了作物蒸腾占比，使田间水分消耗向增加作物产量的方向分配。通过研究确定了覆盖滴灌模式下作物系数、基础作物系数的校正和模拟方法。

4）确定了覆盖滴灌模式下作物产量响应的光合生理调控机制，构建了覆膜条件下玉米田多层水碳耦合模型，量化了覆盖滴灌模式下农田微气候-作物耗水-光合生理-作物生长之间的互馈效应与响应过程，研究成果为从作物生理光合角度揭示覆盖滴灌节水增产的内在科学原因提供了重要理论基础。

系统分析了覆盖滴灌模式下作物光合生理参数的变化规律及其影响因子。确定了秸秆覆盖滴灌模式下冬小麦、夏玉米及塑膜覆盖春玉米的最大光合速率、最大羧化速率等参数在覆盖与否处理下的变化规律，揭示了处理间光合参数的变异来源；推求了光合-气孔导度耦合模型的解析解，实现了对由滴灌制度和覆盖处理引起的多因素变化综合影响下的蒸腾速率和光合速率等参数的动态模拟；考虑田间辐射传输及能量分配的改变，构建了覆膜条件下玉米田多层水碳耦合模型，并采用验证后的模型阐析了覆盖滴灌模式节水增产内在机理，所构建的模型解决了复杂环境下耦合模型参数的确定方法和适用性问题，提高了模拟精度。

全书共分为 8 章。第 1 章综述覆盖滴灌对农田微气候、作物生长和产量的影响；覆盖对作物耗水规律的影响；覆盖滴灌模式下水肥耦合模式对作物生长及氮素运移及淋失的影响；滴灌条件下土壤水氮运移分布模拟进展；覆盖滴灌下作物生理调控和水碳耦合模拟等国内外研究现状。

第 2 章介绍覆盖滴灌试验开展的基本情况，主要包括试验地概况、塑膜覆盖滴灌和秸秆覆盖滴灌农田试验设计及试验主要测定内容与方法等。

第 3 章围绕覆盖滴灌农田微气候因子变化规律开展，分别定量分析不同覆盖方式及不覆盖滴灌模式下玉米和冬小麦农田净辐射、土壤温度、农田温湿度、土壤热通量、热量平衡分项等微气候环境要素的变化差异等。

第 4 章围绕覆盖滴灌模式下农田耗水过程与作物生长，介绍塑膜覆盖和秸秆覆盖滴灌下春玉米和冬小麦作物耗水规律与生长情况；定量明晰东北和华北典型区覆盖滴灌下主要粮食作物棵间蒸发、水分消耗组成、产量及水分利用效率等。

第 5 章以塑膜覆盖滴灌水肥耦合为研究内容，分析塑膜覆盖滴灌施氮制度对作物生长及产量的影响，揭示塑膜覆盖滴灌模式下田间氮循环和淋失机理，提出适宜东北典型区玉米塑膜覆盖滴灌水肥一体化灌溉运行管理技术模式。

第 6 章围绕覆盖滴灌模式下作物产量变化的光合生理响应机制，介绍覆盖滴灌农田光合生理调控，介绍塑膜覆盖滴灌春玉米、秸秆覆盖滴灌冬小麦和秸秆覆盖滴灌夏玉米的光合生理参数对农业水管理措施的响应机理等。

第 7 章围绕 CERES-Maize 模型在塑膜覆盖滴灌上的应用，介绍塑膜覆盖后地温对气温的补偿值，验证改进的 CERES-Maize 模型对塑膜覆盖玉米的模拟效果，并采用改进模型对东北典型区塑膜覆盖滴灌农田水肥制度进行优化模拟。

第 8 章为考虑光合生化过程的水碳耦合模拟模型构建及其在覆盖滴灌农田中的应用，同时考虑覆膜对水碳传输过程的影响，构建覆膜滴灌农田水碳耦合模拟模型，并采用该模型对塑膜覆盖滴灌节水增产机理进行分析。

本书内容涵盖覆盖滴灌模式下水肥耦合制度、土壤水热平衡过程、农田微气象因子及能量传输变化规律等研究，系统定量揭示了覆盖滴灌模式对田间小气候、蒸发蒸腾、作物生理及产量的调控机制，构建了覆盖滴灌模式下考虑田间复杂微气象条件的水碳耦合模型，基于模型模拟，量化了作物生理过程对农田微气候条件的综合响应，系统明晰了不同覆盖滴灌模式下农田微气候-作物耗水过程-光合生理响应-作物生长之间的互馈机制与响应过程，研究成果对构建粮食作物覆盖滴灌高效水肥调控技术体系，丰富充实农业高效用水技术原理与方法具有重要的科学意义。

全书由参加上述国家科技支撑计划课题和国家自然科学基金项目的科研人员，按照章节内容分工合作撰写，作者主要来自中国水利水电科学研究院、中国农业科学院农业环境与可持续发展研究所、山东理工大学等。全书主要由王建东、许迪、龚时宏和张彦群负责各章修改和审定，王建东和许迪完成统稿。

除上述撰写人员外，先后参加研究工作的人员还有中国水利水电科学研究院王海涛、杨彬等；山东理工大学秦姗姗、祁鸣笛和王卫杰等。此外，在田间试验观测和数据收集工作中，还得到黑龙江省水利科学研究院副院长司振江教高、农水所所长李芳花教高、副所长郑文生教高、副所长黄彦教高及孟岩高工等多位同仁的大力协助和支持，在此一并感谢。

由于研究水平所限，本书仅对覆盖滴灌下农田微气候、作物生长、耗水规律和作物光合生理特征等相关内容进行研究探讨，并构建相关模拟模型，理论分析尚不够全面，对水碳耦合模拟模型的研究也处于初步探索阶段，书中难免存在不足和疏漏之处，恳请同行专家批评指正，不吝赐教。

作　者

2020 年 3 月

目　　录

第1章 绪　　论

农业依然是我国用水第一大户，其用水量占我国用水总量的60%以上，发展高效节水农业是解决大范围内水资源供需矛盾的有效手段。农业高效用水以提高灌溉（降）水利用率和保护农田水土环境为核心（许迪等，2008），农田蒸散发中有30%～50%属非生产性消耗，即土壤蒸发，故降低该蒸发消耗是提高农业用水效率的重要途径之一（石元春等，1995）。已有研究表明，采取农艺覆盖措施（秸秆或塑膜覆盖）具有减少土壤蒸发、保墒蓄水、调节地温、提高肥力、抑制杂草生长等作用（蔡典雄，1995；Vos and Sumarni，1997；Wang et al.，2002；蔡焕杰等，2002；马富裕和严以绥，2002；李明思等，2002）。因此，基于国家在水安全、粮食安全及生态安全等方面的战略需求，采用以“农艺节水+高效节灌技术”为典型特征的节水技术模式是目前及今后农业高效用水技术领域的重点方向。对于中国干旱少雨的西北内陆地区而言，覆膜滴灌一直是当地较为普遍采用的节灌增效技术集成模式（Li et al.，2008；Chen et al.，2010；Wang et al.，2013），而在我国东北地区，为了满足作物低温期保苗和后期水分的需求，覆盖滴灌技术（秸秆或塑膜覆盖）的应用也得到了迅猛发展（王建东等，2015）。

覆盖滴灌集成了现有滴灌施肥技术中自控省工、随水施肥、适时适量灌溉等突出优点，已有的应用结果证明其具有显著的节水增产、提高水肥利用效率、高效省工等突出优点，这也是我国干旱和半干旱地区面向粮食作物推广覆盖滴灌技术的关键内在动力。农田塑膜或秸秆覆盖改变了土壤与大气的界面层状况，其与无覆盖下作物耗水、土壤棵间蒸发或裸土蒸发（目前研究较多）过程存在本质区别，急需针对覆盖滴灌模式下作物耗水机制、过程响应及其调控机理进行进一步定量刻画和表征。覆盖滴灌同样改变了传统种植模式和灌溉方式下的土壤棵间蒸发和作物蒸腾所需的能量分配比例、农田微气候环境条件及土壤水分湿润方式等，研究覆盖滴灌模式下农田微气候-作物耗水过程-光合生理响应-作物生长之间的互馈机制与响应过程是揭示覆盖滴灌节水增效内因的焦点所在。覆盖滴灌模式下一些关键科学问题急需做出进一步的明晰和回答，如不同覆盖滴灌模式（含覆盖材料、覆盖量、水肥制度等因素）如何影响和调控田间能量再分配与水热平衡过程，进而影响农田微气候环境要素和作物生长，目前尚无系统定量的研究成果。针对这些科学问题的定量阐述和系统回答对准确估算覆盖滴灌作物耗水量，构建高效精量用水管理技术体系具有重要的科学意义和实用价值。

此外，农艺覆盖措施如何与先进的滴灌水肥一体化技术模式相结合，高效调控作物优质高产所需的农田水土环境同样是亟待解决的科学难题。针对我国华北和东北地区粮食作物滴灌技术应用现状，大田粮食作物覆盖滴灌水肥耦合技术的研究依然处于起步阶段，具有生产指导和应用价值的成果并不多，急需以水肥利用效率最高和淋失风险最小等为评价指标，研究覆盖滴灌模式下作物水肥高效施控技术，提出典型应用区域玉米塑膜覆盖滴灌生育期内施肥量、施肥次数、施肥时间等水肥一体化关键技术参数，集成兼顾生态效益和经济效益的覆盖滴灌水肥耦合运行管理技术模式。

本书以我国华北和东北典型区主要粮食作物（春玉米、夏玉米和冬小麦）为研究对象，系统定量揭示覆盖措施下（秸秆和塑膜覆盖）滴灌农田微气候-作物耗水过程-光合生理响应-作物生长之间的互馈机制与响应过程，研究覆盖滴灌模式下田间能量再分配与水热平衡过程，揭示不同覆盖滴灌模式下农田微气候关键要素变化规律与作物光合生理响应机制；系统阐晰不同覆盖滴灌模式下主要粮食作物蒸散发机理，定量刻画覆盖滴灌模式下主要粮食作物耗水过程并构建相应作物耗水模型。相关研究成果对系统科学地揭示典型区域覆盖滴灌模式下主要粮食作物节水增效的内在机理，构建我国区域高效精量用水管理技术体系具有重要的科学意义和实用价值。

1.1 覆盖对农田微气候的影响

农田微气候是指农田近地面大气层、土层与作物群体之间的物理过程和生物过程相互作用所形成的小范围气候环境，由土壤温度和湿度、田间空气温度和湿度、地表与作物层中的辐射和光照、风速和二氧化碳浓度等要素组成。农田生态系统中，作物的生长发育和农业技术措施作用的充分发挥，需要有适宜的农田微气候；同时，作物的生长发育和农业技术措施也反过来影响农田微气候，两者相互依托、互相制约（胡晓棠和李明思，2003）。

覆盖滴灌模式改变了地表能量传输的模式，进而改变了田间水热分配利用状况，从而影响作物生长和产量。目前，国内外相关学者已针对覆盖滴灌对作物生长和土壤水、热、氮运移规律的影响机制开展了大量的试验研究。例如，Kumar 和 Dey（2011）发现，塑膜覆盖滴灌增加了土壤储水量和土壤温度，从而提高了草莓产量和水、氮利用效率。此外，相比于滴灌，塑膜覆盖滴灌的增产效益更为明显（Shrivastava et al.，1994）；相比于传统地面灌溉，玉米塑膜覆盖滴灌增产 30% ~50%（李彦斌等，2012），肥料利用率提高 30% 左右，土地利用率平均提高 5% ~7%（马占元和张保起，1990）。由于地表覆膜的作用，表层土壤的储水量和温度被显著提高（Hou et al.，2010；Zhao et al.，2012；Bu et al.，2013），土壤棵间蒸发显著减少（王荣堂等，2002；Bai et al.，2015），虽然植株蒸腾在一定程度上有所增加（Tian et al.，2003；Zhou et al.，2009a），但田间耗水量总体减少（王炳英，2006），氮淋失减少（Zhao et al.，2012），肥料利用效率有所提高，与此同时，田间微气候有所改善（Shiukhy et al.，2014），作物叶面积指数和光合有效辐射有所增加（Bu et al.，2013），从而作物产量和水分利用效率显著提高（Li et al.，2006；Wang et al.，2009a）。由于塑膜覆盖滴灌有着显著的节水增产优势，其在我国已经得到大面积推广应用，尤其在西北干旱区，已形成成熟的棉花塑膜覆盖滴灌种植模式（李明思等，2001；蔡焕杰等，2002；刘新永等，2006；高龙等，2010）。与此同时，玉米塑膜覆盖滴灌技术在东北地区也开始应用与推广，2006～2012年，东北地区玉米塑膜覆盖滴灌面积已发展到300万亩①，2012～2015年，东北四省区继续推广，玉米塑膜覆盖滴灌面积达到了135万 hm^2。然而，在我国部分区域大面积发展覆盖滴灌技术的形势下，考虑到我国幅员辽阔，地理气候环境具有差异性，针对我国粮食主产区的典型粮食作物，急需构建区域适宜的覆盖滴灌应用技术模式，加强典型粮食产区大田作物覆盖滴灌应用技术模式的研究，对建立健全我国高效节水灌溉应用技术体系具有重要的现实意义。

滴灌模式结合覆膜处理对土壤水分和温度的影响显著，突出表现在覆膜对土壤的增温和保水作用上。覆膜后将田间水分循环改变为塑膜覆盖水分小循环，水分不断在膜面凝结成水滴后滴入土壤，塑膜覆盖的空气虽不饱和，但始终保持相当高的湿度，从而使蒸发受到抑制，提高土壤水分（刘建军等，2002）。土壤温度不仅影响水分含量和养分在土壤中的运输，同时也影响植物根系生长、离子吸收及土壤微生物活动，土壤温度是影响植物生长发育的重要因素之一（陈玉章等，2014）。前人研究普遍报道覆膜条件下作物整个生育期在5～10cm土层日平均土壤温度比裸地高1.5～2.5℃，随着土层深度的增加，增温效果越来越小，生育前期的增温效果强于生育后期，>10℃的活动积温一般增加100～300℃（Wang et al.，2015a；曹玉军等，2013；刘洋等，2015）。对于积温不足的东北地区，通过覆膜技术，可以使玉米播种区域北移；同一区域，采用覆膜技术，可将玉米品种改善为产量较高的晚熟品种（Zhao et al.，2015）。然而，覆膜后，土壤温度提高、水分适宜，微生物活动旺盛，加速了土壤有机质的分解和养分释放与消耗，若长期施肥不足将导致地力下降和作物减产（Luo et al.，2015）。滴灌技术则很好地解决了覆膜条件下作物追肥和春旱等补充性灌水的问题，因此，塑膜覆盖滴灌结合优化的水肥模式有利于显著提高东北地区节水增产效益（刘洋等，2014）。目前，玉米塑膜覆盖滴灌水肥模式的相关研究很少，缺乏适宜的施肥管理模式，影响了塑膜覆盖滴灌模式下基于作物生育期内生长需求多次施肥优势的发挥。

覆膜引起的地表反射率变化及滴灌引起的地表不均匀湿润均能改变作物冠层辐射传输和能量分配情况。晴天中午距地面15cm处，普通透明膜的反射率为14%，而露地的反射率仅为3.5%（Tarara，2000）。覆膜条件下反射到植株间的太阳辐射比例高，可改善冠层下部叶片的光照情况。据测定，植株20cm处可增加光照43.2%（胡际芳，1999）。光照条件的改善利于作物生长，而作物株高、叶面积的变化又反过来会影响作物冠层辐射传输情况（张旺锋和王振林，2002；Prieto et al.，2012）。覆膜滴灌改变了土壤蒸发和作物蒸腾发生的田间微气象与土壤边界条件，加之覆膜引起地表温度升高，土壤热通量增加，从而使塑膜覆盖滴灌条件下的能量分配发生改变。塑膜覆盖滴灌条件下，晴天中午农田的潜热通量比常规灌溉农田低，而感热通量比常规灌溉农田高，从而提高了环境大气的温度（塔依尔等，2006）。冠层气温升高往往导致大气蒸汽压亏缺较大，加之塑膜覆盖滴灌作物根区土壤水分较充足，利于作物蒸腾，虽然覆膜抑制了土壤蒸发，但田间蒸发蒸腾总量变化的方向却不确定（张彦群等，2014）。因此，深入了解不同覆盖滴灌模式下作物冠层辐射

---

① 1亩≈666.67m^2。

传输和能量分配情况，确定作物蒸腾和土壤蒸发之间的定量关系是合理灌溉和提高水分利用效率的重要研究内容。

多数研究结果表明，与常规灌溉相比，覆膜滴灌改变了田间水分环境，为作物生长创造了良好的水、肥、气、热条件，有利于作物生长发育；同时，覆膜滴灌可以减少地面蒸发，减少灌溉水的深层渗漏，保持土壤肥力，提高水分利用率，增加作物产量（张恒嘉和李晶，2013；Luo et al.，2015；姬景红等，2015）。然而，并非所有塑膜覆盖滴灌处理都能引起作物增产，塑膜覆盖滴灌条件下土壤水热状况的改变对作物生长的影响也与作物自身特性有关。对黄瓜等喜温作物而言，塑膜覆盖滴灌的增产效果明显（Yaghi et al.，2013），但对高温敏感作物而言，塑膜覆盖滴灌会抑制作物生长。Wang 等（2011）研究表明，塑膜覆盖滴灌能明显减少马铃薯生育前期的土壤蒸发，维持较高的土壤含水率，但马铃薯中后期覆膜则会导致土壤温度过高从而引起产量下降。对东北地区塑膜覆盖滴灌玉米而言，生育前期增温可以改善玉米生长发育状况，而生育旺期的覆膜对土壤的增温作用是否会同样引起玉米产量降低呢？回答该问题需要明确覆盖滴灌模式下影响作物产量的农田微气候的变化规律，深入研究农田微气候-作物耗水过程-光合生理响应-作物生长之间的互馈效应及作用机理。

1.2 覆盖对作物耗水与生长的影响

1.2.1 秸秆覆盖对作物耗水与生长的影响

秸秆覆盖措施改变了土壤与大气的界面层状况，改变了近地面下垫面的性质和能量平衡（石元春等，1995），已有研究表明，秸秆覆盖对改善农田小气候和作物生长具有重要的意义（杜尧东等，2000），秸秆覆盖与免耕措施的进一步结合可有效减少土壤侵蚀、保持土壤结构和保蓄调温，能使土壤的水、肥、气、热等状况重新组合，具有明显的农田生态综合效应（Ronald and Shirley，1984；Unger，1994；沈玉琥，1998），使土壤的物理、化学和生物特性发生变化，进一步影响作物的生长发育。目前国内外大多数相关研究都基于地面灌水方式开展，研究结果揭示出如下基本规律：①秸秆覆盖能有效保蓄、抑制土壤棵间蒸发和提高水分利用率（Kataria，1987；袁家富，1996；许翠平等，2002；张喜英等，2002），能调节土壤温度（Hillel，1980；罗永藩，1991；逄焕成，1999；陈素英等，2002）；②秸秆覆盖能改善土壤养分状况（王玉坤等，1991；范丙权，1996；李全起，2003）；③秸秆覆盖具有一定增产效应（Mehdi，1999；逄焕成，1999；丁昆仑和 Hann，2000；刘冬青等，2003；Tomasz and Bogdan，2008）。由此可见，秸秆覆盖措施能有效抑制土壤表面蒸发，使土壤水分无效消耗减少，增加前期土壤水分积累，有利于增强植株后期蒸腾效应，从而增加作物产量，提高水分利用效率。但正如 Gajri 等（1994）的研究结果表明，覆盖下作物的产量相比不覆盖并不一定总是增加的，还与土壤类型及灌溉模式（灌溉方式与灌溉制度）等存在很大关系。覆盖技术如何与先进的灌水技术相结合，高效调控作物优质高产所需的农田水土环境依然存在很多亟待解决的科学问题，与此相关的调控机理研究亟待加强。

农田高效节水调控的主要目的就是通过科学的灌水方式和各种农艺措施的实施，减少棵间土壤蒸发的无效耗水和避免作物叶片的蒸腾。而做好此项工作的前提是明确不同灌水方式下的棵间土壤蒸发和作物蒸腾变化规律及其二者之间的比例关系。康绍忠等（1995）建立了一个能较准确地反映叶面蒸腾与棵间土壤蒸发分摊系数物理变化规律的较实用的计算模式。高鹭等（2005）在喷灌条件下冬小麦棵间蒸发的试验研究中发现，棵间蒸发占蒸散量的比例比地面灌溉要低。一些研究表明，在整个冬小麦的生育期间，土壤棵间蒸发约占作物耗水量的30%（Zhang et al.，1998，2004；Sun et al.，2006）。孙景生等（2005）研究指出，在不影响作物蒸腾的条件下减少表层土壤的湿润面积和湿润次数是减少棵间土壤蒸发、提高作物水分利用效率的主要技术途径与措施。为减少滴灌灌水方式下的土面蒸发损失，Meshkat等（1998）通过装有砂石的导管将滴灌灌水器出水导入地表以下作物根区附近，获得了较好的减少土面蒸发损失、提高作物水分利用利率的效果，但这种方法更多情况下只适合于多年连续生长类的植物灌溉，如果树等。可以说，棵间蒸发量更多地取决于灌溉湿润的面积大小及暴露于阳光下湿润面积的大小，因此，灌溉方法和灌溉制度及灌溉湿润范围相对于作物冠层的位置等因素对棵间蒸发量的大小起到了至关重要的影响作用。近些年来，滴灌模式在提高作物产量和水分利用效率等方面的优势得到了大家的认可，滴灌作为一种施于作物根区附近的局部灌水方法，其主要优势之一就是其较少的无效棵间蒸发损失和较高的植株蒸腾水分利用效率。目前针对棵间蒸发、作物耗水机制方面的研究多数围绕地面灌水方式展开，针对覆盖免耕下滴灌模式对作物棵间蒸发规律影响机理的研究相对较少，可以说，基于农艺措施下高效节水灌溉模式对农田蒸散、作物耗水的影响机理研究依然是农业节水领域研究的薄弱环节。此外，从农田水土资源环境可持续利用的角度出发，急需研究在连续多年的时间尺度下，农艺措施与高效节水灌溉模式相结合条件对土壤物理性状、土壤pH、土壤透气性、土壤肥力等农田环境关键要素多年演变规律的影响机理。

棵间土壤蒸发受到很多因素的影响，如土壤-大气边界的土壤表层含水率、水汽压差、温度梯度、太阳辐射、空气紊动性等，如何准确分析或定量描述棵间蒸发的变化规律一直是广大科研人员关注的热点。微型蒸渗仪（micro-lysimeter，MLS）的发展可以在不剧烈变更田间或土壤环境条件的情况下，使研究者在作物冠层下方对每天的土壤蒸发进行观测（Boast and Robertson，1982），基于此，目前更多的研究主要侧重于采用微型蒸渗仪或微型蒸发器测定无覆盖或裸地下田间蒸散和棵间蒸发变化规律，探索棵间蒸发与表层土壤含水量及叶面积指数等参数的定量关系，研究针对的灌水方式基本都为地面灌水（Boast and Robertson，1982；刘昌明等，1998；刘钰等，1999；孙宏勇等，2004）。此外，微型蒸渗仪自身也存在着一定的缺陷，如没有考虑作物根系吸水（Evett et al.，1995），底端封底，隔断了容器内土壤水分与田间土壤水分和热量之间的交换流通等，因此，如何将这些因素考虑在内，探索进一步改进微型蒸发器在结构设计、材料选用及应用模式等方面的创新，提高其测量精度，也是急需解决的科学问题。相比田间试验而言，构建田间棵间蒸发估算模型在经济性和操作性等方面或许具有更多优势。杨邦杰和隋红建（1997）基于地表红外温度的测量，用 Fortran 语言编写模拟土壤蒸发过程的通用程序。Qiu 等（1998，1999）构建了“3T”模型，即主要基于表层土壤温度、大气温度、参照土壤（没有土面蒸发的风干土）表面温度等参数，估算土面蒸发变化规律，模型计算值与实测值具有较好的吻合效果，但所构建模型都是针对裸土而言，是否依然适合用于描述覆盖条件下的土壤棵间蒸发规律依然存在疑问。Zhao 等（2010）基于一定尺度构建了裸地条件下表层土壤（0～20cm）含水率与表层土壤温度、大气温度、参照土壤（没有土面蒸发的风干土）表面温度之间的定量关系。然而，农田覆盖使得近地面下垫面的性质和能量平衡都发生了显著改变（石元春等，1995），这种改变会影响农田小气候、土壤棵间蒸发及作物生长，其与无覆盖下作物耗水、棵间蒸发或裸土蒸发（目前研究较多）过程存在本质区别，急需搞清差异存在的基本物理原因。Allen 等（1998）认为，相比于不覆盖，覆盖下的作物系数会减小 10%～30%，对该结论目前并没有太多的文献支持。根据《FAO-56 作物腾发量作物需水计算指南》中的观点（Allen et al.，1998），秸秆覆盖下的土壤蒸发系数 K_e 会减小，而基础作物系数 K_{cb} 一般不会变化，但这需要根据当地的实际情况加以观测和估算。针对华北地区冬小麦秸秆覆盖滴灌措施，本研究团队基于 2013～2016 年的田间试验研究成果发现（Wang et al.，2017），充分滴灌下的作物系数 K_c 相比于不覆盖减少 4%～9%，双作物系数中的基础作物系数 K_{cb} 需像作物系数 K_c 一样，依据当地气候和作物种植模式等因素进行修正。因此，从调控机理着手，揭示秸秆覆盖下先进节水灌溉模式对农田近地层环境要素、热量平衡方程关键参数、作物棵间蒸发及作物生长的调控机理具有重要的科学意义。

秸秆覆盖等农艺措施具有改善农田水土环境、降低土壤蒸发和提高作物产量等优点（Zhou et al.，2011；梅旭荣等，2013），一些研究采用秸秆覆盖措施减少了棵间蒸发，提高了作物水分利用效率（Unger，1978；Limon-Otetga et al.，2000；Zhang et al.，2005），一些研究还表明，秸秆覆盖显著提升了作物产量（Unger，1978；Wicks et al.，1994）。鉴于作物生长会受到复杂环境界面及其参数的影响，如气候环境、灌溉制度、蒸发潜力、土壤质地等，秸秆覆盖并不总是能增加作物产量（Tolk et al.，1999；Chen et al.，2007；Li et al.，2008）。在华北平原地区，Chen 等（2007）的研究报道指出，当秸秆覆盖量为 3000kg/hm^2 时，大约可以减少棵间蒸发 21%；当秸秆覆盖量为 6000kg/hm^2 时，大约可以减少棵间蒸发 40%，但是，秸秆覆盖并没有提高作物产量和水分利用效率。

从目前的研究进展来看，目前针对作物棵间蒸发、耗水机制方面的研究多数围绕地面灌水方式展开，主要侧重于采用微型蒸渗仪或微型蒸发器测定地面灌水方式下无覆盖或裸地下田间蒸散发及作物耗水的变化规律（刘昌明等，1998；刘钰等，1999；孙宏勇等，2004），而针对秸秆覆盖下滴灌对作物棵间蒸发及耗水规律影响机理的研究相对较少。秸秆覆盖等农艺措施如何与先进的灌水技术模式相结合，实现作物优质高产目标下的高效调控是亟待解决的科学难题。由于农艺措施改变了土壤与大气的界面层状况，其与无覆盖下作物耗水、棵间蒸发或裸土蒸发过程存在本质区别。此外，滴灌作为一种局部灌水方式，其灌溉制度与供给作物水分的方式有别于地面灌水方式，从研究现状分析来看，研究人员并没有系统地聚焦秸秆覆盖-田间微气候-作物耗水及生长之间的互馈影响和调控机制。

1.2.2 塑膜覆盖对作物耗水与生长的影响

国内外学者在20世纪80年代初主要针对塑膜覆盖滴灌下水果、蔬菜、花卉等作物的耗水规律和生长特性开展了大量试验观测工作，而塑膜覆盖滴灌技术的应用则始于90年代初，1996年新疆生产建设兵团农业建设第八师为了克服新疆北部土壤含盐量高及蒸发强烈等不利因素，大面积发展井水滴灌覆膜棉花，取得了显著的节水、增产和抑盐效果，随后相关研究工作由最初的节水、增产效果验证逐步转入塑膜覆盖滴灌的灌溉制度、增产机理等方面。从研究现状来看，相关研究多聚焦在西北干旱区的经济作物，国内有关学者（马富裕和严以绥，2002；李明思等，2002；蔡焕杰等，2002；张振华等，2005；穆彩芸等，2005）在塑膜覆盖滴灌棉花的栽培技术、耗水机理及灌溉制度优化等方面开展了相关研究，一些学者（Wang et al.，2009a；王玉明等，2009）还对覆膜滴灌和露地滴灌下的马铃薯灌水量、腾发量及产量之间的差异进行了对比研究。总体而言，由于比较经济效益相对较低，围绕粮食作物覆盖滴灌的相关基础和应用研究相对较为薄弱，系统性成果不多。

一些研究表明（Lovelli et al.，2005；Shukla et al.，2014a，2004b），塑膜覆盖下的作物耗水量及耗水过程与不覆盖相比差异明显。这主要是由于覆盖改变了田间微气候环境和水文循环过程，影响了传统种植模式和灌溉方式下的棵间土壤蒸发及作物蒸腾所需的能量分配比例与田间微气候环境，并改变了近地面大气土壤边界条件及水热交换方式等，进而影响作物的耗水过程与规律。Gong等（2015）的研究结果表明，塑膜覆盖改变了大气土壤边界处的水分、能量和碳变化过程，这有利于土壤中水、碳和能量的存储，且透明的塑料塑膜还会增加地表反射率，进而改变大气土壤边界处的水热交换过程。农艺覆盖具有增温保墒和减少蒸发等诸多优势，覆盖条件下的土壤水热耦合和水热平衡交换与传输机制对作物生长而言是个关键的科学问题。许多学者针对覆盖条件下的土壤热流、水热耦合运动、能量转化等做了大量研究（Ham et al.，1993；隋红建等，1992；沈荣开等，1997；van Donk and Tollner，2004），提出覆盖下的土壤水热耦合二维数学模型及其解析方法。Feng等（2017）较为系统地研究了覆盖起垄沟灌和不覆盖起垄沟灌下的田间能量平衡项，包括太阳净辐射R_n、潜热LE、显热H和土壤热通量G在作物生育期内的变化规律及各能量分项的分配机制。在覆盖条件下，由于土壤水热等环境要素的重新组合，作物产量甚至作物品质得到了显著提高（Bhella，1988；Wang et al.，2009b）。当作物采取覆盖措施时，灌溉方式对作物耗水和蒸发的影响同样非常明显，如采用喷灌方式时，塑膜的截流所产生的蒸发损失会显著影响节水效果（Scopel et al.，2004）。

覆盖对土壤蒸发的抑制效果非常明显，覆盖下的土壤蒸发量同比可减少30%～50%（Allen et al.，1998；Wang et al.，2017），影响因素主要包括覆盖面积的比例、覆盖类型（不同颜色塑膜或秸秆）及覆盖量等（Acharya et al.，2005；Klocke et al.，2009）。在作物行间覆盖塑料塑膜，会导致大部分雨水流失到垄沟中，从而显著增加作物行间的土壤蒸发，尤其是在作物生长早期。一些研究表明，相比不覆盖田块，覆盖在减少土壤蒸发的同时，也增加了作物的蒸腾（Allen et al.，1998；Tarara，2000；Wang et al.，2017），其主要原因很可能是覆膜效应使得更多的显热和太阳净辐射能量被转移到作物蒸腾中（Allen et al.，1998），但这一观点缺少足够的定量试验研究佐证。Yang 等（2016）的研究表明，覆膜是影响当地作物系数 K_c 的非常重要的因素，为此，基于当地的覆盖措施、灌水方式和气候特征对 K_c 进行修正和实际测算非常必要。Gong 等（2017）的研究表明，覆盖起垄沟灌显著减少了土壤蒸发与作物耗水量的比值（E/ET），同时也显著减少了作物系数 K_c 最大值，这有助于提高作物产量和水分利用效率。国内在针对塑膜覆盖滴灌下的作物系数 K_c 和基础作物系数 K_{cb} 的修正和定量刻画的研究依然较为薄弱。

一些研究发现（Irmak，2005；Moratiel and Martinez-Cob，2011），基于构建的作物系数 K_c 与反映作物生长参数［如叶面积指数（leaf area index，LAI）、生长度日（growing degree-days，GDD）］之间的函数关系，可准确地估算当地的作物系数和耗水量。有关研究结果表明（Li et al.，2008；Shukla et al.，2014b；Yang et al.，2016），K_c 与 LAI 和 GDD 之间存在着显著的相关性，但 LAI 模型在多数区域内存在着叶面积指数不易直接获取的困难，且在一些作物耗水量估算方面存在着明显偏差（Duchemin et al.，2006），而 GDD 模型主要是以土壤积温为输入参数，更易于被其他研究区域验证和推广应用（Shukla and Shrestha，2015）。针对不同覆膜滴灌模式，上述作物耗水系数模型的区域适应性和准确性及影响模型关键因子的要素尚需更多的试验资料加以验证。

Kumar 和 Dey（2011）研究了灌水方式对草莓生长及养分吸收的影响，发现相比于滴灌，塑膜覆盖滴灌模式增加了土壤储水量和土壤温度，进一步提高了草莓的产量、氮吸收量和水分利用效率。Shrivastava 等（1994）同样发现，塑膜覆盖滴灌模式下番茄的增产节水效益明显高于滴灌和地面灌水。Vázquez 等（2006）通过田间试验，发现虽然塑膜覆盖滴灌模式增加了番茄产量，但过度灌溉可能导致土壤氮素淋失，少量高频灌溉能够降低生育期内氮素淋失的风险，但如遇较大降雨，仍极有可能产生氮素淋失。我国西北地区干旱少雨，针对棉花种植，塑膜覆盖滴灌模式有显著的增产优势，有关学者根据塑膜覆盖滴灌棉花的耗水机理研究和灌溉制度的优化试验，提出了西北干旱地区适宜的棉花塑膜覆盖滴灌模式（李明思等，2001；蔡焕杰等，2002；刘新永等，2006；高龙等，2010）。目前，塑膜覆盖滴灌在西北干旱地区已得到大面积推广应用（刘建国等，2005），从 2006 年开始，在东北黑土区也进行了应用与推广，到 2012 年玉米塑膜覆盖滴灌面积已经达到 300 万亩。玉米塑膜覆盖滴灌栽培技术，主要采用大垄双行、地膜覆盖、滴灌灌溉技术相结合的方式。张振华等（2008）研究发现，塑膜覆盖滴灌能够促进玉米早出苗、早吐丝、早成熟。与传统地面灌溉相比，玉米塑膜覆盖滴灌耕作比露地玉米种植增产 30% ~50%（李彦斌等，2012），肥料利用率从 30% ~40% 提高至 65% ~75%，土地利用率平均提高5% ~7%（马占元和张保起，1990）。综上可见，国内塑膜覆盖滴灌更多的研究成果主要针对西北干旱地区的经济作物，而针对大田粮食作物的研究还相对缺乏，尤其是东北地区在地理气候、水土资源条件等方面与干旱地区存在着明显差异，相关研究亟待加强。

1.3 覆盖滴灌农田水肥耦合

覆盖滴灌可以将农艺覆盖措施与地表滴灌技术有机结合。例如，塑膜覆盖滴灌技术，是将滴灌技术与地膜覆盖技术进行了结合，令地膜覆盖栽培技术进一步深化和延伸，已在我国西部被广泛推广应用，如在新疆，针对棉花塑膜覆盖滴灌的灌溉制度优化研究已经开展（Liu et al.，2012a；Zhang et al.，2012；Zhang et al.，2014），灌溉模式和灌溉制度已基本成型（张卓，2014）。然而，国内外塑膜覆盖滴灌的研究基本集中于经济作物和果树。Wang 等（2011）和 Yan 等（2017）先后在石羊河流域针对土豆塑膜覆盖滴灌的灌溉制度优化和水氮耦合制度优化开展了试验研究，提出了优化后的塑膜覆盖滴灌水肥耦合制度。针对西北地区西红柿的塑膜覆盖滴灌种植，Zhang 等（2016）开展了灌溉制度优化和水氮耦合制度优化的试验研究，提出了西红柿适宜的塑膜覆盖滴灌水肥耦合制度。针对蓖麻种植，Xue 等（2017）探讨了塑膜覆盖滴灌模式下优化的施氮量。针对苹果塑膜覆盖滴灌种植，Fentabil 等（2016）经过 2 年的试验研究，探讨了灌水频率和施氮量对 N_2O 排放的影响。上述研究均是针对经济作物和果树的塑膜覆盖滴灌水肥调控制度研究，而针对大田粮食作物的相关研究却比较匮乏，而且我国幅员辽阔，东北、华北、西北地区在地理气候、水土资源条件等方面均存在着明显差异，针对我国典型粮食产区覆盖滴灌模式下粮食作物水肥调控制度的相关研究仍亟待加强。

20 世纪 80 年代，水肥耦合效应被人们提出，即在农业生态系统中，通过土壤矿物元素与土壤水分的相互作用、相互影响，从而影响作物的生长发育和产量（梁运江等，2003）。水肥交互作用进一步细化，又可分为协同效应、拮抗效应和叠加效应，从而达到以水促肥、以肥调水的目的。通过确定最佳灌溉制度和施肥制度，水肥耦合效应研究的最终目标是提高作物产量和水肥利用效率，减少农田系统对周围水体的污染，并保持系统中的土壤质量，从而实现农业的可持续发展（于洲海等，2009）。

1.3.1 水肥耦合模式对作物生长的影响

在传统地面灌水方式下，Arnon（1975）提出，在水分受限的条件下，肥料亏缺不利于作物生长，即肥料可以提高作物的耐旱性。但也有研究表明，施肥使作物生育前期水分用量增加，致使生育后期水分胁迫加大，从而不利于作物产量的提高。上述结论存在差异主要是因为肥料的施用效果与试验期土壤水分含量的多少密切相关。已有研究表明，氮肥的增产效应明显受土壤水分的影响（Geofrey et al.，2014），当土壤含水率过低，作物产量随氮肥用量的增加而缓慢增加，当水分状况改善时，作物吸氮量和产量均随氮肥用量的增加而显著增加。沈荣开等（2001）基于两年的冬小麦和夏玉米田间试验，同样验证了这一结论，即生育期内的土壤水分与氮肥相互作用，即使施氮量相同，当土壤水分不同时，最终获得的产量也不同。针对某种作物，建立其适宜的灌溉制度和施肥制度是提高其产量的关键。

水、肥对作物产量有明显的主效应和交互效应。已有研究提出，作物产量受施肥量的影响大于受灌水的影响（孙志强，1992；王丹等，2010），但也有学者认为，水分对作物产量的平均主效应大于肥料的平均主效应（徐学选等，1994），上述结论存在矛盾主要是因为试验区域所在地不同，土壤质地不同。不同粮食产区，不同作物对水分和肥料的利用效率不同，不同灌水技术下，作物对水分和肥料的利用效率同样也有所不同，但无论是何种灌溉方式，寻求适宜的水肥配比是水肥耦合试验的目的。

近些年，国内外专家学者对传统地面灌水方式下，水肥耦合对作物生长的影响效应和机理做了大量的研究，张凤翔等（2005）以冬小麦为试验作物，研究了水氮耦合对作物生长及产量的影响，研究发现，在适宜的灌水量和施氮量下，冬小麦产量较高，在长江下游雨水较为丰富的地区，传统灌溉方式下，合适灌水控制下限为75%田间持水量，最合适施氮量为360kg/hm^2。水、肥与产量之间的关系符合二次抛物线关系（Benbi，1990；Wang et al.，2013），肥量与灌水量耦合作用存在明显的阈值反应：低于阈值，水肥耦合作用增产效益不显著；超过阈值，则水肥耦合作用增产效益显著（Agbenin and Olojo，2004）。有学者通过田间试验确定了华北地区夏玉米的水肥制度：夏玉米季，施氮量宜为105kg/hm^2，磷肥（P_2O_5）用量宜为52.5kg/hm^2，灌水量宜为1500m^3/hm^2（孟兆江等，1997）；并进一步提出了华北地区冬小麦的水肥制度：冬小麦季，施氮量宜为90～240kg/hm^2，磷肥（P_2O_5）用量宜为56.25～221.25kg/hm^2，灌水量宜为1500～3750m^3/hm^2（孟兆江和贾大林，1998）。然而，上述研究结论均是在传统地面漫灌的技术下得到的，寻求滴灌条件下适宜的水肥配比的研究目前还很少，尤其在东北黑土区，还没有明确提出科学合理的滴灌水肥耦合模式。

1.3.2 水肥耦合模式对氮素运移及淋失的影响

适宜的土壤水氮条件能够促进根系发育，从而影响水分、氮素在土壤中的运移分布，在农田生产系统中，当氮素需求被过量评估，不能被作物吸收的部分氮素极有可能造成地下水污染等环境问题（Gonzalez-Herrera et al.，2014）。例如，华北地区冬小麦季的平均氮肥利用率仅为26.9%，而北京郊区冬小麦季的氮肥利用率为23.8%～44.5%，氮残留现象严重，残留率为20.9%～45.3%，损失率为10.3%～55.2%（巨晓棠等，2003）。作物收获后，土壤中的氮肥主要以硝态氮的形式存在，如果有强降雨或灌水量较大时，这部分硝态氮将会随着水分移动而向更深土层移动（Cai et al.，1998；Ju et al.，2002）。研究发现，农田1～2m土层中累积的硝态氮基本不随施氮量的减少而下降，即这一土层的残留氮很难被作物吸收利用（刘学军等，2004），当这部分硝态氮淋溶到2m以下时，将极易对地下水造成污染（Ju et al.，2004）。根据报道，施入农田中的氮肥有5%～41.9%通过淋溶进入了地下水（Ceccon et al.，1995）。土壤氮淋失与土壤质地、渗透性、灌水、降雨（雨强、降雨持续时间、降雨频率、降雨量）等因素密切相关（He et al.，2000；Havlin et al.，2005），作物收获后的氮残留和矿化程度直接影响下一季氮淋失量的大小（Jiao et al.，2004）。土壤硝态氮淋失的可能性随降水量和施氮量的增大而显著增强（李世清和李生秀，2000）。在不减产的前提下，减少施氮量，避免氮素大量淋失是优化水肥耦合模式的核心要求。

借助于土壤墒情、土壤肥力监测装置的帮助，实现了根据作物需求优化传统灌水施肥制度。水肥制度下养分淋失和作物增产效应的田间试验研究表明，优化水肥处理节水效果明显，并大大减少了养分的淋失（Migliaccio et al.，2010；Kiggundu et al.，2012），无论是传统处理还是优化处理，氮去向均表现为土壤残留>作物吸收>损失。在华北地区，施氮量为 139kg/hm^2 时，小麦已能达到高产；施氮量超过 240kg/hm^2 时，产量和吸氮量随施氮量的增加略有降低；限水灌溉下，兼顾经济效益与环境效益，施氮量在 180～220kg/hm^2 是华北地区的适宜施氮量（宁东峰等，2010）。适宜的水肥耦合模式能够有效控制根区的氮淋失（Gheysari et al.，2009）。然而，完全消除农田生产系统中的氮淋失是不可能的（Watts and Martin，1981）。为此，围绕传统漫灌方式下的氮素运移，国内外专家学者进行了大量的研究，但是，针对覆盖滴灌技术模式，兼顾经济效益和环境效益的水肥耦合模式优化研究还较少，尤其在典型粮食产区，针对大田粮食作物，可供农民参考的覆盖滴灌灌水施肥制度关键技术参数及标准还需进一步完善。

1.4　覆盖滴灌土壤水氮运移分布模拟进展

由于田间试验有费时、费力的局限性，不少学者已借助数学模拟，分析滴灌条件下水氮的运移分布规律，国内外的研究机构也开发出许多可用于模拟饱和-非饱和多孔介质中水分和溶质运移的商业化软件，主要包括 HYDRUS、SWMA-3D、RZWQM、NLEAP、WAVE 和 LEACHM 等。

滴灌属于点源入渗，滴灌水在土壤中的流动符合三维饱和-非饱和流，根据质量守恒定律和达西定律，多孔介质中饱和-非饱和流的流动在土壤水动力学中可描述为数学方程（Richard 方程）（雷志栋等，1988），方程的解法主要是解析解和数值解。

假设非饱和导水率与土壤含水率呈线性关系，Warrick（1974）推导出了地表滴灌点源入渗条件下非稳定流的解析解。忽略方程中的重力项，Benasher 等（1986）提出了有效半球模型，在假设土壤各向同性、均质且初始含水率相同的基础上，对地表滴灌条件下的水分运移进行了求解。然而，上述的解析解都做了一定的假设，推广应用受到了很大的限制，因此，更多的学者采用数值法进行求解，主要有限差分法和有限单元法。

Brandt 等（1971）提出了点源柱状流模型，可用于模拟点源入渗，并针对线源的平面流模型，提出了有限差分方法。针对 Brandt 等的点源柱状流模型，张振华等（2004）将非迭代的交替隐式差分法与牛顿迭代法相结合，进行求解，并进行了验证，研究表明，当滴头流量较小时，模拟精度较高。冯绍元和丁跃元（2001）建立了可用于模拟温室地表滴灌线源土壤水分运动的数学模型，通过求解验证，结果表明该模型在模拟地表滴灌条件下水分运移方面具有较高的精度。Taghavi 等（1984）利用有限元法模拟了滴灌点源条件下的二维土壤水分运动，结果表明，湿润锋的模拟值与实测值在水平方向吻合较好，在垂直方向则偏离较大。雷廷武（1988）利用有限元法对单个滴头水分运动的三维轴对称问题进行了求解，模拟结果基本能够反映实际的土壤水分分布状况。

土壤中的水肥既具有独立的运动发展规律，又存在相互联系、相互制约的关系，溶质随水分运动迁移的过程中，同时伴有土壤吸附、溶质间相互转化、作物吸收等活动。土壤水动力学中，通常用对流-弥散方程（convectioin-dispersion-equation，CDE）来描述多孔介质中溶质的运移（雷志栋，1988）。近年来，随着计算机技术的发展，国内外学者开发了许多用于模拟土壤水分和溶质运移的商业软件，其中，HYDRUS 是模拟滴灌条件下水氮运移应用最多的软件之一。例如，Skaggs 等（2004）探讨了 HYDRUS-2D 软件用于模拟滴灌条件下土壤水分的运移过程的适用性，结果表明，模拟结果能很好地反映实际滴灌条件下土壤水分的运移分布规律。随后 Skaggs 等（2010）又利用 HYDRUS-2D 软件，进一步探讨了滴灌条件下灌水量、灌水频率和初始含水率对土壤水分分布模式的影响。Bufon 等（2012）利用该软件模拟了滴灌棉田的土壤水分状况，结果表明模拟值的误差在±3% 以内。Kandelous 和 Šimünek（2010）利用 HYDRUS-2D 软件研究了地下滴灌条件下土壤水分的运移规律，结果表明该软件能够较准确地模拟地下滴灌条件下土壤水分的运移过程。Doltra 和 Muñoz（2010）以滴灌棉花为对象，也验证了 HYDRUS-2D 软件能够精确地模拟滴灌条件下的水分运动，可作为区域水分管理研究的手段之一。

Cote 等（2003）利用 HYDRUS-2D 软件，探讨分析了地下滴灌条件下土壤水分分布规律和保守性溶质的运移过程。Li 等（2003）利用 HYDRUS 软件模拟了地表滴灌条件下水氮运移分布特征。Bristow 等（2000）应用 HYDRUS-2D 软件模拟了没有作物生长的情况下地下滴灌水分和溶质的运移分布规律，结果表明土壤质地对水分和养分的运移影响较大，灌水刚开始时施肥，利于减少养分淋失。Gärdenäs 等（2005）利用 HYDRUS-2D 软件研究了不同施肥制度和土壤类型对土壤硝态氮淋失的影响。Hanson 等（2006）利用 HYDRUS-2D 软件研究了不同施肥模式对土壤硝态氮淋失的影响，结果发现在施用尿素条件下氮淋失量相对较少，在灌水初期较短时间内施入肥料，易导致氮淋失，这与上述 Bristow 等（2000）的研究结果有所差异，这可能是由试验区土壤质地的差异而造成的。Ramos 等（2012）利用 HYDRUS-2D/3D 软件研究了清水和咸水灌溉对土壤中水分、盐分、氮素分布的影响，结果表明滴灌施肥宜采用少量多次的施肥模式。

1.5　覆盖滴灌作物生理调控和水碳耦合模拟

为明确覆盖滴灌模式对作物高产的调控机理，需要从作物对覆盖滴灌模式的生理光合响应着手，探索作物形态、生理指标及光合参数在滴灌不同水肥制度及覆膜与否等模式下的响应机制。光合作用是与作物产量密切相关的生理过程，高光合速率是作物产量提高的重要因素之一，土壤水分和养分是影响作物光合作用的重要因素，有关滴灌水肥模式对作物光合的影响研究较多（Shangguan et al.，2000；罗宏海等，2009；Bai et al.，2015）。研究的作物集中在番茄、桃树、棉花等果蔬和经济作物，研究地区主要集中在西北干旱地区，研究普遍认为优化的滴灌模式，如滴灌结合覆膜处理或优化水肥模式，有利于提高叶片氮含量和叶绿素含量，从而提高光合速率和同化物的积累（Pramanik and Bera，2013；

李建明等，2014）。东北地区粮食作物滴灌模式与优化的水肥模式相结合更有利于节水增产效益的提高。

研究表明，适度增加施氮量对作物生长发育及叶片生理性状具有促进作用，能够延缓叶片衰老，提高光合速率；但施氮过量则会起到抑制作用（Shi et al.，2014）。对于施氮肥可引起作物增产的机理，研究者多从光合作用的生理调控方面解释。例如，施氮可以改变叶片形态学或生物学特征，如比叶重（Cabrera-Bosquet et al.，2009）、叶片氮含量（张彦群等，2015）及叶片的^{13}C同位素甄别率（Dalal et al.，2013）等，进而影响光合速率及产量形成。叶绿素是光合作用进行的载体，高氮肥处理的叶绿素含量较高，因此具有较强的光合能力，进而提高作物的光合产物或产量的积累（Li et al.，2013a）。作物对氮肥的响应受水分条件的影响，只有在水分适宜的条件下，氮肥的效应才能表现出来，合理的水肥管理才能提高叶片的光合速率（隋娟等，2014）。优化的滴灌水肥模式有利于土壤中氮素的运移分布和被吸收利用，最终达到提高作物产量的目的（Li et al.，2004）。然而，覆膜会使土壤温度、水分等环境参数发生变化，影响滴灌水氮在土壤中的运移、分布及吸收，在相同施氮条件下，覆膜可有效提高氮肥利用率（陈小莉等，2008），覆膜条件下，滴灌施肥管理措施对水肥的调控机制及作物生理和产量的响应规律也将发生变化。

滴灌模式下不同氮肥和覆膜处理对光合生理的调控研究在东北滴灌玉米相关研究中还不够系统。目前，对不同氮肥处理下玉米光合作用的研究大多局限于描述作物某一生育期或不同生育期中某一时刻的光合速率或光合速率日变化（张向前等，2014），对光合速率变化的内因解释较少，且每次测定所处的光、温、湿环境各不相同，所得到的光合参数受到天气条件制约，不同种植区域、作物品种和肥料水平之间可比性较差（Foulkes et al.，2009）。因此，有必要开展控制条件测定，综合考虑滴灌模式引起的田间小气候变化对生理指标的影响，量化叶片的光合特征参数而非瞬时速率，并确定不同处理光合参数的差异来源，从生理水平解释覆膜滴灌模式下不同氮肥处理引起产量及水分利用效率差异的内因（谷岩等，2013）。

为更好地理解滴灌模式下对农田水土环境及作物生长的调控，相关研究采用作物生长模型描述土壤-作物-大气系统的相互作用机理，评价农业生产管理措施对农田生态环境的影响，这一方法被广泛应用于作物生长机理研究和农业生产管理中（He et al.，2012；Wang et al.，2015b）。对农业生态系统过程定量描述的准确性建立在明确认识机理的基础之上，因农业生态系统蒸发蒸腾及光合等生物物理作用过程极其复杂，作物模型中对该过程及其对作物产量的影响模拟多数情况下采用简化实际情况和经验性模拟，这往往成为模型在不同地区间应用的重要障碍（罗毅和郭伟，2008；张均华等，2012）。近似的过程还有可能忽略不同滴灌模式导致的水土环境和田间微气象变化与作物生理过程之间的互馈作用，作物模型模拟精度的进一步提高需要更加深刻地认识作物生理过程并引入机理性水碳耦合模型（Yin and Struik，2009）。

水碳耦合模型是基于植物散失水汽的蒸腾作用和同化CO_2的光合作用均以气孔为主要通道的生理基础来构建的。基于光合生化模型（Farquhar et al.，1989）和气孔导度半经验模型（Ball et al.，1987；Leuning，1995）的水碳耦合模型包含植物光合生理关键过程和参数的量化，耦合气孔导度和水、土、气象因子来实现作物光合和蒸腾的模拟，其模型机理和参数复杂程度适中，可加深对作物耗水和生长过程的机理认识并提高作物模型精度（Müller et al.，2005；Braune et al.，2009；Zhang et al.，2011）。尽管这种耦合模型成为理解冠层气体交换过程的主要手段，但模型的参数化方法仍需要较多研究（Han et al.，2014），尤其是模型关键参数最大羧化速率（V_{cmax}）、最大电子传递效率（J_{max}）及胞间CO_2浓度与环境CO_2浓度之比（C_i/C_a）的时空变化常常对模型模拟结果产生较大影响（Medlyn et al.，2002）。许多研究表明上述参数与叶片氮含量有显著相关关系（Müller et al.，2014），可利用该关系对光合参数冠层和季节变化进行模拟，提高耦合模型模拟精度，并可实现模型从叶片到冠层的尺度转换。

单叶水碳耦合模型向冠层尺度转换时，通常是将冠层内光的透射和吸收量看成是冠层叶面积的函数，通过气孔导度-光合机理模型对冠层进行积分求解，该过程需要对冠层结构和叶面积分布情况进行详尽描述以确定冠层辐射分布情况（Prieto et al.，2012）。MAESTRA 模型是一个基于植物生理过程的冠层尺度光合蒸腾模型，起源于 Norman 和 Jarvis 于 1975 年建立的基于冠层三维结构的辐射传输模型，在此基础上，经过 Wang 和 Jarvis（1990）的发展与改进形成了基于冠层三维结构，同时详细描述冠层太阳辐射传输和单叶气体交换等过程相互作用的冠层光合蒸腾耦合模型，目前使用的模型是在原基础上对模型子模块、参数设置及输入、输出方式等方面进一步完善的版本，在许多地区得到了广泛的应用和验证（张彦群等，2013）。MAESTRA 模型通过定义冠层中每个个体的冠层特征参数、辐射传输和地表反射率参数等，可将上述特征考虑在内，从而使模拟的冠层辐射分布更接近实际。同时该模型将冠层划分为多层和多格点，使模型模拟时应用的尺度更接近于叶片尺度，该时空分辨率适于分析冠层微环境和生理因子的相互作用。

水碳耦合模型已经从统计模型发展到了描述作物生理生态过程的综合模型，机理复杂、参数众多的模型由于参数的累积误差可能会抵消模型对过程的精确考虑而提高的精度，权衡模型机理性和参数多少是提高模拟精度需要考虑的重要问题。不同时空尺度水碳耦合机制及控制因子间的相互关系仍需要系统研究，复杂环境条件下模型参数的确定方法和适用性及其模拟精度的提高是目前亟待解决的问题。

1.6 存在问题与研究内容

综合上述分析可知，已有相关覆盖滴灌模式对农田微气候影响研究的环境要素主要集中在土壤水热因子、冠层温湿度等常规环境变量，针对作物耗水和产量的影响分析也是基于单一或者少数因子的响应，多数研究内容主要集中在土壤水热条件、作物生长指标的比较及对节水增产效果的验证，较少有研究在农田微气候变化与作物耗水过程及产量形成之间建立定量互馈关系。此外，深入揭示不同覆盖方式下冠层辐射传输和能量分配规律，确定作物蒸腾和土壤蒸发之间的定量区分关系是科学制定覆盖滴灌模式下合理的灌溉制度和提高水分利用效率的关键，急需开展进一步定量研究。

覆盖滴灌模式下优化水肥耦合模式的构建有利于进一步提升该技术模式的节水增产效

益。相比传统露地方式，覆盖措施会使土壤温度、水分等环境参数发生不同的时空变化，影响滴灌水氮在土壤中的运移、分布及转化，相应地，覆盖下施肥制度（包括施肥量、施肥比例、施肥时间等参数）对水肥耦合效应的调控机制，以及与之对应的作物生理指标和产量的响应机制也将发生变化。此外，针对我国覆盖滴灌主要应用区域，如我国东北地区的塑膜覆盖滴灌玉米，围绕塑膜覆盖滴灌覆盖与否及不同施肥制度处理对光合生理调控的研究还不够系统和定量，有必要开展控制条件下的测定研究，综合考虑滴灌模式引起的田间小气候变化对生理指标的影响，从生理及作物光合角度揭示覆盖滴灌模式下覆盖方式及不同水肥制度引起产量及水分利用效率差异的内因。

覆盖滴灌模式改变了下垫面反射率和土壤温度，从而改变了冠层辐射分布及能量分配情况，作物生理过程所处的农田微气候更为复杂，参数量化及尺度转换过程更为复杂。不同时空尺度水碳耦合机制及控制因子间的相互关系仍需要系统研究，复杂环境条件下耦合模型参数的确定方法和适用性及其模拟精度的提高是目前面临的问题。

综上所述，覆盖滴灌农田系统中与耗水和光合生理节水调控相关的系列过程及互馈机制变得更加复杂。因此，系统明晰覆盖滴灌模式下水肥耦合对土壤水热条件、冠层微气象因子及辐射传输状况的影响规律，深入分析覆盖滴灌模式对田间小气候、蒸发蒸腾、作物光合生理及产量的影响及调控机制，构建覆盖滴灌模式下考虑田间复杂微气象条件的水碳耦合模型，模拟量化作物生理过程对农田微气候条件的综合响应，对科学理解覆盖滴灌模式下农田微气候-作物耗水过程-光合生理响应-作物生长之间的互馈机制与响应过程，揭示覆盖滴灌模式下农田耗水过程和节水增产内在机理具有重要的科学意义。

第2章　试验区基本情况与试验设计

覆盖滴灌技术是高效灌水技术和合理农艺措施结合的典范，在我国不同地区有不同的应用表现形式。在中国西北内陆干旱区而言，塑膜覆盖滴灌一直是当地较为普遍采用的节灌增效技术集成模式（Li et al.，2008；Chen et al.，2010；Wang et al.，2013）。在我国东北地区，为解决作物生育前期低温保苗、后期干旱缺水及全生育期施肥等问题，应用覆盖滴灌的面积也得到迅猛发展（Zhao et al.，2015；王建东等，2015）。秸秆覆盖作为一种较古老的农耕保墒措施，具有调节土壤水热和节水增效等作用，其与滴灌技术相结合，能更好地发挥节水增产和高效省工等优势，近年来在我国西北和华北等地也逐渐应用起来（张金珠和王振华，2014；张彦群等，2017）。

本书所介绍的田间试验主要在东北和华北典型地区开展，研究对象为典型的粮食作物，包括春玉米、夏玉米和冬小麦。其中东北典型试验区主要开展塑膜覆盖滴灌农田相关试验，试验地址位于黑龙江省水利科技试验研究中心（125°45′E，45°22′N，海拔220m）。华北典型试验区主要开展秸秆覆盖滴灌农田相关试验，试验地址位于北京市大兴区（116°15′E，39°39′N）的中国水利水电科学研究院农业节水灌溉试验站。本章主要介绍2个典型试验区的基本情况、测定方法与设备、试验设计与处理、观测试验频率与采用方法等。

2.1　田间试验区基本情况

2.1.1 塑膜覆盖滴灌试验区（黑龙江站）

黑龙江省水利科技试验研究中心位于黑龙江省哈尔滨市道里区，占地面积约1.2hm^2，土壤为东北典型的黑土，根据国际制土壤质地分类标准，0~100cm土层的土壤质地均为粉壤土。0~100cm土层的平均干容重为1.48g/cm^3，利用环刀法进行测定，饱和含水率为0.466cm^3/cm^3，田间持水率为0.350cm^3/cm^3，利用威尔科克斯法测定，有机质含量和pH分别为25.94g/kg和8.69，EC值为111.08μs/cm（表2-1）。该基地气候属温带大陆性季风气候，春季较为干旱，降雨主要发生在夏季，近30年来，多年平均降雨量为543mm，多年平均气温为4.8℃。

表 2-1　黑龙江省水利科技试验研究中心试验地土壤物理特性

深度/cm	质地	容重 /(g/cm³)	饱和含水率 /(cm³/cm³)	田间持水率 /(cm³/cm³)	有机质含量 /(g/kg)	pH	EC 值 /(μs/cm)
0 ~ 10	粉壤土	1.372	0.474	0.349	31.63	8.36	123.50
10 ~ 30	粉壤土	1.309	0.515	0.321	28.57	8.48	100.65
30 ~ 50	粉壤土	1.552	0.456	0.375	25.50	8.76	98.35
50 ~ 80	粉壤土	1.516	0.461	0.360	25.94	8.90	121.75
80 ~ 100	粉壤土	1.630	0.424	0.356	18.07	8.96	111.15
平均	粉壤土	1.480	0.466	0.350	25.94	8.69	111.08

东北地区试验于 2014 ~ 2018 年进行，作物为春玉米，其中，2014 ~ 2016 年在覆膜滴灌和地表滴灌试验区分别设置了不同施肥量和施肥次数/时间处理，具体试验设计和处理详见 2.2.1 节；2017 ~ 2018 年，选用前面 3 年试验确定的施肥制度，在覆膜滴灌和地表滴灌试验区分别设置了不同滴灌水量处理，具体试验设计和处理详见 2.2.2 节。试验基地有自动气象站（Monitor Sensors，Caboolture QLD，Australia），可每隔 30min 测定 2m 高处的大气温度、风速、太阳净辐射、降雨量等气象参数。具体气象参数月平均值参见表 2-2。

表 2-2　2014 ~ 2018 年黑龙江省水利科技试验研究中心春玉米生育期气象参数部分月份平均值

年份	月份	风速 /(m/s)	大气温度 /℃	太阳净辐射 /[MJ/(m² · d)]	相对湿度 /%	降雨量 /mm
2014	4	3.32	10.34	9.66	41.60	0.20
	5	3.04	14.30	9.45	65.81	2.95
	6	2.52	22.92	12.55	62.97	1.89
	7	2.59	23.12	10.97	73.10	3.73
	8	1.79	21.87	10.56	74.48	2.70
	9	2.27	15.48	7.17	66.80	1.07
2015	4	3.56	8.56	8.49	41.80	0.22
	5	3.51	14.25	9.85	55.87	2.50
	6	2.52	22.92	12.55	62.97	1.89
	7	2.59	23.12	10.97	73.10	3.73
	8	2.60	22.76	9.62	78.13	3.56
	9	2.02	16.17	7.72	70.47	0.83
2016	4	4.06	7.98	8.75	49.57	0.51
	5	4.00	16.01	10.88	59.55	3.45
	6	2.33	20.11	12.30	77.27	6.87
	7	2.04	24.31	12.56	78.00	1.43
	8	2.26	23.24	11.60	74.39	1.02
	9	2.80	17.13	6.92	79.27	2.34

续表

年份	月份	风速 /(m/s)	大气温度 /℃	太阳净辐射 /[MJ/(m² · d)]	相对湿度 /%	降雨量 /mm
2017	4	3.84	9.14	1.57	45.67	0.10
	5	4.69	16.65	11.72	49.32	1.67
	6	2.84	19.94	12.6	68.07	3.07
	7	2.63	24.73	13.15	70.19	1.62
	8	3.05	22.12	9.77	76.13	6.81
	9	2.81	15.04	7.74	66.80	1.23
2018	4	3.42	11.30	10.68	39.56	0.00
	5	1.93	16.88	19.64	45.35	0.43
	6	1.63	21.60	20.57	60.48	4.03
	7	1.33	25.02	16.86	70.05	4.03
	8	0.88	21.21	15.47	72.56	3.71
	9	1.38	16.26	14.41	68.24	1.82

2.1.2 秸秆覆盖滴灌试验区（北京站）

中国水利水电科学研究院农业节水灌溉试验站气候属典型的半干旱大陆性季风气候，年平均气温为 11.6℃，年平均降雨量为 540mm，冬小麦生长季（10 月至次年 6 月）的降雨量常不足 100mm，降雨量主要集中在夏玉米生长季（6～10 月），约 400mm。试验田 0～100cm 土层的土壤质地为砂壤土，0～100cm 土层的平均土壤容重、田间持水率和有机质含量分别为 1.58g/cm³、0.306cm³/cm³ 和 3.70g/kg（表 2-3）。开展试验前（2012 年 3 月）土壤初始硝态氮含量为 6.21mg/kg，变异系数为 29%，呈中等变异。

表 2-3 中国水利水电科学研究院农业节水灌溉试验站土壤物理特性和初始硝态氮含量

深度/cm	其他	容重 /(g/cm³)	田间持水率 /(cm³/cm³)	有机质含量 /(g/kg)	2012 年初始硝态氮含量 /(mg/kg)
0～10	砂壤土	1.47	0.287	6.50	12.69
10～20	砂壤土	1.57	0.299	5.00	7.53
20～40	砂壤土	1.60	0.307	2.90	5.37
40～60	砂壤土	1.58	0.316	2.30	4.63
60～80	砂壤土	1.58	0.304	2.70	3.69
80～100	砂壤土	1.66	0.320	2.60	3.33
平均		1.58	0.306	3.70	6.21

华北地区试验于 2012～2016 年进行，该地典型农作物为冬小麦-夏玉米一年两季。冬小麦生长季考虑滴灌水量处理，开展的试验为秸秆覆盖免耕滴灌制度试验，试验设计和处理详见 2.3.1 节。夏玉米生长季由于该试验地降雨量较充足，不考虑灌水量处理，仅考虑施肥量处理，开展的试验为秸秆覆盖免耕滴灌春玉米施肥制度试验，试验设计和处理详见 2.3.2 节。试验区开展的具体研究内容包括试验处理对农田水氮分布、作物生长、耗水规律和光合生理调控等，测定方法详见各部分试验设计。试验基地有自动气象站（Monitor Sensors，Caboolture QLD，Australia），可每隔 30min 测定 2m 高处的风速、大气温度、太阳净辐射、相对湿度、降雨量等气象参数。具体气象参数月平均值参见表 2-4。

表 2-4　2012～2016 年中国水利水电科学研究院农业节水灌溉试验站冬小麦和夏玉米生育期气象参数月平均值

年份	月份	风速 /(m/s)	大气温度 /℃	太阳净辐射 /[MJ/(m² · d)]	相对湿度 /%	降雨量 /mm
2012	3	1.59	4.50	4.55	47.47	0.21
	4	1.73	14.74	6.85	45.54	1.93
	5	1.04	21.32	10.09	53.72	0.20
	6	0.98	23.73	8.57	66.33	2.42
	7	0.69	26.79	10.38	76.07	6.62
	8	0.63	24.32	9.58	80.91	4.36
	9	0.64	19.40	7.34	75.02	2.45
	10	0.74	12.94	4.18	66.25	0.75
	11	1.09	3.14	0.76	60.44	2.57
	12	1.30	-5.40	-0.67	57.53	0.18
2013	1	0.81	-6.81	-0.14	71.86	0.10
	2	1.26	-2.38	1.69	59.53	0.04
	3	1.64	5.20	4.58	49.41	0.21
	4	1.86	11.12	7.77	45.60	0.09
	5	1.02	20.42	8.88	52.86	0.10
	6	0.77	22.81	7.92	74.72	2.70
	7	0.67	26.42	10.08	77.67	6.29
	8	0.54	26.03	10.06	79.61	3.68
	9	0.46	19.36	6.33	80.02	2.90
	10	0.66	12.25	3.71	70.47	0.30
	11	1.06	4.69	0.90	51.67	0.00
	12	1.01	-1.81	-0.61	49.14	0.00

续表

年份	月份	风速/(m/s)	大气温度/℃	太阳净辐射/[MJ/(m^2·d]	相对湿度/%	降雨量/mm
2014	1	1.03	-2.16	-0.27	49.96	0.00
	2	1.22	-1.59	1.34	62.62	0.20
	3	1.40	8.35	4.84	44.38	0.01
	4	0.98	15.70	7.73	53.52	1.18
	5	1.09	20.67	10.52	48.52	1.18
	6	0.44	24.12	11.21	66.21	1.70
	7	0.38	27.25	10.63	68.65	2.77
	8	0.26	24.90	9.50	76.35	1.35
	9	0.26	19.89	6.18	79.04	5.40
	10	0.53	12.86	3.22	69.47	0.42
	11	0.66	5.10	1.03	54.67	0.03
	12	0.93	-1.96	-0.30	49.14	0.02
2015	1	1.16	-1.83	0.03	45.71	0.03
	2	1.15	0.24	13.20	42.61	0.24
	3	1.48	7.37	3.51	38.06	0.05
	4	1.54	14.42	6.89	50.48	1.19
	5	1.10	20.60	9.75	49.92	1.16
	6	0.91	24.35	8.90	59.92	0.48
	7	0.73	25.88	9.70	69.68	3.54
	8	0.50	25.52	10.14	75.52	1.85
	9	0.40	19.57	6.48	81.42	3.48
	10	0.67	13.25	4.13	66.94	0.44
	11	0.96	4.60	1.01	51.67	0.02
	12	0.95	-2.96	-0.39	49.14	0.00
2016	1	1.14	-5.85	0.31	43.99	0.00
	2	1.43	0.39	3.07	36.40	0.21
	3	1.28	8.11	4.99	36.19	0.00
	4	1.22	15.81	7.84	41.31	0.36
	5	1.08	20.35	9.86	48.02	2.70
	6	0.84	24.60	9.66	61.08	3.41

2.2 塑膜覆盖滴灌田间试验设计与方法

2.2.1 春玉米水肥耦合试验

1. 试验设计和处理

2014 ~ 2016 年试验采用统一的灌溉制度，综合考虑了覆膜与否、施氮量和各生育期施肥比例 3 个因素。覆膜处理设置覆膜滴灌（M）和不覆膜滴灌（NM），施氮量设置 4 个水平，分别是 180kg/hm^2、230kg/hm^2、280kg/hm^2 和 330kg/hm^2，同时考虑玉米各生育期（拔节期-抽穗期-灌浆期）的施肥量分配，设置了 3 种施氮比例［施肥比例 = 各生育期施肥量/(施肥量-种肥量)］，分别是 60% ：40% ：0、60% ：20% ：20% 和 33% ：33% ：33%（等比例），采用完全组合试验设计，设置 12 个处理，地表滴灌除出苗后揭膜外，其灌水施肥处理均与覆膜处理对应，设置 12 个处理。此外，以当地传统的施肥管理制度（雨养种植，施氮量为 330kg/hm^2）为参照 1（CK1），以不追肥的雨养种植制度为参照 2（CK2），共计设计 26 个处理，具体见表 2-5，每个处理设置 3 个重复，共计 78 个小区，每个小区面积为 5.2m×20m。

表 2-5 试验处理设计

塑膜覆盖滴灌处理编号		M1	M2	M3	M4	M5	M6	M7	M8	M9	M10	M11	M12
地表滴灌处理编号		1	2	3	4	5	6	7	8	9	10	11	12
施氮量/(kg/hm^2)		330	280	230	180	330	280	230	180	330	280	230	180
施氮比例/%	各生育期施肥比例												
	拔节期	60	60	60	60	60	60	60	60	33	33	33	33
	抽穗期	40	40	40	40	20	20	20	20	33	33	33	33
	灌浆期					20	20	20	20	33	33	33	33
雨养种植	CK1，人工撒施，大喇叭口期，施氮量为 330kg/hm^2												
	CK2，不追肥												

2. 农艺管理措施及滴灌铺设方式

试验玉米品种为东福 1 号，一年一熟，每年 4 月下旬播种，9 月底收获，2014 ~ 2016 年播种日期及关键农业水管理时间详见表 2-6。播种前，对试验地块进行旋耕，深度为 0.25 ~ 0.3m，然后进行起垄作业，采用大垄双行栽培模式（图 2-1），垄宽为 1m，垄高为

0.15m，沟底宽为0.3m，垄间行距为0.9m，垄上行距为0.4m，株距为0.25～0.3m，定植密度为5.12万～6.14万株/hm^2。每个小区布置4垄，每垄种植2行玉米。播种后立即铺设滴灌带及覆膜。滴灌带铺设在垄中间，一带两行，滴头流量为1.38L/h，滴头间距为0.3m。垄上覆膜与滴灌带铺设同时进行，地膜为聚乙烯透明地膜，厚度为0.01mm，宽度为1.2m。为保证出苗，播种后覆盖和不覆盖处理均覆膜，出苗后一周左右不覆盖处理揭去地膜，覆盖处理仍保留地膜。3年的播种、出苗及揭膜日期见表2-6。覆盖和不覆盖处理的田间管理、灌溉制度和施肥制度均相同。

表2-6　2014～2016年试验期间田间农艺管理、施肥灌水管理及生育期降雨情况

试验年份	播种日期	出苗日期	揭膜日期	施肥日期	灌水日期	灌水量/mm	降雨量/mm
2014	4-26	5-2	5-10	6-29、7-23	5-3、6-2、6-29、7-23、8-8	61	355
2015	4-25	5-3	5-12	7-7、7-25	5-1、5-8、7-7、7-25、8-6	70	251
2016	4-28	5-5	5-13	7-3、7-23	6-18、7-3、7-23、8-6	45	442

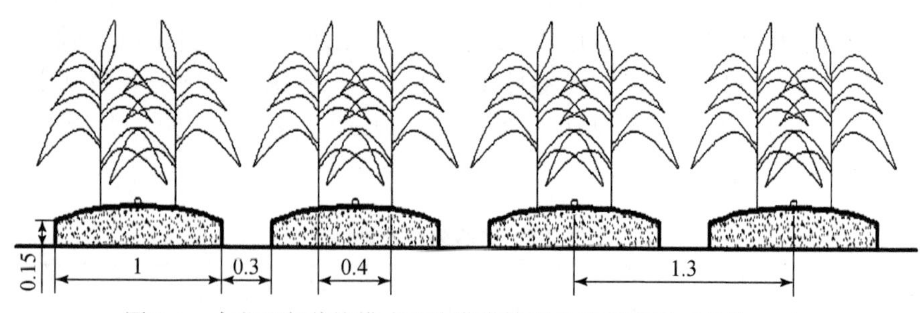

图2-1　大垄双行栽培模式及滴灌带铺设位置示意图（单位：m）

3. 灌水和施肥制度

试验采用滴灌灌水方式，灌水频率由土壤含水率和施氮制度确定，当土壤含水率降至灌水量下限时，进行灌水，当有施肥需要（土壤含水率还未降至灌水下限）时，为配合施氮，同样进行补充灌水。灌溉制度由灌水量上下限确定，灌水量根据式（2-1）计算确定：

$$Q=A\times H\times(\theta_{上}-\theta_{下})\times P/\eta \tag{2-1}$$

式中，$\theta_{下}$为灌水下限，cm^3/cm^3；$\theta_{上}$为灌水上限，cm^3/cm^3；A为小区面积，m^2；H为土壤湿润层深度，cm；P为湿润比；η为灌溉水利用系数。$\theta_{下}$为75%的田间持水量，$\theta_{上}$为100%的田间持水量，H在苗期为30cm，在拔节期后为50cm，P为0.6，η为0.95。

根据当地播种时的管理经验，播种前，每个小区均施入基肥（纯氮量为62.0kg/hm^2，P_2O_5用量为150.0kg/hm^2，K_2O用量为80.0kg/hm^2）。剩余氮肥在生育期内进行追肥，追施的氮肥采用尿素（含氮量43%），覆膜处理施肥前先将氮肥溶于水中，利用文丘里施肥器随水施入田中。每次的施氮量按照试验设计进行，追肥时，即使土壤含水率还未降至灌水量下限，为配合施氮，仍需进行补充灌水。CK1按照当地施肥经验，在大喇叭口期追肥（尿素）一次，并通过人工撒施施入田中。

4. 主要测定项目与方法

(1) 土壤特性参数和气象数据

试验田土壤特性参数包含不同土壤深度的土壤颗粒级配、土壤质地、容重、田间持水量、饱和含水率、pH 和 EC 值等，每个小区均匀布置3个测点，每个测点取土深度分别为 0～10cm、10～30cm、30～50cm、50～80cm 和 80～100cm，分析结果如表 2-1 所示。

气象因子测定：计算 ET_0所用的气象数据，包括太阳辐射、空气温湿度和风速均由位于试验站内的气象站（距试验区约 80m）测得。数据采集器是美国 Decagon 公司的 EM50 数据采集器，PYR 型太阳辐射传感器、VP-4 型空气温湿度传感器和 DS-2 型风速传感器，均为 Decagon 公司生产。数据均为 30min 自动记录，定时下载即可。

(2) 田间能量分配

田间净辐射测定：在覆膜和不覆膜处理中，采用净辐射探头和 TRM-ZS1 型数据采集系统（锦州阳光气象科技有限公司，中国）连续观测冠层上方 50cm 和地表 40cm 高度处的净辐射变化，数据均为 30min 自动记录，定时下载即可。

土壤热通量：利用热通量板和 TRM-ZS1 型数据采集系统（锦州阳光气象科技有限公司，中国）连续观测土壤热通量的变化，在滴灌带正下方及垄沟地下 8cm 土层安装热通量板，并在热通量板上方 2cm 和 6cm 深度处安装土壤温度探头，以修正土壤热通量板的测定值。土壤热通量和土壤温度数据均为每 30min 采集一次。

(3) 土壤环境参数

A. 土壤含水率

在 M1、M3、M4、M5 和 M9 处理中，在滴头正下方、距离滴头 25cm 和垄沟中间安装 5TM 土壤温湿度探头和 EC20 水分探头（Decagon EM50 Series，Decagon Devices，USA），安装深度分别为 5cm、20cm、45cm、70cm 和 100cm（M1、M4 和 M9 处理的探头安装位置示意图如图 2-2 所示，M3 和 M5 处理全部安装 EC20 水分探头，安装位置与 M1 处理相同)，2015 年在 CK1 处理加装 EC20 水分探头，安装位置为滴头正下方和垄沟中间，安装深度同 M1 处理。此外，对于其他处理，在滴头正下方同时安装了 EC20 水分探头，安装深度分别为 20cm 和 45cm。数据采集通过 EM50 数据采集器手动监测，每 3 天 1 次，在灌水前 1 天、后 1 天或者雨后（降雨量大于 15mm）1 天进行加测。

此外，在玉米种植前、灌水前 1 天、后 1 天、后 4 天、后 7 天及作物收获时，利用 4cm 直径土钻采集 0～100cm 深度的土样，取土位置为滴头正下方、距离滴头 25cm、距离滴头 45cm 和垄沟中间，取土深度分别为 0～10cm、10～30cm、30～50cm、50～80cm 和 80～100cm，土样的一部分用烘干法测定土壤含水率，对上述处理安装的 5TM 土壤温湿度探头和 EC20 水分探头进行标定。

B. 土壤硝态氮含量

土壤样品中的硝态氮含量测定：土钻法测定土壤含水量时的土样处理被分为两部分，一部分装铝盒，用于测定土壤含水率，一部分在实验室内风干、过筛，然后用浓度为 1mol/L 的 KCl 提取液提取土壤中的硝态氮，装入小瓶中冷冻保存，最后用流动分析仪

(Auto Analyzer 3，德国 Bran+Luebbe 公司）统一测定土壤中的硝态氮含量。

土壤提取液中的硝态氮含量测定：各处理分别选取一个小区安装土壤溶液提取器，安装深度为60cm 土层和100cm 土层。土壤溶液提取器一般一周提取一次，灌前1天、灌后1天和降水量>30mm 后进行加测。田间取得的土壤溶液样品经过过滤，装入小瓶中冷冻保存，最后用流动分析仪（Auto analyzer 3，德国 Bran + Luebbe）统一测定土壤溶液中的硝态氮浓度。

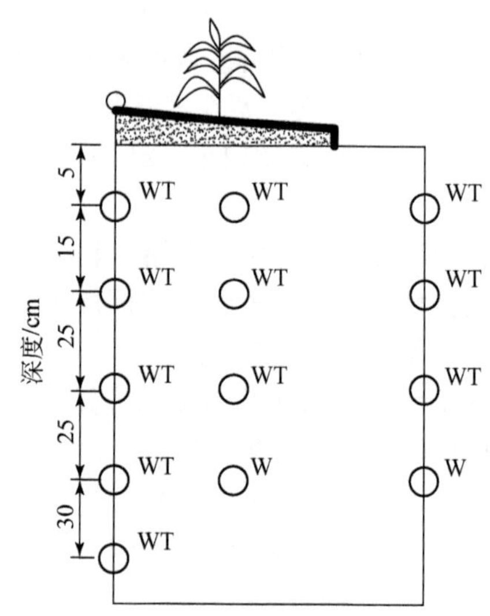

图 2-2　M1、M4 和 M9 处理的 5TM 土壤温湿度探头和 EC20 水分探头安装位置示意图

C. 土壤温度

在 M1、M4 和 M9 处理中，利用在滴头正下方、距离滴头 25cm 和垄沟中间安装的5TM 土壤温湿度探头（Decagon EM50 Series，Decagon Devices，USA）测定土壤温度，安装位置和深度如图 2-2 所示。数据采集频率同土壤含水率。

（4）农田蒸发蒸腾量的计算

除非特殊说明，本书中的农田蒸发蒸腾量（ET_c）均采用水量平衡方程进行计算。

$$ET_c = \Delta S + P + I - D + W_g \tag{2-2}$$

式中，ΔS 为 120cm 土体储水量的增加量，mm；P 为降雨量，mm；I 为灌溉定额，mm；W_g为地下水补给量，mm，据研究，当地下水位低于4m 时，可忽略不计；D 为通过地表以下 120cm 处的水分渗漏量，mm。

（5）作物生长和产量

A. 株高、茎粗和叶面积指数

株高、茎粗和叶面积指数（LAI）每个生育期测定一次。株高采用米尺测定，茎粗采用游标卡尺测定玉米茎秆距地表 20cm 高度处的最长和最短两个方向的读数，其平均值作为该株茎粗。通过由下到上量取每片叶子的长和宽得到叶面积，将其乘以转换系数 0.74 得到实际叶面积。每个小区选取 3 株进行测定，每个处理 9 株，平均值除以单株占地面积得到该处理的 LAI。每次叶面积测定时，同时选大、中、小叶子 20 片，测定每片叶子的长和宽，然后用网格测定每片叶子的实际面积，计算得修正系数为 0.74。

B. 干物质积累和吸氮量

在玉米的各生育期，每个小区选取 3 株具有代表性的植株，采集植株地上部分。采样后首先将植株按照茎、叶、雄和穗分开处理，用烘箱烘至恒重，测定各器官干物质量，将称后的样品磨碎、过筛；其次用凯氏定氮仪（Kjeltec 2003，Foss，丹麦）测定玉米各器官的全氮含量；最后利用对应器官的干物质量和全氮含量，相乘计算获得植株吸氮量。

C. 产量和水分利用效率

每个小区选取 3 处样方进行考种，每个样方面积为 3m×1.3m，分别测量每株玉米的籽粒种，并折算到小区的产量（Y，t/hm^2）。水分利用效率（WUE，kg/m^3）为产量（Y）与 ET_c（mm）的比值：

$$\mathrm{WUE}=100Y/\mathrm{ET_c} \tag{2-3}$$

式中，100 为单位转换系数。

(6) 液流通量和尺度转换

每年抽穗期开始（7 月底至 8 月初），采用基于热平衡原理的包裹式液流计（Flow32-1K，Dynamax Co.，USA）在 M 和 NM 处理中分别选取两个小区（充分供氮分两次施入），每个小区各选择两株玉米进行液流通量测定。为减小持续加热对茎干的损伤和防止传感器泡沫吸水导致的数据测量误差，每隔 1 周左右将传感器拆下晾晒半天，当天再按原顺序装回。液流数据采集间隔为 60s，每 30min 进行平均值计算并存储输出结果，输出结果为单位时间液流量（Q，g/h），用其除以包裹的玉米茎干截面积（A_{si}，cm^2）得到液流通量[J_s，g/(cm^2·h)]，每个小区的两株玉米 J_s 平均值为该小区的 J_s 值。玉米茎干截面积由游标卡尺测定的茎干直径确定。

为实现单株液流通量向小区蒸腾量的尺度转换，在每个小区选取了连续 20 株玉米进行茎干直径测定，计算茎干截面积作为该小区平均值（A_{sa}），忽略玉米植株的储水容量，小区蒸腾量（$T_{r\text{-}SF}$，mm/h）可以由下式计算：

$$T_{r\text{-}SF}=\frac{10\times J_s\times A_{sa}}{A\times B} \tag{2-4}$$

式中，A、B 分别为株行距，cm；10 为单位转换因子。24h 的 $T_{r\text{-}SF}$ 累加值为小区日蒸腾量（mm）。每个处理两个小区的 $T_{r\text{-}SF}$ 均值为该处理的蒸腾量。

(7) 土壤蒸发量

土壤蒸发（E_s）采用自制的微型蒸渗仪（MLS）和电子天平（精度 0.01kg）进行测定，其中 MLS 由内桶和外桶组成，均由 PVC 管材制成，内桶外径为 11cm，壁厚为 0.36cm，高为 15cm，外桶直径略大于内桶外径，高度与内桶相同。先将内桶打入土壤钻取原状土，修平低端，用尼龙纱网封底，再将外桶置于取土处固定。在每个小区滴头正下方、距离滴头 25cm 和垄沟中间各安装 1 个 MLS，每隔 5 天换一次土，灌溉或发生>5mm 降雨后加换。每天下午 5：00～6：00 称量，两次称量结果之差即为蒸发水量损失，根据内桶截面面积转换为 mm/d。小区 E_s 由三个位置的土壤蒸发量按照面积加权平均得到。E_s

与 ET_0的比值即为蒸发系数（K_e）。

2.2.2 春玉米滴灌制度试验

1. 试验设计和处理

2017～2018 年采用统一施肥制度，试验综合考虑覆膜和灌溉制度两个因素。覆膜处理选取覆膜地表滴灌（MD）和不覆膜地表滴灌（ND）2 种处理。灌水处理设置 4 个水平，按照土壤水分上下限进行控制。地表滴灌和塑膜覆盖滴灌：0～60cm 土层平均灌溉下限 θ 确定为 75%，当土壤含水率降至灌水量下限时，进行灌水。其中，处理 1：灌水至灌溉上限；处理 2 和处理 3：灌水时间与处理 1 同步，每次灌水定额分别为处理 1 的 70% 和 50%；处理 4：仅在追肥时伴随灌水的处理。设置 2 个参照，以当地传统的玉米灌溉施肥管理制度（雨养种植，施氮量为 330kg/hm^2）作为参照 1，以不施氮的雨养种植制度作为参照 2。覆膜和不覆膜处理的总施氮量一致，均为 230kg/hm^2，参照 1 的总施氮量为 330kg/hm^2。播种前，每个小区均施入基肥（纯氮量为 62.0kg/hm^2，P_2O_5用量为 150.0kg/hm^2，K_2O 用量为 80.0kg/hm^2），对于地表滴灌和塑膜覆盖滴灌处理，后期追肥处理相同，即追肥施氮量为 168kg/hm^2，氮肥分 2 次施入田中，拔节期和抽穗期氮肥追施比例为6：4，采用专用施肥装置。对于传统对照处理，追肥施氮量为 268kg/hm^2，追肥（尿素）一次，于大喇叭口期通过人工撒施施入田中。综上，共计 2×4+2＝10 个处理（表 2-7），每个处理设置 3 个重复，总共布置了 30 个小区。

表 2-7 试验处理编码

处理号	覆膜与否	灌水定额	施肥量/(kg/hm^2)
M1	覆膜	75%～100% 田间持水量	230
M2	覆膜	处理 1 的 70%	230
M3	覆膜	处理 1 的 50%	230
M4	覆膜	追肥灌水	230
N1	不覆膜	75%～100% 田间持水量	230
N2	不覆膜	处理 1 的 70%	230
N3	不覆膜	处理 1 的 50%	230
N4	不覆膜	追肥灌水	230
传统对照 CK1	CK1（雨养、当地传统施肥量，330kg/hm^2），一次性撒施追肥		
传统对照 CK2	CK2（雨养，不追肥）		

2. 农艺管理措施、滴灌铺设及灌水施肥方式

农艺管理措施、滴灌铺设及充分供水处理灌水和施肥方式均同 2.2.1 节介绍。2 年的

播种、出苗及揭膜日期、主要农业水管理情况见表 2-8。具体的小区布置见图 2-3。

表 2-8　2017～2018 年田间农艺、施肥灌水管理及生育期降雨情况

试验年份	处理	播种日期	出苗日期	揭膜日期	施肥日期	灌水日期	灌水量/mm	降雨量/mm
2017	M1	4-25	5-12	5-16	7-6；7-17	6-8；6-29	29.29	413.70
	M2				7-7；7-18	6-8；6-29	22.57	
	M3				7-8；7-19	6-8；6-29	16.34	
	M4				7-9；7-19	—	2.54	
	N1				7-6；7-17	6-12；6-30；7-28	66.99	
	N2				7-7；7-18	6-12；6-30；7-28	47.88	
	N3				7-8；7-19	6-12；6-30；7-28	37.44	
	N4				7-9；7-19	—	5.86	
	CK1				7-5	—	0.00	
	CK2				—	—	0.00	
2018	M1	4-23	5-5	5-7	6-30；8-1	5-6；5-20	53.03	407.00
	M2				6-30；8-1	5-6；5-20	41.31	
	M3				7-1；8-1	5-6；5-20	36.42	
	M4				7-1；8-1	—	18.73	
	N1				7-2；8-2	5-7；5-21	56.43	
	N2				7-2；8-2	5-7；5-21	60.18	
	N3				7-3；8-2	5-7；5-21	39.53	
	N4				7-3；8-2	—	21.75	
	CK1				7-7	—	0.00	
	CK2				—	—	0.00	

3. 主要测定项目与方法

土壤特征参数、气象因子、田间能量分配、作物生长和产量、液流通量及土壤蒸发测定均同 2.2.1 节介绍。

(1) 土壤含水率和土壤温度

土壤含水率探头的布设方式与 2.2.1 节有所不同，MD、ND 处理中，在滴头正下方、距离滴头 25cm 和垄沟中间安装 5TM 土壤温湿度探头和 EM50 水分探头（Decagon EM50 Series，Decagon Devices，USA），安装深度分别为 5cm、20cm、45cm、70cm 和 100cm，CK 处理安装 EM50 水分探头，位置为滴头正下方和垄沟中间，安装深度同 MD、ND 处理。MD、ND 处理部分探头通过 EM50 自动数据采集器连续采集，每 30min 采集一次，其余均通过 EM50 数据采集器手动监测，每 3 天 1 次，在灌水前 1 天、后 1 天或者雨后（降雨量大于 15mm）1 天进行加测。

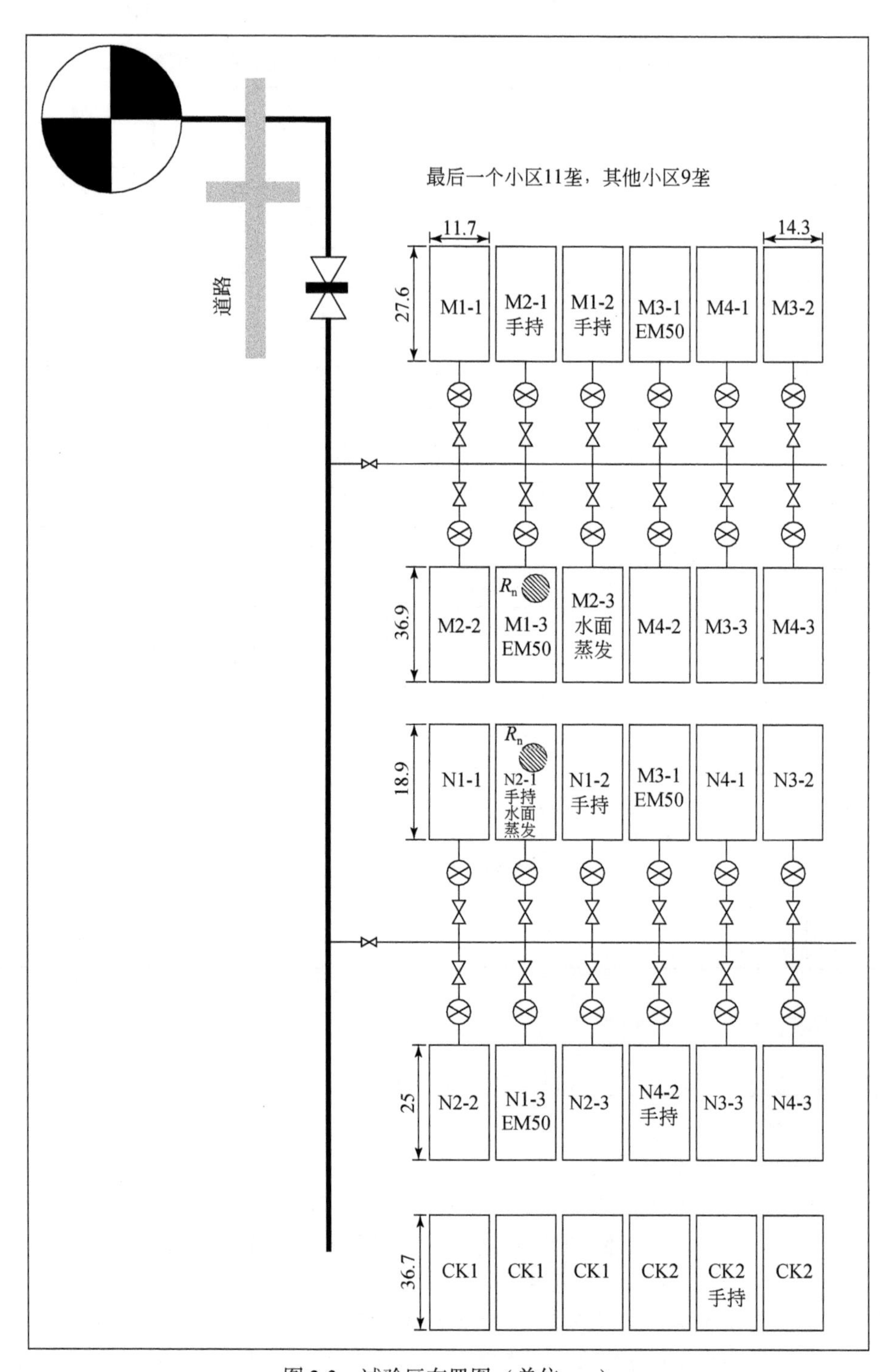

图 2-3　试验区布置图（单位：m）

取土测定：在玉米种植前、灌水前 1 天、后 1 天、后 4 天、后 7 天及作物收获时，利用 4cm 直径土钻采集 0 ~ 80cm 深度的土样，取土深度分别为 10cm、20cm、30cm、50cm、70cm，分别代表 0 ~ 10cm、10 ~ 20cm、20 ~ 30cm、30 ~ 50cm、50 ~ 70cm 的土层，土样采用烘干法测定土壤含水率，对上述处理安装的 EM50 水分探头进行标定。

土壤温度：在 MD 和 ND 处理中，利用在滴头正下方、距离滴头 25cm 和垄沟中间安装的 5TM 土壤温湿度探头（Decagon EM50 Series，Decagon Devices，USA）测定土壤温度，80cm 处的 5TM 探头由 EM50 数据采集器手动测量，每 3 天 1 次，在灌水前 1 天、后 1 天或者雨后（降雨量大于 15mm）1 天进行加测；其余部分探头通过 EM50 自动数据采集器连续采集，每 30min 采集一次。

（2）光合参数

2017 ~ 2018 年试验增加了对玉米叶片光合日进程、光合-光响应曲线和光合-胞间 CO_2 响应曲线的测定。

在玉米返青期、拔节期、抽穗期、灌浆期和成熟期，选择典型晴天采用 Li-6400 便携式进行光合日进程和光合曲线测定，上午 9：00 开始，每个处理选择生长一致的 2 ~ 3 株玉米进行测定。苗期测定植株最上面完全展开叶，拔节期测定最上面完全展开叶及其下面第 3 片叶子，抽穗期及之后时期测定上中下 3 层的叶子，即将冠层分为穗位叶及穗位叶上、下第 3 片叶子为代表的上中下 3 层。光合-光响应曲线测定时，叶室温度设定为 25 ~ 28℃，叶室 CO_2 浓度设定为 400μmol/mol，叶室光强设定为 2100μmol/(m^2·s)、1800μmol/(m^2·s)、1500μmol/(m^2·s)、1250μmol/(m^2·s)、1000μmol/(m^2·s)、800μmol/(m^2·s)、500μmol/(m^2·s)、200μmol/(m^2·s)、150μmol/(m^2·s)、110μmol/(m^2·s)、80μmol/(m^2·s)、50μmol/(m^2·s)、20μmol/(m^2·s) 和 0μmol/(m^2·s)，从强到弱进行测定。光合-胞间 CO_2 响应曲线测定时，叶室温度设定为 25 ~ 28℃，叶室光强设定为 2000μmol/(m^2·s)，叶室 CO_2 浓度设定为 400μmol/mol、300μmol/mol、200μmol/mol、150μmol/mol、100μmol/mol、80μmol/mol、0μmol/mol、400μmol/mol、400μmol/mol、600μmol/mol、800μmol/mol、1000μmol/mol、1200μmol/mol，按照次序测定。

光合-光响应曲线测定结果用非直角双曲线方程拟合获得相关参数，进行处理间比较分析。当 PAR 较小时，即 $0<PAR<150$μmol/(m^2·s)，光合速率随着光强增大而增大，采用线性拟合得到表观光量子效率 α、呼吸速率 R_d 等参数，再通过 SPSS 软件中的非直线回归程序来拟合光合-光响应曲线：

$$A = A_n + R_d = \frac{\alpha\times PAR + A_{max} - \sqrt{(\alpha\times PAR + A_{max})^2 - 4\times\theta\times\alpha\times PAR\times A_{max}}}{2\theta} \tag{2-5}$$

式中，A 为植物的总光合速率，μmol/(m^2·s)；A_n 为植物的净光合速率，μmol/(m^2·s)；α 为表观光量子效率（无量纲）；PAR 为光合有效辐射，μmol/(m^2·s)；A_{max} 为最大净光合速率，μmol/(m^2·s)；θ 为曲线的曲率（无量纲），曲率越大，曲线的弯曲程度越大；R_d 为暗呼吸速率，μmol/(m^2·s)。

光合-胞间 CO_2 响应曲线采用指数方程拟合获得相关参数，进行处理间比较分析：

$$A_n = a\ (1-e^{-bx})\ +c \tag{2-6}$$

式中，x 为胞间 CO_2 浓度，μmol/mol；b 为羧化速率，μmol/(m² · s)；a 为最大光合速率，μmol/(m² · s)；c 为呼吸速率，μmol/(m² · s)。

（3）叶片氮含量及 ^{13}C 同位素分辨率

光合测定完成后将叶片取下，截取中段 40cm 长的部分，去掉叶脉，105℃杀青，65℃下烘干至恒量，研磨，过 100 目筛，采用硫酸-水杨酸消煮-凯式定氮仪法确定叶片 N 含量（叶干重 N 质量分数，N_{mass},%）。测定完 N_{mass} 的叶片样品还进行了叶片 ^{13}C 分辨率（Δ）测定。Δ 根据稳定同位素比率质谱仪（DELTA V Advantage isotope ratio mass spectrometer, Thermo Fisher Inc.，USA）测定结果计算。首先检测样品的 ^{13}C 与 ^{12}C 比率，再与国际标准物（Pee Dee Belnite 或 PDB）比对后计算出样品的 $\delta^{13}C_{sample}$ 值，已知空气该值为 $\delta^{13}C_{air}=-8‰$，通过式（2-7）计算样品的 ^{13}C 分辨率（Δ）：

$$\Delta = \frac{(\delta^{13}C_{air} - \delta^{13}C_{sample})\ \times 1000}{1+\delta^{13}C_{sample}} \tag{2-7}$$

（4）维管束鞘对 CO_2 的泄漏率

维管束鞘对 CO_2 的泄漏率（the leakiness of the bundle-sheath cells to CO_2，L）采用 Farquhar 等（1989）对 C4 作物光合提出的式（2-8）计算。公式采用光曲线测定中光强 PAR>1000μmol/(m² · s) 时的胞间 CO_2 浓度与环境 CO_2 浓度比值（C_i/C_a）和叶片的 ^{13}C 分辨率来计算 L 值，如下：

$$L = \frac{\Delta^{13}C - a + (a-b_4)\ C_i/C_a}{(b_3-s)\ C_i/C_a} \tag{2-8}$$

式中，a 为 CO_2 扩散过程中引起的碳同位素分辨率，取值为 4.4‰；b_4 为气态 CO_2 通过 PEP 羧化酶固定时产生的分辨率，取值为-5.7‰；b_3 为气态 CO_2 通过 RuBP 羧化酶固定时产生的分辨率，取值为 30‰；s 为 CO_2 从维管束鞘细胞向外扩散过程中产生的分辨率，取值为 1.8‰（Von Caemmerer et al.，1997）。

2.3 秸秆覆盖滴灌田间试验设计与方法

2.3.1 冬小麦滴灌制度试验

1. 试验设计和处理

试验在覆盖和不覆盖 2 种处理下分别设置 3 种滴灌制度，完全随机组合，共 6 个处理，每个处理设 4 个重复，共 24 个小区。试验小区布置如图 2-4 所示。覆盖处理采用上季留存粉碎后的玉米秸秆，覆盖量为 6000kg/hm²。除 2012～2013 年试验季于 2013 年 5 月 4 日开始覆盖外，其余试验季均为播种后即用秸秆覆盖。冬小麦于每年 10 月中旬播种，行距为 25cm，播前根据土壤墒情，灌水 50～75mm，并施入复合肥（有效成分为 N、P_2O_5、K_2O，含量为 15%、15%、15%）556kg/hm^2 作为底肥，折合纯 N、P、K 量分别为 83.4kg/hm^2、36.4kg/hm^2 和 69.2kg/hm^2。播种当年 11 月中旬进行冬灌，冬灌采用地面灌水方式，灌水量为 50mm。次年 4 月初返青，开始灌水处理，灌水方式为地表滴灌，一带 4 行，滴头间距为 30cm，滴头流量为 1.35L/h。

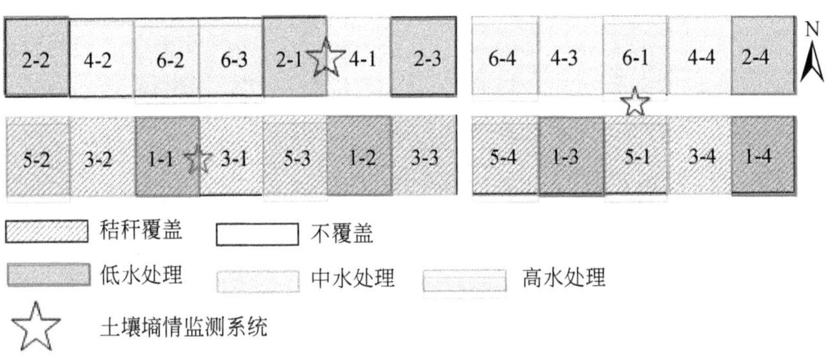

图 2-4　试验小区布置图

为保证作物正常生长，所有处理返青期第一次灌水均灌至田间持水量，此后至成熟期前，根据计划湿润层的土壤含水率上下限来确定灌水量和灌水时间，低水、中水、高水 3 种灌溉制度分别以田间持水量的 55%～75%、65%～85% 和 78～98% 作为灌水上下限控制因素，成熟期不灌水。每个处理返青期第一次灌水时，采用文丘里施肥器施肥，施氮量为 110kg/hm^2，施用肥料为尿素。各处理编号、生育期灌水次数、灌水量及降雨量见表 2-9，处理 1～6（T1～T6）分别表示低水覆盖、低水不覆盖、中水覆盖、中水不覆盖、高水覆盖和高水不覆盖处理。

表 2-9　2012～2016 年冬小麦季处理编号、返青期至收获期灌水次数、灌水量及降雨量统计

生长季	处理 1		处理 2		处理 3		处理 4		处理 5		处理 6		降雨量/mm
	灌水次数/次	灌水总量/mm	灌水次数/次	灌水总量/mm	灌水次数/次	灌水总量/mm	灌水次数/次	灌水总量/mm	灌水次数/次	灌水总量/mm	灌水次数/次	灌水总量/mm	
2012～2013 年	2	64.4	2	58.2	3	84	3	93.1	3	100.6	3	104.3	66.5
2013～2014 年	3	75.2	3	90.1	4	104.8	4	125.4	4	135.5	4	155.3	85.1
2014～2015 年	4	99.4	4	117.8	4	109.6	4	134.6	5	150.7	5	177.9	64.5
2015～2016 年	3	81.3	3	95.2	4	89.8	4	98.2	5	133.3	5	146.2	102.6

2. 主要测定项目与方法

(1) 田间小气候因子

田间土壤温度、土壤热通量和净辐射测定：在秸秆覆盖和不覆盖处理中，采用 TRM-

ZS1 型数据采集系统（锦州阳光气象科技有限公司，中国）连续观测田间小气候因子数据，30min 自动记录，定时下载。净辐射探头安装在冠层上方 50cm 和地表 40cm 高度处；土壤热通量板分别安装在滴灌带滴头正下方和两根滴灌带之间的干燥区域，安装深度为距地表 8cm，在每个热通量板上方 2cm 和 6cm 处分别安装土壤温度探头，测定土壤温度。

冠层不同高度处的空气温湿度测定：在每个处理安装 HOBO 温湿度数据记录仪（HOBO Pro V2，Onset Computer Co，Bourne，MA，USA）连续观测田间空气温湿度的变化，仪器安装高度分别为 1/2 冠层高度（随作物生长而不断变化）和距垄间地面 15cm 高度处，安装位置为滴灌带上方行间，仪器每 30min 采样一次，并将采集的数据自动储存到模块内，通过计算机手动定时下载数据。

（2）土壤蒸发量确定

土壤蒸发采用自制的微型蒸发器（MLS）和电子天平（精度 0.01kg）进行测定，其中 MLS 由内桶和外桶组成，均由 PVC 管材制成，内桶外径为 11cm，壁厚 0.36cm，高度选取 5cm 和 15cm 两种，外桶直径略大于内桶外径，高度与内桶相同。为方便内桶打入土壤钻取原状土，根据内桶直径和壁厚制造空心金属钻头，先将内桶下端套入钻头直接打入土壤，并用事先装好的挂钩将桶和钻头垂直取出，以减小对周围土壤的破坏，修平内桶低端，用尼龙纱网封底，再将外桶置于取土处固定，使其上端略高于土表，以防止桶内外土壤交换。

图 2-5 是 MLS 布置示意图。每个小区安装 2 个高度为 15cm 的 MLS，在滴灌带滴头正下方（桶位 1）和两根滴灌带之间的干燥区域（桶位 2）分别安装，此外每个处理选择一个小区在滴头正下方安装 1 个高度为 5cm 的 MLS（桶位 3）。除>5cm 降雨或灌溉后需换土外，其余时段高度为 5cm 的 MLS 每隔 2 天换一次土、高度为 15cm 的 MLS 每隔 5 天换一次土，以保证桶内外土壤水分差别不大。每次换土仅将内桶取出重新取土，外桶位置不变。每天下午 5 ~ 6 点称量，两次称量结果之差即为蒸发水量损失，根据内桶截面面积转换为 mm/d。5 月 3 日起在 MLS 换土时用土钻取 MLS 桶内及外部附近的表层 0 ~ 5cm 深度处的土壤进行含水率（$\theta_{0\sim5}$）测定，以比较桶内外土壤含水率的差异，并评价本研究换土周期对土壤蒸发测定的准确度的影响。

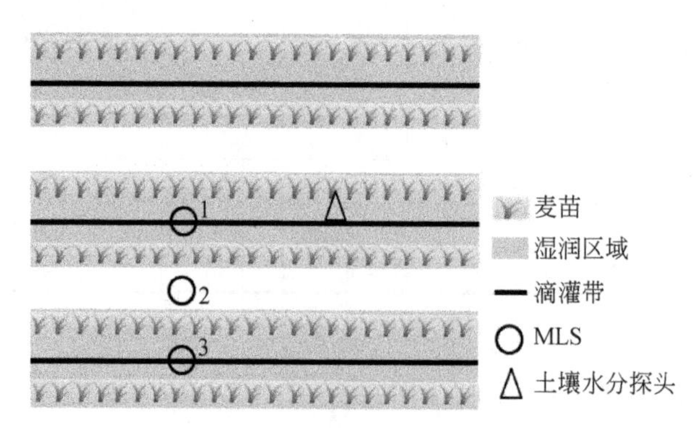

图 2-5　试验地 MLS 布置示意图

(3) 参考蒸发量计算

参考蒸发量（E_{s0}）是湿润土表的潜在蒸发量，其计算见式（2-9）~式（2-11）：

$$E_{s0}=\frac{\Delta\times R_{ns}+\gamma\times \mathrm{VPD}\times 2.7\ (1+u/100)}{(\Delta+\gamma)} \tag{2-9}$$

$$R_{ns}=\tau R_{n} \tag{2-10}$$

$$\tau=\exp\ (-\kappa\times \mathrm{LAI}) \tag{2-11}$$

式中，R_{ns}为穿透冠层到达土壤表面的净辐射，mm/d；Δ 为饱和水汽压-温度曲线的斜率，kPa/℃$^{-1}$；γ 为湿度计常数，kPa/℃；VPD 为大气饱和水汽压亏缺，kPa；u 为 2m 高度处的风速，km/d。R_{ns}由冠层上方的净太阳辐射（R_n，mm/d）和穿透到土壤表面的净辐射比例（τ）相乘得到；τ 与作物冠层叶面积指数（LAI）和辐射的冠层衰减系数（κ）有关，κ 与叶倾角和太阳高度有关，计算蒸发蒸腾日均值时，可用正午时段的值代表全天值，本研究取为 0.65。

该计算公式与 FAO-24 分册的彭曼方程类似，只是将原方程的可供能量改为穿透冠层入射到土壤表面的辐射量。因此，该公式不但包含了气象因子对土壤蒸发的影响，还将冠层 LAI 变化对照射到地表的辐射量的影响，进而对土壤蒸发产生的影响包含进来。

(4) 田间蒸发蒸腾量

秸秆覆盖滴灌田间试验中除非特殊说明，采用田间蒸发试验开展期间冬小麦田实际蒸发蒸腾量（ET_c）均采用水量平衡方程计算，计算公式为式（2-2），详见 2.2.1 节介绍。

土壤含水率的测定是利用水量平衡法确定 ET_c的关键。本研究土壤含水率采用田间取土、烘干法得到。返青期第一次灌水所有处理均充分灌水至田间持水量，灌水后每个处理各选 2 个小区，每个小区在干湿区域分别选点，按土层深度（0 ~ 10cm、10 ~ 20cm、20 ~ 40cm、40 ~ 60cm、60 ~ 80cm、80 ~ 100cm）取土，烘干法测定土壤含水率，分析发现 60 ~ 80cm 和 80 ~ 100cm 土壤含水率基本一致，因此，此后取土都取到 80cm 深度处。各处理第二次灌水前后及生长季末都进行了取土及土壤含水率的测定。试验开展期间的 ET_c采用 0 ~ 80cm 土层的水量平衡方程计算，整个生长季的 ET_c根据 Liu 等（2002）对华北地区冬小麦 5 年的试验研究确定的返青期至收获期 ET_c占总 ET_c的比例为 65% 折算得到。

(5) 光合参数及叶片氮含量

冬小麦旗叶展开后，选择典型晴天用 Li-cor 6400 便携式光合仪进行叶片光合-光响应曲线和光合-胞间 CO_2响应曲线的测定，进而确定叶片相关光合参数。光合参数测定在 2013 ~ 2016 年 4 ~ 6 月冬小麦返青期至收获期展开。除 2016 年仅测定 1 次光合-光响应曲线和 2 次光合-胞间 CO_2响应曲线外，2013 ~ 2015 年每年 4 ~ 6 月各开展了 2 次光合-光响应曲线和 2 次光合-胞间 CO_2响应曲线测定，为方便各年份间不同测定日期间的比较，所有测定日期均标准化为距返青期首次灌水的天数（Dafi），标准化后，2013 年的测定时间为 Dafi19 ~ 20 和 Dafi40 ~ 41，2014 年的测定时间为 Dafi29 ~ 30 和 Dafi47 ~ 48，2015 年的测定时间为 Dafi35 ~ 36 和 Dafi54 ~ 55，2016 年的测定时间为 Dafi32 ~ 35 和 Dafi57 ~ 58。具体测定日期和测定内容见表 2-10；此外，2015 年还开展了一次不同高度处叶片光合速率和蒸腾速率日进程测定，日期为 5 月 20 日。

表 2-10　各试验季光合曲线测定明细表

测定项目	年份	对应日期	测定日距返青期首次灌水的天数（Dafi）	测定条数	测定明细
光合-光响应曲线	2013	0510-0511	Dafi19～20	4	1、2、5、6 处理各 1 条
		0531-0611	Dafi40～41	6	6 个处理各 1 条
	2014	0502-0503	Dafi29～30	12	1、2、5、6 处理各 3 条
		0520-0521	Dafi47～48	12	1、2、5、6 处理各 3 条
	2015	0512-0513	Dafi35～36	12	6 个处理各 2 条
		0531-0601	Dafi54～55	12	6 个处理各 2 条
	2016	0507-0510	Dafi32～35	18	6 个处理各 3 条
光合-胞间 CO_2 响应曲线	2013	0510-0511	Dafi19～20	12	1、2、5、6 处理各 3 条
		0531-0611	Dafi40～41	6	6 个处理各 1 条
	2014	0502-0503	Dafi29～30	12	1、2、5、6 处理各 3 条
		0520-0521	Dafi47～48	4	1、2、5、6 处理各 1 条
	2015	0512-0513	Dafi35～36	18	6 个处理各 3 条
		0531-0601	Dafi54～55	6	6 个处理各 1 条
	2016	0507-0510	Dafi32～35	18	6 个处理各 3 条
		0601-0602	Dafi57～58	12	6 个处理各 2 条

光合-光响应曲线测定时，叶室环境设定与覆膜春玉米试验略有不同。光合-光响应曲线测定时叶室温度设定为 26～28℃，叶室 CO_2浓度设定为 400μmol/mol，叶室光强设定为 2200μmol/(m^2·s)、2000μmol/(m^2·s)、1600μmol/(m^2·s)、1300μmol/(m^2·s)、1000μmol/(m^2·s)、750μmol/(m^2·s)、500μmol/(m^2·s)、200μmol/(m^2·s)、100μmol/(m^2·s)、50μmol/(m^2·s)、20μmol/(m^2·s) 和 0μmol/(m^2·s)，从强到弱进行测定。光合-胞间 CO_2 响应曲线测定时叶室温度设定为 26～28℃，叶室光强设定为 2000μmol/(m^2·s)，叶室 CO_2浓度设定为 400mol/mol、300mol/mol、200mol/mol、120mol/mol、80mol/mol、50mol/mol、0mol/mol、400mol/mol、400mol/mol、600mol/mol、800mol/mol、1200mol/mol、1600mol/mol、2000mol/mol，按次序测定。

光合-光响应曲线测定结果用非直角双曲线方程拟合获得相关参数，进行处理间比较分析。非直角双曲线模型的表达式见 2.2.2 节相关描述。光合-胞间 CO_2 响应曲线测定结果采用 Farquhar 和 von Caemmerer 提出的经由 Sharkey 等于 2017 年完善后的光合模型拟合。叶片氮含量及 ^{13}C 同位素分辨率测定参见 2.2.2 节相关描述。

（6）产量及水分利用效率

每个处理选择 6 个 1m^2的样方全部收获，测定产量 Y，单位换算为 kg/hm^2。试验开展期间冬小麦田 ET_c采用水量平衡方程计算，水分利用效率（WUE）是指产量（Y）与田间蒸发蒸腾量（ET_c）之比。

(7) 数据处理方法

光合-光响应曲线和光合-胞间 CO_2 响应曲线的拟合均采用 SPSS18.0 的自定义非线性拟合进行，参数确定后首先采用 SPSS18.0 软件的双因素方差分析确定覆盖和滴灌处理及其交互作用对光合参数的影响，在确定不存在二者交互作用的前提下，采用单因素方差分析及 dacan 多重比较方法进行所有处理的差异显著性分析及处理间均值的两两比较。在分析光合参数与叶片 N 含量关系及产量与光合参数的关系时，首先采用 SPSS18.0 软件的协方差分析确定不同年份之间回归直线斜率和截距是否存在显著差异，不存在显著差异的情况下，再采用 SigmaPlot12.0 将所有年份统一回归分析，确定回归方程和统计参数。所有作图均通过 SigmaPlot12.0 完成。

2.3.2 夏玉米水肥耦合试验

1. 试验设计和处理

试验站位于北京市大兴区的中国水利水电科学研究院农业节水灌溉试验站进行。试验设计的主要控制因素为秸秆覆盖与否与施肥量大小，其中施肥主要指夏玉米生长期内的追肥，试验设计分别在拔节期（7 月 17 日至 8 月 12 日）和抽穗期（8 月 13 日至 9 月 1 日）各施肥一次（表 2-11），施肥水平分为低肥（不追肥）、中肥（每次追肥 100kg/hm² 尿素）和高肥（每次追肥 200kg/hm² 尿素）。试验共设置 6 个处理，即低肥覆盖处理（TM1）、低肥不覆盖处理（TN1）、中肥覆盖处理（TM2）、中肥不覆盖处理（TN2）、高肥覆盖处理（TM3）和高肥不覆盖处理（TN3）。每个处理设置 4 次重复，共布置 24 个试验小区。覆盖处理的秸秆来自粉碎后的小麦秸秆，覆盖厚度为 2 ~ 3cm，秸秆覆盖量约为 6000kg/hm²。

夏玉米在冬小麦收获后人工播种，行距为 50cm，株距为 30cm。各试验小区均采用滴灌系统灌水和追肥（压差式施肥罐）。滴灌系统灌水器选用以色列 Netafim 公司 Typhoon 型号滴灌带，灌水方式为地表滴灌，一带 2 行，滴头间距为 30cm，在 0.1MPa 的工作压力下滴头流量为 1.35L/h。2013 ~2015 年夏玉米各生育期开始时间见表 2-11。

表 2-11 2013 ~ 2015 年夏玉米播种、收获及主要生育期开始时间

年份	播种期	苗期	拔节期	抽雄期	吐丝期	灌浆期	蜡熟期	收获期
2013	6 月 18 日	6 月 25 日	7 月 19 日	8 月 6 日	8 月 12 日	8 月 25 日	9 月 14 日	10 月 4 日
2014	6 月 18 日	6 月 24 日	7 月 16 日	8 月 4 日	8 月 11 日	8 月 26 日	9 月 14 日	10 月 4 日
2015	6 月 18 日	6 月 25 日	7 月 19 日	8 月 5 日	8 月 12 日	8 月 27 日	9 月 15 日	10 月 5 日

考虑到华北地区降雨主要集中在 7 ~ 9 月，夏玉米大田试验各处理难以实施具有较大差异的灌溉制度，因此，本研究中覆盖和不覆盖各处理下灌水下限统一设置为 70% 田间持水量，灌水上限为 100% 田间持水量，即夏玉米全生育期各处理都实施充分灌水。各处理在灌水时间上设计相同，即按照计划湿润层土壤含水率先到达 70% 田间持水量的处理时间

来安排其他处理开始灌水的时间点，但各处理每次灌水定额以实际土壤水含水率值为计算下限，灌水量计算方式参见 2.2.1 节相关描述。

土壤含水率采用田间取土、烘干法得到。每个小区在干湿区域各选择 2 个样点，按土层深度（0～10cm、10～20cm、20～40cm、40～60cm、60～80cm、80～100cm）取土。土壤含水率平均每隔 5 天取土一次，此外，灌前和灌后均安排取土测定。

2. 主要测定项目与方法

（1）田间小气候因子和土壤蒸发量

田间小气候因子测定方法同 2.3.1 节中冬小麦试验田间小气候因子测定；土壤蒸发量采用微型蒸发皿测定，测定方法和注意事项同 2.3.1 节中冬小麦试验土壤蒸发量测定。

（2）液流通量和尺度转换

2014 年 8 月 30 日及 2015 年 8 月 6 日起，采用基于热平衡原理的包裹式液流计（Flow32-1K，Dynamax Co. USA）1 套，处理 1、2、5、6 各选 2 株进行玉米单株液流通量测定，2015 年 8 月 22 日起，在处理 3、4 中分别增加了 2 株玉米进行测定。液流计探头安装、数据计算及尺度转换方法详见 2.2.1 节中相关描述。

（3）光合参数及相关因子

拔节期开始后不同生育期选择典型晴天用 Li-cor 6400 便携式光合仪进行叶片光合-光响应曲线的测定，进而确定叶片相关光合参数。抽雄期及之前选择植株最上面一片完全展开的叶子测定，吐丝期及之后选择穗位叶进行测定，测定时叶室夹在叶片中部，避开叶脉。2013 年在拔节期和吐丝期测定，2014 年在抽雄期、乳熟期和蜡熟期测定，2015 年在吐丝期和乳熟期测定。光合-光响应曲线测定时叶室温度设定为 26～28℃，叶室 CO_2 浓度设定为 400μmol/mol，叶室光强设定为 2200μmol/(m^2·s)、2000μmol/(m^2·s)、1600μmol/(m^2·s)、1300μmol/(m^2·s)、1000μmol/(m^2·s)、750μmol/(m^2·s)、500μmol/(m^2·s)、200μmol/(m^2·s)、100μmol/(m^2·s)、50μmol/(m^2·s)、20μmol/(m^2·s) 和 0μmol/(m^2·s)，从强到弱进行测定。光合-光响应曲线测定结果用非直角双曲线方程拟合获得相关参数，参数拟合方法详见 2.2.2 节中相关描述。叶片氮含量及 ^{13}C 同位素分辨率、维管束鞘对 CO_2 的泄漏率测定详见 2.2.2 节中相关描述。

（4）叶面积指数、干物质及产量测定

叶面积指数（LAI）2013 年每两周测定一次，2014～2015 年每个生育期测定一次。测定时由下到上量取每片叶子的长和宽，并乘以转换系数 0.74 得到实际叶面积。每个小区选取 3 株进行测定，每个处理 12 株，平均值除以单株占地面积得到该处理的 LAI。成熟期每个小区选择 3 株玉米，截取地上部分，分茎、叶和穗（穗皮算到茎中）烘干至恒重，测得干重在茎、叶和穗之间的分配情况。收获时，每个小区选取 3 处样方进行考种，每个样方面积为 3m×1m，分别测量每株玉米的籽粒重，并折算到小区的产量（Y，t/hm^2）。

第3章 覆盖滴灌微气候环境要素改变

华北和东北地区是我国重要的商品粮生产基地，是我国粮食安全的压舱石。东北是我国主要的玉米主产区，近几年的实践表明，塑膜覆盖滴灌技术（塑膜覆盖滴灌技术）对有效解决东北玉米种植中生育前期积温不足和生育期高效补充水肥等问题发挥了重要作用（Liu et al.，2017）。为充分利用东北丰富的土地资源，保障国家粮食安全，国家已在该地区开展了“节水增粮行动”工程建设，其中玉米塑膜覆盖滴灌面积占到125万hm^2以上（王建东等，2015）。塑膜或秸秆覆盖将土壤-植物-大气系统转变成土壤-塑膜或秸秆-植物-大气系统，使得田间的水热传输规律发生了变化，而这种变化会影响田间热环境以及作物生长。有关学者对塑膜覆盖滴灌玉米农田水热传输机制开展了探索，试图从农田水、热循环角度揭示玉米塑膜覆盖滴灌节水增产机理。刘洋等（2015）对塑膜覆盖滴灌、不覆膜滴灌和地面灌水下玉米田间土壤温度、田间小气候参数、作物生长及产量等进行观测和分析，发现塑膜覆盖滴灌显著改变了玉米生长的土壤水热环境；王建东等（2015）基于东北典型区的试验研究发现，覆膜覆盖在一定程度上改变了作物行间的小气候环境，能有效降低作物垄间的棵间蒸发量，具有降低作物耗水量的潜在优势；Sui等（2018）研究发现，覆膜滴灌比不覆膜滴灌玉米拦截了更多的净辐射，这是其增产的主要原因之一。同样，秸秆覆盖物也改变了地表的热学和动力学性质，可使近地层土壤温度、空气温度和湿度等气象要素发生明显的变化。李全起（2003）研究发现，秸秆覆盖能够降低近地面空气湿度和提高近地面空气温度，在灌溉条件下表现尤为明显，灌溉能够降低近地面的湍流交换系数和湍流热通量，提高潜热通量，而秸秆覆盖的作用相反。总体而言，针对覆盖滴灌微气候环境要素变化研究，上述研究存在不定量或系统性不够等问题，针对东北和华北地区覆盖与不覆盖滴灌下玉米农田水热传输机制的研究依然亟须进一步开展系统定量探析和揭示。

本章以东北典型区和华北典型区玉米和冬小麦为研究对象，基于塑膜覆盖和秸秆覆盖以及不覆盖充分滴灌条件，定量揭示了不同覆盖方式及不覆盖滴灌下玉米和冬小麦农田净辐射、土壤温度、农田温湿度、土壤热通量、热量平衡分项等微气候环境要素的变化差异，相关结论可为深入揭示覆盖滴灌节水增产内在机理提供一定理论依据。

3.1 塑膜覆盖滴灌对春玉米微气候环境条件的影响

3.1.1 微气候环境要素变化规律

试验于2014年和2015年在黑龙江省水利科技试验研究中心进行，试验区概况及试验设计和测定方法见 2. 1. 1 节中的介绍。考虑覆膜地表滴灌（MD）和不覆膜地表滴灌（ND）2 种覆盖模式，同时以当地传统的施肥管理制度（雨养种植，施纯氮量为 330kg/hm^2）为参照 1（CK1），以不追肥的雨养种植制度为参照 2（CK2），共布置 4 个处理，具体见表 3-1。每个处理 3 个重复，共计 12 个小区，每个小区面积为 5. 2m×20m。MD 和 ND 处理的灌溉施肥制度同 2. 2. 1 节中的 M1 处理。

表 3-1 试验处理描述

编号	处理	具体措施
MD	覆膜地表滴灌	起垄，覆膜地表滴灌，施纯氮量 330kg/hm^2，通过文丘里施肥系统施入
ND	不覆膜地表滴灌	起垄，不覆膜地表滴灌，施纯氮量 330kg/hm^2，通过文丘里施肥系统施入
CK1	参照 1	起垄，雨养种植，施纯氮量 330kg/hm^2，人工撒施肥料
CK2	参照 2	起垄，雨养种植，不追肥

1. 田间温度

从图 3-1 和图 3-2 可以看出，在塑膜覆盖滴灌和地表滴灌模式下，玉米生育期内，植株中部和距垄间地面 10cm 处的田间温度均随气温的波动而波动，但略高于试验场气象站测得的空气温度；两个位置的温度差（植株中部高处的温度-距垄间地面 10cm 处的温度）亦随气温的波动而有所波动，2014 年和 2015 年差异范围为-1. 5 ~ 1. 1℃，相较而言，2014 年塑膜覆盖滴灌模式下，植株中部与距垄间地面 10cm 处的垂直温度梯度基本保持为正梯度，即距垄间地面 10cm 处的温度较低，沿株高温度逐渐增加，且株间温度梯度略大于地表滴灌模式下的温度梯度，玉米生育期内塑膜覆盖滴灌的株间温度梯度比地表滴灌模式下的温度梯度平均加大了 0. 2℃/d。从图 3-1 和图 3-2 中还可以看出，玉米生育期内，塑膜覆盖滴灌模式下两个位置处的田间温度基本都略高于地表滴灌模式下对应位置处的田间温度，且覆膜对田间植株中部空气温度的影响幅度明显较大，2014 年玉米生育期内覆膜滴灌距地面 10cm 处的田间温度比地表滴灌模式下的温度平均提高 0. 14℃/d，田间植株中部空气温度平均提高 0. 34℃/d；2015 年玉米生育期内塑膜覆盖滴灌模式距地面 10cm 处的田间温度比地表滴灌模式下的温度平均提高 0. 16℃/d。综上可见，相比于地表滴灌，覆膜使田间温度略有上升。

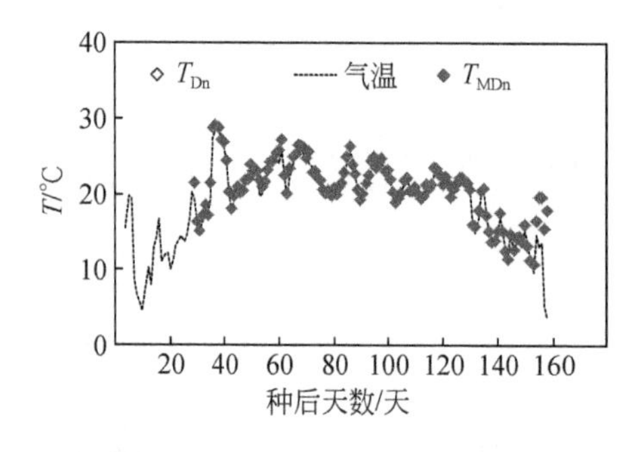

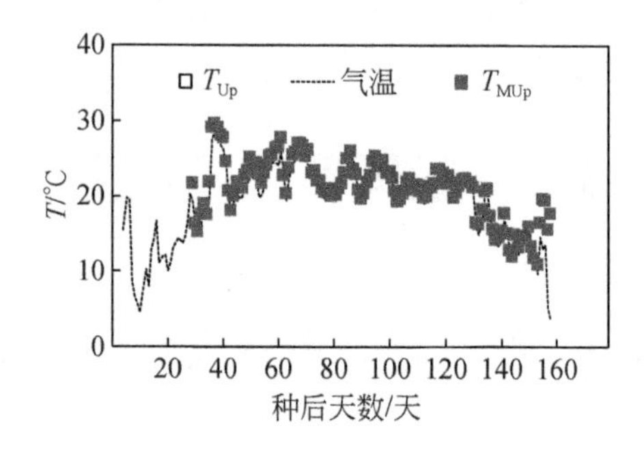

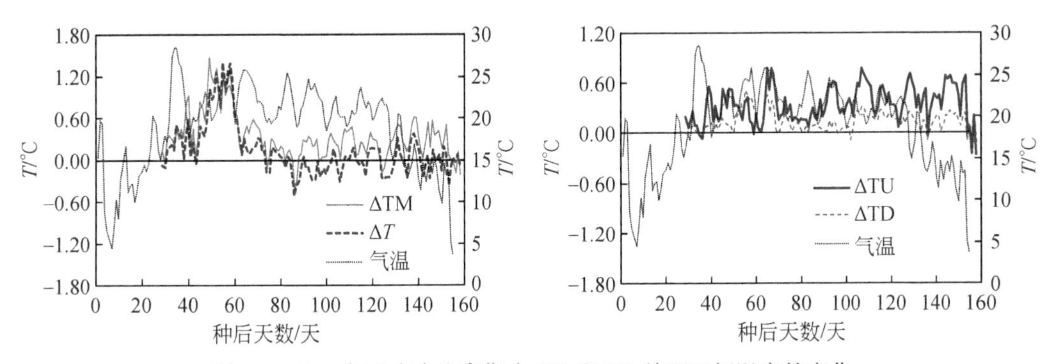

图 3-1　2014 年玉米全生育期内 MD 和 ND 处理田间温度的变化

T_{Dn}代表 ND 处理距地面 10cm 处温度；T_{Up}代表 ND 处理植株中部处温度；T_{MDn}代表 MD 处理距地面 10cm 处温度；T_{MUp}代表 MD 处理植株中部处温度；$\Delta T = T_{Up} - T_{Dn}$；$\Delta TM = T_{MUp} - T_{MDn}$；$\Delta TD = T_{MDn} - T_{Dn}$；$\Delta TU = T_{MUp} - T_{Up}$

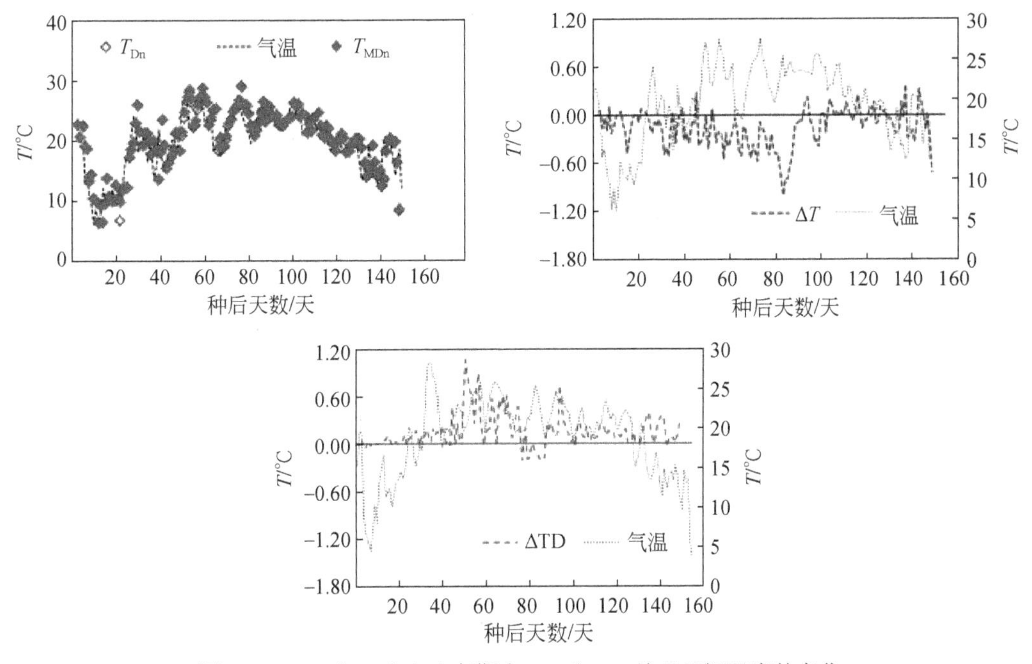

图 3-2　2015 年玉米全生育期内 MD 和 ND 处理田间温度的变化

2. 田间湿度

从图 3-3 和图 3-4 可以看出，玉米生育期内，覆膜使距垄间地面 10cm 处和植株中部的田间湿度多低于地表滴灌模式下对应位置处的田间湿度，且植株中部的湿度下降幅度明显较大，2014 年塑膜覆盖滴灌垄间地面 10cm 处的湿度降低了约 0.58%，植株中部降低了约 1.96%，2015 年垄间地面 10cm 处降低了约 0.67%，由此可见，覆膜有效减小了生育期内的田间湿度。

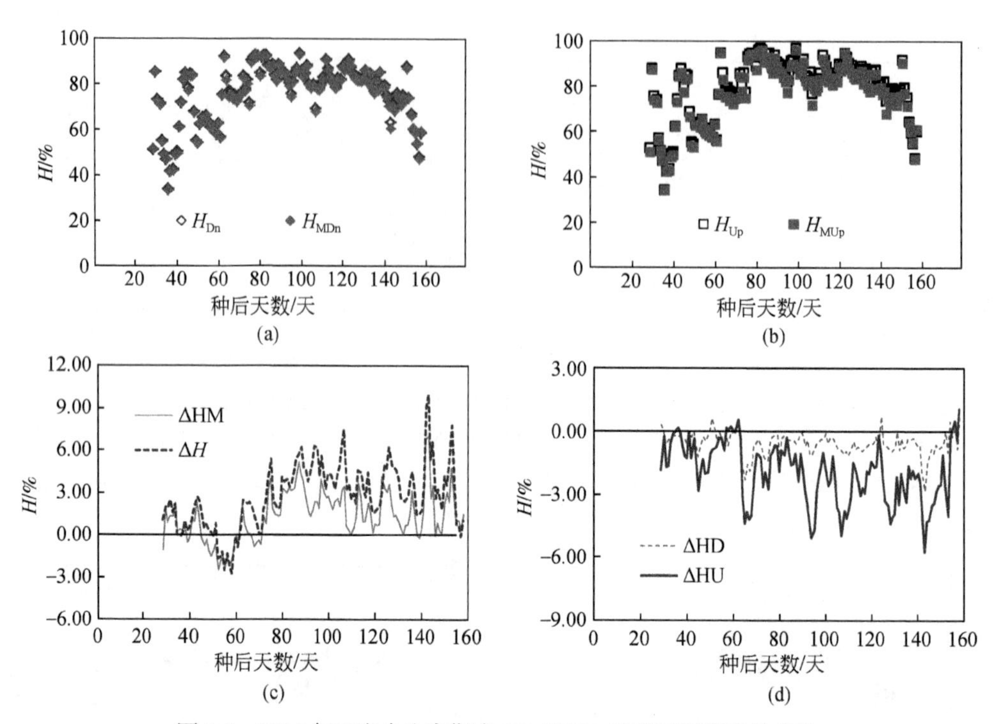

图 3-3 2014 年玉米全生育期内 MD 和 ND 处理田间湿度的变化

H_{Dn}代表 ND 处理距地面 10cm 处湿度；H_{Up}代表 ND 处理植株中部处湿度；H_{MDn}代表 MD 处理距地面 10cm 处湿度；H_{MUp}代表 MD 处理植株中部处湿度；$\Delta H=H_{Up}-H_{Dn}$；$\Delta HM=H_{MUp}-H_{MDn}$；$\Delta HD=H_{MDn}-H_{Dn}$；$\Delta HU=H_{MUp}-H_{Up}$

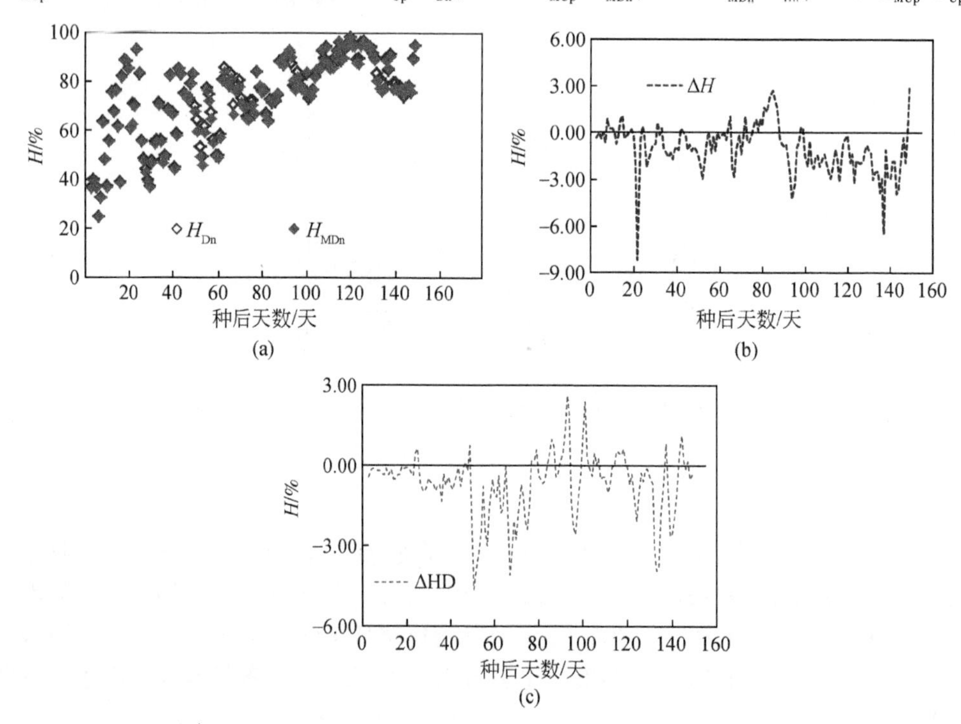

图 3-4 2015 年玉米全生育期内 MD 和 ND 处理田间湿度的变化

3. 田间净辐射分布

从图 3-5 可以看出，在地表滴灌和塑膜覆盖滴灌模式下，田间净辐射值显著小于由气象数据计算得出的太阳净辐射值，尤其在 2015 年，此规律更为明显；在种后 60 天之后（苗期之后），由于冠层的遮挡作用，距垄间地面 20cm 处的太阳净辐射值显著低于冠层上的净辐射值。例如，2014 年在塑膜覆盖滴灌模式下，距垄间地面 20cm 处的累积净辐射值比冠层上的净辐射值低 697MJ/m^2，2015 年低 692MJ/m^2；2014 年在地表滴灌模式下，距垄间地面 20cm 处的累积净辐射值比冠层上的净辐射值低 692MJ/m^2，2015 年约低 588MJ/m^2。从图 3-5 还可看出，塑膜覆盖滴灌模式下冠层和距垄间地面 20cm 处的净辐射值（瞬时值和累计值）均低于地表滴灌模式下的净辐射值，2014 年距垄间地面 20cm 处的累积净辐射值约降低了 85MJ/m^2，同比减小了 41%，2015 年约低 122MJ/m^2，同比减小了 25%；2014 年冠层上累积净辐射值约降低了 80MJ/m^2，同比减小了约 9%，2015 年约低 40MJ/m^2，同比减小了约 5%，由此也可看出，覆膜对距垄间地面 20cm 处净辐射值的影响幅度明显高于覆膜对冠层的影响。此外，塑膜覆盖滴灌模式下冠层与距垄间地面 20cm 处净辐射值的差值明显高于地表滴灌模式下的差值，2014 年约高 5MJ/m^2，2015 年约高 101MJ/m^2。综上可见，虽然覆膜在一定程度上降低了田间冠层和地表的净辐射值，但塑膜覆盖滴灌使玉米冠层截获的太阳净辐射值增加，从而可以有效促进玉米产量的增加。

综上所述，塑膜覆盖滴灌增加了玉米冠层的光截获能力，且使田间气温略有上升，而湿度略有下降。微气候因子的改变，终会影响玉米冠层的蒸腾、生长及产量的形成。

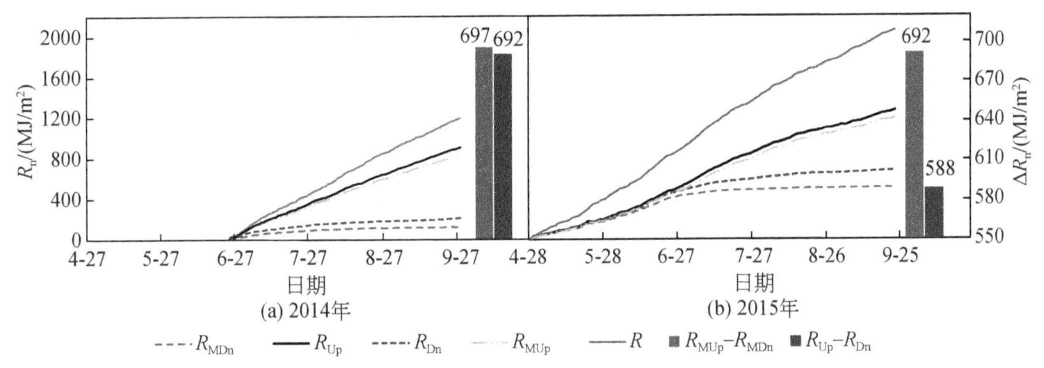

图 3-5　2014 年和 2015 年玉米全生育期内 MD 和 ND 处理田间净辐射的变化

R_{Dn}代表 ND 处理距地面 20cm 处的田间净辐射；R_{Up}代表 ND 处理冠层处的田间净辐射；R_{MDn}代表 MD 处理距地面 20cm 处的田间净辐射；R_{MUp}代表 MD 处理冠层处的田间净辐射；R 为太阳净辐射

3.1.2　农田能量平衡要素变化规律

试验于 2017 年在黑龙江省水利科技试验研究中心进行，试验区概况同 2.1.1 节相关介绍。试验设计和测定方法参见 2.2.2 节相关介绍。试验选取充分滴灌的两个处理，分别为覆膜充分滴灌处理（MD）和不覆膜充分滴灌处理（ND），每个处理各设置 3 个重复，共 6 个试验小区。MD 和 ND 处理的灌溉施肥制度同 2.2.2 节中的 M1 处理。

1. 日内变化差异

全生育期多云与阴雨天较多，全生育期平均日照时长仅为 7.1h，故选取各月典型阴晴天分析两个处理下田间热传输主要参数的日内变化规律（图 3-6，图 3-7）。

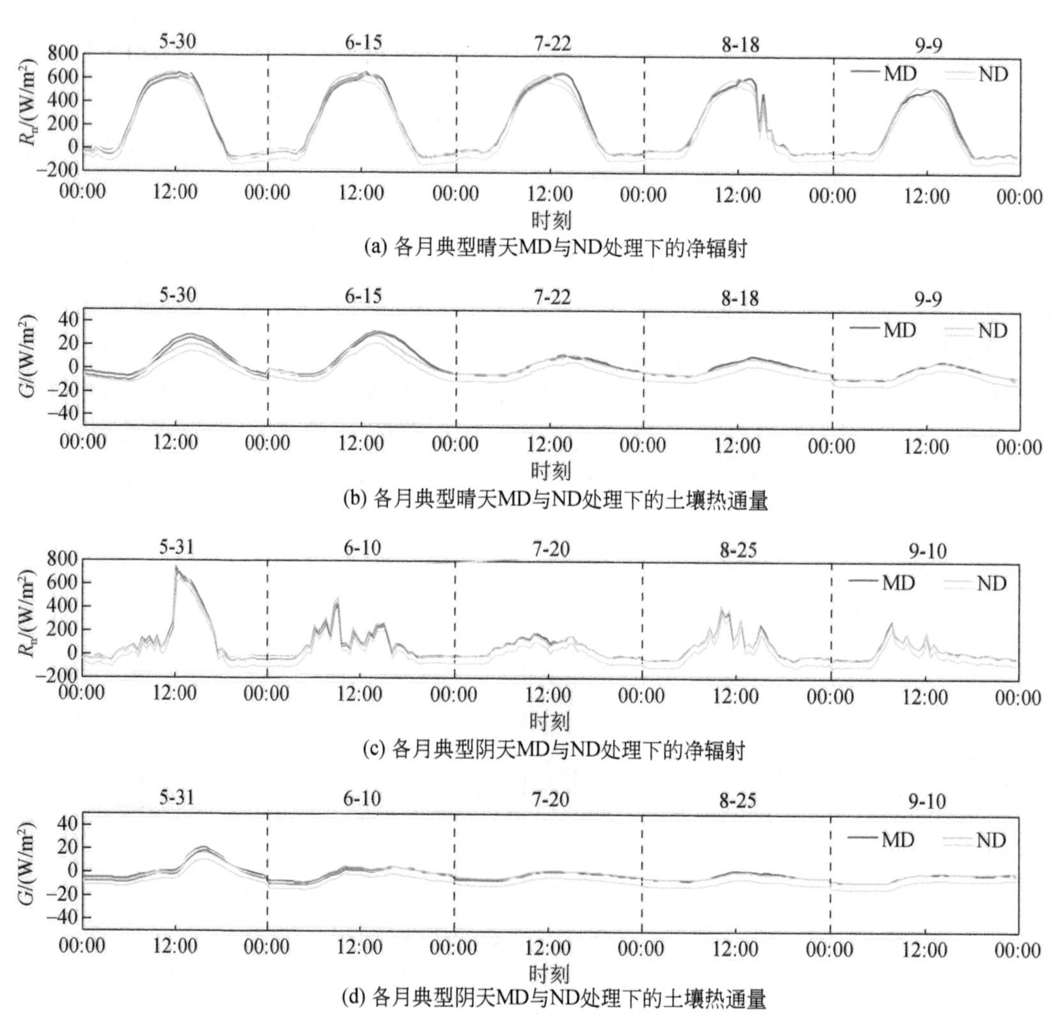

图 3-6　各月典型晴天、阴天 MD 与 ND 处理下净辐射与土壤热通量的日变化

从图 3-6 可知，各月典型晴天净辐射日内变化呈现明显单峰形规律，两个处理净辐射值达到正值的时间及开始变为负值的时间基本相同，受日出时间的影响占全天的比例在 48% ~60%，最大值差异不大，但 MD 处理净辐射峰值时间均比 ND 处理滞后 1h 左右。土壤热通量日内变化随净辐射呈现明显单峰形规律，受玉米生长影响较大，随着玉米的生长，土壤热通量的波动逐渐减小，两个处理的差异也在减小，MD 处理峰值始终大于 ND

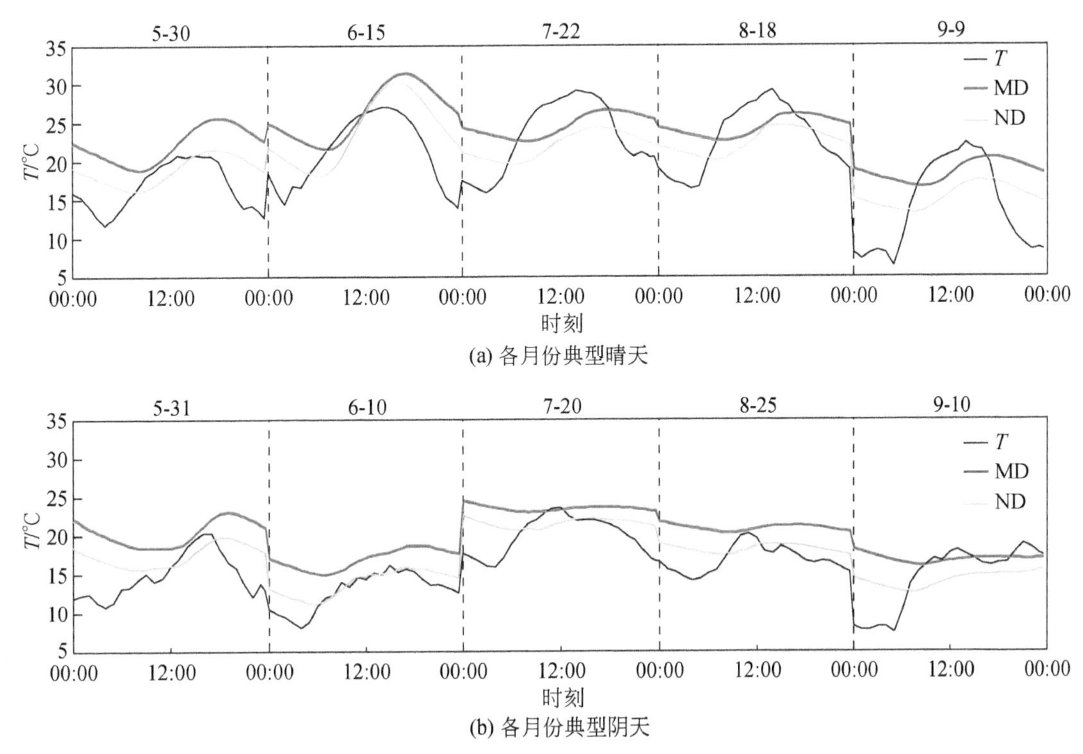

(a) 各月份典型晴天

(b) 各月份典型阴天

图 3-7　MD 与 ND 处理 10cm 土壤温度典型天日内变化

处理。这种变化趋势与其他区域获得的研究结果类似（Feng et al.，2017）。各月典型阴天净辐射日内变化不再呈现单峰形规律，受云层影响呈现多峰形规律，两个处理净辐射日内变化无明显差异；土壤热通量日内变化无明显规律，大多数时间为负值，即土壤处于释放能量状态，为玉米生长提供能量，且 MD 处理典型阴天土壤热通量累计值明显小于 ND 处理，表明覆膜土壤热通量能够在阴天为玉米生长提供更多的能量。

表 3-2 显示，相比 ND 处理，MD 处理下 10cm 土壤温度在晴天与阴天分别平均增温 2. 45℃和与 2. 43℃，各月晴天 MD 处理下五天平均峰值与最小值分别比 ND 处理高 2. 14℃与 2. 78℃，各月阴天 MD 处理下五天平均峰值与最小值分别比 ND 处理高 2. 37℃与 2. 74℃，除 5 月 30 日与 5 月 31 日外，ND 处理日较差均大于 MD 处理，说明不覆膜处理土壤温度受气温波动的影响更大。结合图 3-6 与图 3-7 综合分析可知，各月晴天，在 8：00 左右土壤开始吸收热量，土壤热通量变为正值，土壤温度也随之上升，下午土壤热通量变为负值时，土壤温度达到峰值，MD 处理下 10cm 土壤温度上升速度较快下降较缓，MD 处理下晴天土壤热通量出现正值的时间及变为负值的时间均较 ND 处理晚 1h 左右，相对应的 MD 处理与 ND 处理下土壤温度开始上升的时间与开始下降的时间均较晚，可见，覆膜措施延缓了土壤温度的变化。

综上所述，总体上看，随着玉米的生长，冠层覆盖度增大，田间热传输主要参数在不同月份典型阴晴天变化规律存在明显不同。与阴天相比，覆膜对净辐射与土壤热通量的影响在晴天比较明显，晴天下，与不覆膜处理相比，覆膜处理净辐射峰值时间滞后 1h 左右，土壤热通量峰值较大。天气情况对覆膜的增温效果影响不大，无论是晴天还是阴天，覆膜措施均延缓了土壤温度的变化。

表 3-2　MD 与 ND 处理典型天 10cm 土壤温度比较　　（单位：℃）

土壤温度	处理	典型晴天					典型阴天				
		5-30	6-15	7-22	8-18	9-9	5-31	6-10	7-20	8-25	9-10
最大值	MD	25.40	31.20	26.50	26.00	20.30	22.90	18.50	24.30	21.60	18.10
	ND	21.60	30.20	24.50	24.70	17.70	19.90	16.00	22.70	19.10	15.80
最小值	MD	18.70	21.40	22.40	22.50	16.50	18.30	14.80	22.80	20.20	15.90
	ND	16.20	18.10	19.70	20.20	13.40	15.80	11.30	20.80	17.60	12.80
平均值	MD	22.00	26.03	24.37	24.22	18.44	20.26	16.82	23.33	20.79	16.76
	ND	18.87	23.84	22.08	22.49	15.51	17.52	13.96	21.65	18.34	14.34
日较差	MD	6.70	9.80	4.10	3.50	3.80	4.60	3.70	1.50	1.40	2.20
	ND	5.40	12.10	4.80	4.50	4.30	4.10	4.70	1.90	1.50	3.00

2. 全生育期变化差异

表 3-3 列出了全生育期 MD 与 ND 处理能量通量变化规律，图 3-8 给出了全生育期 MD 与 ND 处理能量通量逐日变化情况，从表 3-3 和图 3-8 可以看出，两个处理能量通量呈现明显的季节变化特征。

表 3-3　全生育期 MD 与 ND 处理能量通量变化规律

年份	月份	处理	能量通量/(W/m^2)				能量比率/%		
			R_n	λET	H	G	λET/R_n	H/R_n	G/R_n
2017	5 月	MD	138.70	35.00	100.98	2.73	25.23	72.80	1.97
		ND	151.24	50.21	98.74	2.28	33.20	65.29	1.51
	6 月	MD	146.03	32.68	111.10	2.25	22.38	76.08	1.54
		ND	151.33	46.89	102.41	2.03	30.98	67.67	1.34
	7 月	MD	162.95	127.98	34.12	0.85	78.54	20.94	0.52
		ND	159.82	123.35	35.70	0.77	77.18	22.34	0.48
	8 月	MD	120.94	128.82	-6.73	-1.15	106.52	-5.56	-0.95
		ND	118.40	124.17	-4.85	-0.92	104.87	-4.10	-0.77
	9 月	MD	96.66	74.94	24.33	-2.61	77.53	25.17	-2.70
		ND	95.34	82.21	15.32	-2.20	86.23	16.07	-2.30
	全生育期	MD	135.84	84.09	51.25	0.50	61.90	37.73	0.37
		ND	137.52	88.61	48.43	0.47	64.43	35.22	0.34

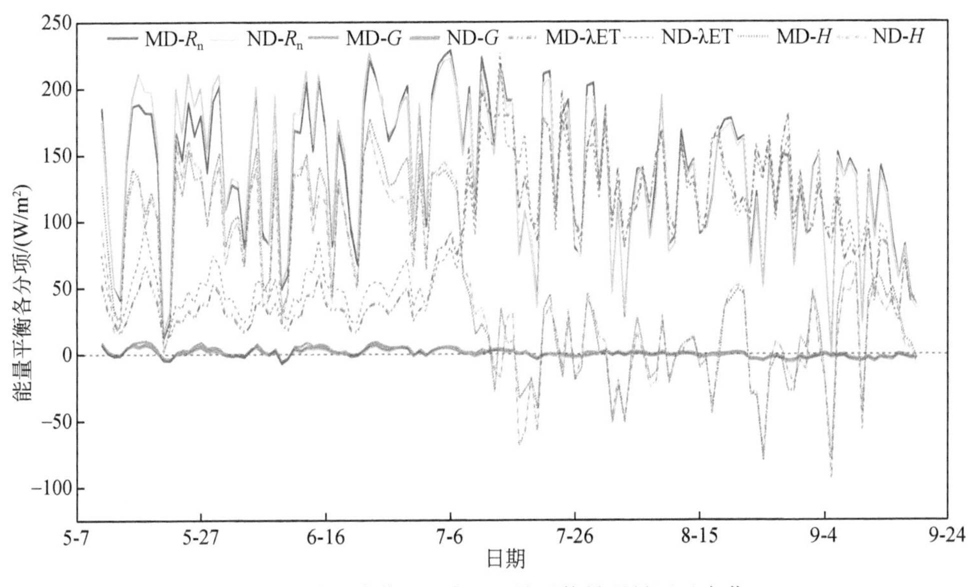

图 3-8　全生育期 MD 与 ND 处理能量通量逐日变化

净辐射的变化主要受太阳高度角、下垫面的反射率及天气状况等因素的影响。覆膜和不覆膜处理的净辐射差异主要受塑膜反射及玉米冠层覆盖度的影响，5 月和 6 月玉米处于生长初期，冠层覆盖度较低，受塑膜反射的影响，MD 处理冠层上方获得的 R_n 小于 ND 处理，但两种处理获得的 R_n 差异随着玉米的生长逐渐缩小，MD 处理冠层上方所获得的净辐射比 ND 处理平均小 5.90%。图 3-8 显示，在 6 月 25 日第一次出现 MD 处理的净辐射大于 ND 处理，叶片对塑膜遮蔽率的增大，在一定程度上削弱了塑膜反射太阳辐射的效果。玉米进入生长中后期，冠层覆盖度基本稳定，MD 处理和 ND 处理冠层上方所获得的净辐射差异不大，MD 处理冠层上方所获得的净辐射比 ND 处理基本增加 2%，这与 Fan 等（2017）在西北干旱区的研究有差异，他的研究显示玉米净辐射整个生育期覆膜处理始终低于不覆膜处理，这可能与当地玉米种植模式、作物品种及区域气候差异等因素有关。在 7 月 20 号之前，覆膜和不覆膜下土壤热通量绝大多数天内为正值，即土壤以吸收太阳辐射能量为主。之后由于玉米进入生长中期且 8 月阴雨天较多，负值所占比例显著增加，即土壤以往外释放热通量为主。土壤热通量在日尺度上的通量值较小，生育期内介于 -10 ~ 10W/m²，占太阳净辐射能量的比例较低，MD 处理下该比例值从 5 月的 1.97% 变化到 9 月的 -2.65%，ND 处理下从 5 月的 1.50% 变化到 9 月的 -2.24%。两种处理下土壤热通量的线性拟合显示（图 3-9），整个生育期 MD 处理的土壤热通量绝对值为 ND 处理的 1.13 倍左右。

结合表 3-3 与图 3-8 可以发现，5 月和 6 月玉米处于生长初期，作物蒸腾耗水较少，感热通量占净辐射的比例较大，MD 与 ND 处理分别达到 72.80% 和 65.29%、76.08% 和 67.67%，MD 处理小于 ND 处理，7 月随着玉米进入快速生长期，作物蒸腾耗水逐渐增加，潜热通量随之逐渐增加，感热通量逐渐减少，MD 与 ND 处理的潜热通量和感热通量占净

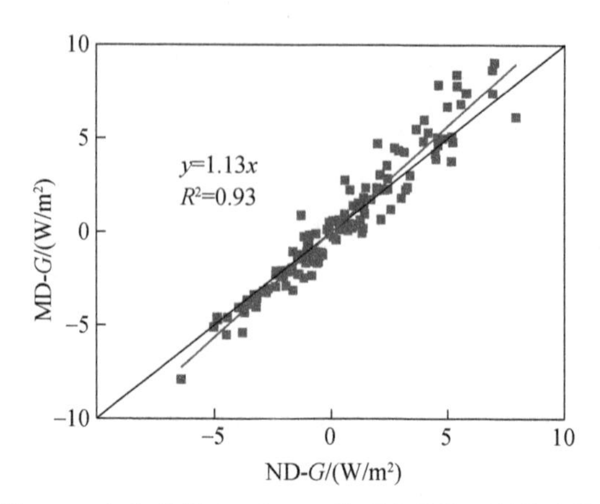

图 3-9　全生育期 MD 与 ND 处理土壤热通量的比较

辐射的比例分别为 78.54% 和 20.94%、77.18% 和 22.34%，MD 处理下潜热通量占净辐射的比例较大，MD 与 ND 处理的潜热通量均在 8 月达到峰值，MD 处理下潜热通量比 ND 处理大 4.64W/m²，这可能与 MD 处理冠层上方所获得的净辐射较大有关。8 月降雨较多，由于土壤水分的增大，MD 与 ND 处理的潜热通量均大于冠层上方所获得的净辐射，显热通量大多数为负值，尽管 MD 处理冠层上方所获得的净辐射较大，其潜热通量仍小于 ND 处理，说明阴雨天覆膜能够明显减少作物蒸腾耗水。9 月玉米进入生长后期，潜热通量随着作物蒸腾耗水的减少呈现下降趋势，感热通量呈现增长趋势，MD 处理下潜热通量比 ND 处理小 9.70W/m²，同比小 16.5%。整个生育期 MD 处理的潜热通量比 ND 处理小 7.27W/m²。由此可见，覆膜在一定程度上影响了农田能量的分配格局，这种影响在生长初期与生长后期较为明显。

表 3-4 显示全生育期 MD 处理下土壤温度高于 ND 处理，全生育期 MD 处理 0～80cm 土壤温度平均值和土壤积温比 ND 处理分别高 1.13℃ 和 149.68℃，随着土层深度的增加，增温效果逐渐降低。图 3-10 给出了大气 2m 处日均气温（T）、MD 与 ND 处理 10cm、30cm 和 70cm 土壤温度逐日变化规律。从图 3-10 可以看出，全生育期内，MD 与 ND 处理土壤温度受气温波动的影响均随着土层深度的增加逐渐减小。在 5 月和 6 月，两个处理 10cm 土壤温度均基本高于大气 2m 处气温；7 月玉米进入快速生长期，受玉米冠层覆盖度的影响，ND 处理大多数低于气温，而 MD 处理仍基本高于气温；8 月、9 月阴雨天增多及气温下降导致覆膜的增温效果降低。与 10cm 土壤温度相比，30cm 土壤温度较低，受气温波动影响较小，变化规律基本一致；而 70cm 土壤温度基本不受气温日变化波动影响，仅随着气温整体的日益上升或下降而缓慢升高或降低。但任一土壤深度，MD 处理下的土壤温度都基本大于 ND 处理，由此可见，覆膜措施对提高各层土壤温度和土壤积温的效应非常明显，这与刘洋等（2015）在东北地区的研究结果相似。

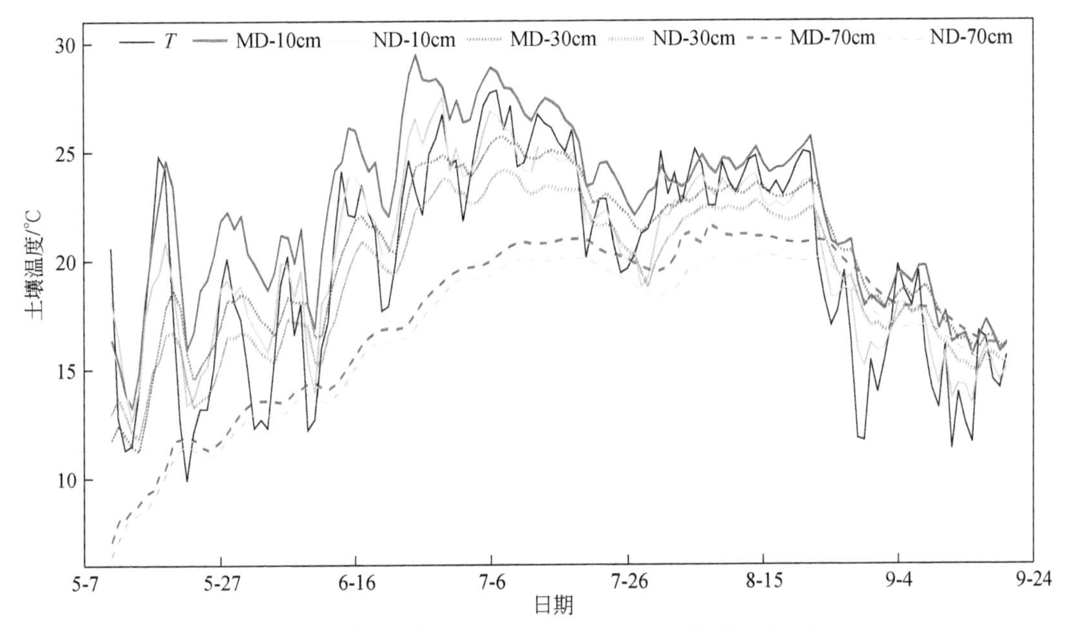

图 3-10 全生育期 MD 与 ND 处理各层土壤温度逐日变化

表 3-4 MD 与 ND 处理全生育期各层土壤温度比较 （单位:℃）

土壤温度	处理	10cm	20cm	30cm	50cm	70cm	0～80cm
平均值	MD	22. 32	21. 22	20. 36	18. 70	17. 19	19. 63
	ND	20. 33	19. 74	19. 22	17. 87	16. 61	18. 50
土壤积温	MD	2968. 76	2822. 15	2707. 45	2432. 83	2220. 77	2610. 26
	ND	2703. 45	2626. 08	2555. 67	2347. 77	2143. 54	2460. 58

3.1.3 小结

基于东北典型区玉米塑膜覆盖充分滴灌条件下，定量分析了玉米塑膜覆盖滴灌与不覆膜滴灌下太阳净辐射、土壤热通量、土壤温度和作物耗水量的差异，得出的主要结论如下：

1）虽然覆盖滴灌一定程度上降低了玉米冠层上的净辐射，但增加了玉米冠层的光截获能力，从而致使田间温度略有上升，而湿度略有下降。

2）晴天覆膜使得净辐射峰值时间滞后 1h 左右，在阴天覆膜处理下土壤热通量能够为玉米生长提供更多的能量，天气情况对覆膜的增温效果影响不大，无论是晴天还是阴天，覆膜措施均延缓了土壤温度的变化。

3）覆膜影响了能量通量的变化，改变了农田能量分布的格局，同时对提高各层土壤温度和土壤积温的效应非常明显。全生育覆膜处理获得的可供能量低于不覆膜处理，但在玉米生长中后期，覆膜处理提高了2%的净辐射；全生育期覆膜提高了0~80cm土层平均地温1.13℃和土壤积温149.68℃。

3.2 秸秆覆盖滴灌对冬小麦微气候环境条件的影响

研究于2013~2015年开展了秸秆覆盖滴灌下冬小麦农田微气候因子的观测与分析，试验在北京市大兴区中国水利水电科学研究院大兴试验基地开展，试验地概况详见2.1.2节相关介绍。

3.2.1 微气候要素测定与计算方法

1. 气温、露点温度、相对湿度及土壤温度

农田中TM和TN处理下不同高度的空气温度（T_a）、露点温度（T_d）和相对湿度（RH）通过U23 Pro v2温度/湿度探头装置（HOBO，Onset Computer Co.，Bourne，MA，USA）每隔15min自动测定和存储。测定高度有：①近地表高度，即离地表高度为15cm。在这个高度，TM和TN处理下的空气温度分别标示为TM_1和TN_1，露点温度分别标示为TM-D_{dn}和TN-D_{dn}，相对湿度分别标示为TM-dn和TN-dn；②作物冠层上方30cm高度，这是一个随作物生长而不断变化的高度。在这个高度，TM和TN处理下的空气温度分别标示为TM_2和TN_2，露点温度分别标示为TM-D_{up}和TN-D_{up}，相对湿度分别标示为TM-up和TN-up。

TM和TN处理下的3cm表层土壤温度通过Optic传感器（HOBO，Onset Computer Co.，Bourne，MA，USA）每隔15min进行测定和存储，TM和TN处理下的表层土壤温度分别标示为TM0和TN0。

2. 净辐射及土壤热通量

利用热通量板和TRM-ZS1型数据采集系统（锦州阳光气象科技有限公司，中国）连续观测土壤热通量的变化，在滴灌带正下方及垄沟地下8cm安装热通量板，数据每30min采集一次，并在热通量板上方2cm和6cm深度处安装土壤温度探头，以修正土壤热通量板的测定值（Fan et al.，2017）。气象数据：通过试验场内的自动气象站获得，气象观测内容包括降雨、风速、风向、气温、相对空气湿度和水面蒸发量等。土壤水分与温度：在滴头正下方安装5TM探头对土壤温度与水分进行测定，安装深度为10cm、20cm、30cm、50cm和70cm。通过EM50（Decagon EM50 Series，Decagon Devices，USA）自动数据采集器连续采集，每30min采集一次。

3. 微气候要素计算方法

（1）农田热量平衡各分项测定与计算

冬小麦农田地表热量平衡方程如下：

$$R_n = \lambda E + H + G \tag{3-1}$$

式中，R_n为太阳净辐射；λE、H和G分别为潜热、显热和土壤热通量，单位都为W/m^2。在上式中，R_n和G朝向地表向下为正，λE和H远离地表向上为正。如上所述，太阳净辐射R_n和土壤热通量G由田间气象站装置直接测定。潜热λE通过式（3-2）~式（3-6）可计算得到。

在1948年彭曼公式的基础上，经过后来学者的不断修正，提出了Penman-Monteith（P-M）公式（Monteith，1965；Allen et al.，1998）：

$$\lambda ET = \frac{\Delta\ (R_n - G)\ + \rho_a C_p \dfrac{(e_s - e_a)}{r_a}}{\Delta + \gamma\left(1 + \dfrac{r_s}{r_a}\right)} \tag{3-2}$$

式中，λET为潜热（W/m^2），λ为潜汽化热（$\approx 2.45\times10^6$J/kg）；R_n为太阳净辐射（W/m^2）；G为土壤热通量（W/m^2）；（$e_s - e_a$）为空气饱和水汽压差（kPa）；ρ_a为平均空气密度（$\approx 1.29kg/m^3$）；c_p为空气比热［$\approx$1013J/(kg·K)］；Δ为饱和水汽压差与气温曲线的斜率（kPa/K）；γ为干湿表常数（$\approx$0.067kPa/K）；r_s和r_a分别为冠层地表阻力系数和空气阻力系数（s/m）。其中，R_n通过安装在冬小麦冠层上方1m处的净辐射仪测定，G通过安装在地表以下2cm深度的热通量板获得，其他气象因子由气象站获得，所有气象数据测定频率是每30min一次，所有的数据自动连接到数据存储设备（model CR5000，Campbell Scientific Inc.，Logan，Utah，USA）。如果能获得作物的冠层地表阻力系数r_s和空气阻力系数r_a，通过式（3-2）就可以获得潜热（Allen et al.，1998）。空气阻力系数r_a通过下式计算（Allen et al.，1998）：

$$r_a = \frac{\ln\left[\dfrac{Z_m - d}{Z_{om}}\right]\ln\left[\dfrac{Z_h - d}{Z_{oh}}\right]}{\kappa^2 u_z} \tag{3-3}$$

式中，Z_m为风速测定高度（2m）；Z_h为湿度测定高度（2m）；d为动量零平面位置高度（m，$d\approx2/3$作物株高）；Z_{om}为控制动量转移的粗糙高度（m，Z_{om}= 0.123作物株高）；Z_{oh}为控制水汽转移的粗糙高度（m，Z_{oh}= 0.1Z_{om}）；k为Karman常数（=0.41）；u_z为风速（m/s）。为了简化计算过程，基于2014年和2015年r_a和风速实测数据及计算结果，我们建立了空气阻力系数r_a与2m高处风速u_2之间的线性定量关系（图3-11），如图3-1所示，回归公式为$r_a = 88.30u_2^{-1}$，回归系数$R^2 = 0.88$，具有高度相关性。

冠层地表阻力系数r_s通过式（3-4）计算（Allen et al.，1998）：

$$r_s = \frac{r_1}{LAI_{eff}} \tag{3-4}$$

式中，r_1为充分光照叶片的气孔阻力系数，即为叶片气孔导度的倒数（s/m）；LAI_{eff}为参与热量交换的有效叶面积指数。许多研究表明，基于P-M公式计算的作物ET值对r_1的变化具有较低的敏感度，尽管r_1是随着一天或者不同生育期中太阳辐射、气温及水汽压梯度等因素的变化而变化（Stewart，1989；Price and Black，1989），在使用P-M公式计算作物

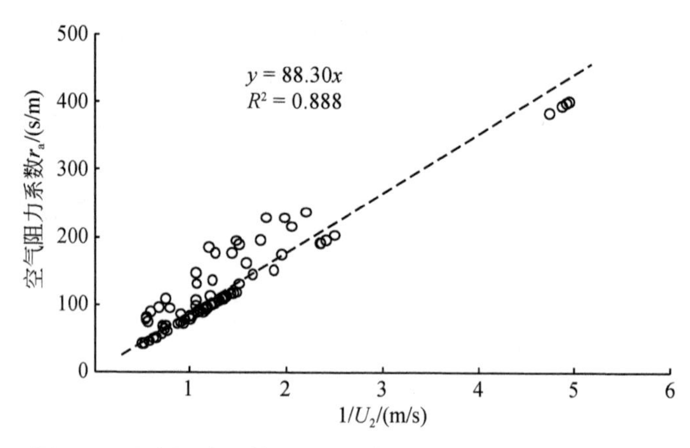

图 3-11 空气阻力系数 r_a 和 2m 高处风速 u_2 的线性回归关系

ET 时，科研人员依然将 r_1 采用某个定值来处理（Allen et al.，1996）。在本研究中，冬小麦的 r_1 通过 Li-Cor 6400 光合系统（Li-cor Company，USA）测定叶片气孔导度而获得，在每个冬小麦的生育期，选择 4 个晴天，每天测定时间为上午 8：00、10：00、12：00 和下午 2：00、4：00，4 天平均的气孔阻力系数 r_1 值用于该生育阶段计算冬小麦 r_s。

LAI_{eff} 通过以下公式计算：

$$LAI_{eff}=\frac{LAI}{0.3LAI+1.2} \tag{3-5}$$

其中冬小麦不同生育期叶面积指数 LAI 通过田间实地测量获得，具体测量方法和步骤详见 Wang 等（2013）的研究。在计算过程中，需要注意的是，当太阳净辐射是负值时，基于白天的冠层地表阻力系数不应该大于晚上作为推断，根据 Allen 等（2006）的建议，晚上的 r_s 选取 200s/m，并且白天最大的 r_s 值均不大于 200s/m。

（2）湍流交换系数测定与计算

湍流交换系数 k（m^2/ s）计算公式如下：

$$k=\frac{\Delta Z\ (R_n-G)}{\rho_a C_p\Delta T+\rho_a\lambda\Delta q} \tag{3-6}$$

式中，$\Delta Z=Z_2-Z_1$，为两个测定计算的高度差，对作物冠层上方的湍流交换系数计算而言，Z_1 是冠层高度加上 0.3m，Z_2 是离地表 2m 的高度，即为田间气象站的高度。对计算作物冠层内部的湍流交换系数而言，Z_2 是冠层高度加上 0.3m，Z_1 是离地表 0.15m 的高度。ΔT 是对应 Z_1 和 Z_2 两个测定计算高度的气温差，即 $\Delta T=T_1-T_2$（℃）。$\Delta q=q_1-q_2\approx 6.22\times 10^{-3}$（$e_1-e_2$），$e_1$ 和 e_2 是对应 Z_1 和 Z_2 两个测定计算高度的实际水汽压差（kPa），可通过相应高度测定的相对湿度和气温计算得到。式中其他参数如上所述。

3.2.2 微气候环境要素变化规律

1. 土壤温度与相对湿度

从图 3-12 中可以看出，在冬小麦 4 ~ 6 月的主要生长季节里，日平均土壤表层温度 TM0、TN0 与 TM1、TN1 相比，受气温变化而波动的幅度更小，在 4 ~ 6 月大部分天数里，覆盖处理下的日平均表层土壤温度 TM0 要高于不覆盖处理下的 TN0。这说明覆盖总体上提高了冬小麦田间的土壤温度。2014 年冬小麦生育期 4 ~ 6 月，TM0 日平均值比 TN0 高 1.1℃，2015 年 TM0 日平均值比 TN0 高 0.6℃（表 3-5）。这主要是由于覆盖阻挡了土壤中长波辐射的损失，不覆盖下的土壤温度下降得更快。

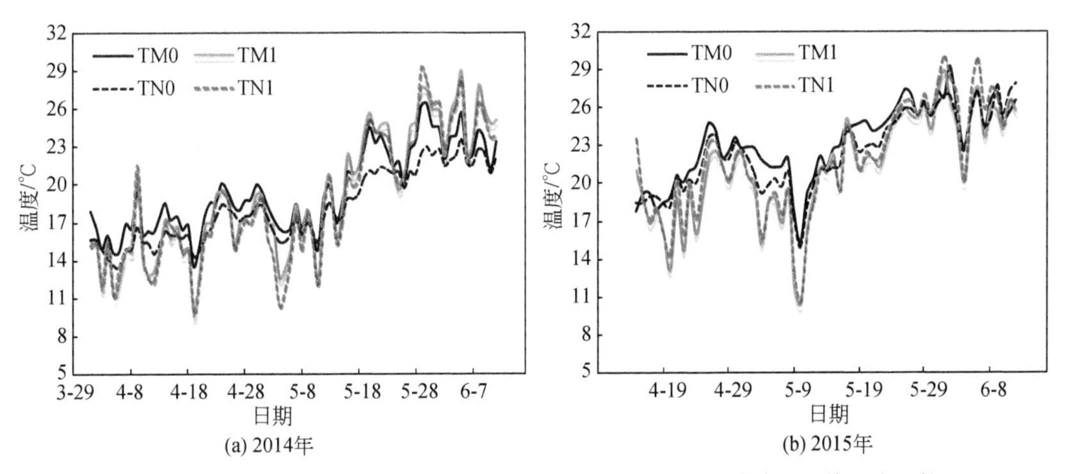

图 3-12　不同处理下近地层 15cm 高度日平均气温和 3cm 深度表层土壤温度比较

无论是覆盖处理还是不覆盖处理，4 月日平均表层土壤温度比近地层 15cm 温度高，而在 5 月下旬到 6 月，近地表 15cm 处的温度相比 4 月出现了明显提高，其日平均温度开始大于表层土壤温度。这主要是由于冬小麦叶片枯萎及作物蒸腾减弱，更多的热量被分配给显热而不是潜热，而显热的增加就会进一步提高周边气温值。总体上而言，在冬小麦的两个生育季里，覆盖处理下的日平均土壤表层温度大于近地层 15cm 处的气温，而不覆盖处理下的日平均土壤表层温度与近地层 15cm 处的气温的差异不是很明显（表 3-5）。

表 3-5　生育期内不同处理下日平均气温值和相对湿度值比较（4 ~ 6 月）

年份	气温/℃				相对湿度/%			
	TM0	TM1	TN0	TN1	TM-up	TM-dn	TN-up	TN-dn
2014	19.5	19.0	18.4	18.6	65.1	74.1	67.6	75.4
2015	21.2	19.6	20.6	20.2	61.5	70.4	60.9	70.7

从图3-13中可以看出，4～6月无论是TM处理还是TN处理，近地表15cm处的日平均相对湿度（RH）都要大于作物冠层上方，即TM-dn和TN-dn大于TM-up和TN-up。从表3-5中可以看出，TM-dn和TN-dn生育期日平均值分别比TM-up和TN-up大8%～10%。对不同处理相同高度的相对湿度，覆盖处理和不覆盖处理下差异不明显，这说明基于本实验布置的覆盖量，秸秆覆盖并没能显著改变田间的相对湿度状况。

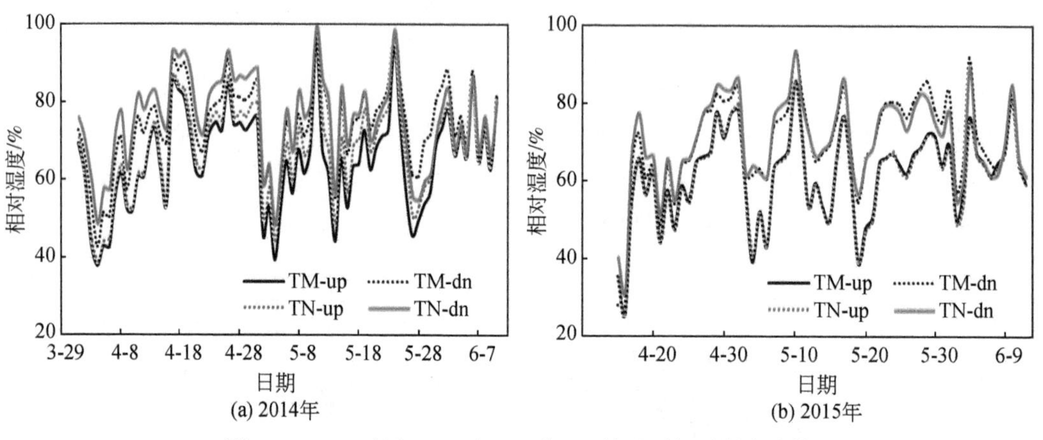

图3-13 2014年和2015年TM和TN处理下相对湿度比较

2. 空气温度与露点温度

图3-14是2014年和2015年4～6月TM和TN处理下作物冠层上方（TM-D_{up}、TN-D_{up}）与近地表15cm露点温度（TM-D_{dn}、TN-D_{dn}）的比较情况。从图3-14中可以看出，TM和TN处理下，近地表日平均露点温度比作物冠层上方高1.2～2.5℃，主要原因是作物蒸腾主要发生在作物冠层，这降低了作物冠层的实际水汽压和温度，从而导致露点温度降低。从图3-14中还可以看出，作物冠层上方的露点温度TM-D_{up}和TN-D_{up}整个生育期内的变化没有明显差异，而TM和TN处理下近地表露点温度在生育期内的波动变化存在明显差异。生育期大多数天内，TN处理下的近地表露点温度要高于TM处理，尤其在冬小麦生育早

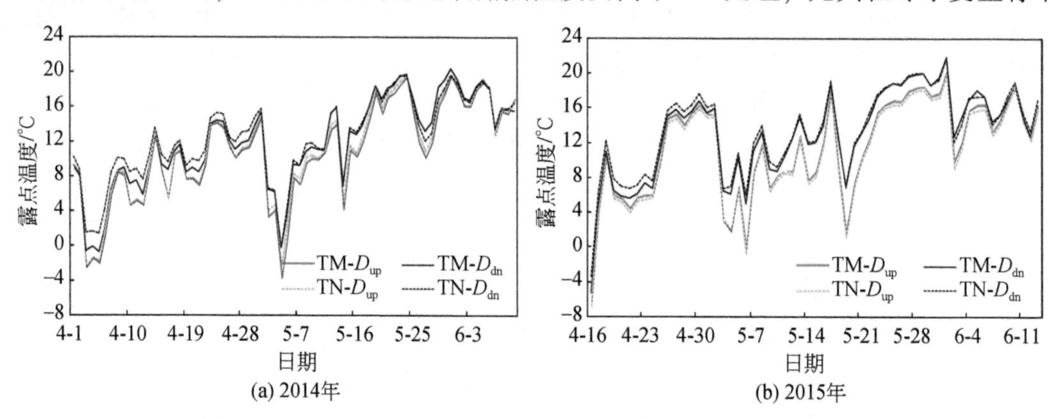

图3-14 2014年和2015年TM和TN处理下日平均露点温度比较

期的 4 月和生育末期的 6 月差异尤为明显，这可能是因为这两个时间阶段，作物对地表的遮盖率较小，覆盖能较为明显地阻挡太阳辐射进入土壤，导致用于覆盖下土壤水分蒸发的能量减少。而到了作物叶面积指数较大的 5 月，相比不覆盖，秸秆覆盖阻挡太阳辐射进入土壤的效果有所减弱，因此，此时的 TM-D_{dn}和 TN-D_{dn}之间的差异变小。

3.2.3 秸秆覆盖对湍流交换系数 K 的影响

湍流交换系数是潜热和显热等热量平衡各项的热量传递过程中的重要参数，本研究分别分析了覆盖和不覆盖处理下作物冠层上方和作物冠层内部的湍流交换系数的变化规律。从图 3-15 中可以看出，无论是 TM 处理还是 TN 处理，在冬小麦生育期的 4 ~6 月，作物冠层上方的湍流交换系数 K 日平均值变化波动幅度很大，总体上来看，4 月的 K 平均值达到最高，而后随着冬小麦的生长逐渐减小直至趋于平稳。结合表 3-6 可看出，在 2014 年 4 ~6 月，覆盖处理冠层上方的 K 日平均值（TM-K_{up}）大于不覆盖处理下的 K 平均值（TN-K_{up}），这说明，秸秆覆盖在一定程度上提高了湍流交换系数，这一结论与 Li 等（2008）的结论相吻合。但 2015 年的计算结果显示，TM-K_{up}和 TN-K_{up}变化规律和差异不明显。

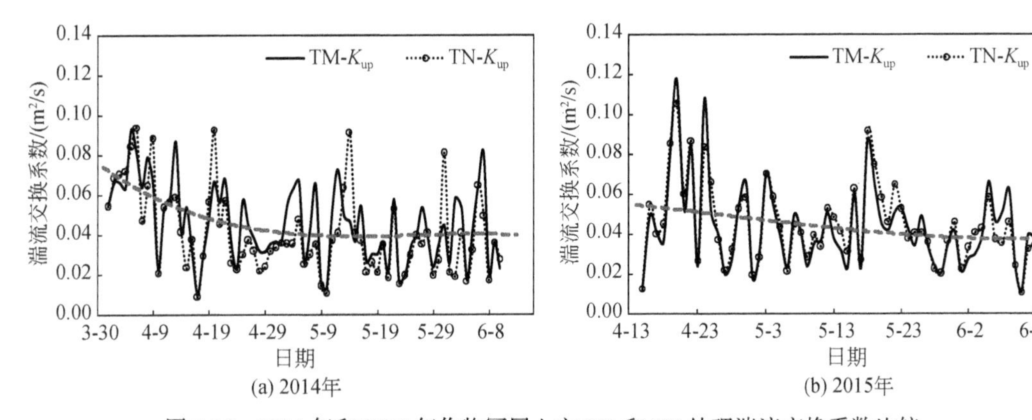

(a) 2014年 (b) 2015年

图 3-15 2014 年和 2015 年作物冠层上方 TM 和 TN 处理湍流交换系数比较

表 3-6 2014 和 2015 年作物冠层上方 TM 和 TN 处理生育期内 K 日平均值比较

处理	2014 年作物冠层上方	2015 年作物冠层上方	2015 年作物冠层内部
TM	0.046	0.044	0.033
TN	0.041	0.044	0.027

从图 3-16 和表 3-6 进一步分析可知，在 2015 年 4 ~6 月大部分天数里，作物冠层上方的日平均湍流交换系数 K 值，无论是 TM 处理（TM-K_{up}），还是 TN 处理（TN-K_{up}），均各自大于冠层内部的湍流交换系数 K 值（TM-K_{dn}或 TN-K_{dn}），这很可能是由于近地层（冠层内部）气象因子，如太阳辐射、风速明显有别于作物冠层上方，而作物冠层上方和作物冠层内部这些气象因素的差异会影响湍流交换活动。从表 3-6 中可以看出，覆盖处理下作物冠层内部（近地层）生育期内日平均 K 值（TM-K_{dn}）大于不覆盖处理下的 K 值（TN-

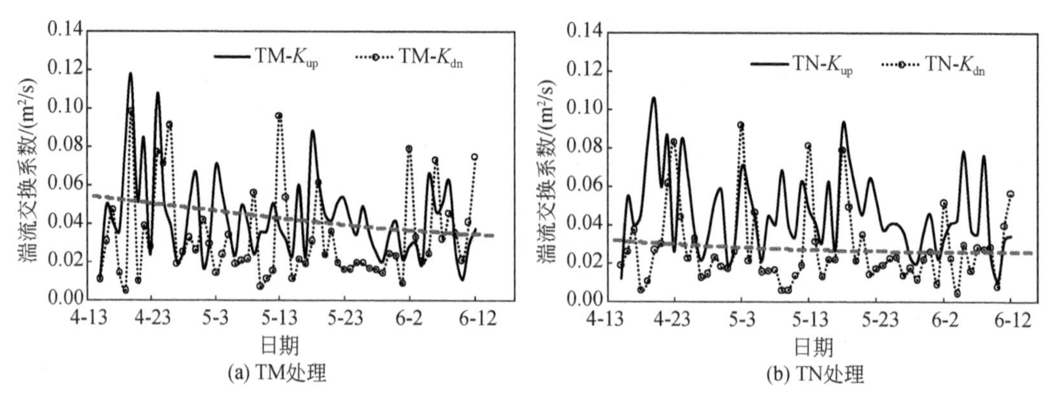

(a) TM处理　(b) TN处理

图 3-16　2015 年 TM 和 TN 处理下作物冠层上方和作物冠层内部湍流交换系数比较

K_{dn}），覆盖处理改变了大气近地层的水热交换边界条件，减少了表层土壤和大气之间的水热交换活动，这会增强覆盖层上方的紊流交换活动（K 值增大），可能会进一步增加覆盖处理下的显热和潜热。

3.2.4　秸秆覆盖热量平衡各分项变化规律

图 3-17 以每 0.5h 计算或观测的数据为基础，刻画了 2015 年 4 ~ 6 月覆盖处理（TM）下热量平衡各项的变化规律，从图 3-17 中可以看出，太阳净辐射（R_n）是其他三项热量分项的主要能量来源，在白天，潜热（λE）消耗了大部分的能量来源。然而，在作物生育后期作物 ET 减小时，如冬小麦的 6 月，更多的热量消耗于显热而不是潜热。从图 3-17 中还可以看出，在 4 ~ 6 月大部分傍晚到清晨时间段内（典型为下午 5：00 至次日上午 6：00），潜热值高于太阳净辐射和显热，并且显热是负值。在其他白天的时间段内，潜热和显热是正值，尤其在 6 月，显热明显增强。相比其他热量分项，土壤热通量值较小，且变化相对稳定。

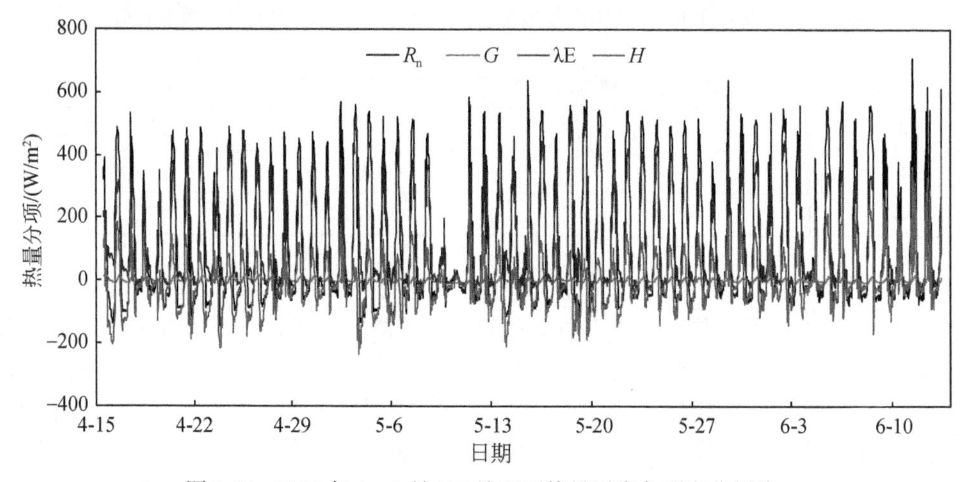

图 3-17　2015 年 4 ~ 6 月 TM 处理下热量平衡各项变化规律

图 3-18 进一步描绘了覆盖处理下冬小麦 3 个典型生育阶段热量平衡各项日变化规律，图 3-18（a）对应冬小麦返青期—拔节期生育阶段典型的一天，即为冬小麦种后 186 天（DAS 186），这个阶段典型的特征为作物植株高度和叶面积指数较小，作物蒸腾量 ET 较低，所以潜热 λE 和显热 H 都消耗了较多的太阳净辐射，尤其在白天更为明显。图 3-18（b）对应拔节期—灌浆期生育阶段典型的一天（DAS 200），在这个阶段，植株成熟长高，叶面积指数基本达到最大，作物蒸腾量 ET 基本达到生育期的峰值，太阳净辐射 R_n 的能量大部分用于作物蒸腾所需的潜热 λE，而显热 H 一般在白天部分时间段是正值，在傍晚和晚上基本为负值，当显热 H 为负值时，意味着潜热消耗的能量中部分来自太阳净辐射，部分来自显热 H，即温流的空气提供了作物蒸腾所需的部分能量。此外，当显热 H 为负值时，意味着潜热 λE 值大于太阳净辐射 R_n 值，这一结论与 Rosa 和 Tanny（2015）的结论相吻合。图 3-18（c）对应冬小麦灌浆期—成熟期生育阶段典型的一天（DAS 238），这个阶段典型的特征为作物蒸腾量减少，叶片枯萎，潜热 λE 减少，显热 H 相比拔节期增加，潜热和显热都消耗了较多的太阳净辐射 R_n 的能量。

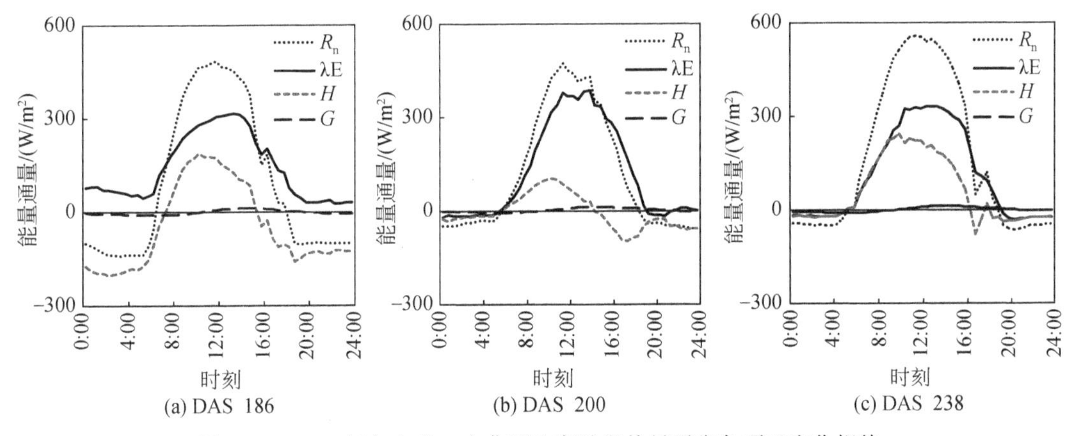

图 3-18　2015 年冬小麦 3 个典型生育阶段热量平衡各项日变化规律

图 3-19 进一步比较了覆盖处理（TM）和不覆盖处理（TN）下日平均能量各分项相应之间的差异。土壤热通量 G 差值（即 TN 处理与 TM 处理的差值）在 4～6 月大多数天数内为负值，差值介于 0～3W/m^2，相对较小，这说明覆盖在一定程度上提高了土壤热通量，尽管幅度不大。TN 和 TM 处理下太阳净辐射 R_n 差值在 4 月的大部分时间内为正值（返青期—拔节期），但随着作物叶面积指数的增大，到拔节期—抽穗期阶段，两个处理下的太阳净辐射 R_n 差值接近 0，但到作物生育后期，TN 和 TM 处理下太阳净辐射 R_n 差值出现显著的负值。其原因很可能是，在返青期，由于叶片和植株较小，覆盖颜色相对单一的秸秆能明显反射回去部分太阳辐射，因而 TN 处理获得的太阳净辐射高于 TM 处理。到拔节期，叶面积指数增大，叶片对覆盖秸秆的遮蔽率增大，在一定程度上削弱了秸秆反射太阳辐射的效果，因此不覆盖和覆盖处理小区获得的太阳净辐射值差异不大。生育期后期，覆盖处理下的太阳净辐射值大于不覆盖处理，其中的原因有可能是，相比不覆盖，腐烂的秸秆增加了土壤的颜色深度，引起农田反射率的下降。

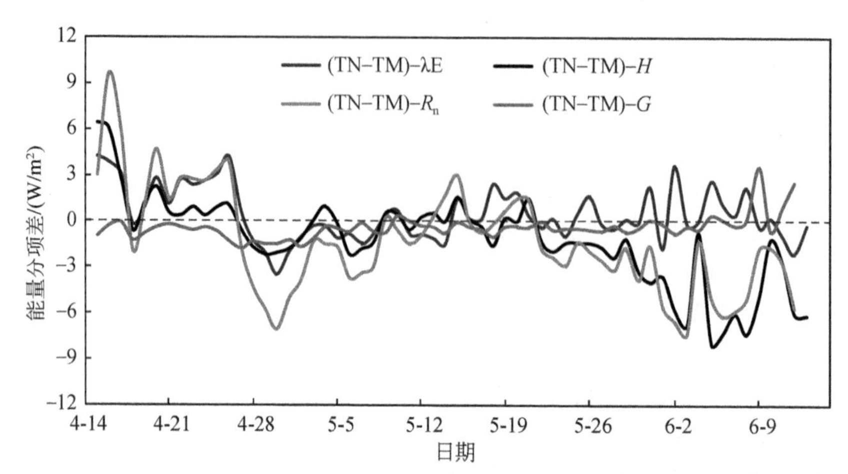

图 3-19　2015 年 4 ~ 6 月 TN 和 TM 处理能量各分项日平均值差异比较

TN 和 TM 处理下显热 H 差值的变化规律和太阳净辐射差值变化相类似，在 4 月的返青期，不覆盖下处理小区的显热值稍大于覆盖处理，在 5 月生育中期，彼此显热值 H 的差异较小，到后期，覆盖处理下的显热值 H 大于不覆盖处理。在返青期和拔节期，TN 和 TM 处理下潜热差值的变化和太阳净辐射差值变化相类似，即不覆盖下处理小区的潜热值大于覆盖处理，在 5 月生育中期，彼此潜热值的差异较小。但在生育后期，尽管覆盖和不覆盖下太阳净辐射存在明显差异，但是 TN 和 TM 处理下潜热值差异较小。不覆盖处理下潜热值在返青期比覆盖处理要大些的主要原因很可能是，在叶面积指数较小阶段，不覆盖处理下土壤接触太阳辐射和风速的面积更大。在拔节期，作物冠层主导了热量平衡的分配，土壤表面的覆盖与否对整个热量分配没有明显影响，因此，5 月生育中期，TN 和 TM 处理下潜热值 λE 差异较小。到作物生育末期，TN 和 TM 处理下冬小麦蒸腾都减弱，彼此间的潜热值差异较小。

3.2.5　显热 *H* 与农田气温的耦合关系

显热 H 与气温梯度存在密切的关系，温度梯度方向决定着显热的方向，即如果上层空气温度高于近地层温度，显热将会向下传递热量。在本试验研究中，冬小麦冠层上气温（TM2 和 TN2）和冠层下近地层 15cm 处气温（TM1 和 TN1）每隔 15min 测定一次。图 3-20和图 3-21 分别描述了 2015 年 4 ~ 6 月覆盖处理 TM 和不覆盖处理 TN 各自的显热 H 与冬小麦冠层上下气温差（TM1－TM2）及（TN1－TN2）之间的关系。从图 3-20 和图 3-21 可以看出，在 4 ~ 6 月大部分天数里，TM1－TM2 和 TN1－TN2 是负值，这意味着，冠层上方的空气温度要高于近地层（冠层内）温度，所以大部分天数里显热 H 也是负值，即显热往冠层下传递热量，提供了部分作物蒸腾所需的潜热 λE。从图 3-20 和图 3-21 还可以看出，TM 和 TN 处理下冠层上下温差的波动变化趋势与显热 H 的波动变化趋势具有高度相似性，但也存在一定的差异，这主要是由于显热除了受到温度梯度的影响外，还受到其他如冠层粗糙度、风速等因素的影响。

基于 2015 年实测计算的 TM 和 TN 处理冠层下与冠层上温度差（$T_{cd}-T_{cu}$）及与之对应的显热 H 数据，研究建立了显热 H 与冠层上下温度差之间的线性回归关系（图 3-22），线性关系表达式为 $H=19.27\ (T_{cd}-T_{cu})\ +12.52$，尽管线性回归关系式的回归系数 $R^2=0.29$，有点偏低，但考虑到显热 H 受到气象和作物冠层粗糙度等诸多因素的影响，因此，可用该线性公式来定量表征农田小气候尺度温度差与显热 H 的耦合关系。

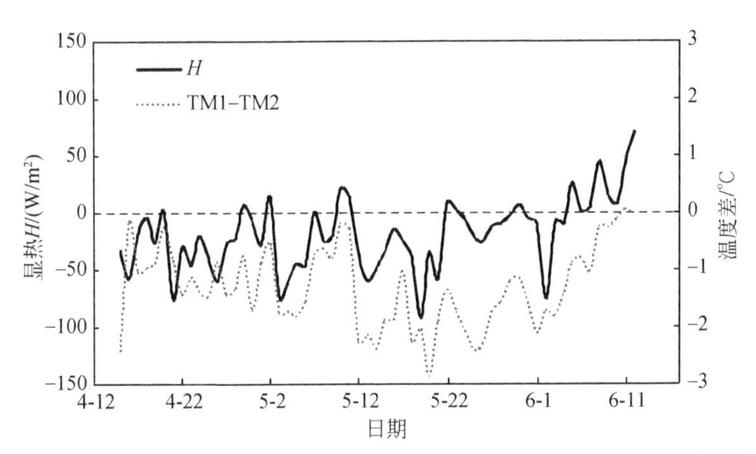

图 3-20　2015 年 4 ~ 6 月 TM 处理显热 H 与冠层上下温度差（TM1–TM2）的变化趋势

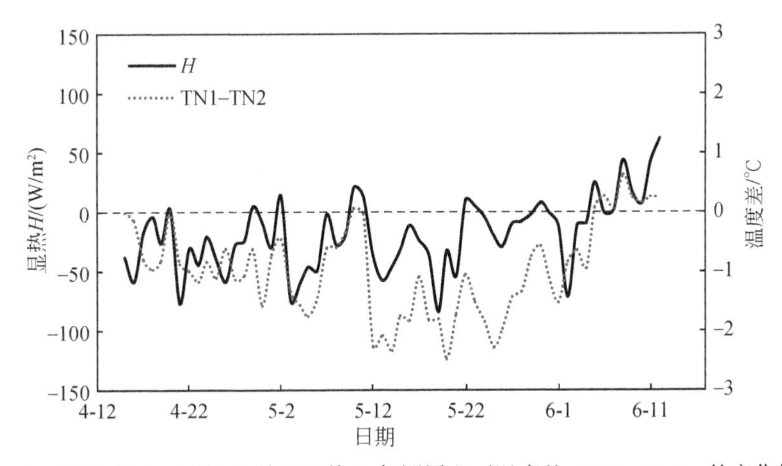

图 3-21　2015 年 4 ~ 6 月 TN 处理显热 H 与冠层上下温度差（TN1–TN2）的变化趋势

3.2.6　小结

基于田间冬小麦连续 2 年的试验，研究了滴灌下秸秆覆盖与不覆盖对冬小麦农田气候环境参数变化、热量平衡各项分配的影响，得到的主要结论如下：

1）在 2014 年和 2015 年 4 ~ 6 月，秸秆覆盖相比不覆盖提高了地表温度，但并没有造

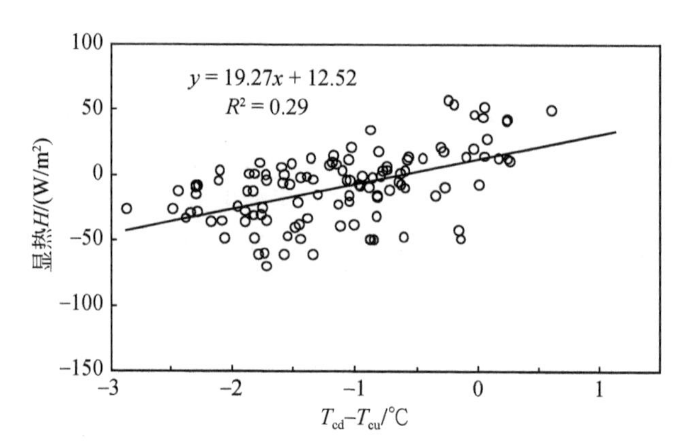

图 3-22　显热 H 与冠层上下温度差（$T_{cd}-T_{cu}$）之间的线性关系

成作物行间相对湿度的显著差异，作物冠层下方的相对湿度比冠层上方的相对湿度高 8% ~10%。近地层日平均露点温度比冠层上方高 1.2 ~2.5℃，在冬小麦叶面积指数较小的生育阶段，覆盖处理下的近地层露点温度要大于不覆盖处理。

2）作物冠层下方的湍流交换系数小于作物冠层上方；相比不覆盖处理，充分滴灌下秸秆覆盖提高了冬小麦田间湍流交换系数 K。

3）在冬小麦 4 ~6 月的下午 5 点到第二天的凌晨 6 点之间，显热（H）大部分时间内为负值，潜热（λET）大部分时间内大于净辐射值（R_n），即作物蒸腾蒸发所需的部分热量值来自温暖的空气，在生育期内和各不同生育阶段，覆盖明显提高了显热 H 值，但总体上相比不覆盖并没有显著改变热量平衡各项的分配比例。

4）冬小麦生育阶段 4 ~6 月大部分天数里，冠层上部气温大于冠层下部气温，且冠层上下气温差梯度（$T_{cd}-T_{cu}$）与显热（H）的波动变化具有高度相关性，并存在较好的线性关系。

3.3　秸秆覆盖滴灌对夏玉米微气候环境要素的影响

试验在北京市大兴区中国水利水电科学研究院试验基地开展。试验区概况详见 2.1.2 节相关介绍，试验设计和测定方法详见 2.3.2 节相关介绍。

3.3.1　农田净辐射变化

图 3-23 是 2014 年夏玉米高肥覆盖处理 TM3 和高肥不覆盖处理 TN3 下冠层上方净辐射 R_n 的比较。从图 3-23 中可以看出，在夏玉米整个生育期期内，不覆盖处理下作物冠层上方净辐射 R_n 要大于覆盖处理。从平均值的角度分析，覆盖处理下生育期内日平均净辐射值为 78.87W/m²，不覆盖处理下生育期内日平均净辐射值为 86.11W/m²，前者比后者减少 9.2%。可见，秸秆覆盖措施在一定程度上削弱了进入农田的太阳净辐射，其主要原因很

可能是覆盖于田间的秸秆在一定程度上增大了地表反照率，从而导致太阳净辐射值的减少。总体上讲，在夏玉米生育期内，覆盖或者不覆盖处理下的太阳净辐射随时间后移呈现逐渐减小的趋势，这主要与我国北京地区进入 7 月以后不断减小的日照时间和太阳辐射密切相关（周晋等，2005）。

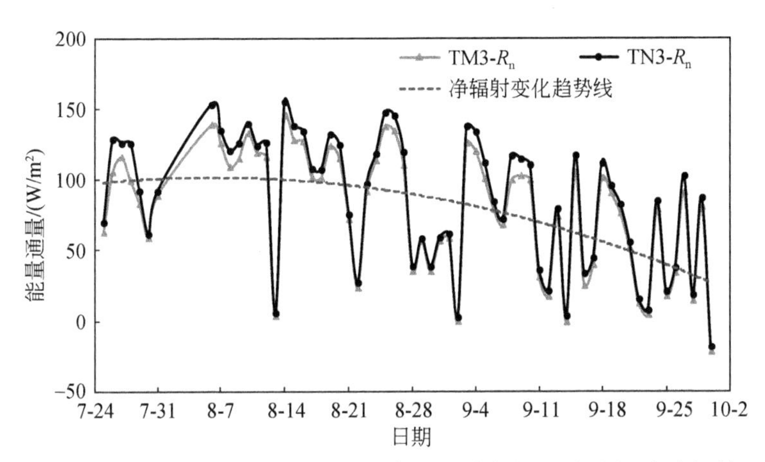

图 3-23　2014 年夏玉米高肥覆盖处理和高肥不覆盖处理下冠层上方净辐射比较

3.3.2　空气温度与湿度

1. 空气温度梯度

由于夏玉米播种（6 月 19 日）到出苗后一段时间内株高较小，试验选择从 7 月 9 日开始，对比监测离地表 15cm 和植株中部处的气温变化规律。图 3-24 和图 3-25 是夏玉米高肥覆盖处理 TM3 和高肥不覆盖处理 TN3 下作物行间不同高度气温的比较。总体上来讲，离地表 15cm 和植株中部处的气温变化及波动规律与气象站 2m 处气温变化趋于一致，在夏玉米生育期内，不同高度气温总体上随时间后移而逐步降低，这与夏玉米生育期内太阳净辐射逐渐降低是相关的（图 3-24）。从图 3-24 和图 3-25 中还可以看出，由于更容易受太阳辐射和风速等因素的影响，气象站 2m 处的气温比冠层内部各高度气温变化更为剧烈，尤其在夏玉米植株高度和叶面积指数不断增大的生育中后期表现得更为明显。此外，覆盖处理下近地层 15cm 处气温变化比覆盖及不覆盖处理冠层内其他高度气温的波动更为剧烈，其原因很可能是秸秆覆盖改变了大气与土壤水热交换的下垫面。相比不覆盖的粗糙土壤表面，相对光滑的秸秆上方的空气温度更容易受到风速、太阳辐射等因素的影响。

进一步结合表 3-7 分析可知，2014 年和 2015 年覆盖处理及不覆盖处理下作物行间中部的生育期日平均气温差不超过 0.07℃，低于仪器测定精度值（0.1℃），可视为没有差异。而 2014 年和 2015 年不覆盖处理近地表 15cm 处生育期日平均气温比覆盖处理分别高 0.23℃和 0.34℃，其原因很可能是秸秆抑制了土壤与大气的水热交换活动，这在一定程度上抑制了农田近地表气温的提高。此外，对覆盖处理而言，作物行间中部的生育期日平均气温高于近地表15cm处气温，2年平均高0.1℃左右；但对不覆盖处理而言，作物行间中部的生育期日平均气温却反而低于近地表15cm处气温，2年平均低0.17℃左右。从覆盖和不覆盖后作物行间不同高度气温对比分析的结果来看，秸秆覆盖改变了近地表土壤和大气热量交换的边界条件，这在一定程度上改变了作物行间气温分布的梯度曲线，而温度梯度决定着显热的方向，即如果上层空气温度高于近地表温度，显热将会向下传递热量，反之将会向上传递热量。由此可见，秸秆覆盖在改变农田温度分布梯度的同时也在改变热量平衡各项的分布，而热量平衡各项的变化就会引起作物蒸腾量和棵间蒸发量的变化。

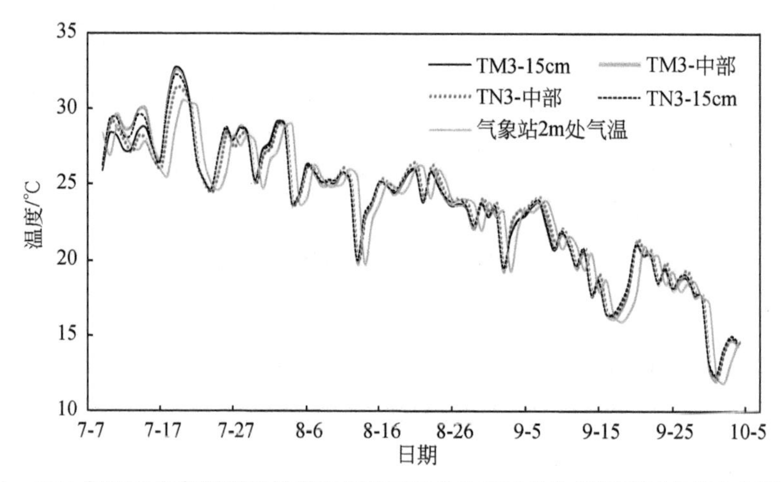

图3-24　2014年夏玉米高肥覆盖处理和高肥不覆盖处理下作物行间不同高度空气温度比较

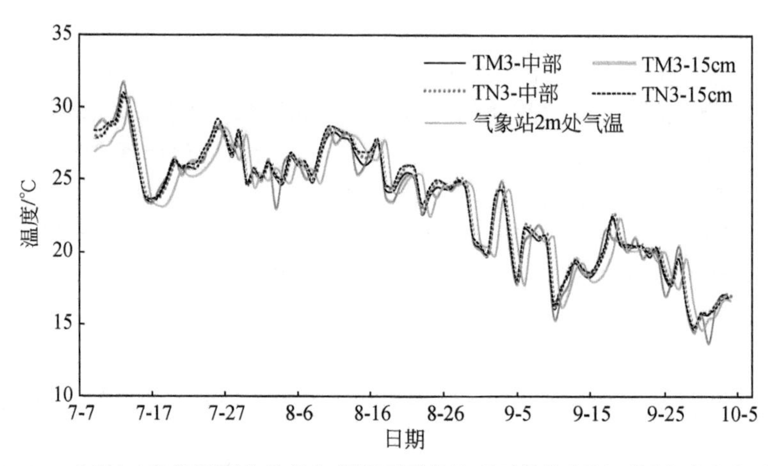

图3-25　2015年夏玉米高肥覆盖处理和高肥不覆盖处理下作物行间不同高度空气温度比较

表 3-7　2014 年和 2015 年 TM3 和 TN3 处理行间不同高度生育期内日平均气温比较

（单位：℃）

年份	TM-中部	TM-15cm	TN-中部	TN-15cm	气象站 2m 处
2014	23.47	23.36	23.43	23.59	23.35
2015	23.31	23.21	23.38	23.55	23.33

2. 相对湿度梯度

图 3-26 和图 3-27 是夏玉米高肥覆盖处理 TM3 和高肥不覆盖处理 TN3 下作物行间不同高度空气相对湿度（RH）的比较。总体上看，在整个生育期内，无论是高肥覆盖处理还是高肥不覆盖处理，近地层 15cm 处空气相对湿度大于作物行间中部空气相对湿度，而作物行间中部空气相对湿度又大于气象站 2m 处空气相对湿度，这一规律从表 3-8 可以得到进一步验证。同样，由于更容易受太阳辐射和风速等因素的影响，气象站 2m 处空气相对湿度比冠层内部各高度空气相对湿度波动更为剧烈。

从表 3-8 还可以看出，作物冠层内部的空气相对湿度平均比冠层外 2m 处空气相对湿度高 6% ~8% 。作物行间相同高度下高肥覆盖和高肥不覆盖处理下空气相对湿度差异不大，即覆盖并没有明显改变作物的湿度大小变化和梯度方向。潜热通量是用于作物蒸腾和棵间蒸发的能量，其大小主要取决于下垫面和大气之间的湿度差、下垫面的粗糙度和近地层风的状况等。换句话说，湿度的梯度决定着潜热的方向，即如果上层空气相对湿度大于近地层空气相对湿度，潜热将会向下传递，反之将会向上传递。从图 3-26 和图 3-27 中可知，在夏玉米生育期内绝大部分时间里，近地层的空气相对湿度要大于作物中部和作物冠层上方，即潜热主要是向上传递。

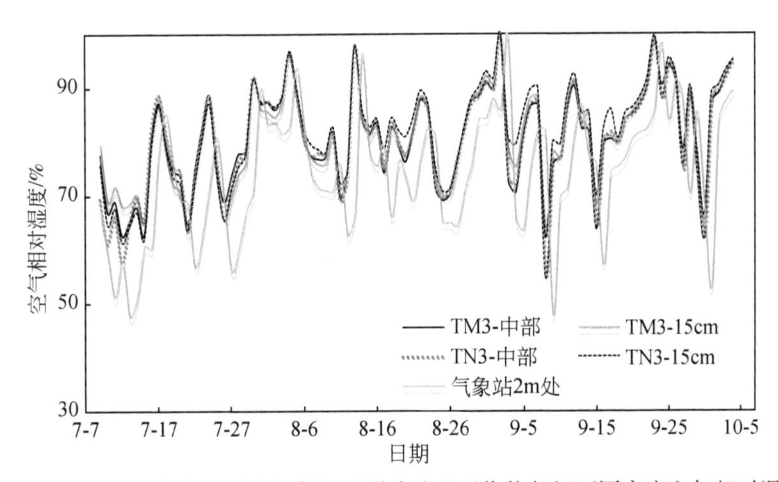

图 3-26　2014 年夏玉米高肥覆盖和高肥不覆盖处理下作物行间不同高度空气相对湿度比较

表 3-8　2014 年和 2015 年 TM3 和 TN3 处理行间不同高度生育期内日平均相对湿度比较

（单位:%）

年份	TM-中部	TM-15cm	TN-中部	TN-15cm	气象站 2m 处
2014	80.69	81.18	80.91	81.85	74.51
2015	82.45	83.12	81.77	84.73	76.75

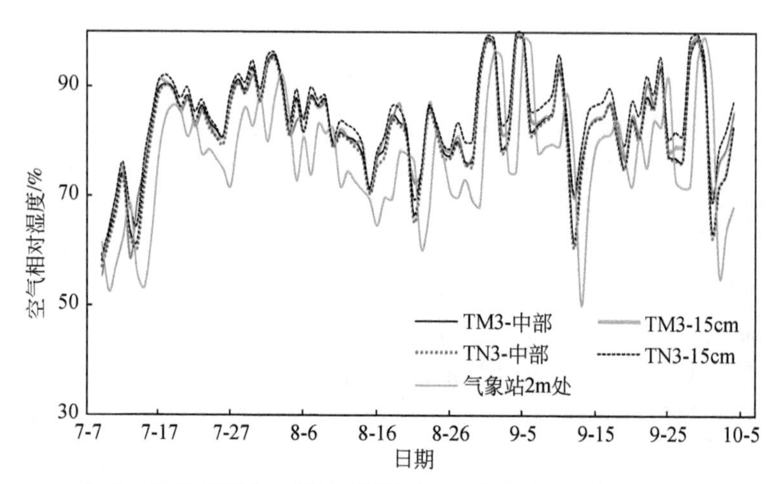

图 3-27　2015 年夏玉米高肥覆盖和高肥不覆盖处理下作物行间不同高度空气相对湿度比较

3.3.3　小结

基于 2014～2015 年田间夏玉米连续 2 年的试验，研究了充分滴灌下秸秆覆盖与不覆盖及不同追肥制度对夏玉米农田小气候关键因子的影响，得到的主要结论如下：

1）秸秆覆盖减缓了土壤水分下降的速度，覆盖各处理的土壤水分变化较不覆盖相应各处理平缓一些，覆盖在一定程度上提高了土壤保水蓄水能力。

2）秸秆覆盖措施在一定程度上减少了进入农田的太阳净辐射，在夏玉米生育期内，覆盖或者不覆盖处理下获得的太阳净辐射随时间后移呈现逐渐减小的趋势。

3）相比不覆盖，秸秆覆盖改变了近地层土壤和大气热量交换的下垫面，这在一定程度上改变了作物行间气温分布的梯度曲线，影响着显热的变化和传递。

4）秸秆覆盖对夏玉米行间空气相对湿度的变化影响不明显，覆盖并没有明显改变作物的湿度大小变化和梯度方向。在夏玉米生育期内绝大部分时间里，近地层的空气相对湿度要大于作物中部和作物冠层上方，即潜热主要是向上传递。

3.4　结　　论

覆盖滴灌改变了地表与大气接触的物理边界，从而改变了空气与土壤的能量交换和分配过程，影响了作物生长赖以生存的水、热、肥、气等环境因子，进而可能会影响田间作物的节水增产效益。本节基于东北和华北典型区玉米和冬小麦覆盖滴灌（塑膜和秸秆覆盖）田间定位观测试验，研究分析了覆盖滴灌下农田微气候关键要素、能量各分项的变化机理，本章取得的主要结论如下：

1）塑膜覆盖降低了玉米冠层上的净辐射，增加了玉米冠层的光截获能力，塑膜覆盖改变了农田温度和湿度的分布梯度，塑膜覆盖下田间（作物冠层以下）温度出现上升，湿度出现下降；塑膜覆盖影响了能量通量的变化，改变了农田能量分布的格局，全生育期塑膜覆盖平均提高了 0～80cm 土层地温 1.13℃/d 和土壤积温 149.68℃。

2）秸秆覆盖相比不覆盖提高了地表温度，秸秆覆盖提高了玉米农田土壤保水蓄水能力，减少了进入农田的太阳净辐射；相比不覆盖，秸秆覆盖改变了农田玉米行间气温分布的梯度曲线，影响着农田显热的变化和传递方向。

3）秸秆覆盖冬小麦作物冠层下方的空气相对湿度比作物冠层上方的空气相对湿度高 8%～10%。近地层日平均露点温度比作物冠层上方高 1.2～2.5℃；

4）秸秆覆盖下农田冬小麦作物冠层下方的湍流交换系数小于作物冠层上方；充分滴灌下秸秆覆盖提高了冬小麦田间湍流交换系数 K。

5）秸秆覆盖明显提高了显热 H 值，但相比不覆盖并没有显著改变热量平衡各项的分配比例；秸秆覆盖冬小麦农田，作物冠层上下气温差梯度（$T_{cd}-T_{cu}$）与显热（H）的波动变化具有高度相关性，并存在较好的线性关系。

第4章　覆盖滴灌作物耗水规律与生长

由于水资源短缺，在我国干旱和半干旱地区，在推广农膜或秸秆覆盖等农艺节水措施的同时，针对大田粮食作物大力推广高效节水灌溉技术（如滴灌）已成为政府有关部门和用户的共识。覆盖滴灌将塑膜或秸秆覆盖种植与滴灌节水技术有机结合，可有效解决东北地区玉米种植中面临的生育前期积温不足和全生育期的灌水施肥问题（Zhao et al.，2015）。覆盖措施可以提高土壤温度和含水率（Zhou et al.，2012；刘洋等，2015）、降低土壤蒸发（Li et al.，2013c）、促进作物生长和提高产量及水分利用效率（Yaghi et al.，2013；Vial et al.，2015），已在国内外得到广泛应用。有关覆盖滴灌增产效果的研究很多，研究区域较多集中在干旱或半干旱地区（Wang et al.，2015b；Eldoma et al.，2016），研究的作物以棉花、果树、蔬菜等经济作物为主（Wang et al.，2009b）。而在东北和华北半干旱区，针对冬小麦和玉米等主要粮食作物采用覆盖滴灌技术后出现的节水增产现象还缺乏系统深入的内在机理揭示。塑膜或秸秆覆盖等农艺措施具有改善农田水土环境、降低土壤蒸发等优点，但如何与先进的灌水技术模式相结合，实现作物优质高产目标下的高效调控是亟待解决的科学难题。由于农艺措施改变了土壤与大气的界面层状况，其与无覆盖下作物耗水、棵间蒸发或裸土蒸发过程存在本质区别。此外，滴灌作为一种局部灌水方式，其灌溉制度与供给作物水分的方式有别于地面灌水方式，与此相关的一些科学问题，如基于覆盖措施下滴灌对作物棵间蒸发、耗水及产量的影响机理等方面依然是田间高效节水灌溉技术研究的薄弱环节。

本章针对东北和华北典型区主要粮食作物（春玉米、夏玉米和冬小麦），围绕塑膜滴灌和秸秆覆盖滴灌，基于连续多年的田间试验研究，揭示东北和华北典型区覆盖滴灌下主要粮食作物棵间蒸发、水分消耗组成、产量及水分利用效率，相关研究结论对构建农艺+工程结合下大田作物高效节水灌溉技术模式及其相关评价方法或标准具有重要的科学意义和实用价值。

4.1　塑膜覆盖滴灌春玉米耗水规律与生长

基于东北典型区春玉米田间试验，测定了塑膜覆盖（M）和不覆膜（NM）玉米田的冠层辐射、田间土壤蒸发和作物蒸腾、作物生长和产量。试验各小区的施肥制度均为：施氮量为330kg/hm^2，分两次施入田中。本研究将揭示并量化覆膜和不覆膜处理的冠层上下可供能量、蒸发蒸腾总量及其分量、产量和水分利用效率（WUE）差异，并分析造成覆膜和不覆膜处理间水分消耗、产量和WUE差异的内在科学原因。

4.1.1 双作物系数法修正

本节采用修正后的双作物系数法计算全生育期的作物蒸腾量，即采用液流计测定的作物蒸腾量对基础作物系数进行修正后，再计算全生育期的作物蒸腾量，具体方法在下面详述。

《FAO-56 作物腾发量作物需水计算指南》中作物蒸腾量的计算公式如下：

$$T_r = K_s \times K_{cb} \times ET_0 \tag{4-1}$$

式中，T_r为作物蒸腾量；K_s为水分胁迫系数，本研究中夏玉米生长季为雨季，且全生育期充分灌水，未涉及土壤水分亏缺，所以K_s为1；K_{cb}为基础作物系数；ET_0为参考作物蒸发蒸腾量，计算公式如式（4-2）：

$$ET_0 = 0.408 \times \Delta \times (R_n - G) + \gamma \times \frac{900}{T+273} \times VPD \times u_2 \tag{4-2}$$

式中，R_n为参考高度处的净辐射，MJ/(m^2 · d)；G为土壤热通量，MJ/(m^2 · d)；Δ为饱和水汽压-温度曲线的斜率，kPa/℃；γ为湿度计常数，kPa/℃；VPD为大气饱和水汽压亏缺，kPa；T为日均温度，由日最高气温和最低气温平均得到（K）；u_2为2m高度处的风速，m/s。

为获取K_{cb}值，玉米全生育期被分为4个生长阶段：起始阶段、作物冠层扩展阶段、生育中期和末期，各生育阶段之间的K_{cb}可以通过《FAO-56 作物腾发量作物需水计算指南》推荐的起始、生育中期和末期K_{cb}，即K_{cb-ini}、K_{cb-mid}和K_{cb-end}之间的线性插值得到。K_{cb}大于0.45时，需要根据当地气象因子调整，公式如下：

$$K_{cb} = K_{cb(tab)} + [0.04(u_2 - 2) - 0.004(RH_{min} - 45)] \times \left(\frac{h}{3}\right)^{0.3} \tag{4-3}$$

式中，$K_{cb(tab)}$为《FAO-56 作物腾发量作物需水计算指南》推荐值，夏玉米$K_{cb-ini(tab)}$、$K_{cb-mid(tab)}$和$K_{cb-end(tab)}$的推荐值分别为0.15、1.15和0.55；RH_{min}为日最小相对湿度，%；h为冠层平均高度，m。

本研究中，由于包裹式液流计探头型号限制，只能对中后期玉米蒸腾量进行测定，以中期液流实测值经尺度转换式得到的作物蒸腾量（$T_{r\text{-}SF}$）为基准，按照式（4-4）对K_{cb-mid}进行修正，得到修正的中期基础作物系数K_{cb-mid}^{adjust}，K_{cb-mid}^{adjust}与K_{cb-mid}的比值α为修正系数。

$$K_{cb-mid}^{adjust} = T_{r\text{-}SF} / ET_0 \tag{4-4}$$

$$\alpha = K_{cb-mid}^{adjust} / K_{cb-mid} \tag{4-5}$$

按照相同的方法修正生育末期基础作物系数K_{cb-end}^{adjust}，各生育阶段之间的K_{cb}可以通过K_{cb-ini}、K_{cb-mid}^{adjust}和K_{cb-end}^{adjust}之间的线性插值得到，进而计算全生育期玉米蒸腾量。

4.1.2 塑膜覆盖对玉米田土壤蒸发和作物蒸腾的影响

从图4-1中可看出，全生育期，M处理E_s显著低于NM处理，所有处理的E_s均呈现出苗期高、成熟期低的趋势（图 4-1）。从苗期到抽穗期叶面积逐渐覆盖地面，到达地表的可供能量降低，因此 E_s降低。覆膜使灌水或降雨后的 E_s显著降低，而土壤水分较少时，M 与 NM 处理的 E_s差别不大。2014 ~ 2016 年生育期 M 处理的 E_s分别介于 0. 06 ~ 1. 40mm/d、0. 05 ~ 1. 54mm/d 和 0. 12 ~ 1. 99mm/d，三年平均值分别为 0. 38mm/d、0. 39mm/d 和 0. 42mm/d；2014 ~ 2016 年生育期 NM 处理的 E_s介于 0. 18 ~ 2. 21mm/d、0. 06 ~ 2. 30mm/d 和 0. 05 ~ 2. 84mm/d，三年平均值分别为 0. 71mm/d、0. 70mm/d 和 0. 76mm/d。M 处理和 NM 处理的土壤蒸发总量 2014 年分别为 58. 8mm 和 108. 8mm，2015 年分别为 60. 0mm 和 107. 6mm，2016 年分别为 63. 5mm 和 117. 0mm。

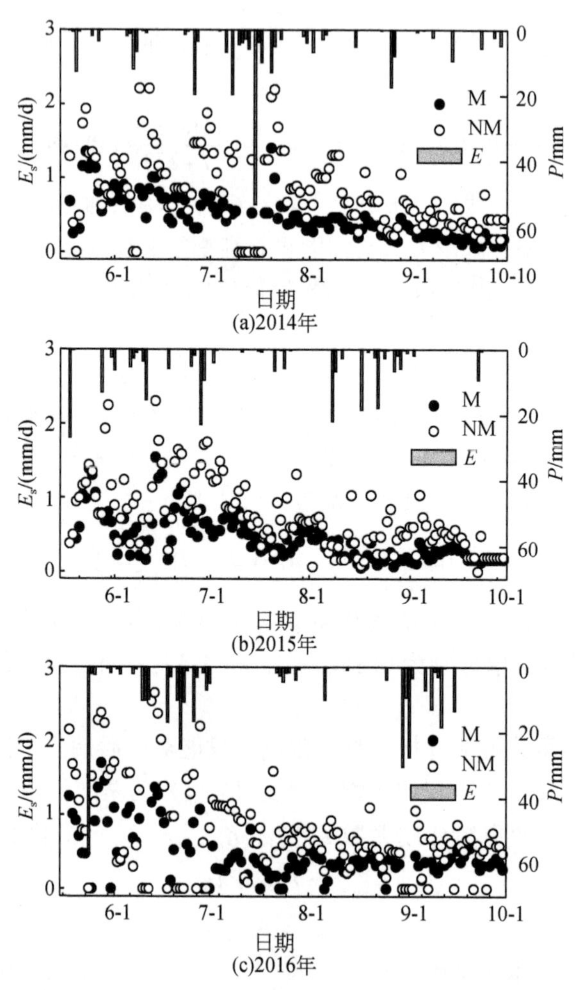

图 4-1　覆膜与不覆膜（M 与 NM）处理下滴灌玉米田实测土壤蒸发（E_s）的季节变化规律

三年综合来看，M 处理下的土壤蒸发仅为 NM 处理的 52. 4% （图 4-2），覆膜可以使三年土壤蒸发平均降低 45. 2% ，即少蒸发 50. 1mm，该部分水量可能被作物用于保持较高的冠层气孔导度，进而有可能提高产量。

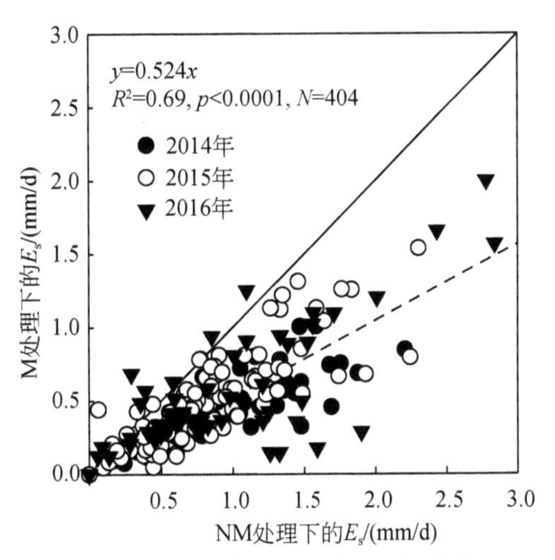

图 4-2 覆膜与不覆膜（M 与 NM）处理土壤蒸发（E_s）的比较

采用包裹式液流计测定了抽穗期至成熟期的液流量，经尺度转换式（4-1）得到农田蒸腾量，此段时间玉米田的水分消耗以作物蒸腾为主，2014 年 M 处理和 NM 处理的最大蒸腾量分别为 7.03mm/d 和 6.51mm/d；2015 年分别为 6.57mm/d 和 6.11mm/d；2016 年分别为 6.99mm/d 和 5.91mm/d，而抽穗期后田间土壤蒸发量较低，M 处理和 NM 处理的 E_s 分别在 1mm/d 和 2mm/d 以下（图 4-1）。三年综合来看，生育旺季 M 处理的作物蒸腾量为 NM 处理的 1.088 倍（图 4-3），即覆膜可以使生育旺季作物蒸腾平均提高 8.8%。作物蒸腾量的提高与较高的冠层气孔导度有关，气孔导度较高时，也利于 CO_2 的进入，即提高作物光合速率，进而有利于提高产量。

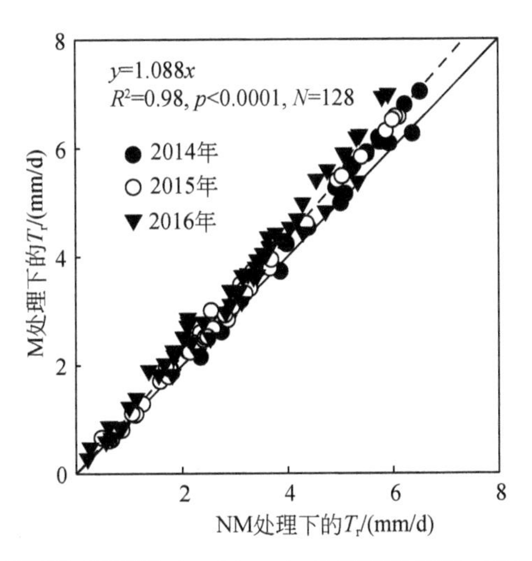

图 4-3 覆膜与不覆膜（M 与 NM）处理作物蒸腾（T_r）的比较

4.1.3 塑膜覆盖滴灌玉米耗水量分析

1. 采用修正双作物系数法确定玉米耗水量

由于液流计探头限制，只能对满足一定茎粗的玉米进行测定，无法测得全生育期的蒸腾量。本研究对生育中期的 K_{cb}（$R_{cb\text{-}mid}$）进行修正（4.1.1 节）后，考虑覆膜导致的生育期提前的影响，根据生育初期和末期的 FAO 推荐值，确定了全生育期的 K_{cb}，进而实现全生育期 T_r的估算。结合实测的 E_s，确定了 2014～2016 三个生长季玉米田 ET_c、T_r、E_s 及其所占比例的季节变化（图 4-4、图 4-5），以及 R_n 的季节变化（图 4-6）。

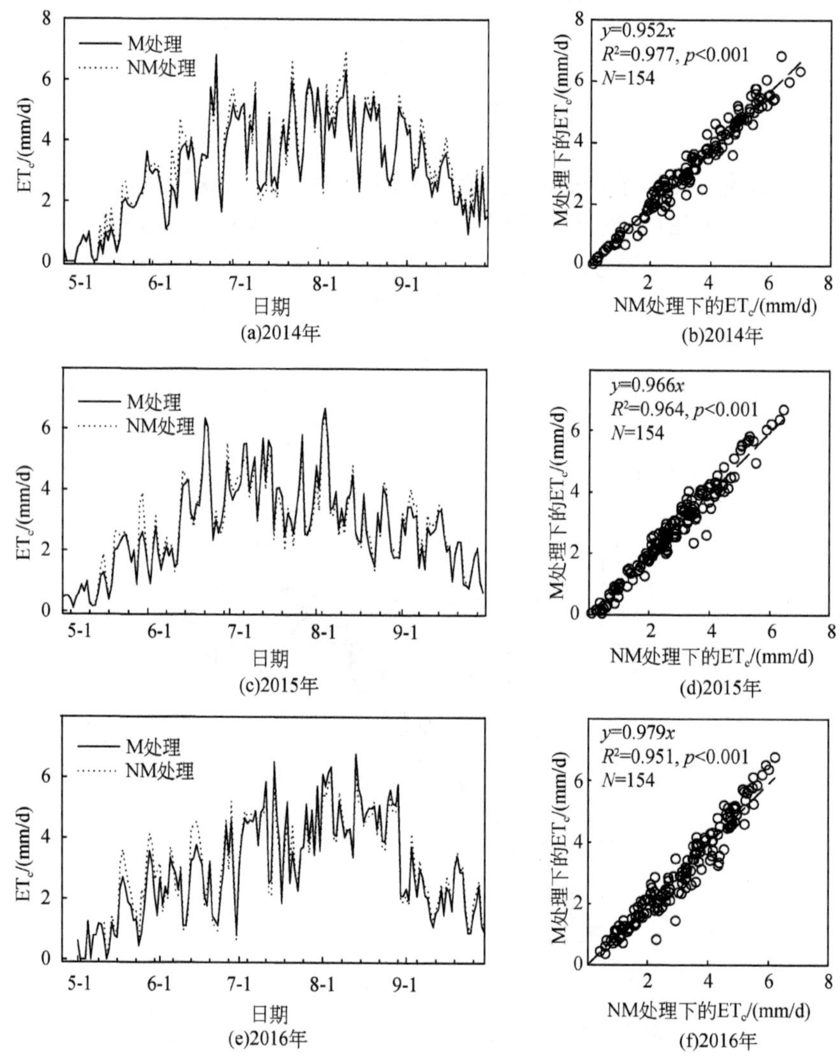

图 4-4 覆膜与不覆膜（M 与 NM）处理下滴灌玉米田蒸发蒸腾量（ET_c）的季节变化规律

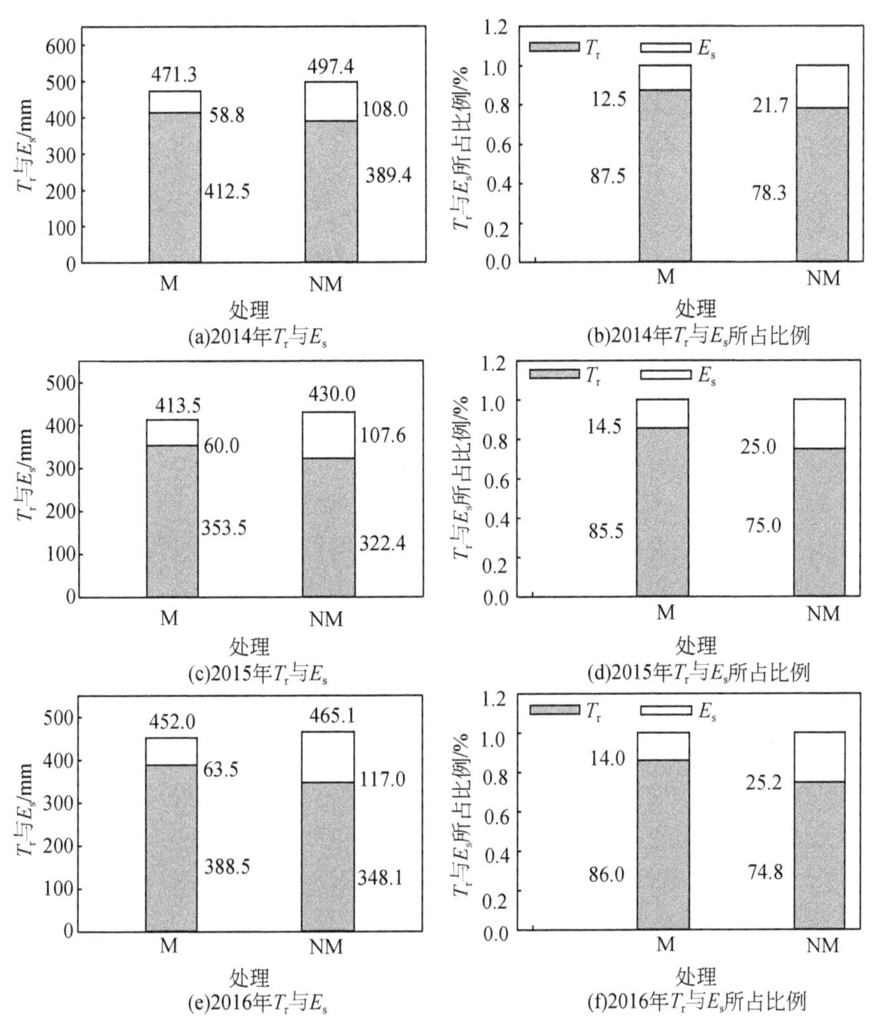

图 4-5 覆膜和不覆膜（M 和 NM）处理下全生育期玉米田土壤蒸发（E_s）和作物蒸腾（T_r）及其所占比例

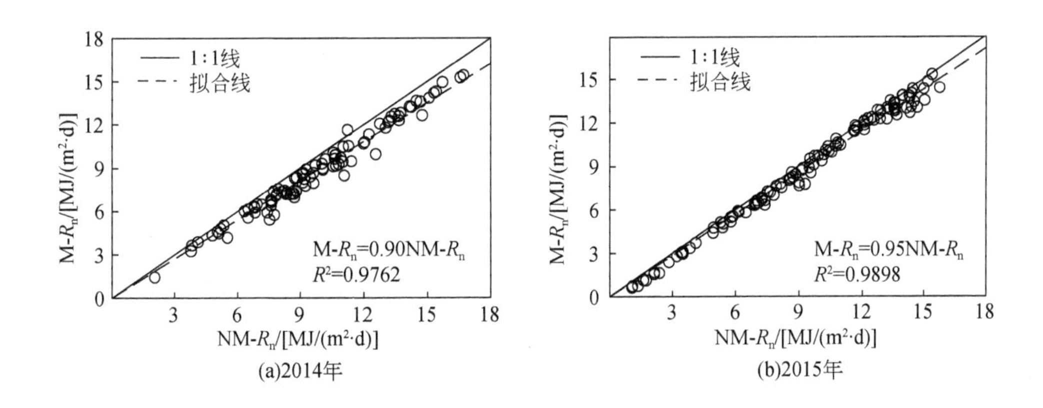

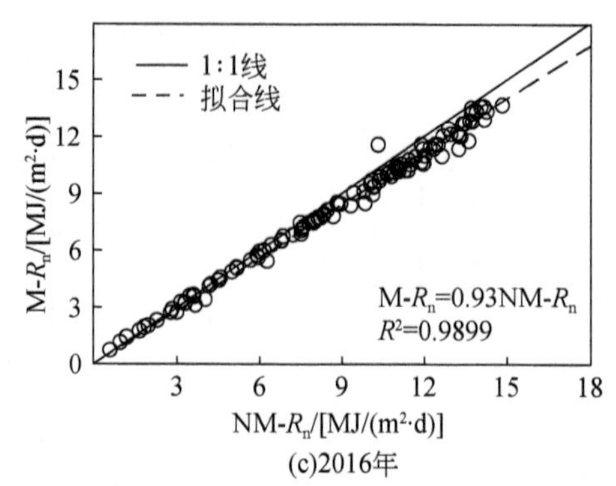

图4-6　覆膜与不覆膜（M与NM）处理冠层上方净辐射（R_n）的比较

M和NM处理的ET_c具有相同的季节变化规律［图4-4（a）、图4-4（c）、图4-4（e）］，2014～2016年全生育期M和NM处理的ET_c均值分别为3.06mm/d和3.23mm/d、2.68mm/d和2.79mm/d、2.94mm/d和3.02mm/d。3年M处理的ET_c分别是NM处理的ET_c的95.2%、96.6%和97.9%［图4-4（b）、图4-4（d）、图4-4（f）］。不同生育阶段M和NM处理的ET_c大小关系不同，覆膜使生育初期（苗期和拔节前期）和末期（成熟期）的ET_c比不覆膜处理降低较多，而生育中期（抽穗期—灌浆期）M和NM处理的ET_c差别不大，且有某些日期M处理的ET_c高于NM处理［图4-4（a）、图4-4（c）、图4-4（e）］，这主要是由于覆膜处理使生育中期的T_r提高较多。

对于全生育期累计值，2014～2016年生育期M处理T_r比NM处理T_r平均提高8.9%。2014年，M处理的全生育期T_r为412.5mm，比NM处理的全生育期T_r（389.4mm）高5.9%［图4-5（a）］；2015年M处理的全生育期T_r（353.5mm）比NM处理的全生育期T_r（322.4mm）高9.6%［图4-5（c）］；2016年M处理的全生育期T_r（388.5mm）比NM处理的全生育期T_r（348.1mm）高11.6%［图4-5（e）］。然而，M处理的全生育期ET_c总量比NM处理略有降低，三年平均低4.0%。其中，2014年，M处理的全生育期ET_c为471.3mm，比NM处理的全生育期ET_c（497.4mm）低5.2%；2015年，M处理的全生育期ET_c为413.4mm，比NM处理的全生育期ET_c（430.0mm）低3.9%；2016年，M处理的全生育期ET_c为452.0mm，比NM处理的全生育期ET_c（465.1mm）低2.8%。M处理的ET_c的降低主要是由E_s降低所致。覆膜能显著降低全生育期E_s占ET_c的比例，而相应地提高T_r所占比例［图4-5（b）、图4-5（d）、图4-5（f）］。2014～2016年M处理的E_s/ET_c为12.5%～14.5%，而NM处理的该比例高达21.7%～25.2%；3年M处理的T_r/ET_c为85.5%～87.5%，而NM处理的该比例则为74.8%～78.3%。

综上所述，水、氮肥供应充足状态下，覆膜使农田ET_c总量降低2.8%～5.2%，且对ET_c在E_s和T_r之间的分配影响显著，即覆膜可以显著降低E_s和提高T_r，从而使水分消耗向增加作物产量的方向分配，该结果与Fan等（2017）对西北覆膜玉米的研究结论基本一致。

作物系数（K_c）随作物生长波动变化，不同生育阶段K_c受覆膜处理的影响不同，相比NM处理，M处理的生育初期（苗期）和末期（成熟期）K_c显著降低，中期（抽穗期—灌浆期）K_c值降低不多或者略有增加（表4-1）。2014～2016年M处理的$K_{c\text{-}ini}$值介于

0.28～0.29，同期 NM 处理的 $K_{c\text{-}ini}$ 值介于 0.35～0.40；2014～2016 年 M 处理的 $K_{c\text{-}mid}$ 值介于 1.03～1.23，NM 处理的 $K_{c\text{-}mid}$ 值介于 1.01～1.28；2014～2016 年 M 处理的 $K_{c\text{-}end}$ 值介于 0.62～0.68，NM 处理的 $K_{c\text{-}end}$ 值介于 0.64～0.74。M 处理的全生育期 K_c 平均值均低于 NM 处理，2014～2016 年 M 处理的全生育期 K_c 均值分别为 0.89、0.77 和 0.80，NM 处理的全生育期分别为 0.94、0.81 和 0.83。然而，生育中期 M 处理修正后的基础作物系数（$K_{cb\text{-}mid}^{adjust}$）则均显著高于 NM 处理值。2014～2016 年，M 处理的 $K_{cb\text{-}mid}^{adjust}$ 值分别为 1.17、0.96 和 1.06，NM 处理分别为 1.13、0.89 和 0.96。全生育期平均蒸发系数（K_e）的波动没有明显的季节变化规律，M 处理的均值介于 0.09～0.10，显著低于 NM 处理值（0.18～0.19）。

表 4-1 覆膜和不覆膜（M 和 NM）处理不同生育期作物系数、中期基础作物系数和蒸发系数（K_e）比较

试验年份	处理	初期作物系数（苗期）K_c-ini	中期作物系数（抽穗期—灌浆期）K_c-mid	末期作物系数（成熟期）K_c-end	全生育期平均作物系数 K_c-mean	中期基础作物系数（抽穗期—灌浆期）	全生育期平均蒸发系数 K_e
2014	M	0.28	1.23	0.68	0.89	1.17	0.10
	NM	0.40	1.28	0.74	0.94	1.13	0.19
2015	M	0.28	1.03	0.62	0.77	0.96	0.10
	NM	0.35	1.01	0.64	0.81	0.89	0.18
2016	M	0.29	1.13	0.65	0.80	1.06	0.09
	NM	0.37	1.08	0.73	0.83	0.96	0.18

2. 覆膜和不覆膜玉米 ET_c 差异原因分析

全生育期，M 处理的冠层上方净辐射值（R_n）低于 NM 处理，两者之间存在显著线性关系（$p<0.001$），2014 年 M 处理的 R_n 为 NM 处理的 90.0%，2015 年为 95%，2016 年为 93%（图 4-6），2014～2016 年 M 处理平均使 R_n 降低 7.05%。ET_c 与 R_n 之间呈现显著的线性相关关系，覆膜与不覆膜处理之间的相关关系没有显著差别（图 4-7）。R_n 的降低与覆膜引起的反射率提高有关，而 R_n 的降低直接对应冠层 ET_c 的可供能量减少，从而导致 ET_c 的降低。

4.1.4 塑膜覆盖滴灌对作物生长及水分利用效率的影响

1. 塑膜覆盖滴灌对玉米生育期的影响

从表 4-2 和表 4-3 中可以看出，塑膜覆盖滴灌模式下玉米收获日期提前，2014 年塑膜覆盖滴灌模式下玉米收获日期比地表滴灌和参考处理分别提前了 5 天和 8 天，2015 年分别提前了 5 天和 9 天。从表 4-2 和表 4-3 中还可以看出，覆膜大大缩短了萌发期的持续时间，且一定程度地缩短了拔节期、灌浆期的持续时间，但使抽穗期和成熟期的持续时间略有延长。例如，2014 年塑膜覆盖滴灌模式下抽穗期的持续时间比地表滴灌模式的时间多了 1

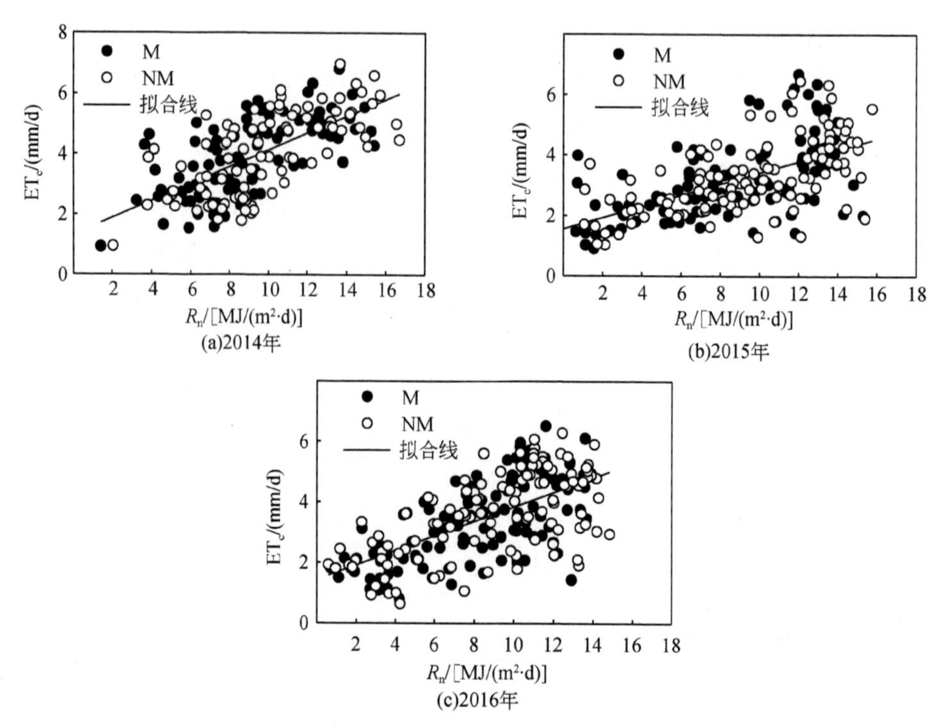

图 4-7 蒸发蒸腾量（ET_c）与冠层上方净辐射（R_n）之间的关系

天，并比参考处理的时间多了 3 天。

从表 4-2 和表 4-3 中仍可看出，在地表滴灌模式下，2014 年和 2015 年玉米苗期、拔节期、抽穗期和成熟期的持续时间均长于或等于参考处理各生育期的持续时间，但玉米收获日期却比参考处理的收获日期有所提前，造成这种现象的原因主要是覆膜大大缩短了滴灌处理的萌芽期，从而使玉米收获日期有所提前。

表 4-2 2014 年玉米各生育期划分

处理	日期							持续时间/天					
	播种	发芽	拔节	抽穗	灌浆	成熟	收获	萌芽期	苗期	拔节期	抽穗期	灌浆期	成熟期
MD	4-26	5-2	6-26	7-13	7-31	9-1	9-22	6	55	17	18	32	21
ND	4-26	5-2	6-28	7-20	8-6	9-8	9-27	6	57	22	17	33	19
CK1	4-26	5-13	7-6	7-26	8-10	9-13	9-30	17	54	20	15	34	17

表 4-3 2015 年玉米各生育期划分

处理	日期							持续时间/天					
	播种	发芽	拔节	抽穗	灌浆	成熟	收获	萌芽期	苗期	拔节期	抽穗期	灌浆期	成熟期
MD	4-25	5-3	7-3	7-21	7-31	8-31	9-15	8	61	18	10	31	15
ND	4-25	5-3	7-5	7-25	8-3	9-6	9-20	8	63	20	9	34	14
CK1	4-25	5-16	7-9	7-28	8-6	9-11	9-24	21	54	19	9	36	13

2. 塑膜覆盖滴灌对玉米株高和叶面积的影响

（1）塑膜覆盖滴灌对玉米株高的影响

从图 4-8 和图 4-9 可以看出，相比于传统雨养种植（CK1），地表滴灌模式在一定程度上促进了玉米株高的发展。从图 4-8 和图 4-9 还可看出，相比于传统雨养种植模式和滴灌模式，塑膜覆盖滴灌模式明显增加了玉米的株高，尤其在拔节期，覆膜对株高的影响更为明显。随着作物的生长，覆膜对株高的影响逐渐减小，在抽穗期之后，覆膜对株高的影响已基本稳定。

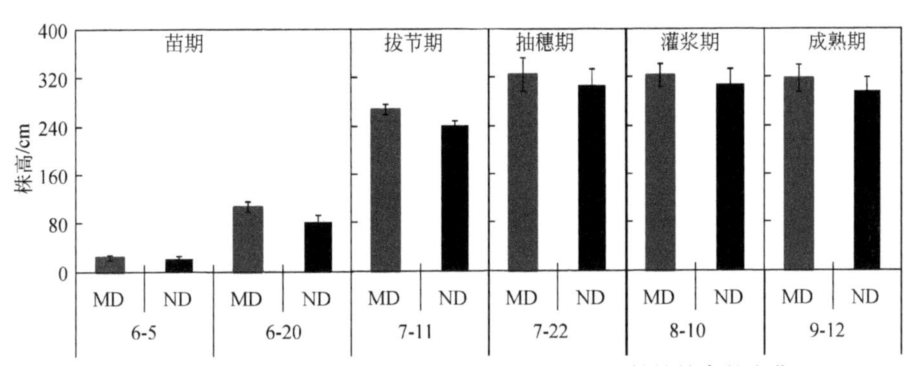

图 4-8　2014 年玉米全生育期内 MD 和 ND 处理下植株株高的变化

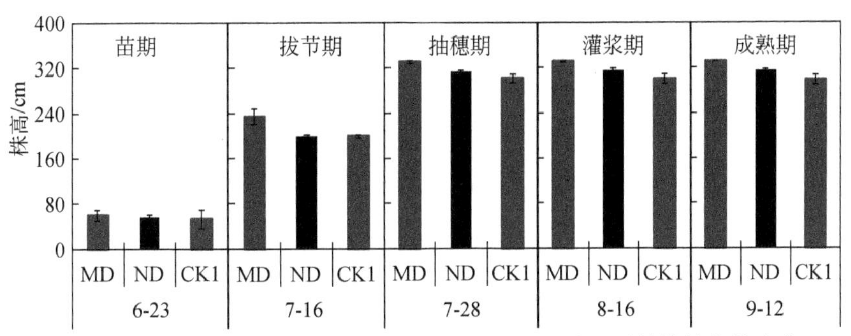

图 4-9　2015 年玉米全生育期内 MD 、ND 和 CK1 处理下植株株高的变化

（2）塑膜覆盖滴灌对玉米叶面积指数的影响

从图 4-10 和图 4-11 可以看出，地表滴灌模式下的玉米叶面积指数与传统雨养种植（CK1）模式下的叶面积指数无明显差异，抽穗期之前，塑膜覆盖滴灌模式明显增加了玉米叶面积指数，随着作物的生长，覆膜对叶面积指数的影响逐渐减小，在抽穗期之后，覆膜增加叶面积指数的优势在干旱年（类似于 2015 年）表现得更为明显。

3. 塑膜覆盖滴灌对玉米干物质量和吸氮量的影响

（1）塑膜覆盖滴灌对玉米干物质积累的影响

从表 4-4 可以看出，相比于雨养种植（CK1），地表滴灌模式显著增加了玉米生育期内地上部干物质量的积累（$p<0.1$）。从表 4-4 还可看出，相比于雨养种植（CK1）和

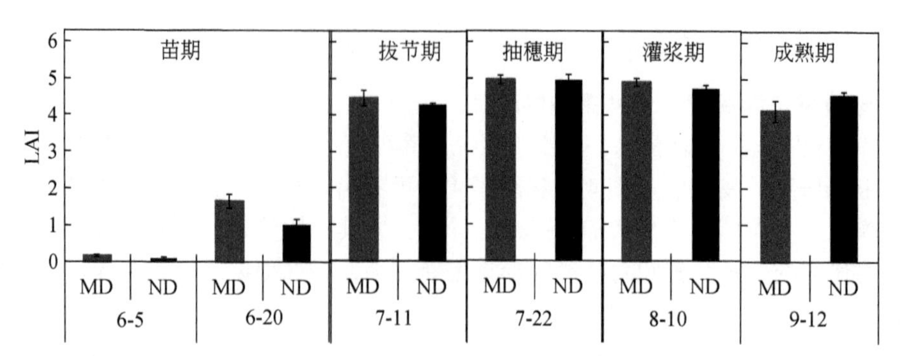

图 4-10　2014 年玉米全生育期内 MD 和 ND 处理下植株叶面积指数的变化

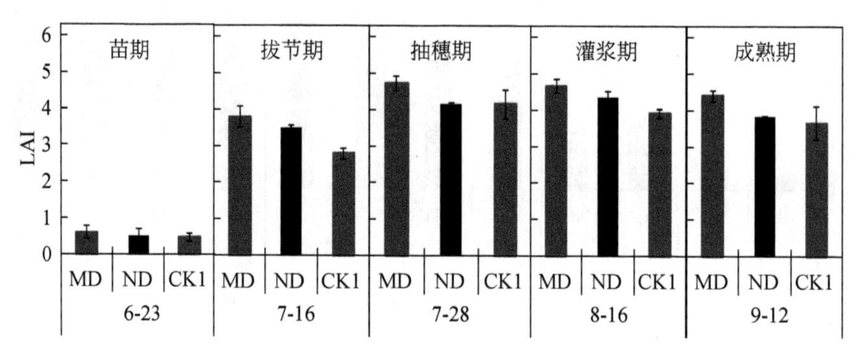

图 4-11　2015 年玉米全生育期内 MD、ND 和 CK1 处理下植株叶面积指数的变化

地表滴灌模式，塑膜覆盖滴灌模式进一步显著增加了玉米生育期内地上部干物质量的积累（$p<0.1$）。成熟期，塑膜覆盖滴灌模式分别比雨养种植和地表滴灌模式提高了 9% 和 5% ~7% 。相较而言，相比于抽穗期之前，抽穗期之后干物质累积增加的幅度更高。

表 4-4　2014 年和 2015 年玉米生育期内地上干物质量和方差分析

年份	处理	地上干物质量/(kg/hm²)				
		苗期	拔节期	抽穗期	灌浆期	成熟期
2014	MD	1 537±33. 57	9 128±1 821. 26	15 016±1 886. 99	23 739±3 303. 49	25 935±427. 97
	ND	914±246. 99	7 909±507. 41	11 684±411. 19	20 031±1 288. 39	24 750±866. 29
	方差分析	$p=0.004$	$p=0.085$	$p=0.066$	$p=0.034$	$p=0.040$
2015	MD	2 688±346. 15	7 093±1 754. 96	12 778±173. 43	18 760±2 196. 92	22 746±512. 73
	ND	2 453±696. 46	6 006±1 570. 63	10 265±198. 88	16 409±332. 59	21 294±1 142. 38
	CK1	1 792±386. 29	5 526±789. 93	9 199±1 181. 26	14 399±589. 37	20 806±706. 57
	方差分析	$p=0.058$	$p=0.060$	$p=0.075$	$p=0.092$	$p=0.082$

（2）塑膜覆盖滴灌对玉米植株吸氮量的影响

从表 4-5 可以看出，相比于雨养种植（CK1），地表滴灌模式提高了作物吸氮量，塑膜覆盖滴灌模式进一步增加了作物吸氮量，但不同滴灌模式对作物吸氮量的影响未达到统计意义上的水平，这可能主要是因为施氮量过大，从而缓解了灌溉方式对作物吸氮量的影响。纯吸氮量和累计氮肥利用率表现出与作物吸氮量相同的规律。

表 4-5　2014 年和 2015 年玉米收获后植株吸氮量和方差分析

年份	处理	植株吸氮量/(kg/hm^2)				累计氮肥利用率/%
		作物吸氮量	无施肥处理的吸氮量	纯吸氮量	氮肥投入量	
2014	MD	407±11.78	299	108	330	32.7
	ND	356±33.33	299	57	330	17.32
	CK1	342±29.43	299	44	330	13.2
	方差分析	NS（p=0.225）	—	NS（p=0.188）	—	NS（p=0.188）
2015	MD	229±24.95	184	46	330	13.85
	ND	223±27.42	184	39	330	11.8
	CK1	215±17.78	184	31	330	9.47
	方差分析	NS（p=0.727）	—	NS（p=0.68）	—	NS（p=0.68）

注：NS 表示在 α=0.1 水平上不显著

4. 塑膜覆盖滴灌对玉米产量和水分利用效率的影响

从表 4-6 中可以看出，玉米收获后，塑膜覆盖滴灌模式的玉米产量、干物质量和水分利用效率（WUE）显著大于其他处理（p<0.05）。其中，2014 年塑膜覆盖滴灌处理的产量比地表滴灌和雨养种植（CK1、CK2）的产量分别提高了 810kg/hm^2、1712kg/hm^2 和 2958kg/hm^2，提高比例分别约为 5.9%、13% 和 25%，2015 年分别提高了 1055kg/hm^2、2598kg/hm^2 和 3085kg/hm^2，提高比例分别约为 8.8%、25% 和 31%；2014 年塑膜覆盖滴灌处理的 WUE 比地表滴灌和参考处理分别提高了 0.26kg/m^3、0.61kg/m^3 和 0.85kg/m^3，提高比例分别约为 9%、25% 和 38%，2015 年分别提高了 0.21kg/m^3、0.47kg/m^3 和 0.58kg/m^3，提高比例分别约为 8%、20% 和 26%。

表 4-6　2014～2015 年玉米的产量、收获后的干物质量、水分利用效率、热能利用效率和氮素利用效率

年份	处理	产量/(kg/hm^2)	干物质量/(kg/hm^2)	水分利用效率/(kg/m^3)	热能利用效率/[kg/(hm^2·℃)]	氮素利用效率/(kg/kg)
2014	MD	14 585 a	25 935 a	3.08 a	12.64	44.20 a
	ND	13 775 b	24 750 b	2.82 b	13.15	41.74 b
	CK1	12 873 c	24 492 b	2.47 c	—	39.01 c
	CK2	11 627 d	21 341 c	2.23 d	—	—

续表

年份	处理	产量 /(kg/hm²)	干物质量 /(kg/hm²)	水分利用效率 /(kg/m³)	热能利用效率 /[kg/(hm²·℃)]	氮素利用效率 /(kg/kg)
2015	MD	13 013 a	22 746 a	2.80 a	7.73 a	39.43 a
	ND	11 958 b	21 294 b	2.59 b	7.46 a	36.24 b
	CK1	10 415 c	20 806 b	2.33 bc	6.35 b	31.56 c
	CK2	9 928 d	19 352 c	2.22 c	6.05 c	—

塑膜覆盖滴灌模式下，玉米的热能利用效率（TUE）相对较高，虽然2014年塑膜覆盖滴灌处理的TUE略低于地表滴灌处理，为12.64kg/(hm²·℃)，但2015年塑膜覆盖滴灌处理的TUE最高，为7.73kg/(hm²·℃)，明显高于雨养种植模式下的TUE。相比于其他种植模式，塑膜覆盖滴灌模式的氮素利用效率最高，2014年为44.20kg/kg，比地表滴灌和传统雨养种植分别约提高了6%和13%，2015年为39.43kg/kg，比地表滴灌和传统雨养种植分别约提高了9%和25%。综上可见，相比于地表滴灌不覆膜和雨养种植模式，塑膜覆盖滴灌模式在东北地区具有较明显的节水增产效应。

4.1.5 小结

滴灌充分供水和氮肥条件下，2014~2016年试验表明覆膜处理对田间水分消耗、作物产量和水分利用效率的影响如下：

1）覆膜降低蒸发蒸腾总量，且对其在土壤蒸发和作物蒸腾之间的分配影响显著。M处理的全生育期 ET_c 介于413.5~471.3mm，比NM处理的全生育期 ET_c（430.0~497.4mm）低2.8%~5.2%。M处理的土壤蒸发占蒸发蒸腾总量的比例为12.5%~14.5%，而NM处理的该比例高达21.7%~25.2%，而M处理的作物蒸腾量比例提高，即覆膜使田间水分消耗向增加作物产量的方向分配。

2）覆膜降低了全生育期作物系数 K_c 均值，提高了生育中期修正后的基础作物系数（$K_{cb\text{-}mid}^{adjust}$），降低了蒸发系数（$K_e$）。M处理的全生育期 K_c 均值介于0.77~0.89，比NM处理值（0.81~0.94）低3.2%~5.5%；M处理的 $K_{cb\text{-}mid}^{adjust}$ 值介于0.96~1.17，比NM处理值（0.89~1.13）提高3.6%~9.9%；全生育期M处理的 K_e 均值介于0.09~0.10，显著低于NM处理值（0.18~0.19）。

3）玉米 ET_c 与冠层上方净辐射（R_n）呈现显著线性相关关系，该关系不受覆膜影响。覆膜降低了玉米田 R_n，是覆膜 ET_c 较低的重要原因之一。

4）覆膜使玉米成熟期提前了4~5天，提高了成熟期玉米株高、生物量和叶面积指数。塑膜覆盖滴灌与地表滴灌相比，产量提高5.9%~8.8%，水分利用效率提高8%~9%；与对照相比，产量提高13%~25%，水分利用效率提高20%~25%。覆膜比不覆膜玉米氮素利用效率提高6%~9%。

4.2 秸秆覆盖滴灌下冬小麦耗水规律与生长

4.2.1 冬小麦田土壤蒸发的测定与模拟

本节研究以秸秆覆盖滴灌下冬小麦为研究对象，基于不同水分和覆盖处理，采用两种不同规格的 MLS 测定土壤蒸发量，在对其测定精度进行评价的基础上，分析麦田土壤蒸发变化规律、确定蒸发和蒸腾的比例关系，构建土壤蒸发估算模型，并对其模拟效果进行验证。研究结果对深入揭示田间高效灌溉技术模式优异内在原因，构建大田作物高效精量灌水技术模式具有重要的科学意义和实用价值。

本试验在中国水利水电科学研究院大兴试验基地开展，试验地概况详见 2.1 节相关介绍。田间试验于 2013 年 4 ~6 月开展，以冬小麦为研究对象，具体试验设计和小区布置情况详见 2.3.2 节。

1. 数据分析方法

采用双因素方差分析确定覆盖和水分对农田土壤蒸发及其占 ET_c 比例的影响及交互作用，用单因素方差分析及 Duncan 多重比较来确定各处理蒸发蒸腾及其组分的均值差异（SPSS Inc，美国）；采用配对样本 T 检验比较 MLS 内外 0 ~5cm 土壤水分的均值差异；采用相关分析、线性回归或多元回归分析来探索构建定量描述滴灌条件下农田土壤蒸发量的数学模型；通过模型估测和实测数据的对比，评价模型精度，推荐适于该地的模型参数。

本研究采用 5 个评价指标来评判所构建的土壤蒸发模型的估算效果，分别是模拟值和实测值的平均值（$\overline{P}$ 和 $\overline{O}$）、模拟值和实测值相关关系的决定系数、平均绝对误差（MAE）和均方根误差（RMSE），其计算公式参见 Louarn 等（2008）的研究。

采用双因素方差分析确定覆盖和施肥处理对农田 T_r 和 E_s 的影响及交互作用；用单因素方差分析及 Duncan 多重比较来确定各处理 ET_c 及其组分的均值差异。书中均值比较等统计分析用 SPSS13.0（SPSS Inc，美国）操作，回归分析和曲线拟合及图表绘制采用 ΣPlot 13.0 操作（SPSS Inc，美国）。

2. 土壤蒸发测定方法评价

无显著降雨天气时，无论覆盖与否，隔 2 天换土的 5cm MLS 和隔 5 天换土的 15cm MLS 换土时桶内 $\theta_{0\sim5}$ 均低于桶外相应值（图 4-12），而配对样本均值比较 T 检验结果表明，只有干燥区域 15cm MLS（桶位置编号为 2）的内外含水率差异显著（p=0.017），不同处理的桶内 $\theta_{0\sim5}$ 比桶外 $\theta_{0\sim5}$ 低 1.8% ~14.6%，均值为 9.3%；湿润区域 15cm MLS 及 5cm MLS（桶位置编号为 1、3）桶内外土壤含水率差异不显著（p=0.205 和 0.058），不同处理的桶内 $\theta_{0\sim5}$ 分别比桶外 $\theta_{0\sim5}$ 平均低 4.6% 和 3.6%。降雨后，桶内 $\theta_{0\sim5}$ 则显著大于桶外 $\theta_{0\sim5}$（p<0.001，6 月 10 日雨后换土时的数据），应及时换土。

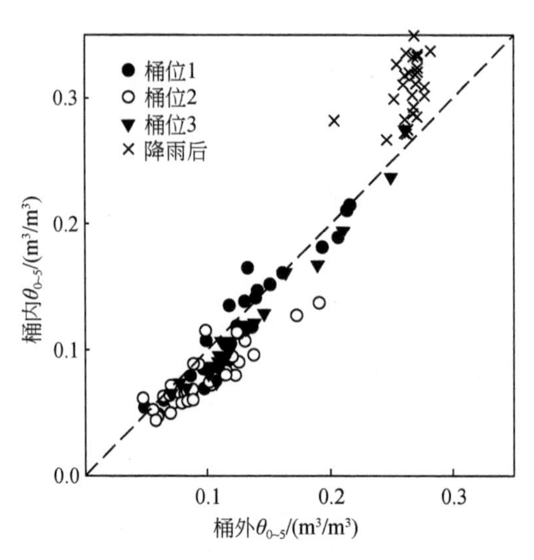

图 4-12　桶内外表层 0 ~ 5cm 土壤含水率（$\theta_{0\sim5}$）的比较

根据取土数据，我们分析了土壤蒸发系数（K_{es}）与 $\theta_{0\sim5}$的关系，当 $\theta_{0\sim5}$<0.12m³/m³时，K_{es}基本保持不变，而当 $\theta_{0\sim5}$>0.12m³/m³时，K_{es}与 $\theta_{0\sim5}$呈正相关，秸秆覆盖处理 K_{es}与 $\theta_{0\sim5}$关系的斜率显著小于不覆盖处理（图 4-13）。

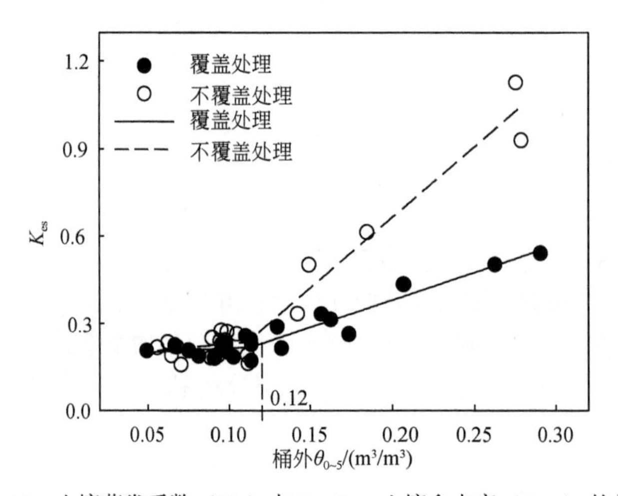

图 4-13　土壤蒸发系数（K_{es}）与 0 ~ 5cm 土壤含水率（$\theta_{0\sim5}$）的关系

本研究中干燥区域的 $\theta_{0\sim5}$大部分时刻都在 0.12m³/m³以下，可认为干燥区域 15cm MLS 桶内外的 $\theta_{0\sim5}$差异引起的 E_s测定结果差异不大；而湿润区域的 MLS 桶内外的 $\theta_{0\sim5}$差异引起的 E_s测定结果差异较大。因此，本研究由换土不频繁引起的 E_s的测定误差在 4.6% 以内。

湿润区域 5cm 与 15cm MLS 在换土时桶内外 $\theta_{0\sim5}$均无显著差别，而其桶高度则可能影响 E_s测定结果，我们将两者测定结果进行比较发现，所有处理两类 MLS 的 E_s测定值差别不大，二者相关关系的散点较为均匀地分布在 1 : 1 线的附近（图 4-14）。15cm MLS 的 E_s

全生育期测定均值比5cm MLS测定均值略高（1.8%～4.3%），但统计分析表明二者差异不显著（$p=0.206$）。基于上述分析，湿润区域蒸发量采用5cm MLS与15cm MLS测定结果的平均值。

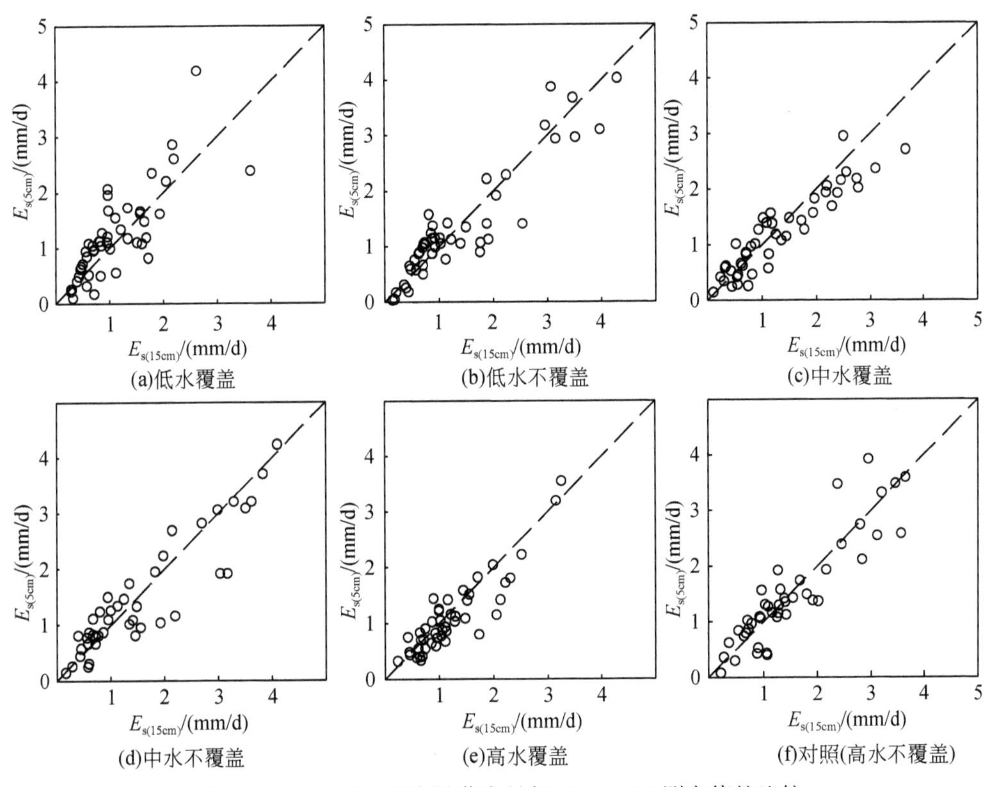

图4-14　5cm MLS测定的蒸发量与15cm MLS测定值的比较

Sepaskhah和Ilampour在研究豇豆蒸发及其组分时，用直径10cm、深度60cm的MLS进行土壤蒸发测定，7天换土时的桶内外土壤水分没有显著差别，并因此认为土壤蒸发测定结果准确，本研究中尽管桶内外$\theta_{0\sim5}$存在差别，但进一步分析表明这种差别可能引起的E_s差别在5%以内。孙宏勇等（2004）通过比较桶内外土壤水分差异，筛选了裸地土壤蒸发测定的MLS的高度，从测定精度和换土频率综合考虑推荐采用3～5天换土的15cm MLS进行土壤蒸发测定，本研究桶内外取土数据对比及5cm和15cm MLS对土壤蒸发测定值的比较也证明了15cm MLS的实用性。

3. 土壤蒸发动态变化及蒸发占ET_c的比例

滴灌条件下的地表不均匀湿润使得湿润区域和干燥区域的土壤蒸发变化规律不同，湿润区域E_s（E_{sw}）随灌水周期变化，灌水（图4-15中实线向下箭头）后明显升高，无覆盖处理（图4-15中空心图例）比秸秆覆盖处理（图4-15中实心图例）升高更快，之后迅速降低，生育旺期（4～6月）介于0～4.65mm/d。而干燥区域的E_s（E_{sd}）在不同水分和覆盖处理之间没有显著差别，在无降雨的情况下，E_{sd}随生育期的推移波动较小，在0.53mm/d上下波动。显著降雨（图4-15虚线向下箭头）后，地表均匀湿润，E_{sw}和E_{sd}呈现相同的变化规律，不覆盖处理蒸发量达到3.44mm/d，覆盖处理蒸发量仍显著小于不覆盖处理相应值。

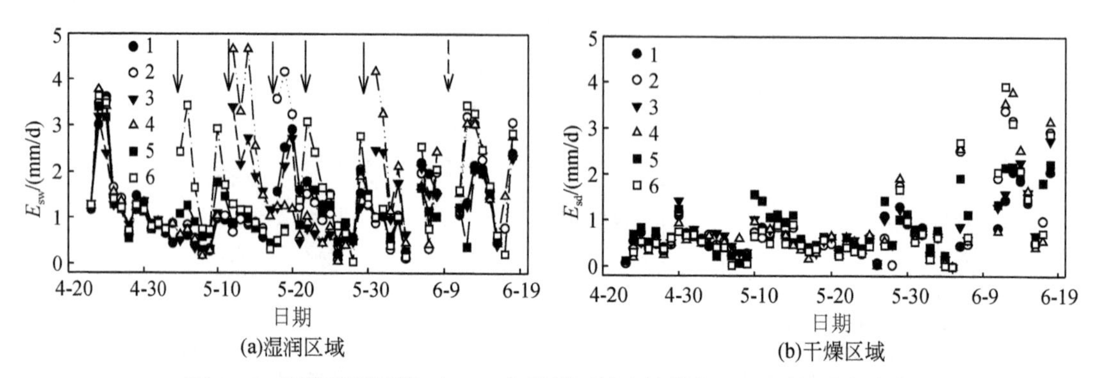

图4-15　滴灌湿润区域（E_{sw}）与干燥区域土壤蒸发（E_{sd}）的动态变化

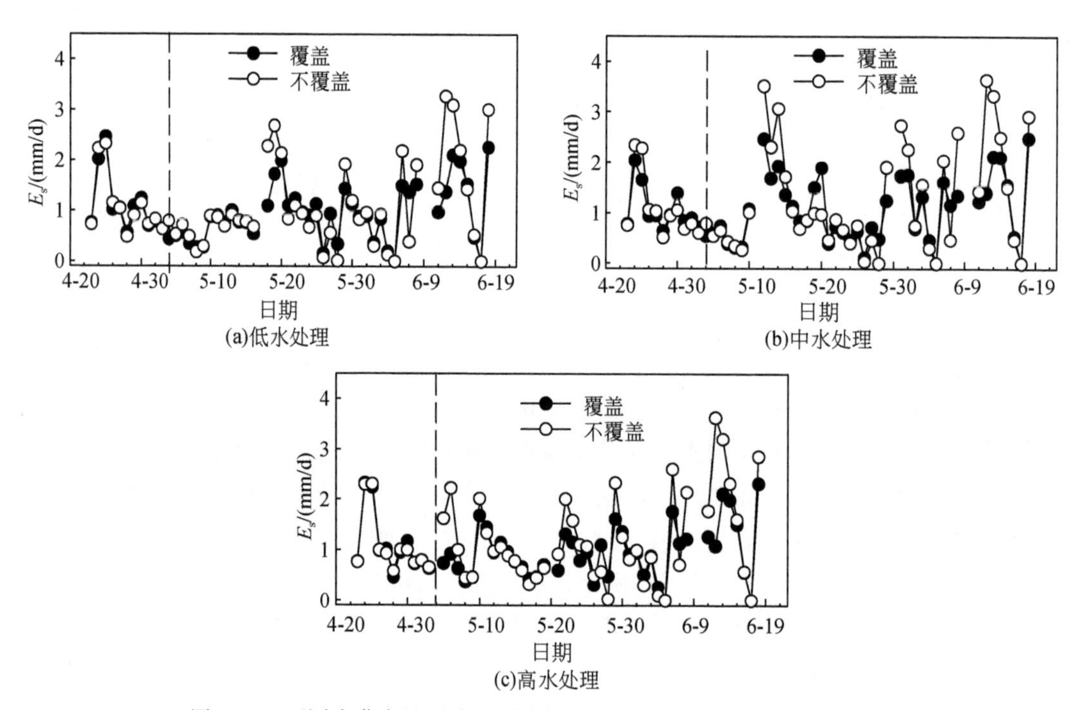

图4-16　不同滴灌水量下秸秆覆盖与不覆盖处理棵间土壤蒸发的比较

整个试验小区的E_s由湿润区域与干燥区域蒸发量根据滴灌湿润面积比（0.6）加权平均得到，图4-16显示了不同滴灌水量下秸秆覆盖与不覆盖处理棵间土壤蒸发的比较结果。5月4日开始覆盖（图4-16中垂直虚线），到5月11日中水处理灌水前，秸秆覆盖只能使高水处理在刚灌水后土壤水分较高时的田间E_s显著降低，而中水和低水处理由于土壤含水率较低，覆盖与否对其 E_s影响并不显著，只有在灌水后或较明显的降雨（$P>5$mm）后，覆盖使 E_s降低的效应才表现出来（图 4-16）。各处理的 E_s的波动变化主要受灌水和显著降雨事件驱动，介于 0 ~ 3.64mm/d，灌水（或降雨）后显著提高，之后随着土壤含水率的降低迅速下降至 1mm/d 以下。处理编号 1 ~ 6（低水覆盖、低水无覆盖、中水覆盖、中水无覆盖、高水覆盖和高水无覆盖处理）4 月 22 日 ~6 月 17 日的 E_s均值分别为 0.98mm/d、1.13mm/d、1.10mm/d、1.30mm/d、1.02mm/d 和 1.22mm/d，覆盖处理 E_s均值显著高于不覆盖处理，中水、高水处理 E_s均值显著高于低水处理（$p<0.001$）。

水分处理显著影响了麦田蒸发蒸腾总量（ET_c）、作物蒸腾量（T_r）和棵间土壤蒸发量（E_s）及 E_s占 ET_c的比例（$p=0.002$、0.004、0.001、0.006），而覆盖处理则仅显著影响 E_s及 E_s占 ET_c的比例（$p<0.001$、$P=0.019$），对 ET_c和 T_r影响则不显著（$p=$ 0.147、0.758）。本研究中高水处理叶面积指数显著高于中水、低水处理（$p<0.001$），是高水处理 T_r较高（图 4-17）的原因之一，而同时冠层遮挡也使高水处理的 E_s不是最高的，而中水不覆盖处理 E_s 最高。覆盖能显著降低 E_s，而对 ET_c和 T_r的影响的方向却不一定。灌水或降雨后各处理的土壤水分相同，若由秸秆覆盖导致 E_s的显著降低而使根区土壤含水率提高，则可能引起 T_r的提高，从而抵消或超过 E_s降低的量，使 ET_c变化的方向不确定。

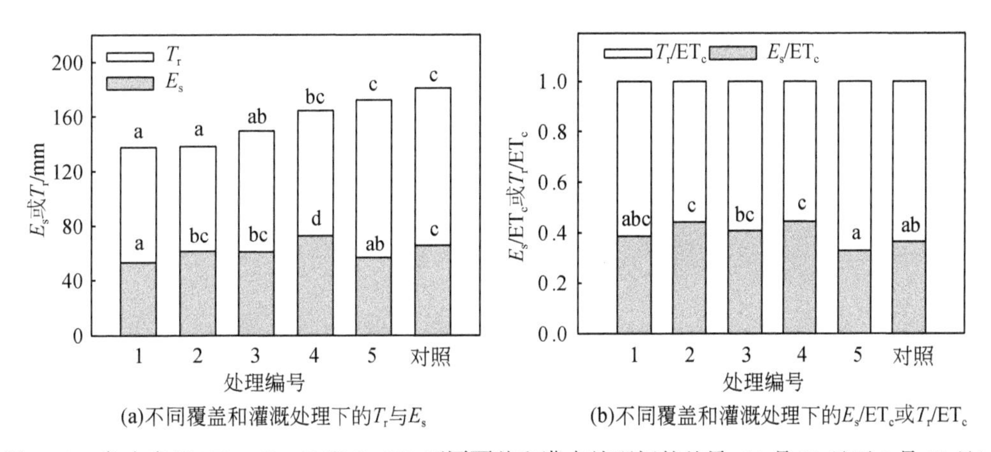

图 4-17　冬小麦田 ET_c、T_r、E_s和 E_s/ET_c不同覆盖和灌水处理间的差异（4 月 22 日至 6 月 17 日）

双因素方差分析表明，水分和覆盖处理之间的交互作用不显著（$p>0.1$），因此，此后所做的水分及覆盖对麦田水分消耗组分影响的分析共分为 6 个处理，如图 4-15 中处理编号 1 ~6 分别代表低水覆盖、低水不覆盖、中水覆盖、中水不覆盖、高水覆盖和高水不覆盖处理。处理间 ET_c、E_s和 E_s/ET_c均差异显著（$p=0.008$、0.001、0.015）。不同处理的 E_s/ET_c介于 33.0% ~44.5%，以低水不覆盖处理最高，而高水覆盖最低。文献报道的华北地区冬小麦田的 E_s/ET_c在 30% 左右，且秸秆覆盖可以降低该比例约 10%。本研究得出的 E_s/ET_c高于上述研究结果，这与本研究的 LAI 较低有关。本试验麦田种植密度较低，使得生育中期的 LAI 均值为 2.8，低于上述文献报道的 3 ~5，且人工种植行距较大（30cm），都可能是 E_s较高的原因。Allen 利用 MLS 测定 LAI≤2 的燕麦田的土壤蒸发时，发现 E_s/

ET_c可高达67%～77%，高于本研究结果。

4. 土壤蒸发的模拟和验证

土壤蒸发同时受土壤水分、气象因子及作物冠层遮挡等因素影响，本研究引入潜在蒸发量（E_{s0}），计算公式见式（2-9）～式（2-11），将实际土壤蒸发（E_s）标准化，消除气象因子和作物冠层特征因子的影响，分析土壤蒸发系数（K_{es}）与土壤水分的关系。图4-13显示K_{es}与$\theta_{0\sim5}$之间相关关系较好，但由于没有$\theta_{0\sim5}$的连续测定数据，只得采用灌水后天数作为土壤水分的替代变量。

滴灌条件下湿润区域和干燥区域的土壤蒸发变化规律不同（图4-15），其相应的蒸发系数（K_{esw}和K_{esd}）变化规律也不同，因此分别对滴灌条件下土壤蒸发系数进行模拟。无降雨情况下，4月23日至6月18日6个处理的K_{esd}之间没有显著差别，随生育期的推移波动较小，在0.19上下波动（图4-18），加之其对麦田总蒸发量的权重（0.4）较低，模拟时可设为定值。

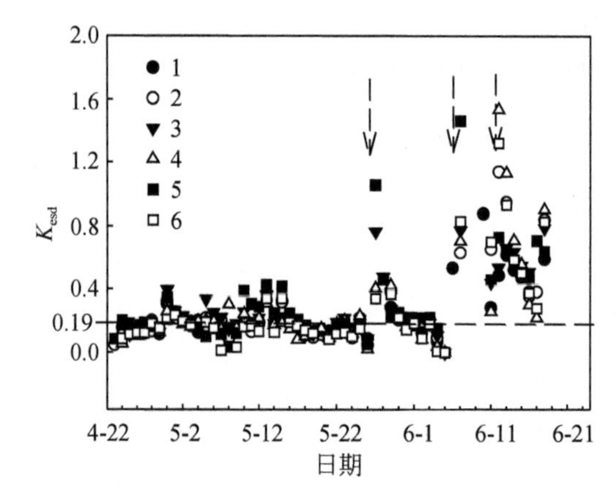

图4-18　干燥区域的土壤蒸发系数（K_{esd}）的季节变化

选择无显著降雨的灌水周期数据来分析滴灌湿润区域的蒸发系数（K_{esw}）与灌水后天数（days after irrigation，Dai）的关系，结果表明K_{esw}随Dai呈现指数降低至定值的变化趋势（图4-19），二者关系可用式（4-6）表示：

$$K_{esw}=f(\text{Dai})=K_0+a\times\exp(-b\times\text{Dai}) \tag{4-6}$$

式中，K_{esw}为滴灌地表湿润区域的土壤蒸发系数，K_{esw}及降雨后K_{esd}（>5cm降雨后可认为K_{esw}和K_{esd}相等）可以Dai来估算；K_0、a、b分别为估算模型的系数，可通过回归得到。随着干旱周期的推进，湿润地表变干，式（4-6）中参数K_0即为土壤变干燥后的蒸发系数，可认为与无降雨条件下干燥区域的蒸发系数K_{esd}一致，本研究中无降雨天气的K_{esd}用定值0.19代替（图4-18中的水平虚线，图4-19中的回归线的渐进虚线），即：

$$K_0\approx K_{esd}\approx 0.19 \tag{4-7}$$

由图4-19可见，灌水处理并没有显著改变回归曲线的形状，而覆盖处理则因显著降低了刚灌水后的湿润地表蒸发量，从而降低了曲线下降的斜率，即a值（表4-7）。不同

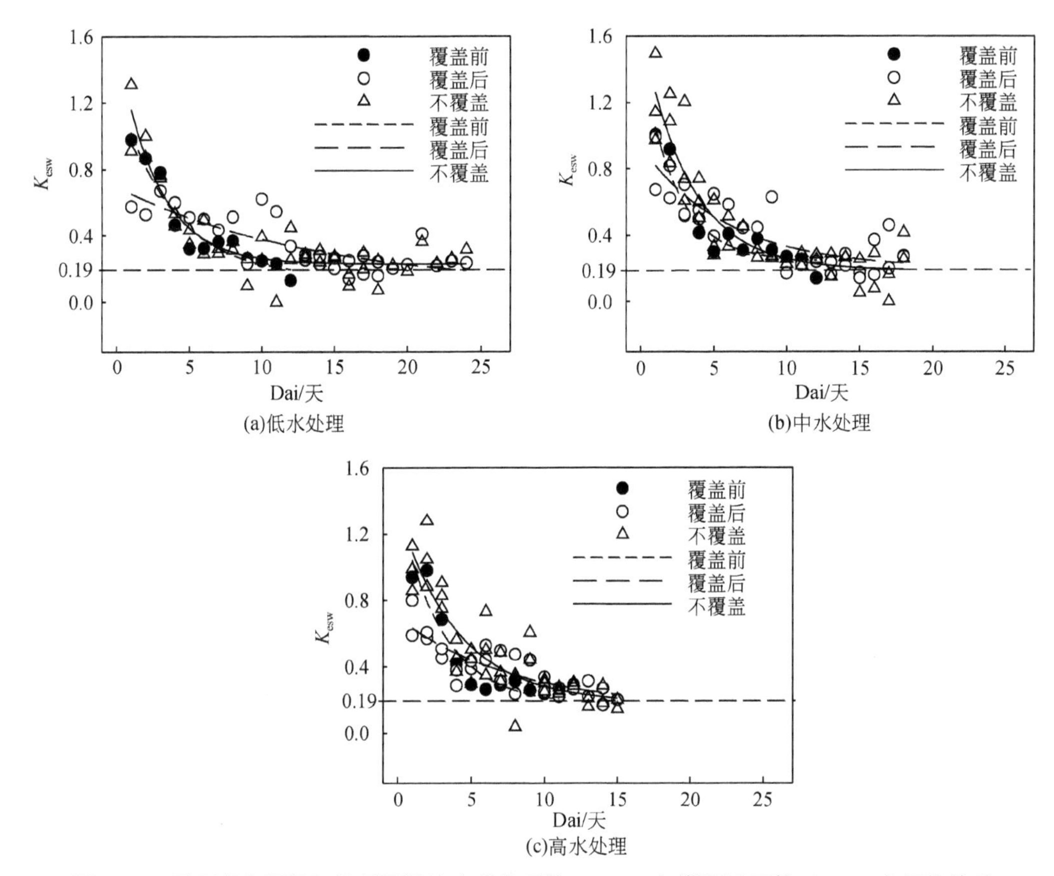

图 4-19 所有灌水周期各处理湿润地表蒸发系数（K_{esw}）与灌溉后天数（Dai）之间的关系

灌水水平之间蒸发系数的差异仅在于低水处理包含更多由低土壤含水率（灌水周期较长）导致的较低 K_{esw} 值，拉低了其蒸发系数均值。此外，本研究中不覆盖处理灌水后 1～3 天的蒸发系数>1（图 4-19），这表明被干燥地表包围的湿润地表可供蒸发利用的能量大于入射的太阳辐射，该部分能量可能来自周围干燥区域的能量微平流。滴灌条件下地表干湿交替导致的微平流现象在其他地区滴灌作物耗水规律的研究中也有体现，在滴灌农田耗水的模拟中应给予重视。本研究以 Dai 为自变量，恰巧能暗含这种微平流效应，在这一点上优于单纯采用能量平衡法进行滴灌 E_s 模拟。

表 4-7 所有灌水周期各处理湿润地表蒸发系数（K_{esw}）与灌溉后天数（Dai）之间关系的参数

水分处理	覆盖处理	K_{esd}	a	b	R^2	p	最长灌水周期/天
低水处理	覆盖前	0. 151	1. 146	0. 272	0. 931	<0. 0001	24
	覆盖后	0. 083	0. 612	0. 074	0. 654	<0. 0001	
	不覆盖	0. 227	1. 341	0. 362	0. 859	<0. 0001	

续表

水分处理	覆盖处理	K_{esd}	a	b	R^2	p	最长灌水周期/天
中水处理	覆盖前	0.209	1.234	0.418	0.913	<0.0001	18
	覆盖后	0.194	0.740	0.168	0.740	<0.0001	
	不覆盖	0.188	1.454	0.302	0.845	<0.0001	
高水处理	覆盖前	0.176	1.219	0.338	0.907	<0.0001	15
	覆盖后	0.151	0.550	0.128	0.696	<0.0001	
	不覆盖	0.182	1.165	0.247	0.791	<0.0001	

研究中高、中、低灌水处理的最长灌水周期分别为24天、18天和15天，选用中水处理的回归参数对高水和低水处理的 K_{esw} 值进行模拟，以考量模型对内含和外延数据估计的精度。式（4-8）中总蒸发系数（K_{es}）由 K_{esw} 和 K_{esd} 根据湿润比例（f_w）加权平均得到，E_s 即为 K_{es} 和 E_{s0} 的乘积：

$$K_{es}=f_w\times K_{esw}+(1-f_w)\times K_{esd} \tag{4-8}$$

$$E_s=K_{es}\times E_{s0} \tag{4-9}$$

模型模拟的低水覆盖（处理1）、低水不覆盖（处理2）、高水覆盖（处理5）和对照高水不覆盖处理的 E_s 均值与实测值显著相关（图4-20，图中虚线为1∶1线），模拟值可以解释测定值变异的88%～92%（表4-8）。

表4-8　覆盖滴灌条件下土壤蒸发（E_s）实测值和模拟值之间相关关系统计指标

处理编号	斜率	截距/(mm/d)	R^2	$\overline{O}$/(mm/d)	$\overline{P}$/(mm/d)	MAE/(mm/d)	RMSE/(mm/d)
1	1.09	-0.016	0.92	0.97	1.04	0.14	0.21
2	1.16	-0.101	0.93	1.08	1.15	0.19	0.29
5	1.02	0.105	0.88	0.99	1.11	0.19	0.25
6	1.09	-0.030	0.91	1.16	1.23	0.18	0.27
均值	1.09	-0.011	0.91	1.05	1.14	0.18	0.25

注：表中 R^2、$\overline{O}$、$\overline{P}$、MAE和RMSE分别为决定系数、实测 E_s 均值、模型估算 E_s 均值、平均绝对误差和均方根误差

各处理回归直线的截距都接近零（介于-0.101～0.105mm/d，均值为-0.011mm/d），回归直线的斜率介于1.02～1.16，均值为1.09。各处理土壤蒸发量实测值和模拟值的均值分别介于0.97～1.16mm/d和1.04～1.23mm/d；各处理模拟值和实测值的平均绝对误差（MAE）介于0.14～0.19mm/d，均值为0.18mm/d，均方根误差（RMSE）介于0.21～0.29mm/d，均值为0.25mm/d（表4-8），这和所有处理的 E_s 模拟值与实测值对应点都落在1∶1线附近（图4-20）一致。

除测定方法外，模型估算也是获取 E_s 的重要方法。用于估算 E_s 的数学模型分为机理模型和经验模型两类。机理模型是根据土壤蒸发的物理规律，将其分为饱和稳定阶段（蒸

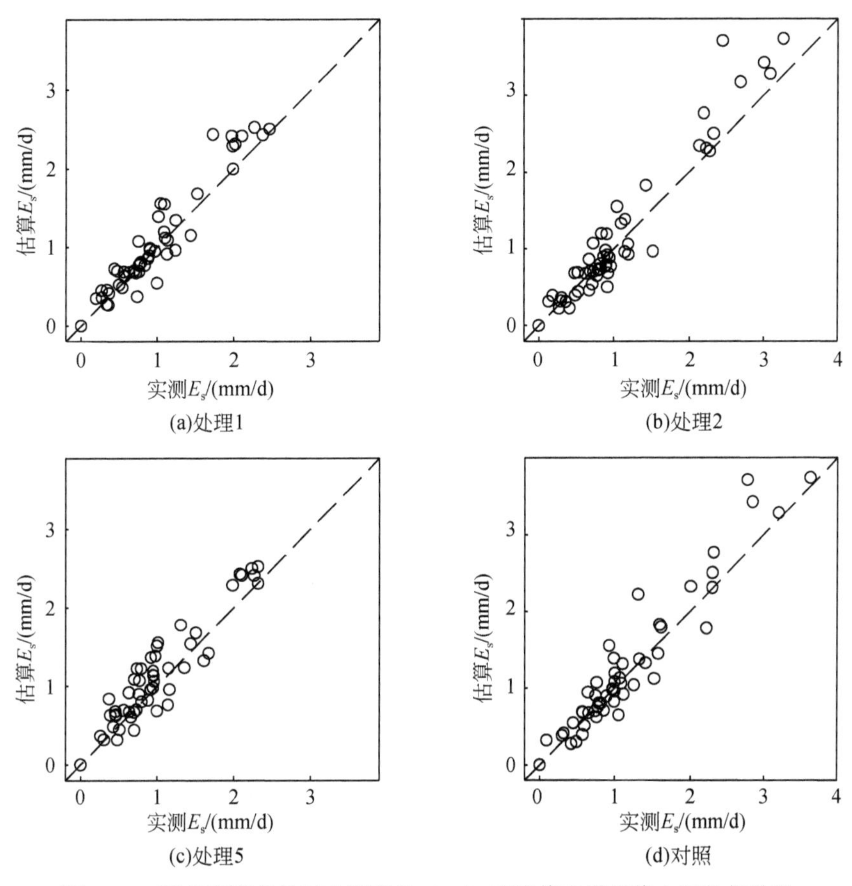

图4-20　覆盖滴灌条件下土壤蒸发（E_s）实测值和模拟值之间的相关性

发量主要受辐射能量限制）和下降阶段（蒸发量主要受土壤水分及其水力学特性限制）对土壤蒸发进行模拟。经验模型是通过建立的 E_s与气象因子、土壤水分及叶面积指数等因素的经验关系来对 E_s进行模拟。然而，上述 E_s估算模型都是针对畦灌、喷灌或沟灌提出的，滴灌及覆盖条件下，地表湿润状况发生了变化，上述定量表征和相关关系会发生相应的改变。研究建立了滴灌条件下的 E_s估算模型，将滴灌地表分为湿润地表和干燥地表分别进行模拟，采用包含气象因子和冠层 LAI 变化综合影响的 E_{s0}将 E_s实测值标准化，单纯考虑蒸发系数与土壤水分的关系，是一种半理论和半经验的模拟方法，可为同类型地区滴灌麦田水分管理决策提供简单易行的参考。就本研究条件而言，不同滴灌水量并不能显著影响蒸发系数与相关关系（图4-18，表4-8），一定程度上揭示了这种关系的普适性。而覆盖引起的 K_{esw}的降低程度则可能与覆盖量相关，而本研究只有一种覆盖量，很难就此得出论断。

4.2.2　秸秆覆盖充分滴灌冬小麦耗水规律与产量

田间试验于2013年10月至2014年6月和2014年10月至2015年6月在中国水利水

电科学研究院大兴试验基地开展，试验地概况详见 2.1 节的介绍。本试验采用地表滴灌，以冬小麦为研究对象，选取 2.3.2 节中的高水灌溉处理为研究对象，重点分析秸秆覆盖充分滴灌对农田耗水过程和产量的影响。2014 年和 2015 年冬小麦生育期高水处理实际灌水情况见表 4-9。

表 4-9　2014 年和 2015 年冬小麦生育期高水处理实际灌水情况　（单位：mm）

处理	首次灌水		二次灌水		三次灌水		四次灌水		五次灌水		总灌水量
	灌水日期	灌水量	灌水日期	灌水量	灌水日期	灌水量	灌水日期	灌水量	灌水日期	灌水量	
2014-TM	4-3	40.75	4-23	42.26	5-5	42.21	5-21	50.25		0	175.47
2014-TN	4-3	45.71	4-23	47.47	5-5	47.50	5-21	54.57		0	195.25
2015-TM	4-8	26.17	4-28	40.49	5-8	44.50	5-22	39.54	5-28	31.71	182.41
2015-TN	4-8	29.28	4-28	64.44	5-8	51.43	5-22	42.74	5-28	38.84	226.73

1. 冬小麦生育期耗水量计算方法

（1）冬小麦生育期总耗水量 ET_c 计算

冬小麦从播种到收获整个生育期内的总耗水量 ET_c 采用水量平衡法根据式（2-2）计算，本试验考虑渗漏损失 D（mm），采用下式估算：

$$D=\alpha I_m \tag{4-10}$$

式中，α 为渗漏系数，其主要受土壤质地及灌水定额的影响，针对本实验地的土壤质地及灌水定额，本实验中的 α 取值为 0.1；I_m 为每次灌水定额，mm。

土壤含水率的测定是利用水量平衡法确定 ET_c 的关键。本研究土壤含水率采用田间取土、烘干法得到，每隔 3～5 天取土一次，灌溉前后及中度和强度降雨后安排取土。取土时，每个处理各选 2 个小区，每个小区在干湿区域分别选取 2 个样点，考虑到冬小麦的主根系范围在 0～100cm，因此取土深度定为 1 m，按土层深度（0～10cm、10～20cm、20～40cm、40～60cm、60～80cm、80～100cm）取土，用烘干法测定土壤含水率。

（2）冬小麦日耗水量 ET_d 计算

A. P-M 公式计算方法

P-M 公式计算及相关参数释义见 3.2.1 节相关内容。其中冬小麦不同生育期叶面积指数 LAI 通过田间实地测量获得，采用比叶重法的鲜重法，测定时每个处理选 2 个小区，每个小区选 2 行具有代表性的植株割取 5cm，共割取 20cm。剪下全部鲜叶片，称鲜重，再选取大、中、小三个类型的叶片各 5 片，称鲜重，用 Cannon 叶面积扫面仪求得其叶面积，计算比叶重（鲜叶重/鲜叶叶面积，g/cm^2），其他相关注意事项可参考 Wang 等（2013）的研究。

B. FAO 单作物系数法

单作物系数法是 FAO 推荐的具有一定精度且计算作物需水量较为简便的一种方法。刘钰等（1999）针对华北地区的冬小麦的研究验证了该方法具有较高的精度。本研究采取 FAO 推荐的单作物系数方法计算 2014 年和 2015 年冬小麦生育期 4～6 月的日耗水量，并与 P-M 公式的计算结果进行了拟合比较。采用单作物系数计算方法时，首先需要从《FAO-56 作物腾发量作物需水计算指南》的相关表中查出冬小麦在生育期不同阶段的作物系数值，可知生长初期 $K_{c\text{-}ini}=0.7$，生长中期 $K_{c\text{-}mid}=1.15$，生长末期 $K_{c\text{-}end}=0.4$，并按大兴区的气候条件，根据相关公式分别校正 $K_{c\text{-}mid}$ 和 $K_{c\text{-}end}$，具体计算公式及步骤可参见 Allen 等（1998）、刘钰等（1999）的研究。同时参考刘海军等（2006）针对北京通州区冬小麦拔节期和抽穗期作物系数的研究成果，最终调整确定大兴区冬小麦生长中期 $K_{c\text{-}mid}=1.25$。需要注意的是，在冬小麦生长初期，棵间蒸发占总腾发量的比例较大，因此计算 $K_{c\text{-}ini}$ 时必须考虑土面蒸发的影响，同时需要进一步考虑土壤质地、灌水频率、灌水定额及滴灌湿润范围（本研究中滴灌系统为 60%）等参数，参考《FAO-56 作物腾发量作物需水计算指南》中相关图表进一步修正生长初期作物系数值 $K_{c\text{-}ini}$。最后基于作物参考系数和作物腾发量 ET_0，即可得到冬小麦日耗水量值。

2. 棵间蒸发变化规律

华北地区的冬小麦一般都在 3 月下旬开始进入返青阶段，因此本研究主要针对冬小麦 4～6 月的日棵间蒸发开展测定分析。由图 4-21 和图 4-22 可知，4～6 月，不覆盖处理（TN）和覆盖处理（TM）下的日棵间蒸发变化具有相似的变化趋势，这与 TN 和 TM 处理下相近的灌溉制度（表 4-9）和相同的大气环境密切相关。但由于受到秸秆覆盖的影响，TM 处理下的日棵间蒸发波动幅度明显小于 TN 处理，日棵间蒸发平均值也显著小于 TN 处理（表 4-10）。在灌水或者显著降雨后，土壤含水率增加，大部分之后的日棵间蒸发都会呈现先增大而后随着土壤含水率的减少而降低的现象，这说明土壤蒸发与土壤含水率存在明显正相关，但在某些日期，灌溉后没有出现土壤蒸发明显增大的情况，其主要与灌后的天气状况密切相关，如在 2014 年 5 月 21 日灌水后第二天（图 4-21），即 5 月 22 日出现阴天，太阳净辐射明显降低，尽管土壤含水率明显提高，但土壤蒸发量并没有出现明显增大。

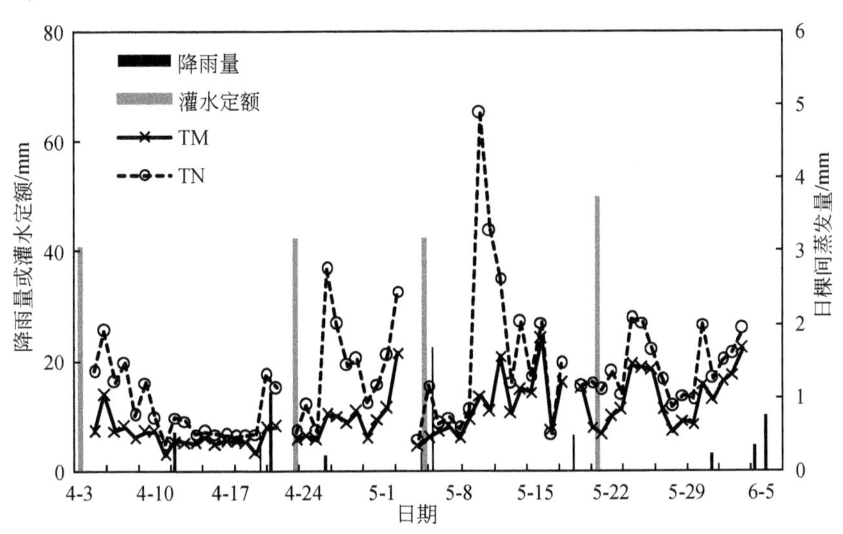

图 4-21　2014 年 4～6 月降雨量、灌水定额及 TM 和 TN 处理下日棵间蒸发量变化

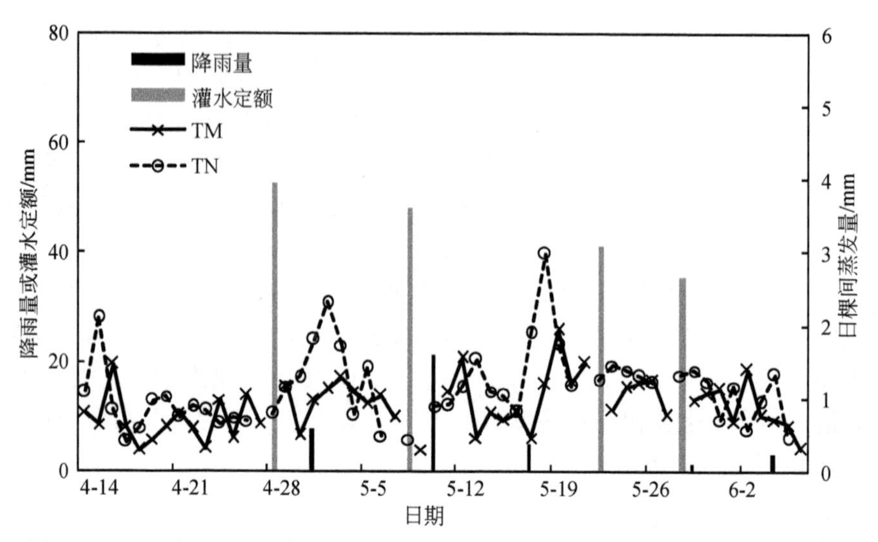

图4-22　2015 年 4 ~ 6 月降雨量、灌水定额及 TM 和 TN 处理下日棵间蒸发量变化

表 4-10　4 ~ 6 月 TM 和 TN 处理下生育期日棵间蒸发平均值比较

处理	拔节期—抽穗期		抽穗期—灌浆期		灌浆期—成熟期		生育期平均	
	2014 年	2015 年	2014 年	2015 年	2014 年	2015 年	2014 年	2015 年
TM/mm	0.56a	0.62a	0.96a	1.00a	1.00a	0.93a	0.84a	0.85a
TN/mm	1.01b	0.96b	1.55b	1.44b	1.43b	1.32b	1.33b	1.24b
TM 抑制蒸发比例/%	44.55	35.42	38.06	30.56	30.07	29.55	36.84	31.45

注：表中相同字母表示差异不显著（$p>0.05$）

由表 4-10 进一步分析可知，2014 年和 2015 年 TM 处理下 4 ~ 6 月平均日蒸发量分别为 0.84mm 和 0.85mm，而 2014 年和 2015 年 TN 处理下的平均日蒸发量则分别达到 1.33mm 和 1.24mm，2014 年和 2015 年覆盖滴灌处理同比不覆盖滴灌处理减少棵间蒸发分别达到了 36.84% 和 31.45%。由此可见，秸秆覆盖显著抑制了田间棵间蒸发。从不同生育期覆盖抑制蒸发比例的变化分析可知，在拔节期—抽穗期，秸秆覆盖对棵间蒸发的抑制效果要大于其他生育阶段，其原因主要是随作物生长，叶面积对棵间土壤的遮盖率不断提高，同比不覆盖处理，生育中后期秸秆覆盖对棵间蒸发的抑制效果有所减弱。

3. 冬小麦日耗水量 ET_d 比较

从图 4-23 和图 4-24 可以看出，基于 P-M 公式计算的日蒸腾蒸发量（ET_{PM}）和基于 FAO 单作物系数法计算的日蒸腾蒸发量（ET_{sc}）具有较高的相关性，无论是 TM 还是 TN 处理，2014 年和 2015 年拟合回归结果显示，ET_{sc} 和 ET_{PM} 之间的线性回归方程的相关性系数 R^2 均大于 0.80。采用 P-M 公式直接计算作物耗水量，除了需要获得太阳净辐射、风速、饱和水汽压差等气象因子外，更为重要的是如何获取所在试验地块作物的冠层阻力系数和气孔阻力系数值。P-M 公式将植被冠层看成位于动量源汇处的一片大叶，将植被冠层和土壤当作一层，属于单源模型，该模型可以较好地估算稠密冠层的实际蒸发蒸腾量。相比传统地面灌和不覆盖而言，滴灌和秸秆覆盖措施在一定程度上改变了农田小气候和农田中的能量分配，这些改变反过来会影响作物蒸腾关键因子的变化，如气孔阻力系数，这也是 P-M 公式中需要获得的重要参数。因此，利用先进光合系统测定滴灌覆盖和不覆盖下冬小麦不同生育期气孔阻力系数，结合农田中观测的气象参数，可以直接计算获得滴灌覆盖和不覆盖各处理的日耗水量。鉴于 FAO 单作物系数法是一种比较可靠的用于计算华北地区无水分亏缺条件下冬小麦耗水量的方法（Li et al.，2008），因此可认为本研究尝试方法具有较高的精度和可靠度，这种方法的难度在于需要在全生育期内监测作物的气孔阻力系数以获得计算作物耗水量所需的冠层地表阻力系数，此方法可为田间相关试验研究工作提供参考。

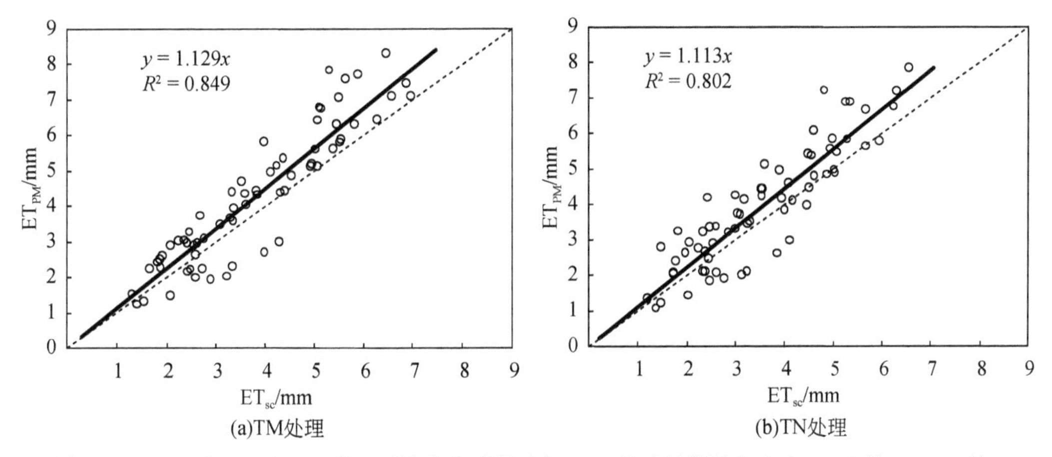

图 4-23　2014 年 TM 和 TN 处理下单作物系数法与 P-M 公式计算的冬小麦 ET 比较（4～6 月）

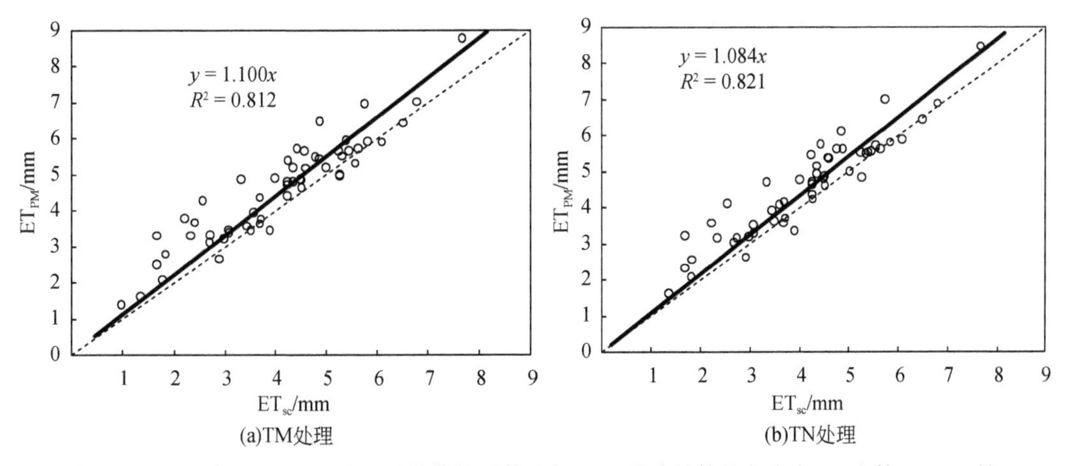

图 4-24　2015 年 TM 和 TN 处理下单作物系数法与 P-M 公式计算的冬小麦 ET 比较（4～6 月）

表 4-11 进一步比较了 4～6 月基于 P-M 公式、FAO 单作物系数法和水量平衡法算得的冬小麦平均日耗水量，2014 年和 2015 年的比较结果表明，基于 P-M 公式和水量平衡法算

得的冬小麦平均日耗水量相对比较接近，且不存在显著差异，但都要大于 FAO 单作物系数法获得的平均日耗水量，且 2 年中水量平衡法获得的冬小麦平均日耗水量显著大于 2014 年 FAO 单作物系数法所获得值。水量平衡法是一种较为准确地计算较长周期内作物耗水量的最基本方法，本研究基于水量平衡法计算出 4 ~6 月的冬小麦耗水量，进而获得 4 ~6 月平均日耗水量。因此，可认为基于 P-M 公式和水量平衡法算得的冬小麦平均日耗水量更能代表本典型试验区冬小麦实际平均日耗水情况。采用 FAO 单作物系数法获得的日耗水量值稍低于其他两种方法，其或许存在低估大兴区冬小麦关键生育阶段参考作物系数值的可能性，但这需要进一步的研究。

表 4-11　P-M 公式和单作物系数法及水量平衡法下 4 ~6 月冬小麦平均日耗水量 ET_d 比较（单位：mm）

处理	P-M 公式		FAO 单作物系数法		水量平衡法	
	2014 年	2015 年	2014 年	2015 年	2014 年	2015 年
TM	4.04ab	4.38a	3.81b	4.05ab	4.31a	4.28a
TN	4.16ab	4.41a	3.89b	4.08ab	4.42a	4.45a

注：表中相同字母表示差异不显著（p>0.05）

基于 P-M 公式和水量平衡法计算结果，对于充分滴灌下覆盖处理 TM 和不覆盖处理 TN，2014 年和 2015 年 4 ~6 月冬小麦日耗水量 ET_d 介于 4.04 ~4.38mm，从 2 年中各种计算方法的比较结果来看，2014 年和 2015 年 4 ~6 月覆盖处理下的平均日耗水量均要略微小于不覆盖处理，但不存在统计意义上的显著差异，因此可以推断，尽管覆盖显著降低了棵间蒸发，但同时应该明显增加了作物蒸腾，这也是覆盖和不覆盖处理下作物耗水量不存在显著差异的主要原因。

由表 4-12 进一步分析可知，2014 年和 2015 年 TM 处理下的平均日蒸发量分别为 0.84mm 和 0.85mm，而 2014 年和 2015 年 TN 处理下的平均日蒸发量则分别达到 1.33mm 和 1.24mm，2014 年和 2015 年覆盖滴灌处理同比不覆盖滴灌处理减少棵间蒸发分别达到了 36.84% 和 31.45%。由此可见，秸秆覆盖显著抑制了田间棵间蒸发。从不同生育期覆盖抑制蒸发比例的变化分析可知，在拔节期—抽穗，秸秆覆盖对棵间蒸发的抑制效果要大于其他生育阶段，其原因主要是随作物生长，叶面积对棵间土壤的遮盖率不断提高，同比不覆盖处理，生育中后期秸秆覆盖对蒸发的抑制效果有所减弱。

表 4-12　4 ~6 月 TM 和 TN 处理下生育期日棵间蒸发平均值比较

处理	拔节期—抽穗期		抽穗期—灌浆期		灌浆期—成熟期		生育期平均	
	2014 年	2015 年	2014 年	2015 年	2014 年	2015 年	2014 年	2015 年
TM/mm	0.56a	0.62a	0.96a	1.00a	1.00a	0.93a	0.84a	0.85a
TN/mm	1.01b	0.96b	1.55b	1.44b	1.43b	1.32b	1.33b	1.24b
TM 抑制蒸发比例/%	44.55	35.42	38.06	30.56	30.07	29.55	36.84	31.45

注：表中相同字母表示差异不显著（p<0.05）

基于各处理每天计算得到的潜热值 λE，除以 λ（2.45MJ/kg），就可以得到 TM 和 TN

处理下的冬小麦日腾发量（ET_{pmd}）。图 4-25 描述了 2014 年和 2015 年 TM 和 TN 各自处理下土壤棵间蒸发（E_s）和基于 P-M 公式获得的日腾发量（ET_{pmd}）在生育期内的变化规律。从图 4-25 中可以看出，2014 年和 2015 年 TM 和 TN 处理下冬小麦日腾发量（ET_{pmd}）之间没有明显差异，尤其是在 2015 年，这意味着覆盖虽然显著减少了棵间蒸发 E_s，但同时增加了作物的蒸腾（T）。日棵间蒸发的变化规律和日腾发量（ET_{pmd}）之间看上去没有相关性。在降雨明显的天数里，冬小麦日腾发量（ET_{pmd}）下降比较明显（图 4-25），如在 2015 年 5 月 10 日，当天降雨 22mm，当天冬小麦日腾发量（ET_{pmd}）相比前天下降十分显著。

为进一步明晰冬小麦不同生育阶段覆盖与否如何影响棵间蒸发与作物日耗水之间的比例关系，对连续两个生育季节，TM 和 TN 处理在不同生育阶段的平均 E_s/ET_{pmd} 进行了计算，结果见表 4-13。表 4-13 中的数据显示，相同生育阶段，不覆盖下的 E_s/ET_{pmd} 比例明显大于覆盖处理，这与之前有关学者的研究结论相吻合（Gao et al., 1999, Chen et al., 2007, Balwinder et al., 2011）。从表 4-13 中还可以看出，对于覆盖处理 TM，在冬小麦拔节期和灌浆期，E_s/ET_{pmd} 为 19%，作物蒸腾（T）是作物腾发量的主要组成部分，到冬小麦成熟期，覆盖下的 E_s/ET_{pmd} 增加到了 26%，这主要是由于作物蒸腾在生育末期减弱。在冬小麦拔节期和灌浆期，不覆盖下的 E_s/ET_{pmd} 平均维持在 29%，高于同期下覆盖处理 10%，到成熟期，TN 处理下的 E_s/ET_{pmd} 达到了 34%。

表 4-13　2014 年和 2015 年 4～6 月 TM 和 TN 处理下不同生育期内平均 E_s/ET_{pmd} 变化（单位：%）

处理	拔节期		灌浆期		成熟期	
	2014 年	2015 年	2014 年	2015 年	2014 年	2015 年
TM	19	19	17	21	27	25
TN	36	24	31	26	36	32

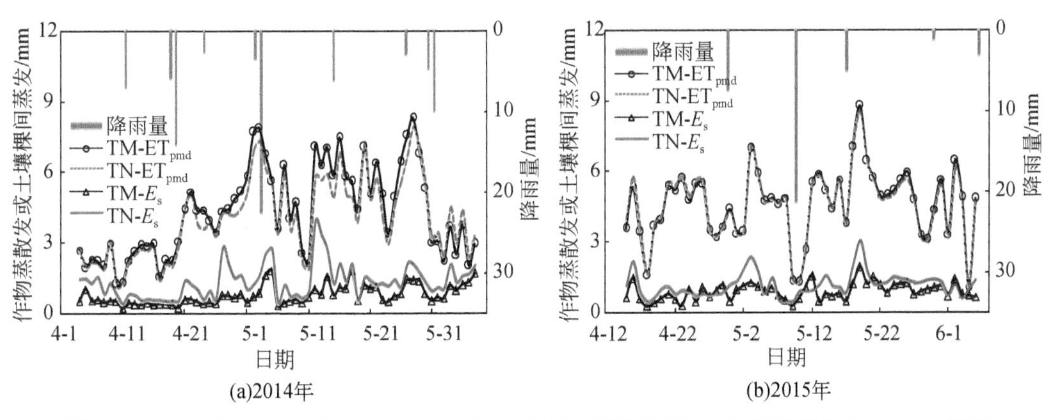

图 4-25　2014 年和 2015 年 4～6 月 TM 和 TN 处理下棵间蒸发 E_s 和日腾发量 ET_{pmd} 变化规律

4. 冬小麦水分利用效率和产量

基于水量平衡法获得2013～2014年和2014～2015年冬小麦这整个生育期内的总耗水量 ET_c。由表4-14可知，2014年覆盖处理TM比不覆盖处理TN灌溉定额同比减少19mm，减少比例为7.3%，2015年覆盖处理比不覆盖处理灌溉定额同比减少45mm，减少比例为15.3%。而2014年和2015年覆盖处理比不覆盖处理的生育期总耗水量 ET_c 减少比例分别只有2.3%和3.3%，由表4-15可知，2014年和2015年TM和TN处理下的冬小麦全生育期内的总耗水量 ET_c 均不存在显著差异，这进一步验证了秸秆覆盖措施增加了作物蒸腾量的结论，其原因很可能是覆盖后的农田小气候环境相比不覆盖发生了改变，而这在一定程度上引起能量平衡分布状况发生变化，增加了用于作物腾发的潜热。当然，由于作物腾发受到太阳辐射、农田小气候、土壤供水等多因素的影响，秸秆覆盖如何提高作物蒸腾量的内在机理还需进一步明晰。

表4-14　2013～2015年TM和TN处理冬小麦生育期灌水总量、降雨、渗漏、土壤水分变化及总耗水量　（单位：mm）

日期	处理	灌溉定额	降雨	土壤水分变化 ΔS	水分渗漏量 D	生育期总耗水量
2013年10月至2014年6月	TM	243	104	-61	33	375
	TN	262	104	-51	33	384
2014年10月至2015年6月	TM	249	111	-51	34	377
	TN	294	111	-23	38	390

TM和TN处理连续2年的平均冬小麦产量分别为5744kg/hm² 和5847kg/hm²，不存在显著差异，这2年当中，最大的产量值来自2015年的TN处理，最小的产量值来自2014年的TM处理，2014年TM处理的产量比TN处理少1.4%，2015年则少了2.1%。TM和TN处理连续2年的平均冬小麦水分利用效率分别为1.53kg/m³ 和1.52kg/m³，不存在显著差异，其中最大的WUE值来自2015年的TM处理，最小的WUE值来自2014年的TN处理（表4-21）。

表4-15　2014年和2015年TM和TN处理冬小麦水分利用效率和产量比较

处理	ET_a/mm			产量/(kg/hm²)			水分利用效率/(kg/m³)		
	2014年	2015年	平均值	2014年	2015年	平均值	2014年	2015年	平均值
TM	375a	377a	376a	5589a	5899a	5744a	1.50a	1.56a	1.53a
TN	384a	390a	387a	5667a	6027a	5847a	1.48a	1.55a	1.52a

注：表中相同字母表示差异不显著（$p>0.05$）

总体而言，充分滴灌条件下，相比不覆盖处理，尽管秸秆覆盖能减少7%～15%的灌溉定额，也减少冬小麦生育期耗水量 ET_c，还能提高水分利用效率WUE，但都没有达到统计意义上的显著水平（$p>0.05$），换言之，充分滴灌下秸秆覆盖并没有显著提升作物产量和水分利用效率。这一结论与Chen等（2007）针对华北典型区冬小麦地面灌措施下得到的实验结论相吻合。尽管覆盖减少了棵间蒸发，但同时增加了作物蒸腾，从而并没有显著改变作物耗水总量。从这个结论来讲，如果华北地区冬小麦采用秸秆覆盖+滴灌技术措施，需要进一步采用非充分滴灌灌溉制度，以达到秸秆覆盖与滴灌最优的组合效益，但这也需要进一步的试验研究和论证。此外，尽管 2 年的田间试验数据表明，充分滴灌下秸秆覆盖并没有显著提升作物产量和水分利用效率，但长时间连续覆盖下秸秆腐化对土壤肥力的改善或许是作物潜在增产的积极因素，这也是今后需要进一步研究的内容。

4.2.3 秸秆覆盖滴灌制度对冬小麦耗水规律与产量的影响

研究于 2013 年 10 月至 2015 年 6 月在中国水利水电科学研究院农业节水灌溉试验站开展（试验地基本情况详见 2.1 节），以冬小麦为研究对象，试验设计和土壤水分、田间蒸发量测定方法介绍详见 2.3.2 节。

1. 作物蒸散发（ET_c）、作物系数（K_c）与基础作物系数（K_{cb}）计算方法

作物蒸散发（ET_c）采取水量平衡法计算，考虑到水量平衡法一般比较适合一定周期内的耗水量（蒸散发）测算，因此研究以 2 周（bi-week，BW）为单位周期，测算各处理下不同单元周期（BW）冬小麦蒸散发变化规律，蒸散发测算周期从每年的 3 月 28 日开始计算，以 2 周为单元计算周期，共分了 5 个周期（BW1 ~ BW5）。根据冬小麦生长阶段划分（Sun et al.，2006；Wang et al.，2013），BW1（3 月 28 日至 4 月 11 日）为小麦返青期，BW2（4 月 11 日至 4 月 25 日）为拔节期，BW3（4 月 25 日至 5 月 9 日）为抽穗期，BW4（5 月 9 日至 5 月 23 日）为抽穗后期到灌浆初期，BW5（5 月 23 日至 6 月 6 日）为灌浆成熟期。

根据 FAO-PM 推荐的方法，可求得作物系数 $K_c = ET_c/ET_0$。本试验对 2013 ~ 2015 年的 3 月 28 日至 6 月 6 日的 K_c 值进行计算，并与华北平原这一区域校正后的冬小麦 K_c 值（K_c-FAO）进行比较。

Allen 等（1998）基于《FAO-56 作物腾发量作物需水计算指南》针对冬小麦提出的作物 K_c 值，对试验地块实际气候等差异进行了修正。在对华北平原冬小麦作物系数（K_c-FAO）值的校正中不仅考虑了当地气候（相对湿度和风速），还考虑了滴灌的部分湿润情况。根据试验观测，滴灌的湿润比为 0.6。此外，由于所有处理的滴灌频率都大于 12 天，在对 K_c-FAO 关键阶段值进行纠正时，没有考虑润湿频率的变化对其产生的影响。经校正后，本研究区冬小麦在生育前期、生育中期、生育后期的 K_c-FAO 值分别为 0.42、1.16、0.40，并通过这些关键阶段冬小麦作物系数值（K_c）获得，可刻画出试验典型区冬小麦 K_c-FAO 曲线。利用 K_c-FAO 曲线计算冬小麦每个生长阶段的平均 K_c-FAO 值，同时对每个处理进行比较和分析。

在双作物系数模型中，K_c 被分解为两个因素，这两个因素分别描述蒸发过程（K_e）和蒸腾过程（K_{cb}）（Allen et al.，1998）。在 2014 年和 2015 年的 4 月 4 日至 6 月 6 日，对每日 E_s 和 ET_0 进行测量并计算。因而，研究计算从 4 月 12 日到 6 月 6 日（BW2 ~ BW5）的

平均每两周的蒸发系数 K_e（BW2～BW5）值为：$K_e=E_s/ET_0$（Allen et al., 1994）。在2014年和2015年的BW2～BW5，平均每两周的 $K_{cb}=K_c-K_e$（Allen et al., 1998）。针对基础作物系数（K_{cb}）的研究，未考虑水分胁迫条件，因此只计算了充分灌溉处理（TM2、TN2、TM3和TN3）的平均每两周 K_{cb} 值。

2. 气象要素与灌溉定额

三年试验期间，除2014年以外，每年从12月开始月平均气温降低至0℃以下，直到次年2月气温才有所回升；每年6月平均气温达到最高水平（表4-16）。除12月外，所有月份的太阳净辐射均超过零，月平均太阳净辐射在5月达到最大值。从10月到次年6月，每月平均风速小于1.6m/s。三年间，从11月到次年2月潜在腾发 ET_0 小于1.0mm/d，2014～2016年的4～6月 ET_0 值保持在3.0～4.0mm/d。

表4-16 2013～2015年试验地冬小麦生育期气象参数平均值

月份	大气温度/℃		太阳净辐射/[MJ/(m² · d)]		风速/(m/s)		降雨量/mm	
	2013～2014年	2014～2015年	2013～2014年	2014～2015年	2013～2014年	2014～2015年	2013～2014年	2014～2015年
10	12.25	12.86	3.71	3.22	0.66	0.53	9.40	12.95
11	4.69	5.10	0.90	1.03	1.06	0.66	0	0.76
12	-1.81	-1.96	-0.61	-0.30	1.01	0.93	0	0.76
1	-2.20	-1.88	-0.27	0.13	1.05	1.10	0	1.02
2	-1.52	0.32	1.45	1.06	1.20	1.17	5.59	8.38
3	8.81	7.77	4.81	3.51	1.40	1.48	7.62	3.56
4	15.84	14.78	8.06	7.28	0.97	1.52	27.94	32.00
5	20.94	20.73	10.28	9.83	1.08	1.12	36.83	36.07
6	24.21	24.20	11.43	8.77	0.43	0.88	50.8	16.51

三个生长季降水量、灌溉总量和灌水次数见表4-17。虽然三年之间的降雨总量有所差异，但与该地区冬小麦地表灌溉方式下作物蒸散发的450mm（Liu et al., 2002）相比较，影响较小。从表4-17中可看出，在冬小麦生长季降雨量较小，为保障冬小麦产量的稳定提高，补充灌溉和提高灌溉水利用效率是十分重要的。根据不同的灌溉制度，三个生长季，处理TM1、TN1的灌水总量均低于TM2，且显著（$p<0.05$）低于TN2、TM3和TN3。TM1处理3年平均灌水总量（灌溉定额）为152mm，比TM2处理（174mm）低22mm，减少约13%；比TM3处理（207mm）低55mm，减少约27%。TN1处理3年平均灌水总量为167mm，与TN2（195mm）和TN3（227mm）相比，分别减少18mm和60mm，减少比率分别为9%和26%。TM3和TN3的灌水总量显著高于其他处理（$p<0.05$），主要是灌溉下限较高和灌溉土壤水分范围较大，导致了灌溉频率、灌溉次数和每次灌水定额的增大。针对三年平均数据的统计分析结果，TN2的灌溉量显著高于TM2（$p<0.05$），这意味着当土壤含水量保持在田间持水量的65%～85%时，秸秆覆盖会显著降低灌溉总用水量。由此

可见，秸秆覆盖和灌溉制度对灌水总量有显著影响。对于其他具有相同灌溉制度的处理，秸秆覆盖虽然降低了总灌溉量，但差异不显著（$p>0.05$），在 TM1 与 TN1、TM2 与 TN2、TM3 与 TN3 之间的年均总灌溉量差异分别是 15mm、21mm 和 20mm。在三年试验期间、相同的滴灌制度下，秸秆覆盖比不覆盖处理的总灌水量减少 9% ~11%。

表 4-17　三个生长季降雨量及各处理总灌水次数和灌溉定额

时段	处理号	灌溉定额 I/mm	灌水次数/次	降雨量 P/mm	渗漏量 D/mm
2013 ~2014 年	TM1	142a	5	104	24
	TN1	157a	5	104	26
	TM2	171ab	5	104	27
	TN2	192bc	5	104	28
	TM3	202c	6	104	30
	TN3	222c	6	104	32
2014 ~2015 年	TM1	166a	5	98	28
	TN1	185abc	5	98	30
	TM2	177ab	5	98	29
	TN2	202bc	5	98	31
	TM3	218cd	6	98	33
	TN3	245d	6	98	36
2015 ~2016 年	TM1	148a	5	109	26
	TN1	162a	5	109	27
	TM2	173ab	5	109	26
	TN2	190bc	5	109	27
	TM3	200bc	6	109	31
	TN3	213c	6	109	32

注：灌水次数和灌溉定额包括播前灌水和冬灌水，相同字母表示没有显著差异（$p<0.05$）

3. 每两周蒸散发量

2014 ~2016 年，从每年 3 月最后一周到 6 月第一周，即 BW1 ~ BW5，以每两周为计算单元，比较了不同处理下各计算单元的 ET_0 和 ET_c 值（图 4-26）。从图 4-26 中可看出，无论是秸秆覆盖处理还是不覆盖处理，不同处理每两周单元下的 ET_c 值都有相似的变化趋势，即随着冬小麦生长发育，由返青期到抽穗期增加，在抽穗期达到最大值，之后逐渐下降，直至灌浆期。对于 BW1 和 BW5 阶段，所有处理的耗水量 ET_c 值均低于潜在腾发量 ET_0 值，表明当冬小麦处于返青期或灌浆期时，作物系数 K_c 都小于 1。在 BW3 阶段，所有处理的耗水量 ET_c 值大于潜在腾发量 ET_0 值。对于秸秆覆盖处理，BW1 ~ BW5 阶段，处理 TM1 的耗水量 ET_c 值小于 TM2 和 TM3 处理，而不覆盖处理（TN1、TN2 和 TN3）表现出类似的现象。

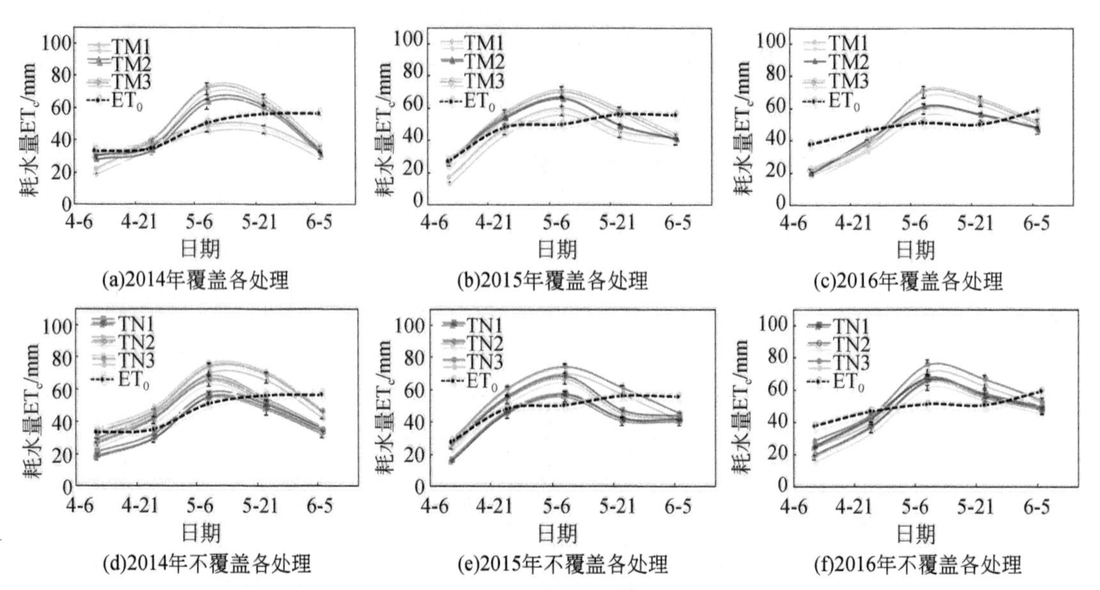

(a)2014年覆盖各处理 (b)2015年覆盖各处理 (c)2016年覆盖各处理

(d)2014年不覆盖各处理 (e)2015年不覆盖各处理 (f)2016年不覆盖各处理

图 4-26　2014～2016 年 BW1～BW5 各处理每 2 周耗水量（ET_c）和潜在腾发量（ET_0）变化规律

图 4-27 刻画了 BW1～BW5 不同处理三年平均的每两周单元下 ET_c 值的变化趋势，表 4-18显示了2014～2016 年 BW1～BW5 所有处理的总耗水量 ET_c 值。除 BW3 时期以外的任何阶段，亏水灌溉处理（TM1 和 TN1）的耗水量 ET_c 值小于相应阶段的潜在腾发量 ET_0。对于充分灌溉处理（TM2、TN2、TM3 和 TN3），BW1 和 BW5 阶段的 ET_c 值低于 ET_0。BW1～BW5，在 TN3 与 TM3、TN2 与 TM2 及 TN1 与 TM1 之间三年累计耗水量 ET_c 的平均值没有显著性差异（$p>0.05$）。BW1～BW5，处理 TM1、TN1、TM2、TN2、TM3 和 TN3 的三年蒸散量 ET_c 值分别为 2.89mm/d、2.92mm/d、3.17mm/d、3.21mm/d、3.54mm/d 和 3.74mm/d。不同灌溉制度，秸秆覆盖处理（TM1、TM2 和 TM3）或不覆盖处理（TN1、TN2 和 TN3）的耗水量 ET_c 存在显著差异（$p<0.05$），但 TN3 与 TM3、TN2 与 TM2 及 TN1 与 TM1 之间的耗水量 ET_c 没有显著差异（$p>0.05$）（表 4-18）。

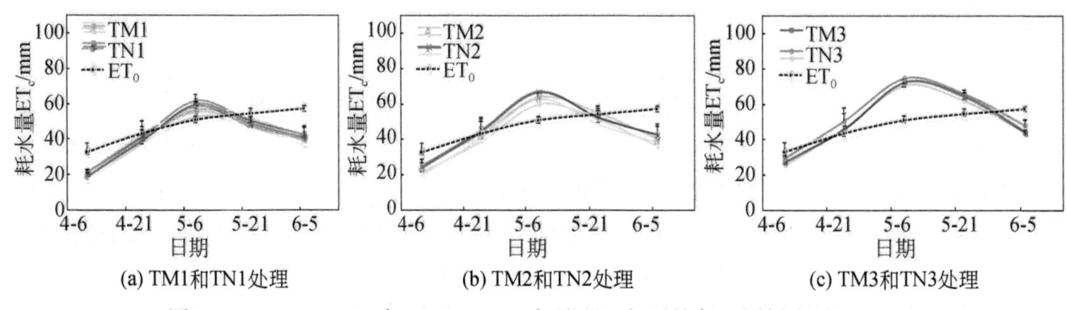

(a) TM1和TN1处理 (b) TM2和TN2处理 (c) TM3和TN3处理

图 4-27　2014～2016 年 BW1～BW5 各处理 3 年平均每 2 周耗水量（ET_c）和潜在腾发量（ET_0）变化规律

表 4-18　2014 ~ 2016 年各处理生育期耗水量、日平均耗水量　　（单位：mm）

处理	耗水量 ET_c			三年平均耗水量	日平均耗水量 ET_c			三年平均日耗水量
	2014 年	2015 年	2016 年		2014 年	2015 年	2016 年	
TM1	184a	206a	217a	202a	2.63a	2.94a	3.10a	2.89a
TN1	182a	197a	236ab	205a	2.59a	2.81a	3.37ab	2.92a
TM2	212b	232b	221ab	222a	3.03b	3.32b	3.16ab	3.17a
TN2	216b	234b	224ab	225ab	3.09b	3.34b	3.20ab	3.21ab
TM3	242c	254bc	247bc	248bc	3.45c	3.63bc	3.54bc	3.54bc
TN3	261c	262c	263c	262c	3.73c	3.74c	3.75c	3.74c

注：表中同列数据中跟随有相同字母的表示差异不显著（$p<0.05$）

4. 土壤棵间蒸发（E_s）与植株蒸腾（T）

华北平原的土壤从 3 月下旬开始解冻，因此，2014 ~ 2015 年的研究中，仅从 4 月 4 日至 6 月 6 日，利用自制的小型蒸发皿器对所有处理的日均蒸发量 E_s 进行了监测。2014 年和 2015 年秸秆覆盖和不覆盖各处理下的累积耗水量 ET_c 和土壤棵间蒸发 E_s 的变化规律分别如图 4-28 和图 4-29 所示。由于土壤棵间蒸发量 E_s 只测定了 4 月 4 日至 6 月 6 日，为了进一步比较分析不同处理的耗水量差异，计算了 4 月 12 日至 6 月 6 日（BW2 ~ BW5）各处理累计 E_s、ET_c 和植株蒸腾量 T（表 4-19）。

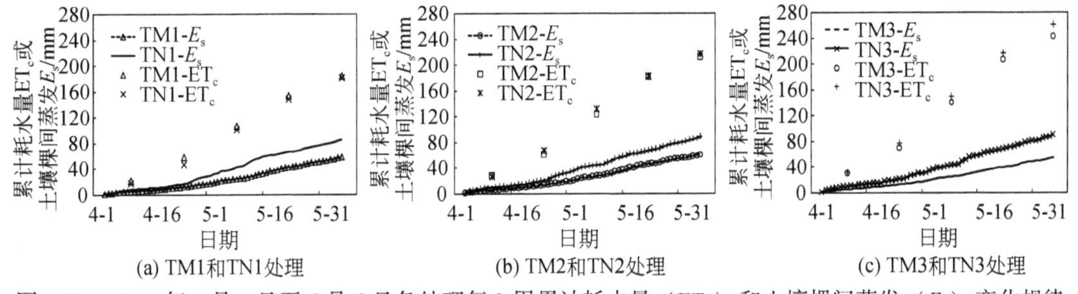

(a) TM1和TN1处理　(b) TM2和TN2处理　(c) TM3和TN3处理

图 4-28　2014 年 4 月 4 日至 6 月 6 日各处理每 2 周累计耗水量（ET_c）和土壤棵间蒸发（E_s）变化规律

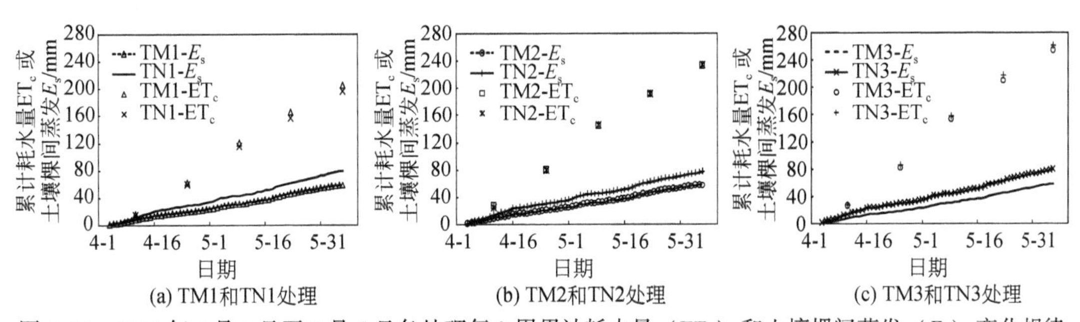

(a) TM1和TN1处理　(b) TM2和TN2处理　(c) TM3和TN3处理

图 4-29　2015 年 4 月 4 日至 6 月 6 日各处理每 2 周累计耗水量（ET_c）和土壤棵间蒸发（E_s）变化规律

从 2014 年 4 月 4 日至 6 月 6 日（图 4-28 和表 4-19），对于相同的灌溉制度，覆盖处理累计 E_s 显著小于不覆盖处理（$p<0.05$），即 TN1>TM1、TN2>TM2 和 TN3 >TM3。BW1 ~

BW5，TM1 ~ TM3 处理的累计土壤棵间蒸发 E_s 分别为 58mm、61mm 和 55mm；对于 TN1 ~ TN3 处理，累计土壤棵间蒸发 E_s 分别为 86mm、88mm 和 90mm。BW2 ~ BW5，TM1 ~ TM3 处理的日均累计棵间蒸发 E_s 分别为 0. 91mm、0. 96mm 和 0. 86mm，TN1 ~ TN3 处理日均累计棵间蒸发 E_s 分别为 1. 34mm、1. 38mm 和 1. 40mm。

2015 年 BW1 ~ BW5 累计棵间蒸发量 E_s 与 2014 年具有相似的变化趋势（图 4-29 和表 4-19）。与相同灌溉制度的不覆盖处理相比，秸秆覆盖处理的累计棵间蒸发 E_s 明显较低（$p<0.05$）。BW1 ~ BW5，TM1 ~ TM3 处理累计棵间蒸发 E_s 值别为 59mm、58mm 和 58mm；TN1 ~ TN3 处理累积棵间蒸发 E_s 分别为 80mm、77mm 和 79mm。BW2 ~ BW5，TM1 ~ TM3 各处理日均累积棵间蒸发 E_s 分别为 0. 92mm、0. 90mm 和 0. 91mm；TN1 ~ TN3 各处理日均累计棵间蒸发 E_s 分别为 1. 24mm、1. 20mm 和 1. 23mm。

表 4-19　2014 年和 2015 年 BW2 ~ BW5 各处理累计土壤棵间蒸发量（E_s）、作物耗水量（ET_c）和植株蒸腾（T）

处理	累计土壤棵间蒸发 E_s/mm		植株蒸腾 T/mm		作物耗水量 ET_c/mm		E_s/ET_c/%	
	2014 年	2015 年	2014 年	2015 年	2014 年	2015 年	2014 年	2015 年
TM1	50a	45a	110b	141b	160a	186a	31	24
TN1	71b	60b	86a	126a	157a	186a	45	32
TM2	55a	47a	135c	158c	190b	205b	34	23
TN2	79b	63b	117b	148bc	196b	211b	40	30
TM3	56a	49a	167d	179d	223c	228c	25	22
TN3	80b	68b	156d	172d	236c	240c	34	28

注：表中相同字母表示差异不显著（$p<0.05$）

在 BW2 ~ BW5 阶段，秸秆覆盖处理的植株蒸腾量 T 高于不覆盖处理，TM1 和 TN1 处理之间的植株蒸腾 T 在两年试验期间都存在显著差异（$p<0.05$），但 TM3 和 TN3 处理之间没有显著性差异（表 4-19）。在 BW2 ~ BW5 阶段，秸秆覆盖处理的 E_s/ET_c 为 22% ~34%，而不覆盖处理则为 28% ~45%（表 4-19）。

5. 作物系数（K_c）与基础作物系数（K_{cb}）

表 4-20 和图 4-30 对 $K_{c\text{-}FAO}$ 与 BW1 ~ BW5 阶段不同处理下的三年平均双周 K_c 值进行了比较。根据 FAO 对作物生长阶段的定义，作物生长阶段从作物 10% 的覆盖率开始直至有效全覆盖，而生长中期阶段则从有效全覆盖到开始成熟。因此，BW1 和 BW2 属于作物生长早期阶段，BW3 和 BW4 的大部分期间属于生长中期阶段，而 BW5 属于生长后期阶段。

表 4-20　各处理三年平均每 2 周作物系数（K_c）和冬小麦 K_c-FAO 值（BW1 ~ BW5 阶段）

处理	BW1	BW2	BW3	BW4	BW5	BW1 ~ BW5 均值
TM1	0. 57a	0. 94a	1. 09a	0. 91a	0. 68a	0. 84
TN1	0. 57a	0. 89a	1. 16ab	0. 89a	0. 70a	0. 84
TM2	0. 77ab	0. 96a	1. 23bc	0. 99ab	0. 68a	0. 92

续表

处理	BW1	BW2	BW3	BW4	BW5	BW1 ~ BW5 均值
TN2	0.73ab	1.03a	1.29c	0.94ab	0.72a	0.93
TM3	0.81ab	1.04a	1.40cd	1.16b	0.75a	1.03
TN3	0.88b	1.15a	1.44d	1.19b	0.82a	1.09
K_c-FAO 均值	0.58	0.87	1.13	1.16	0.82	0.91

注：表中相同字母表示差异不显著（$p<0.05$）

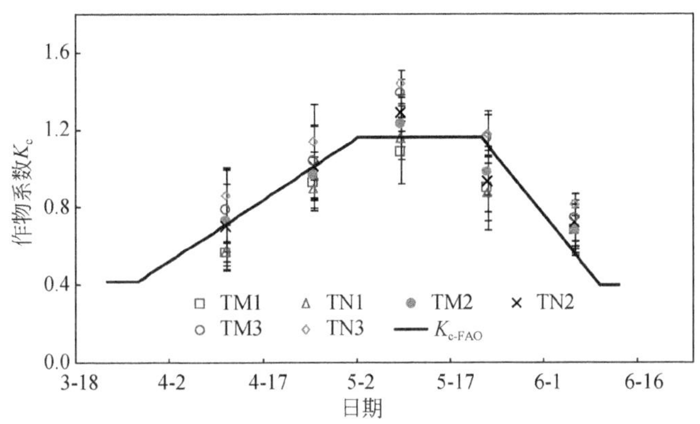

图 4-30　2014 ~ 2016 年各处理 3 年平均每 2 周作物系数（K_c）

垂直线条为标准方差线

在 BW1 ~ BW5 阶段，对处理 TM1、TN1 而言，K_c与 $K_{c\text{-FAO}}$无显著差异（$p>0.05$），然而在 BW3 期间，充分灌溉处理下（TM2、TN2、TM3 和 TN3）的 K_c值显著（$p<0.05$）高于 $K_{c\text{-FAO}}$，其中 TM2 和 TN2 的 K_c值比 $K_{c\text{-FAO}}$高出 9% ~ 14%，而 TM3 和 TN3 的 K_c值比 $K_{c\text{-FAO}}$高出 24% ~ 28%（表 4-20）。非水分胁迫处理的 K_c值，特别是 TM2 和 TN2，与 $K_{c\text{-FAO}}$曲线贴合度较好，但生长中期 K_c明显大于 $K_{c\text{-FAO}}$（图 4-30 和表 4-20）。此外，在 BW1、BW3 和 BW4 时期，水分胁迫处理（TM1 和 TN1）的 K_c值比充分灌水处理（TM2、TN2、TM3 和 TN3）显著降低（$p<0.05$）。

在 BW2 ~ BW5 阶段，秸秆覆盖处理的两年平均每两周蒸发系数 K_e（TM2 和 TM3）比不覆盖处理（TN2 和 TN3）降低 18% ~ 35%，在 BW3 和 BW4 阶段，覆盖处理下每两周基础作物系数 K_{cb}值比不覆盖处理增加了 8% ~ 27%（表 4-21）。

表 4-21　2014 ~ 2015 年 BW2 ~ BW5 阶段充分灌各处理平均每 2 周基础作物系数（K_{cb}）和土壤蒸发系数（K_e）

处理	BW2		BW3		BW4		BW5	
	K_e	K_{cb}	K_e	K_{cb}	K_e	K_{cb}	K_e	K_{cb}
TM2	0.20a	0.83a	0.23a	1.03a	0.28a	0.66a	0.23a	0.40ab
TN2	0.30b	0.85a	0.36b	0.94a	0.34b	0.52a	0.31b	0.37a
TM3	0.18a	0.97b	0.23a	1.18b	0.25a	0.85b	0.24a	0.46b
TN3	0.27b	0.99b	0.35b	1.09b	0.38b	0.75b	0.32b	0.45b

注：表中相同字母表示差异不显著（$p<0.05$）

6. 生育期蒸发蒸腾量（ET_{cs}）、产量（Y）和水分利用效率（WUE）

2014 年和 2015 年生育期内作物蒸发蒸腾量（ET_{cs}）在秸秆覆盖和不覆盖处理之间没有显著性差异（$p>0.05$）（表 4-22），但在 2016 年，TM3 和 TN3 处理之间存在显著差异（$p<0.05$），从平均三年数据来看，TM3 和 TN3 在 ET_{cs}上也存在显著性差异（$p<0.05$）（表 4-22）。TM3 和 TN3 的 ET_{cs}比 TM1 和 TN1 显著提高 19% ~21%（$p<0.05$），比 TM2 和 TN2 显著提高 13% ~15%（$p<0.05$）。

表 4-22　2014 ~2016 年各处理作物产量、生育期耗水量（ET_{cs}）和水分利用效率（WUE）

处理	ET_{cs}/mm			均值/mm	产量/(kg/hm²)			均值/(kg/hm²)	WUE/(kg/hm²)（kg/m³）			均值/(kg/m³)
	2014 年	2015 年	2016 年		2014 年	2015 年	2016 年		2014 年	2015 年	2016 年	
TM1	290a	312a	282a	295a	4594a	4812a	4546a	4651a	1.58ab	1.54a	1.61b	1.58ab
TN1	299ab	310a	310b	306ab	4522a	4727a	4798ab	4682a	1.51a	1.53ab	1.55ab	1.53a
TM2	308ab	308a	310b	309ab	5301b	5404b	5391bc	5365b	1.72c	1.76c	1.74c	1.74d
TN2	317b	327ab	321b	322b	5364b	5250b	5181b	5265b	1.69c	1.60b	1.61b	1.63bc
TM3	350c	347bc	353c	350c	5895c	5900c	5997d	5931d	1.69c	1.70c	1.70c	1.70cd
TN3	359c	361c	389d	370d	5768c	5733c	5771c	5757c	1.61ab	1.59b	1.48a	1.56a

注：表中同列数据中跟随有相同字母的表示差异不显著（$p<0.05$）

对于处理 TM1、TN1、TM2、TN2、TM3 和 TN3，冬小麦三年平均产量分别为 4651kg/hm²、4682kg/hm²、5365kg/hm²、5265kg/hm²、5931kg/hm² 和 5757kg/hm²。2016 年 TM3 处理（5997kg/hm²）的产量达到最大值，2014 年 TN1 处理产量最低（4522kg/hm²）。TM3 和 TN3 的产量（$p<0.05$）比 TM1 和 TN1 高出 17% ~20%，比（$p<0.05$）TM2 和 TN2 增加 8% ~10%。对于三年平均产量，TM3 和 TN3 处理之间存在显著差异（$p<0.05$）。

对 TM1、TN1、TM2、TN2、TM3 和 TN3 处理，三年的平均 WUE 值分别为 1.58kg/m³、1.53kg/m³、1.74kg/m³、1.64kg/m³、1.69kg/m³ 和 1.56kg/m³。WUE 最高值出现在 2015 年的 TM2 处理（1.76kg/m³），WUE 最低值出现在 2016 年的 TN3 处理（1.48kg/m³）。从三年平均 WUE 来看，TM3 和 TN3、TM2 和 TN2 之间存在显著差异（$p<0.05$），TN3 处理的三年平均 WUE 值显著低于 TM2、TN2 和 TM3（$p<0.05$）。除 TM3 外，TM2 的 WUE 值显著高于其他处理（$p<0.05$）。

表 4-23 给出了灌溉制度与秸秆覆盖对生育期内总耗水量（ET_{cs}）、产量 Y 和水分利用效率（WUE）影响的双因素方差分析结果。秸秆覆盖和灌溉制度对 ET_{cs}和水分利用效率有显著影响（$p<0.05$），灌溉制度对作物产量也存在显著影响（$p<0.05$），但是秸秆覆盖对产量却没有显著影响（$p>0.05$）。灌溉制度和秸秆覆盖的交互效应对 ET_{cs}、产量 Y 和水分利用效率 WUE 没有显著影响。

表 4-23　试验因素方差影响分析

方差源	灌溉定额 I		总耗水量 ET_{cs}		产量 Y		水分利用效率 WUE	
	自由度	F 检验	自由度	F 检验	自由度	F 检验	自由度	F 检验
覆盖方式	1	11.47a	1	9.85a	1	3.13b	1	26.84a
灌溉制度	2	36.08a	2	57.43a	2	223.29a	2	17.11a
覆盖方式×灌溉制度	2	0.11b	2	0.28b	2	1.73b	2	2.01b

注：表中同列数据中跟随有相同字母的表示差异不显著（$p<0.05$）

基于三年的作物产量和 ET_{cs} 数据，对秸秆覆盖处理（TM1 ~ TM3）与不覆盖处理（TN1 ~ TN3）试验处理，就冬小麦产量 Y 和生育期内总耗水量 ET_{cs} 之间建立了回归关系（图 4-31）。对于覆盖处理，$y=-0.151x^2+117x-16\ 422$（$R^2=0.916$）；对于不覆盖处理，$y=-0.306x^2+223.9x-34\ 984$（$R^2=0.915$）（图 4-31）。

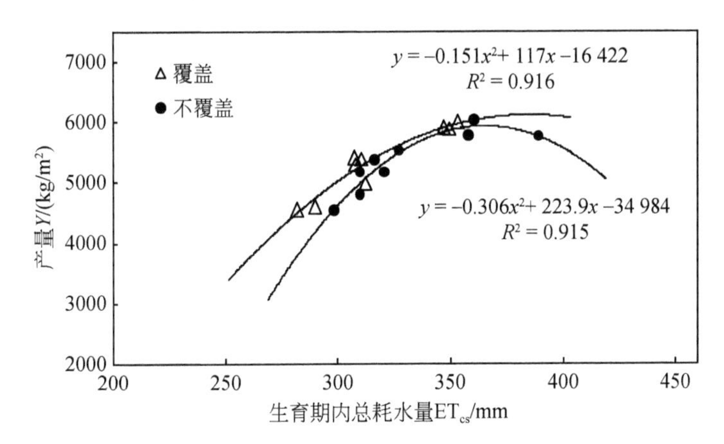

图 4-31　覆盖处理和不覆盖处理下作物产量（Y）与生育期总耗水量（ET_{cs}）之间的回归关系

7. 讨论

(1) 每两周蒸散发量

在 BW1 和 BW5 时期，所有处理的总 ET_c 值均低于累积 ET_0，表明这一时期的作物系数 $K_c<1$，这一规律与 Liu 和 Kang（2006）、Liu 和 Pereira（2000）对华北平原冬小麦试验的结论相吻合。对于 BW2 时期，TM1 和 TN1 处理的总 ET_c 值在 2014 年和 2015 年仍然低于累积 ET_0。与其他处理相比，TM1 和 TN1 处理受水分胁迫影响，导致其 ET_c 值较小。一些研究表明，当在冬小麦总灌溉量小于 400mm 时，作物 ET_c 值与灌溉量呈正相关（Sun et al.，2006）。2016 年 BW2 期间所有处理的累积 ET_c 小于累积 ET_0，很可能是由不同年份气候参数差异导致，如 2016 年 4 月与 2014 年和 2015 年同期相比具有高净辐射（表 4-16），从而导致 2016 年 4 月 ET_0 平均值分别比 2014 年和 2015 年高出约 45% 和 32%。由于累积 ET_c 与灌溉量呈正相关，从三年的数据分析，在 BW1 ~ BW5 阶段 TN3 处理的总 ET_c 或日均

ET_c值都显著（$p<0.05$）高于除TM3以外的其他处理（表4-19）。相同灌溉制度下，秸秆覆盖相比不覆盖处理确实减少了BW1～BW5阶段的总ET_c或日均ET_c，尽管差异不显著（$p>0.05$）。但秸秆覆盖使主要生长季节（4～6月）的总灌溉量和ET_c减少，并且有助于缓解华北平原的秸秆焚烧问题，因此，在华北平原地区推广秸秆覆盖技术模式值得鼓励。

不同处理的三年平均每两周ET_c值的变化趋势（图4-27）与先前已有研究结论趋于一致（Liu et al.，2002；Kang et al.，2003；Shukla et al.，2014b）。最后两周ET_c呈现显著下降趋势，与Allen于2000年的研究结果相一致。与TM1和TM2相比，BW1～BW5阶段TM3总耗水量ET_c或日均ET_c分别增加了23%和12%，这意味着秸秆覆盖措施需要充分结合优化的滴灌制度，以防止华北平原地下水进一步恶化。如上所述，当滴灌条件下土壤含水量为田间持水量的65%～85%时，与TN2、TN3和TM3相比，秸秆覆盖TM2处理的总灌溉量显著降低（$p<0.05$），在BW1～BW5阶段TM2处理总ET_c或日均ET_c与TN3和TM3相比较显著降低（$p<0.05$）。换句话说，在本研究中，如果TM2处理被推荐作为华北平原冬小麦4～6月优化的滴灌制度，与TN2、TN3和TM3相比，地下水开采量将显著减少（$p<0.05$），这有助于缓解华北平原地下水状况进一步恶化的趋势。

（2）棵间土壤蒸发（E_s）和植株蒸腾量（T）

2014年和2015年的BW2～BW5阶段，相同滴灌制度下，秸秆覆盖比不覆盖处理的总蒸发量减少15～24mm，日均蒸发量减少25%～38%。Chen等（2007）研究表明，在地面灌水条件下，与不覆盖处理相比，部分覆盖和全覆盖的日均蒸发量分别降低了25%和53%。然而，2014年和2015年（表4-19），在BW2～BW5阶段，TM1与TN1、TM2与TN2、TM3与TN3之间总蒸散发量差异不显著（$p>0.05$），这意味着覆盖降低了蒸发量，但同时增加了作物蒸腾量。

如表4-19所示，在2014年和2015年BW2～BW5阶段，对水分胁迫处理（TM1和TN1），秸秆覆盖显著增加（$p<0.05$）植株蒸腾量T 12%～28%（15～24mm）。然而，对于充分灌溉处理（TM2、TN2、TM3和TN3），相同灌溉制度下，秸秆覆盖显著（$p<0.05$）减少了22%～41%（14～30mm）的棵间土壤蒸发量E_s，但是秸秆覆盖仅提高4%～15%（7～18mm）的植株蒸腾量T。原因可能是，与水分胁迫处理相比，充分灌溉处理为作物提供了所需的充足水分，这反而有可能减小了用于作物蒸腾的土壤水分比例。Rawson和Clarke（1988）的研究发现，水分供应充足时夜间小麦植株的气孔并不完全闭合，需要数小时的黑暗才能达到半封闭的状态。Balwinder等（2011）也得到了类似结果，在水分胁迫下作物通过调节气孔开放和关闭以响应较低的水分供应，从而具有较高的蒸腾效率，而在没有水分胁迫时气孔可能保持长时间的开放状态，这一定程度上降低了作物蒸腾效率。这说明秸秆覆盖有利于提高土壤水分利用效率，尤其是在亏水处理条件下。

2014年和2015年的BW2～BW5阶段，秸秆覆盖处理的总棵间土壤蒸发量E_s占作物腾发量ET_c的22%～34%，这与其他研究的结果一致（Balwinder et al.，2011；Chen et al.，2007；Gao et al.，1999）。在三年试验期间，相同滴灌制度下，秸秆覆盖比不覆盖处理的总灌水量减少9%～15%，这意味着在相同灌溉制度下，秸秆覆盖可减少9%～15%的灌溉取水量。秸秆覆盖在降低棵间蒸发量的同时提高了蒸腾作用，因此，与不覆盖相比，如果采用相同的灌溉制度，即使采用先进的滴灌灌溉方式，秸秆覆盖措施对降低作物耗水量的效果也会大打折扣。

（3）作物系数（K_c）与基础作物系数（K_{cb}）

在 BW3 时期，充分灌溉处理（TM2、TN2、TM3 和 TN3）的 K_c 值比 K_{c-FAO} 有显著提高（$p<0.05$）。这是由于处理 TM2、TN2、TM3 和 TN3 的生长中期的作物系数都是在非水分胁迫条件下的计算结果，依据《FAO-56 作物腾发量作物需水计算指南》修正后的冬小麦 K_{c-FAO} 值低估了中期冬小麦的真实作物系数。Liu 和 Kang（2006）的研究表明，2002 ~ 2004 年在北京通州实验基地通过大型称重式蒸渗仪测试冬小麦的作物系数介于 1.25 ~ 1.5。BW1 ~ BW5 时期的三年平均作物系数介于 0.84 ~ 1.10，相应的平均 K_c-FAO 值为 0.91。Liu 等（2002）的研究表明，在华北平原栾城试验站冬小麦全生育期平均作物系数为 0.93。

作物系数与土壤含水率呈现一定正相关，即充分灌溉比亏水灌溉提高了作物系数值和蒸散发值，这一点已得到许多其他研究人员的证实（Allen et al., 1998；Kang et al., 2003；Sun et al., 2006）。相同滴灌制度下的覆盖和不覆盖处理下，BW1 ~ BW5 阶段每个时段的平均作物系数无显著差异（$p>0.05$）；在植物大部分生育阶段，秸秆覆盖处理的平均作物系数比不覆盖处理减少 1% ~ 10%。正如《FAO-56 作物腾发量作物需水计算指南》中指出，有机材料（如秸秆）覆盖下，在作物生长早期，以土壤棵间蒸发为主要水分消耗阶段，作物早期作物系数 $K_{c\text{-}ini}$ 值可降低 20%；而进入作物中期和后期生育极端，中期作物系数 $K_{c\text{-}mid}$ 和后期作物系数 $K_{c\text{-}end}$ 值在有机覆盖条件下却没有显著改变。因此，相同灌溉制度下，当冬小麦进入快速发育阶段时，秸秆覆盖并未显著影响作物系数值。

2014 年和 2015 年的 BW2 ~ BW5 阶段，覆盖处理下平均每两周蒸发系数 K_e 比不覆盖处理降低 18% ~ 35%，相应每两周基础作物系数 K_{cb} 比未覆盖处理提高 8% ~ 27%。正如《FAO-56 作物腾发量作物需水计算指南》（Allen et al., 1998）中所述，当采取有机物覆盖时，10% 土壤表面被覆盖时所对应的棵间蒸发（K_e ET_0）减少的比例为 5%，而基础作物系数不变。然而，这些结论需要更多数据来验证，各地区要想获得精准的耗水量，依然需要结合各地实际情况开展观测工作（Allen et al., 1998）。因此，在华北平原充分灌溉条件下，秸秆覆盖不仅明显改变了冬小麦蒸发系数，而且改变了冬小麦基础作物系数。

（4）生育期总耗水量（ET_{cs}）、作物产量（Y）和水分利用效率（WUE）

在连续三年试验中，TM1 和 TN1、TM2 和 TN2 之间的作物生育期总耗水量（ET_{cs}）没有显著差异（$p>0.05$）（表 4-22），这意味着秸秆覆盖对生育期内作物耗水量没有显著影响，这进一步证实了覆盖降低了棵间土壤蒸发量，但同时增加了作物蒸腾量。然而，处理 TN3 的作物蒸发蒸腾量（ET_{cs}）显著高于 TM3（$p<0.05$），而 TN3 和 TM3 的三年平均蒸发蒸腾量显著高于其他处理（$p<0.05$），其主要原因是总灌溉定额较大。与处理 TM1、TN1、TM2 和 TN2 相比，TM3 和 TN3 处理的冬小麦三年平均产量 Y 显著高于其他处理（$p<0.05$）。这很可能是由于 TM3 和 TN3 的灌溉量和作物蒸发蒸腾量大于其他处理，因为当作物蒸发蒸腾量介于 200 ~ 426mm 时，冬小麦的产量总是随作物生育期内耗水量的增加而增加（Sun et al., 2006）。对于亏水灌溉处理（TM1 和 TN1），三年平均水分利用效率差异不

显著（p>0.05），这与 Chen 等（2007）在大水漫灌条件下的结论一致。但是，相同灌溉制度下，秸秆覆盖处理显著提高了冬小麦水分利用效率。最大水分利用效率与最大产量并不一定相关，优化的灌溉制度应以保持较高水平的产量和水分利用效率为目标，同时减少总灌溉量或作物耗水量。为缓解秸秆焚烧和应对华北平原地下水下降趋势，TM2 处理与其他处理相比，相对效果最好，可推荐作为华北平原冬小麦灌溉和农艺措施的最佳组合。

不论是覆盖处理还是非覆盖处理，冬小麦作物产量和作物耗水量之间均是二次曲线函数关系，其他研究人员的研究也证明了这一点（Kang et al.，2002；Sun et al.，2006；Wang et al.，2013）。从图 4-31 可知，相同作物耗水量条件下，覆盖处理作物产量要高于未覆盖处理，特别是当耗水量较低时。例如，当冬小麦季节性作物蒸发蒸腾量 ET_{cs}< 300mm 时，覆盖处理与未覆盖处理之间的作物产量差异性明显，表明在较少的灌溉水量或作物耗水量的情况下，当作物耗水量相同时，覆盖具有提高作物产量的优势。此外，在相同的 ET_{cs}增量下，覆盖下作物产量值增加幅度要小于非覆盖处理，其原因还需进一步研究。

4.2.4 小结

基于不同高度的 MLS 对滴灌条件不同水分及覆盖处理的冬小麦田蒸发量进行测定，评价了 MLS 的测定精度，得出了本试验条件下土壤蒸发的变化规律，并采用半经验半机理模型对其进行模拟，主要结论如下：

1）滴灌条件下，不同水分和覆盖处理采用内径为 10cm、高度为 15cm 的 MLS，无降雨天气 5 天换土可使冬小麦田 E_s测定误差在 5% 以内，基本适用于田间测定；显著降雨（>5mm）后应及时换土以减少测定误差。

2）水分和覆盖处理可以显著影响冬小麦田的 E_s和 E_s/ET_a，不同处理的 E_s均值分别为 0.98mm/d、1.13mm/d、1.10mm/d、1.30mm/d、1.02mm/d 和 1.22mm/d，覆盖处理 E_s均值显著低于不覆盖处理，中水、高水处理 E_s均值显著高于低水处理（p<0.001）；E_s/ET_a介于 33.0% ~44.5%，以低水不覆盖处理最高，而高水覆盖处理最低。

3）采用 E_{s0}将实际土壤蒸发标准化，消除气象因子和作物冠层特征因子的影响，并选择灌水后天数（Dai）作为表层土壤含水率的替代变量，对滴灌覆盖处理下的 E_s进行了模拟。K_{esw}与 Dai 之间的关系仅受覆盖影响，而不受水分处理影响，采用中水处理的相应参数可以实现对高水和低水处理 E_s的模拟，模拟效果较好，MAE 均值为 0.18mm/d。本节提供的模型可为该地区滴灌麦田水分管理措施的选取提供简单易行的参考方法。

基于 2013 ~2015 年田间冬小麦连续 2 年的试验，研究了秸秆覆盖与不覆盖下充分滴灌对冬小麦棵间蒸发、耗水量、水分利用效率和产量的影响，主要结论如下：

1）滴灌条件下秸秆覆盖显著抑制了日棵间蒸发量和日变化波动幅度（p<0.05），与冬小麦生育中后期相比，不覆盖滴灌处理可减少棵间蒸发达 30% 以上。

2）基于田间冬小麦的气孔阻力系数实测值，采用 P-M 公式直接计算冬小麦日耗水量具有较高的精度和可靠度，与 FAO 单作物系数法所获得值具有较高相关性（R^2>0.8）；覆盖和不覆盖滴灌条件下冬小麦日耗水量不存在显著差异，2014 年和 2015 年 4 ~6 月冬小麦平均日耗水量介于 4.0 ~ 4.5mm。

3）充分滴灌下，相比滴灌不覆盖，秸秆覆盖滴灌减少了 7% ~ 15% 的灌溉定额，也减少了冬小麦生育期总耗水量，提高了水分利用效率，但都没有达到统计意义上的显著水平（$p>0.05$）。

基于 2013 ~ 2016 年连续 3 年田间试验，系统研究了不同滴灌制度下秸秆覆盖与不覆盖对冬小麦耗水量、作物系数、水分利用效率和产量的影响，主要结论如下：

1）相同滴灌制度下，秸秆覆盖相比不覆盖，总灌溉用水量减少 9% ~ 11%，且当土壤含水量保持在田间持水量的 65% ~ 85% 时，与不覆盖处理相比，总灌溉用水量显著降低。与非覆盖相比，秸秆覆盖使总累积蒸发量减少 19 ~ 34mm，日均蒸发量显著降低 25% ~ 41%。

2）充分灌溉下作物系数 K_c 与修正后的 K_{c-FAO} 曲线吻合较为一致，基于《FAO-56 作物腾发量作物需水计算指南》推荐值，采用当地气候参数修正的冬小麦中期 K_{c-FAO} 值低估了华北平原冬小麦中期作物系数值。

3）当冬小麦进入快速发育阶段后，相同滴灌制度下，秸秆覆盖与不覆盖处理作物系数 K_c 差异不显著。与不覆盖相比，秸秆覆盖不仅显著降低了作物蒸发系数 K_e，而且提高了冬小麦的基础作物系数 K_{cb}。

4）当土壤含水量保持在田间持水量的 75% ~ 100% 时，秸秆覆盖显著降低了作物生育期耗水量（$p<0.05$），显著提高了冬小麦产量；高水滴灌覆盖和不覆盖处理（TM3 和 TN）的作物耗水量和产量显著高于其他处理。对充分灌溉处理而言，秸秆覆盖显著提高了水分利用效率。在亏水灌溉情况下，相同耗水量下秸秆覆盖具有明显提高作物产量的优势。

5）从实现减少耗水量和减轻秸秆焚烧，同时获得相对较高产量和水分利用效率等目标综合考虑来看，滴灌中水处理（TM2）可推荐作为华北平原冬小麦灌溉与农艺覆盖的技术组合模式，该技术组合模式下土壤计划湿润层内的土壤含水量应保持在田间持水量的 65% ~ 85%。

4.3 秸秆覆盖滴灌夏玉米耗水规律与生长

4.3.1 秸秆覆盖滴灌夏玉米蒸发蒸腾量区分

试验在中国水利水电科学研究院农业节水灌溉试验站开展，试验地概况详见 2.1 节。田间试验于 2014 ~ 2015 年每年 6 ~ 10 月开展，以夏玉米为研究对象，本试验设置 3 种滴灌施肥量和 2 种秸秆覆盖处理，完全随机组合，共 6 个处理，每个处理设 4 个重复，共 24 个小区。灌水方式为地表滴灌，灌溉制度以 80% ~ 100% 的田间持水量作为灌水上下限控制因素，抽穗期前、后的计划湿润层分别设定为 30cm 和 50cm。具体试验设计和小区布置情况详见 2.3.3 节。研究采用修正的双作物系数法计算全生育期的作物蒸腾量，即采用液流计对作物蒸腾的实测结果对基础作物系数进行修正后，再计算全生育期的作物蒸腾量，具体方法详见 4.1.1 节介绍。

1. 覆盖和施肥处理对玉米田土壤蒸发的影响

整个试验小区的 E_s 由湿润区域与干燥区域蒸发量根据滴灌湿润面积比（0.6）加权平均得到，图4-32显示了2014～2015年不同处理下 E_s 的比较结果。全生育期，所有处理的 E_s 均呈现出苗期高、成熟期低的趋势。从苗期到成熟期叶面积逐渐覆盖地面，到达地表的可供能量降低，因此 E_s 降低。抽雄期（8月15日）后随着LAI达到最大值，覆盖和不覆盖处理的 E_s 分别下降至1mm/d和2mm/d以下。

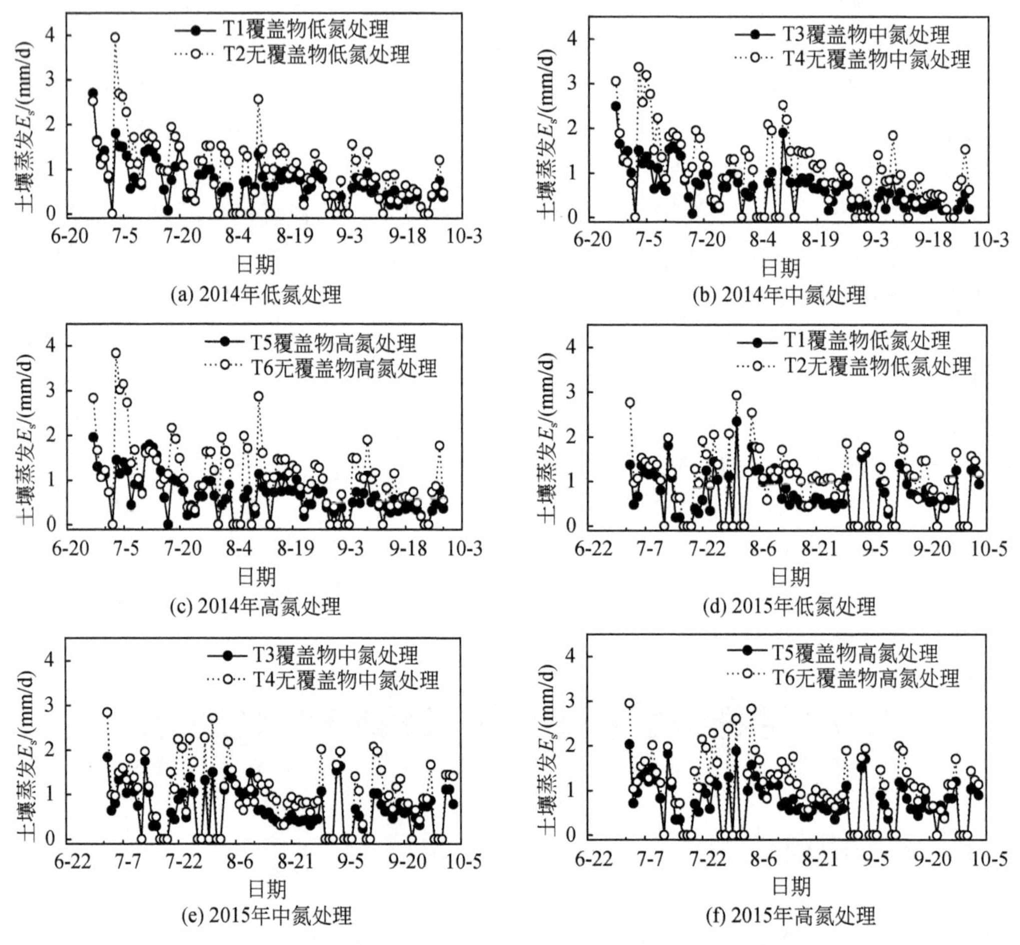

图4-32　2014～2015年不同施肥和覆盖处理下土壤蒸发量的季节变化规律

不同施肥处理间 E_s 差异不显著，而秸秆覆盖使所有施肥处理在刚灌水或降雨后土壤水分较高时的田间 E_s 显著降低，土壤水分较低时，覆盖与不覆盖处理的 E_s 差别不大。2014年和2015年生育期覆盖处理的 E_s 分别介于0～2.70mm/d和0～2.34mm/d，不覆盖处理的 E_s 分别介于0～3.95mm/d和0～2.95mm/d，覆盖处理 E_s 显著低于不覆盖处理。两年生育期T1～T6处理的 E_s 均值分别为0.69mm/d、0.99mm/d、0.64mm/d、1.01mm/d、0.68mm/d和1.05mm/d，覆盖和不覆盖处理的土壤蒸发总量分别为71.9mm和105.6mm，相比不覆盖处理，秸秆覆盖可以使两年土壤蒸发平均降低 31.9%，即少蒸发 33.6mm，约等于一次灌水量，该部分水量可能被作物用于保持较高的冠层气孔导度，进而有可能提高产量。

2. 覆盖和施肥处理对玉米田液流和蒸腾量的影响

由于探头个数限制，2014 年仅测定了覆盖和不覆盖处理条件下高肥和低肥处理（T1、T2、T5、T6）的液流值，每个处理测定两株玉米，2015 年从 8 月 23 日起测定了所有处理的液流值，图 4-33 给出了灌浆成熟期连续 3 个晴天各处理下两株玉米液流通量均值（J_s）及太阳辐射（R_s）的日变化。液流通量日变化格局主要受到太阳辐射的影响，呈单峰曲线，本研究得到的玉米 J_s 日变化规律与李会等（2011）的研究结果一致。本研究中覆盖和施肥处理中玉米处于相同的气象因子下，J_s 与气象因子关系的处理间差异由 J_s 处理间差异引起，因此本研究不对二者关系进行过多讨论，而侧重比较 J_s 的处理间差异。3 个晴天的 J_s 均表现出处理间差异（$p<0.01$），施肥和覆盖处理均显著地影响了玉米 J_s，但二者的交互作用不显著。2014 年处理间日均值大小排序为 T5>T6>T1>T2，各处理 9 月 4 ~6 日的均值分别为 13.70g/(cm^2・h)、13.41g/(cm^2・h)、10.63g/(cm^2・h) 和 9.66g/(cm^2・h)。2015 年处理间日均值大小排序为 T5>T6>T3>T4>T1>T2，各处理 9 月 13 ~15 日的均值分别为 15.58g/(cm^2・h)、13.16g/(cm^2・h)、11.10g/(cm^2・h)、9.56g/(cm^2・h)、8.44g/(cm^2・h) 和 8.18g/(cm^2・h)。综合两年数据表明，高肥处理下的 J_s 显著高于低肥处理，相同施肥量条件下，覆盖处理下的 J_s 显著高于不覆盖处理。

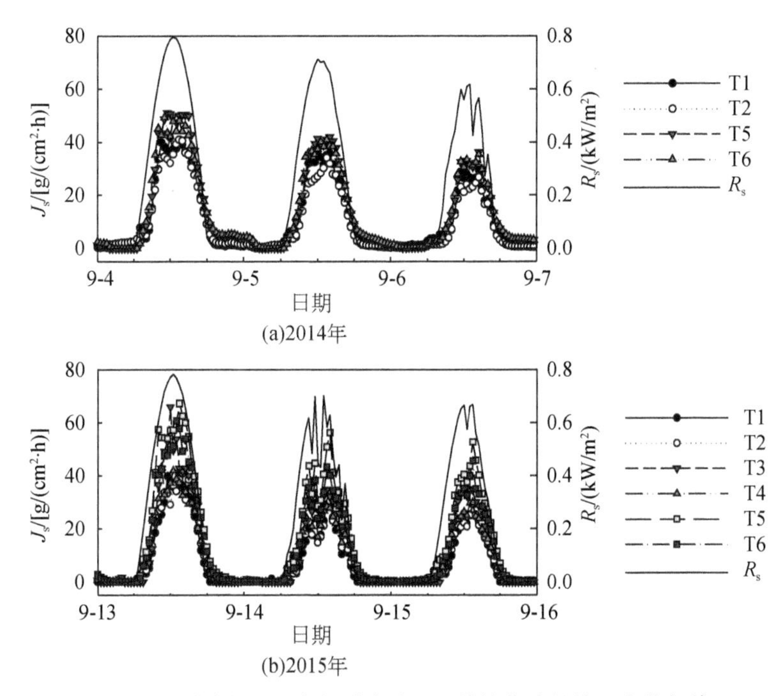

图 4-33　不同施肥和秸秆覆盖处理下单株蒸腾量的日变化规律

农田尺度蒸腾量不仅与单株液流通量有关，还与各处理的茎干截面面积有关。施肥和覆盖处理显著影响作物茎粗生长，因此，J_s还需要将尺度转换到田间尺度才更具有实际意义。

通过尺度转换，得到小区的蒸腾量（$T_{r\text{-}SF}$），两年生育中后期不同施肥和覆盖处理下玉米田蒸腾量季节变化规律如图 4-34 所示，对应日期的各处理的土壤蒸发量也在图中给出，可见此段时间玉米田的水分消耗以作物蒸腾为主。2014 年 T1、T2、T5 和 T6 在 8 月 31 日至 9 月 30 日 $T_{r\text{-}SF}$最大值分别为 4.83mm/d、4.32mm/d、6.16mm/d 和 5.65mm/d，$T_{r\text{-}SF}$均值分别为 2.01mm/d、1.64mm/d、2.63mm/d 和 2.51mm/d；2015 年 T1 ~ T6 在 8 月 23 日至 10 月 5 日 $T_{r\text{-}SF}$最大值分别为 5.52mm/d、5.11mm/d、7.09mm/d、5.07mm/d、7.33mm/d 和 5.81mm/d，$T_{r\text{-}SF}$均值分别为 2.24mm/d、2.18mm/d、2.76mm/d、2.08mm/d、3.86mm/d 和 2.77mm/d。$T_{r\text{-}SF}$的季节波动与气象因子和叶片衰老有关，$T_{r\text{-}SF}$的处理间差异主要表现为施氮处理 $T_{r\text{-}SF}$显著大于不施氮处理，覆盖处理 $T_{r\text{-}SF}$显著大于不覆盖处理。

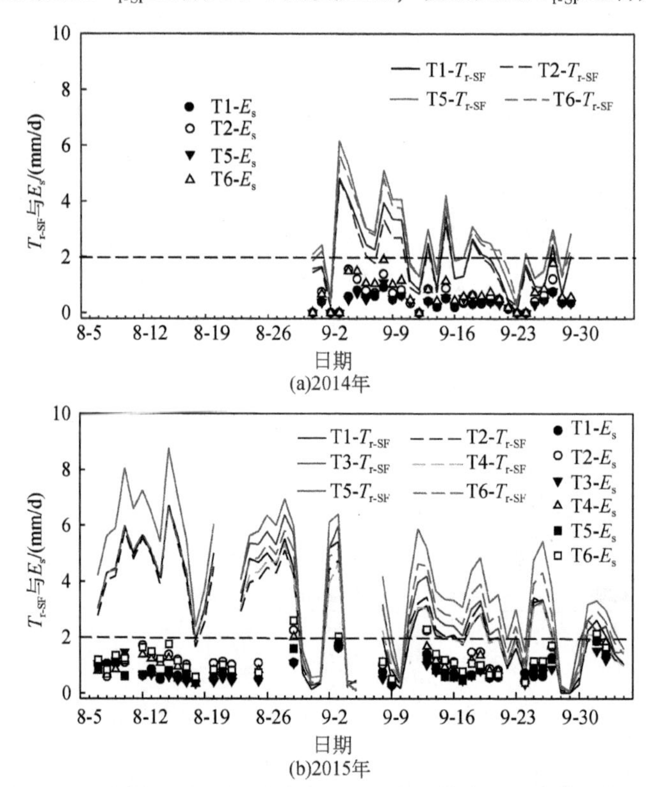

图 4-34 不同施肥和秸秆覆盖处理下玉米田蒸腾量的季节变化规律

3. 秸秆覆盖和施肥处理对玉米田蒸发蒸腾的影响

采用修正的双作物系数法计算得到玉米全生育期的蒸腾量，根据实测的土壤蒸发量，确定了 2014 ~2015 年两个生长季玉米田作物蒸腾和土壤蒸发的累积值及其占蒸发和蒸腾总量的比例（图4-35）。从绝对值上来看，2014 年施 N、覆盖处理（T5）在6 月 24 日至9 月 30 日累积的 T_r最高，为 317.4mm，不施 N、不覆盖处理（T2）累积的 T_r最低，为 234.6mm。增施 N 肥（T5+T6）使 T_r提高 24.8%，而覆盖处理使 T_r提高 8.4%。2015 年仍为 T5 处理 6 月 25 日至 10 月 5 日累积的 T_r最高，为 319.2mm，T2 处理累积的 T_r最低，为 252.9mm。总体来看，覆盖处理 T_r 比不覆盖处理提高 8.6%。覆盖处理下，生育期增施 N 肥 200kg/hm^2 时，T_r提高 11.7%；施肥量从 200kg/hm^2 提高到 400kg/hm^2 时，T_r提高率降低，为 7.1%。而不覆盖处理下，生育期增施 N 肥 200kg/hm^2 时，T_r 提高率较低，为 5.2%；施肥量从 200kg/hm^2 提高到 400kg/hm^2 时，T_r提高率较高，为 11.1%。

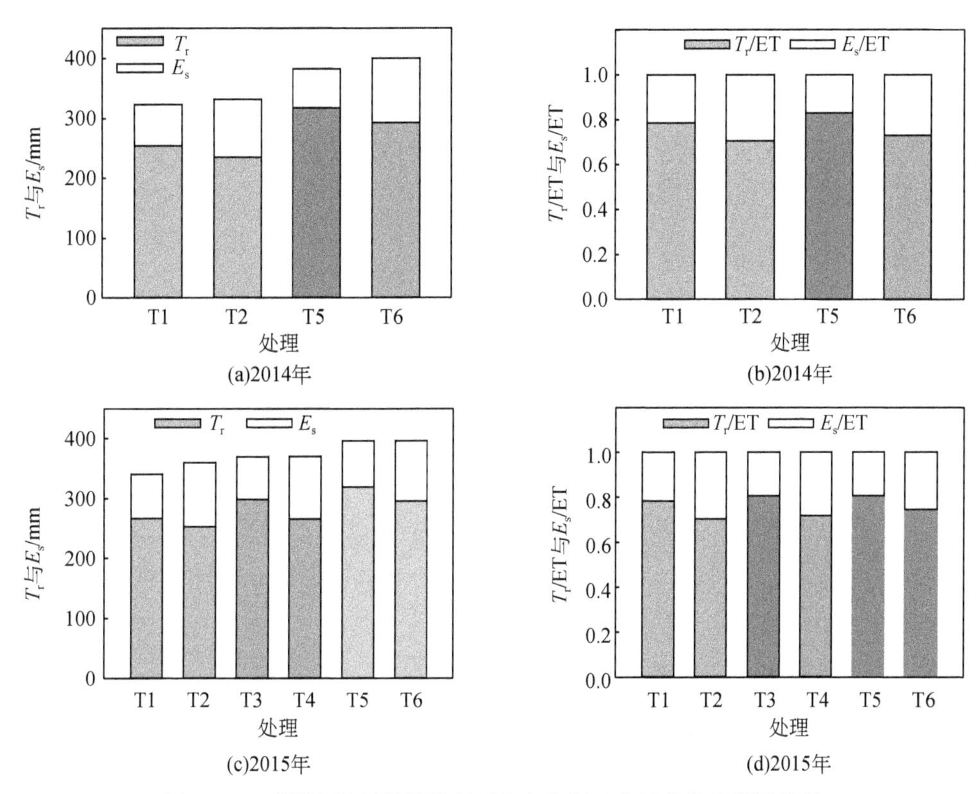

图 4-35 不同施肥和覆盖处理下全生育期玉米田蒸发和蒸腾总量

施 N 处理显著影响了 ET_c（$p=0.002$），而覆盖处理对 ET_c 的影响则不显著（$p=0.240$），且施 N 与覆盖处理不存在交互作用。低 N 处理的 ET_c 最低，介于 323.3 ~ 359.5mm，高 N 处理的 ET_c最高，介于 382.5 ~ 400.2mm，中 N 处理的 ET_c，介于 351.1 ~ 369.5mm。按照 N 肥处理分析 ET_c 在覆盖处理间的差异发现，除低 N 处理下，覆盖处理 ET_c 显著低于不覆盖处理外，中 N 处理、高 N 处理的 ET_c 在覆盖和不覆盖处理间差异不显著。综上所述，增施 N 肥可以显著提高 ET_c，而覆盖对 ET_c的影响只有在低 N 处理中才显示出来，低 N 处理下，秸秆覆盖可以降低 2.6% ~5.3% 的 ET_c。

从所占比例上来看，2014 年不施 N、不覆盖处理（T2）E_s/ET_c 最高，为 29.3%，施 N、覆盖处理（T5）下的 E_s/ET_c最低，为 17.0%。生育期不施 N 肥条件下，覆盖处理能使 E_s/ET_c降低 7.9%，生育期增施 N 肥 400kg/hm^2 时，覆盖处理能使 E_s/ET_c降低 9.9%。无论覆盖与否，增施 N 肥对 E_s/ET_c的影响不大，仅使其降低了 3.4%。2015 年，T2 处理

下的 E_s/ET_c 最高，为 29.6%，T3 和 T5 处理下的 E_s/ET_c 较低，分别为 19.3% 和 19.4%。生育期不施 N 肥和增施 N 肥 200kg/hm^2 时，覆盖处理使 E_s/ET_c 降低的比例接近，平均降低 8.4%，生育期增施 N 肥 400kg/hm^2 时，覆盖处理能使 E_s/ET_c 降低 6.1%。无论覆盖与否，增施 N 肥对 E_s/ET_c 的影响均不大，生育期增施 N 肥 200kg/hm^2 时，E_s/ET_c 降低 1.9%，施肥量从 200kg/hm^2 提高到 400kg/hm^2 时，E_s/ET_c 降低 1.3%。综合两年来看，无论施 N 与否，覆盖处理的 E_s/ET 均较低，在 17.0%～21.6%，而不覆盖处理的 E_s/ET_c 在 25.5%～29.6%。2015 年，N 肥处理显著影响了作物蒸腾量，无论覆盖与否，高 N 处理的蒸腾量均高于对应的低 N 处理的蒸腾量，中等施 N 量覆盖处理的蒸腾量与高 N 不覆盖处理相当。N 肥充足状态下，尽管秸秆覆盖可以降低土壤蒸发量，但覆盖使作物蒸腾量显著增加，因此 ET_c 总量仍为秸秆覆盖处理较高。

4. 基础作物系数修正系数的确定和模拟

不受水肥胁迫的条件下，K_{cb-mid} 和 K_{cb-end} 分别在《FAO-56 作物腾发量作物需水计算指南》推荐值的基础上进行调整得到，但多数研究中，同一试验地的不同水肥处理处在相同的气象因子作用下，调整后的 K_{cb-mid} 一般不能适用于所有处理，需要根据实测数据对 K_{cb-mid} 进行进一步修正，才能得到较理想的结果。为此，我们定义 K_{cb-mid}^{adjust} 与 K_{cb-mid} 的比值 α 为修正系数：

$$\alpha = K_{cb-mid}^{adjust}/K_{cb-mid} \tag{4-11}$$

若能确定基础作物系数的修正系数 α，就可以计算修正后的基础作物系数，进而可以更加准确地计算玉米的蒸腾量。

因此，研究分析了 α 的变异来源。从图 4-36 可见，α 受到覆盖与否和施 N 量的显著影响，无论覆盖与否，随施 N 量的提高，α 均呈显著线性增加；而相同施 N 量下，覆盖可以显著提高 α。进一步分析表明，覆盖和施 N 处理导致的 α 变异可以用 LAI 来解释，α 与 LAI 显著线性相关（$p=0.0352$，图 4-37），且二者的相关关系不受覆盖与否的影响。因此，通过测定该地区不同覆盖与施 N 处理下夏玉米的 LAI 就可以计算其 α 值，进而可以准确地估算相应的蒸腾量。

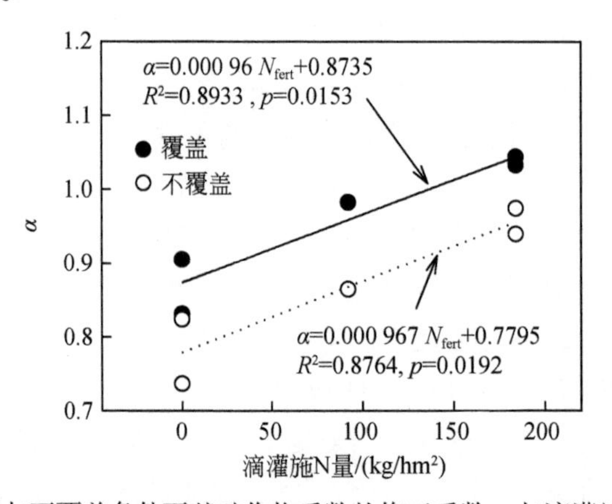

图 4-36　秸秆覆盖与不覆盖条件下基础作物系数的修正系数 α 与滴灌施 N 量之间的关系

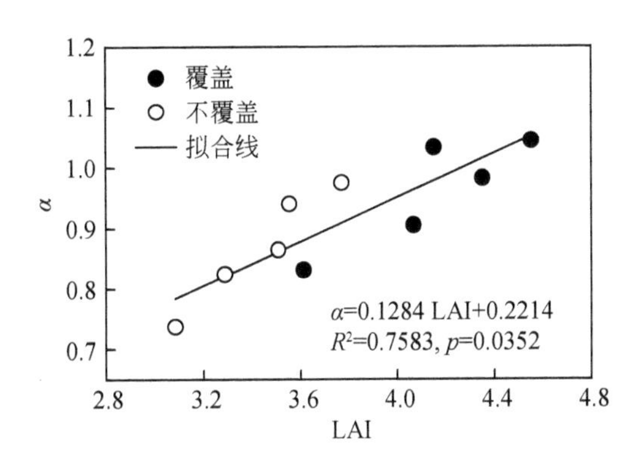

图 4-37　秸秆覆盖与不覆盖条件下基础作物系数的修正系数 α 与 LAI 之间的关系

4.3.2　秸秆覆盖滴灌夏玉米耗水量与生长

试验在中国水利水电科学研究院农业节水灌溉试验站开展，试验地概况详见 2.1 节。以夏玉米为研究对象，具体试验设计和主要测定方法详见 2.3.3 节。

1. 各处理灌水、施肥及生育期降雨情况

表 4-24 是 2014 年和 2015 年夏玉米生育期各处理实际灌水情况，其中 2014 年灌水 3 次，各处理下总灌水量几乎没有差异。2015 年灌水 2 次，不覆盖各处理下的灌水总量要明显大于覆盖下各处理的灌水总量。对于相同处理，可以看出 2015 年覆盖处理（TM1、TM2 和 TM3）的灌水总量相应小于 2014 年，而不覆盖处理（TN1、TN2 和 TN3）的灌水总量大于 2014 年。

表 4-24　2014 年和 2015 年夏玉米生育期各处理实际灌水情况　（单位：mm）

试验处理	2014 年							2015 年				
	灌水日期	灌水定额	灌水日期	灌水定额	灌水日期	灌水定额	灌水总量	灌水日期	灌水定额	灌水日期	灌水定额	灌水总量
TM1	7-16	29.6	7-25	30.4	8-15	38.9	98.9	7-12	52.0	8-26	34.8	86.8
TN1	7-16	30.3	7-25	31.3	8-15	38.8	100.4	7-12	60.8	8-26	51.0	111.8
TM2	7-16	30.6	7-25	32.0	8-15	40.7	103.3	7-12	50.6	8-26	40.5	91.1
TN2	7-16	28.7	7-25	32.1	8-15	38.1	98.9	7-12	59.9	8-26	48.1	108.0
TM3	7-16	28.9	7-25	31.0	8-15	40.2	100.1	7-12	44.7	8-26	38.6	83.3
TN3	7-16	30.1	7-25	31.3	8-15	39.1	100.5	7-12	60.7	8-26	53.5	114.2

表 4-25 是 2014 年和 2015 年夏玉米生育期各处理实际追肥情况，2014 年覆盖和不覆盖下中肥和高肥处理在拔节期的追肥时间为 7 月 25 日，抽穗期的追肥时间为 8 月 15 日，都是随夏玉米灌水时利用滴灌系统中的压差式施肥罐进行追肥。2015 年覆盖和不覆盖下中

肥和高肥处理在拔节期追肥时间为7月19日，抽穗期的追肥时间为8月10日。由表4-25可知，低肥处理（TM1和TN1）没有追施尿素，中肥处理（TM2和TN2）累计追施尿素200kg/hm^2，高肥处理（TM3和TN3）累计追施尿素400kg/hm^2。

表4-25 2014年和2015年夏玉米生育期各处理实际追肥（尿素）情况

（单位：kg/hm^2）

试验处理	2014年					2015年				
	施肥日期	施肥量	施肥日期	施肥量	追肥总量	施肥日期	施肥量	施肥日期	施肥量	追肥总量
TM1	7-25	0	8-15	0	0	7-19	0	8-10	0	0
TN1	7-25	0	8-15	0	0	7-19	0	8-10	0	0
TM2	7-25	100	8-15	100	200	7-19	100	8-10	100	200
TN2	7-25	100	8-15	100	200	7-19	100	8-10	100	200
TM3	7-25	200	8-15	200	400	7-19	200	8-10	200	400
TN3	7-25	200	8-15	200	400	7-19	200	8-10	200	400

图4-38是2014年和2015年夏玉米生育期降雨分布情况。2014年夏玉米生育期累计降雨量为278mm，其中小雨21次，中雨3次，大雨1次，暴雨2次；2015年夏玉米生育期累计降雨量为279mm，其中小雨29次，中雨5次，大雨3次。尽管2014年和2015年夏玉米生育期在降雨量上基本没有差异，但在降雨强度和降雨时间分布上还是存在明显不同。从图4-38中可以看到，2014年夏玉米出苗期—拔节期降雨次数和降雨量比2015年同期多，而2015年夏玉米生育后期的降雨次数和累计降雨量要明显多于2014年夏玉米生育同期。

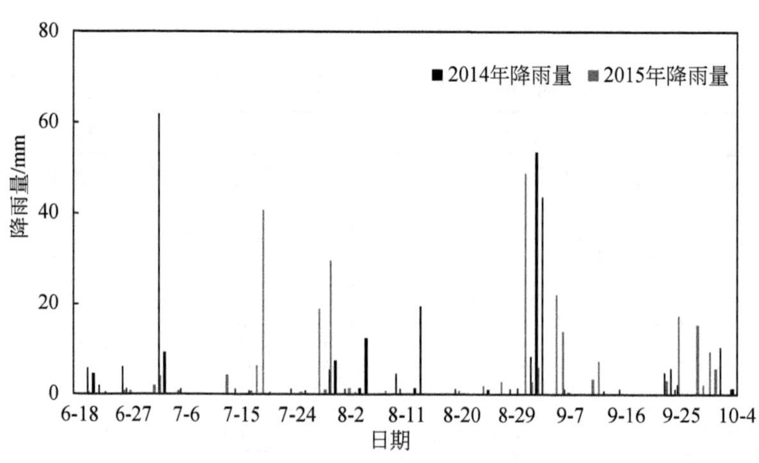

图4-38 2014年和2015年夏玉米生育期降雨分布

2. 各处理土壤含水率变化

从图4-39和图4-40中可以看出，各处理灌水下限都为60%的田间持水量，处于充分灌水状态，因此可看到玉米生育期内各处理下平均土壤体积含水率基本都高于60%的田间持水量，更明显高于作物凋萎点含水率（约为35%的田间持水量），各处理下土壤含水率基本处于60%～100%，即各处理整个生育期内土壤水分处于无亏缺状态。从图4-39和图4-40中还可以看出，2014年和2015年夏玉米生育期内每次灌水后至下一次灌水前这段时间内，覆盖各处理的土壤水分变化较不覆盖相应各处理平缓一些，即土壤水分下降得更慢些，其主要原因是覆盖减少了棵间蒸发，减缓了土壤水分下降的速度。此外，在2015年夏玉米生育期大部分时间段内，覆盖追肥各处理下的土壤含水率比覆盖下追肥各处理下的土壤含水率大。由于各处理灌水并没有明显差别，这说明秸秆覆盖在一定程度上提高了土壤保水蓄水能力。

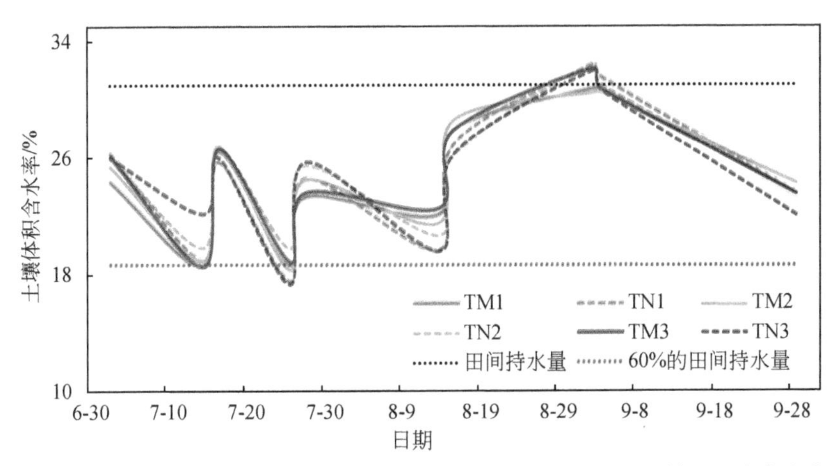

图4-39　2014年夏玉米各处理滴灌带正下方0～100cm土层平均体积含水率变化

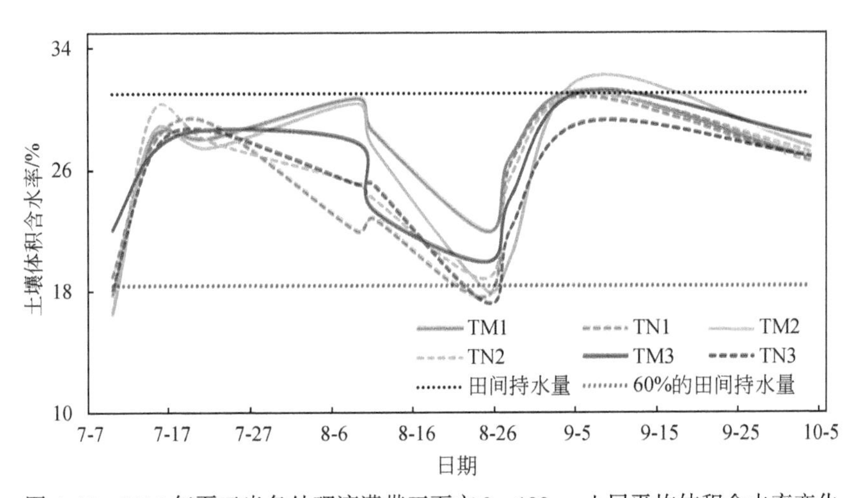

图4-40　2015年夏玉米各处理滴灌带正下方0～100cm土层平均体积含水率变化

从总体趋势上看，2014年和2015年夏玉米生育期后期（9～10月），土壤水分的变化趋势非常相似，其主要原因是2014年和2015年9月以后的降雨次数较多，且降雨量较大

（图 4-38），无须灌溉，土壤水分的变化主要受到降雨的影响。2015 年土壤水分后期下降趋势相对 2014 年同期更为平缓，土壤水分下降速度更慢，这主要是由于这两年 9～10 月降雨分布存在差异，其中 2014 年 9 月 1 日至 10 月 4 日降雨次数为 8 次，累计降雨量为 131.3mm，占 2014 年夏玉米生育期总降雨量的 47%，而 2015 年 9 月 1 日至 10 月 4 日降雨次数为 13 次，累计降雨量为 159mm，占 2015 年夏玉米生育期总降雨量的 57%。

3. 秸秆覆盖夏玉米株高和叶面积指数比较

图 4-41 是 2014 年和 2015 年各处理下夏玉米生育期株高变化情况。从图 4-41 中可以看出，2014 年和 2015 年的数据充分表明，在各处理充分灌水条件下，无论是秸秆覆盖还是不覆盖，相应高肥处理下的夏玉米株高大于中肥处理，中肥处理下的作物株高大于低肥处理，即 TM3>TM2>TM1，TN3>TN2>TN1。在相同追肥制度下，可以发现覆盖处理的株高比不覆盖处理要高，这个现象在 2015 年表现得更为明显一些。此外，图 4-41 中 2015 年各处理株高数据显示，低肥和中肥覆盖处理（TM1、TM2）下作物株高都要明显高于高肥不覆盖处理（TN3）。这意味着在充分灌溉和一定追肥范围内，相比追肥效应，覆盖效应对作物株高的影响更为关键。

图 4-42 是 2014 年和 2015 年各处理夏玉米生育期叶面积指数变化情况，从图 4-42 中可以看出，2014 年和 2015 年的数据充分表明，在各处理充分灌水条件下，覆盖高肥处理下的夏玉米叶面积指数大于中肥处理，覆盖中肥处理下的叶面积指数大于低肥处理，即 TM3>TM2>TM1，而对于不覆盖处理来说，2014 年低肥处理下的叶面积指数大于高肥和中肥处理，2015 年低肥和高肥处理之间的叶面积指数差异也不是很大，其中原因需要进一步探究。2014 年和 2015 年的叶面积指数都显示，在相同追肥制度下，覆盖处理的叶面积指数要大于不覆盖处理，即 TM3>TN3，TM2>TN2，TM1>TN1，2015 年对应处理下的叶面积指数的差异尤为显著。此外，在充分灌水下，无论是高肥处理还是低肥处理，覆盖处理下的叶面积指数都要明显高于高肥不覆盖处理（TN3）。这说明在充分灌溉和一定追肥范围内，覆盖效应对叶面积指数的影响更为关键。

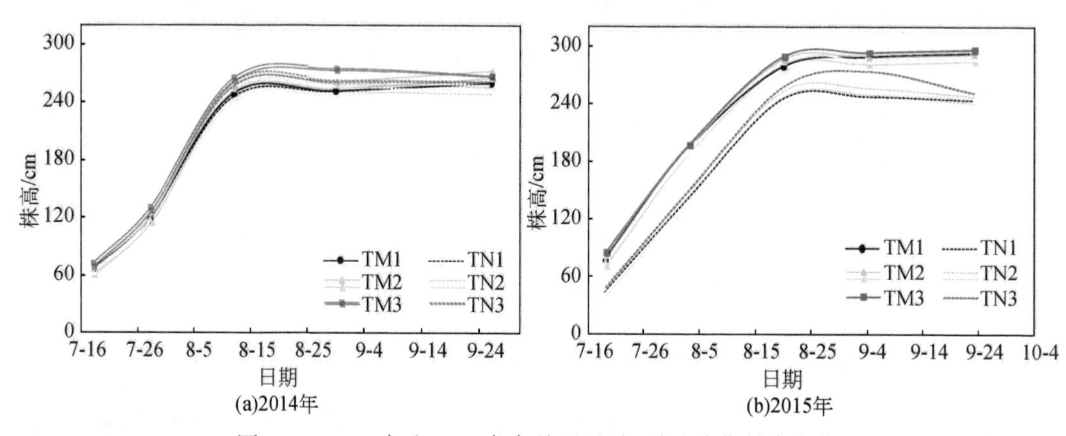

图 4-41　2014 年和 2015 年各处理下夏玉米生育期株高变化

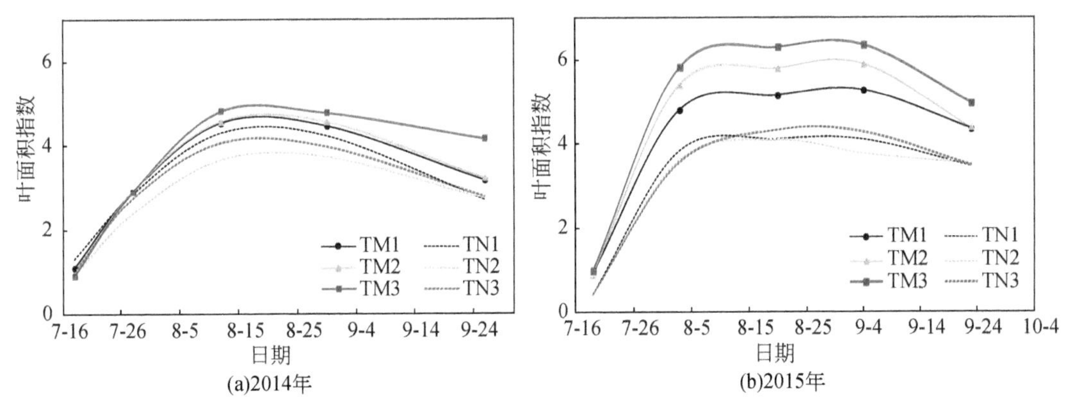

图 4-42　2014 年和 2015 年各处理下夏玉米生育期叶面积指数变化

鉴于夏玉米的株高和叶面积指数基本都在拔节期—灌浆期达到峰值，因此，表 4-26 以追肥、秸秆覆盖、追肥与秸秆覆盖交互作用为试验因素，针对夏玉米拔节期—抽雄期和抽雄期—灌浆期两个生育阶段的株高和叶面积指数进行影响的显著性方差分析。从表 4-26 中可以看出，秸秆覆盖对叶面积指数的变化存在显著影响，而追肥及其与秸秆覆盖交互作用对株高和叶面积变化没有显著影响。表 4-26 中方差分析的结果同时也进一步验证了上述有关推断。

表 4-26　追肥和秸秆覆盖及其交互作用对作物株高和叶面积指数影响的方差分析

试验因素	2014～2015 年（拔节期—抽雄期）		2014～2015 年（抽雄期—灌浆期）	
	株高	叶面积指数	株高	叶面积指数
追肥	NS（p=0.635）	NS（p=0.696）	NS（p=0.504）	NS（p=0.751）
秸秆覆盖	NS（p=0.088）	＊＊（p=0.002）	NS（p=0.084）	＊（p=0.019）
追肥 & 秸秆覆盖（交互作用）	NS（p=0.985）	NS（p=0.676）	NS（p=0.969）	NS（p=0.675）

注：NS 表示差异不显著；＊表示在 p=0.05 水平上影响显著，＊＊表示在 p=0.01 水平上影响显著

4. 秸秆覆盖夏玉米耗水量、产量及水分利用效率比较

表 4-27 是 2014 年和 2015 年各处理生育期内耗水量 ET_c、产量 Y 和水分利用效率 WUE 值的多重比较分析比较（LSD 法）。表 4-28 是以 2 年内各处理对应耗水量、产量及水分利用效率数据，以追肥、秸秆覆盖为变量因子，考虑追肥与秸秆覆盖交互作用，对夏玉米生育期耗水量、产量及水分利用效率 3 个应变量进行影响的显著性方差分析结果。

从表 4-27 中可以看出，2014 年和 2015 年覆盖追肥处理夏玉米耗水量大都稍小于相应不覆盖追肥处理，2 年平均小 4.9～10.3mm，不存在统计意义上的显著差异。但从年际变化而言，2015 年覆盖各追肥处理下的生育期耗水量比 2014 年相应覆盖各追肥处理少 10%～11%，2015 年不覆盖处理夏玉米耗水量比 2014 年不覆盖对应各追肥处理少 4%～

10%，其主要原因很可能与不同年份的气候状况和降雨分布差异有关，也可能与田间管理措施有关。但总体上而言，充分滴灌下，覆盖追肥各处理生育期夏玉米耗水量与不覆盖各处理不存在显著差异，表4-28中方差分析结果也表明，在充分滴灌下，追肥和秸秆覆盖措施对夏玉米生育期耗水量不存在显著影响，其主要原因很可能是，各处理都是充分灌溉，秸秆覆盖虽然抑制了棵间蒸发，但同时也增加了作物蒸腾。

表4-27　2014年和2015年夏玉米各处理耗生育期内耗水量、产量及水分利用效率比较

试验处理	耗水量 ET_c/mm			产量 Y/(kg/hm²)			水分利用效率 WUE/（kg/m³）		
	2014年	2015年	平均值	2014年	2015年	平均值	2014年	2015年	平均值
TM1	351.0a	319.1b	335.1a	12 840a	12 997a	12 919a	3.66b	4.07a	3.87a
TN1	357.6a	333.1b	345.4a	12 562a	11 639bc	12 101ab	3.51b	3.49bc	3.50b
TM2	349.8a	317.0b	333.4a	12 883a	13 192a	13 038a	3.68b	4.16a	3.92a
TN2	354.7a	321.9b	338.3a	12 509a	10 943c	11 726b	3.53b	3.40c	3.47b
TM3	356.2a	322.1b	339.2a	12 888a	12 296ab	12 592ab	3.62b	3.82ab	3.72ab
TN3	352.6a	340.4b	346.5a	12 713a	12 347ab	12 530ab	3.61b	3.63bc	3.62ab

注：表中同一列中具有相同字母的数值表示差异不显著（p<0.05）

在产量方面，从表4-28中可以看出，2014年覆盖各追肥处理下夏玉米产量比不覆盖追肥相应各处理高175～374kg/hm²，但各处理产量的差异没有达到统计意义上的显著差异。2015年覆盖低肥和中肥处理下夏玉米产量显著高于不覆盖低肥和中肥处理，覆盖高肥和不覆盖高肥处理之间夏玉米产量则不存在显著差异，其中2015年TM2处理下的夏玉米产量比TN2处理高2249kg/hm²，即覆盖中肥处理下的夏玉米产量比不覆盖中肥处理提高了17%。此外，2015年覆盖下各追肥处理的夏玉米产量也不存在显著差异。2年的平均数据也显示，覆盖低肥和中肥处理下的夏玉米产量显著高于不覆盖下低肥和中肥处理，覆盖下各追肥处理或者不覆盖下各追肥处理下的夏玉米产量不存在显著差异，这在一定程度上说明追肥措施对夏玉米产量变化的影响不显著。表4-28方差分析的结果进一步验证了这一结果。表4-28中的方差分析结果显示，2014年和2015年秸秆覆盖对夏玉米产量存在显著影响，而追肥及其与秸秆覆盖交互作用对夏玉米产量变化的影响不显著。

表4-28　追肥、秸秆覆盖及其交互作用对耗水量、产量及水分利用效率影响的方差分析

试验因素	生育期耗水量（ET_c）	产量（Y）	水分利用效率（WUE）
追肥	NS（p=0.474）	NS（p=0.854）	NS（p=0.920）
秸秆覆盖	NS（p=0.097）	*（p=0.015）	**（p=0.001）
追肥&秸秆覆盖（交互作用）	NS（p=0.884）	NS（p=0.998）	NS（p=0.148）

注：NS表示差异不显著；*表示在p=0.05水平上影响显著，**表示在p=0.01水平上影响显著

在水分利用效率方面，从表 4-27 中可以看出，2014 年覆盖各追肥处理下水分利用效率（WUE）比不覆盖追肥相应各处理高，但不存在显著差异。2015 年覆盖低肥和中肥处理下 WUE 显著高于不覆盖下低肥和中肥处理，覆盖高肥和不覆盖高肥处理之间 WUE 则不存在显著差异，2015 年覆盖各追肥处理或者不覆盖各追肥处理下的 WUE 不存在显著差异。2 年的平均数据也显示，覆盖低肥和中肥处理下 WUE 显著高于不覆盖下低肥和中肥处理，覆盖下各追肥处理或者不覆盖下各追肥处理之间夏玉米的 WUE 不存在显著差异，这在一定程度上说明追肥措施对 WUE 影响不显著。表 4-28 中方差分析的结果同样验证了这一结果。表 4-28 中的方差分析结果显示，2014 ~ 2015 年秸秆覆盖对夏玉米 WUE 存在显著影响，而追肥及其与秸秆覆盖交互作用对夏玉米 WUE 影响不显著。

综合而言，在充分滴灌条件下，相比不覆盖追肥各处理，秸秆覆盖下追肥各处理减少了夏玉米生育期耗水量，但没有达到统计意义上的显著水平（$p>0.05$），秸秆覆盖对夏玉米产量和水分利用效率存在显著影响，结合低肥和中肥措施，秸秆覆盖显著提高了作物产量和夏玉米水分利用效率（$p<0.05$）。但无论覆盖与否，玉米生育期内追肥量的增加并没有显著提高作物的产量和水分利用效率。从夏玉米产量和水分利用效率的绝对值大小来讲，覆盖中肥处理（TM2）是所有处理中最优的处理组合。华北地区夏玉米生育期内降雨较多，但如果对作物实施充分灌水管理，依然需要人工补充灌溉，从减少秸秆焚烧、综合利用秸秆的角度考虑，同时从提高水肥利用率和节省人工等角度出发，华北地区夏玉米种植可优先推荐采用滴灌+秸秆覆盖+中度追肥的综合技术措施。

4.3.3 小结

基于 2014 ~ 2015 年田间夏玉米连续 2 年的试验，采用液流计和微型蒸发皿分别测定了充分滴灌下秸秆覆盖与不覆盖及不同追肥制度下夏玉米田的作物蒸腾和土壤蒸发，并确定了基础作物系数修正因子的模拟方法，可为该地区作物蒸腾模拟奠定基础。主要结论如下：

1）不同施 N 量和覆盖处理的 ET_c 介于 323.3 ~ 400.2mm，增施 N 肥可以显著提高 ET_c，而覆盖对 ET 的影响只有在低 N 处理中才显示出来，低 N 处理下，秸秆覆盖可以降低 ET_c 2.6% ~5.3%。覆盖处理提高了 T_r，降低了 E_s，无论施 N 与否，覆盖处理的 E_s/ET 均较低，介于 17.0% ~21.6%，而不覆盖处理的 E_s/ET 介于 25.5% ~29.6%。

2）N 肥处理显著影响了作物蒸腾量，无论覆盖与否，高 N 处理的蒸腾量均高于对应的低 N 处理，中等施 N 量覆盖处理的蒸腾量与高 N 不覆盖处理相当。N 肥充足状态下，尽管覆盖可以降低土壤蒸发量，但覆盖使作物蒸腾显著增加，因此 ET 总量仍为覆盖处理较高。

3）确定了分析了基础作物系数的修正系数 α 的处理间差异及其差异来源，并确定了其估算方法。α 受到覆盖与否和施 N 量的显著影响，无论覆盖与否，随施 N 量的提高，α 均呈显著线性增加；而相同施 N 量下，覆盖可以显著提高 α。而 α 与 LAI 显著线性相关。

因此，通过测定该地区不同覆盖与施N处理下夏玉米的LAI就可以计算其α值，进而可以准确地估算相应的蒸腾量。

基于2014～2015年田间夏玉米连续2年的试验，研究了充分滴灌下秸秆覆盖与不覆盖及不同追肥制度对夏玉米农田小气候关键因子、作物生理指标、耗水量（水量平衡法）、产量及水分利用效率的影响，主要结论如下：

1）在充分灌溉和一定追肥范围内，相比追肥效应，覆盖效应对作物株高和叶面积变化的影响更为关键。秸秆覆盖对叶面积的变化存在显著影响，而追肥及其与秸秆覆盖交互作用对株高和叶面积变化没有显著影响。

2）充分滴灌下，相比不覆盖追肥各处理，秸秆覆盖下追肥各处理减少了夏玉米生育期耗水量，提高了作物产量，同时也提高了夏玉米水分利用效率，但都没有达到统计意义上的显著水平。在作物实施充分灌水管理的前提下，华北地区夏玉米种植可优先推荐采用滴灌+秸秆覆盖+中度追肥的综合技术措施。

4.4 结论

本章以东北典型区和华北平原典型区主要粮食作物（春玉米、夏玉米和冬小麦）为研究对象，针对覆盖滴灌技术（塑膜和秸秆覆盖），基于连续多年的田间试验研究，定量揭示了东北和华北典型区覆盖滴灌对主要粮食作物棵间蒸发、水分消耗组成、产量及水分利用效率的影响，提出了主要粮食作物覆盖滴灌下棵间蒸发、作物蒸腾、作物系数等测定、计算和修正方法，定量刻画了覆盖滴灌下作物耗水组成及作物系数变化过程。相关研究结论对构建农艺+工程结合下大田作物高效节水灌溉技术模式及其相关评价方法或标准具有重要的科学意义和实用价值。研究取得的主要结论如下：

1）覆膜降低蒸发蒸腾总量，且对其在土壤蒸发和作物蒸腾之间的分配影响显著，覆膜使田间水分消耗向增加作物产量的方向分配。玉米ET与冠层上方净辐射（R_n）呈现显著线性相关关系，覆膜降低了玉米田净辐射值R_n，是塑膜覆盖ET较低的重要原因之一。秸秆覆盖显著抑制了日棵间蒸发量和日变化波动幅度（$p<0.05$），冬小麦生育中后期覆盖滴灌可减少棵间蒸发达30%以上。

2）基于液流计和微型蒸发皿测定方法，构建了土壤蒸发半经验半机理模型；基于基础作物系数的修正系数α的处理间差异及其差异来源分析，确定了基础作物系数修正因子的模拟方法。

3）覆膜降低了玉米全生育期作物系数K_c均值，提高了生育中期修正后的基础作物系数；秸秆覆盖充分滴灌下，采用当地气候参数修正的冬小麦中期K_{c-FAO}值低估了华北平原冬小麦中期作物系数值，与不覆盖相比，秸秆覆盖不仅显著降低了作物蒸发系数K_e，而且提高了冬小麦的基础作物系数K_{cb}。

4）覆膜使玉米生育期提前，使成熟期提前了4～5天。与地表滴灌不覆盖相比，产量提高5.9%～8.8%，水分利用效率提高10.7%～13.1%。秸秆覆盖显著（$p<0.05$）降低了作物生育期耗水量，显著提高了冬小麦产量；在亏水灌溉情况下，相同耗水量下秸秆覆

盖具有明显提高作物产量的优势。

5）从减少耗水量和减轻秸秆焚烧，同时获得相对较高产量和水分利用效率等目标综合考虑，冬小麦生育期土壤计划湿润层内土壤含水量范围保持在 65% ~85% 的田间持水量，同时结合秸秆覆盖，可推荐作为华北平原冬小麦高效用水的优选技术模式；在作物实施充分滴灌灌水管理的前提下，华北地区夏玉米种植可优先推荐采用滴灌+秸秆覆盖+中度追肥的综合技术措施。

第5章　塑膜覆盖滴灌农田水肥耦合

水、肥因子及其耦合制度对作物生长及最终产量具有关键影响效应，针对各种灌溉技术，构建适宜的灌溉制度和施肥制度，对作物增产、提高水肥利用效率、减少农田面源污染，实现农业绿色可持续发展等具有重要的现实意义。从国内外相关文献分析来看，绝大多数有关塑膜覆盖下水肥耦合的研究主要针对经济作物和果树开展。例如，在新疆，针对棉花塑膜覆盖滴灌的水肥制度的优化研究（Liu et al.，2012a；Zhang et al.，2012，2014），灌溉模式和灌溉制度已基本成型（张卓，2014）。Wang 等（2011）和 Yan 等（2017）先后在石羊河流域针对土豆塑膜覆盖滴灌的灌溉制度优化和水氮耦合制度优化开展了试验研究，提出了西北地区土豆塑膜覆盖滴灌优化水肥耦合制度。针对西北地区西红柿的塑膜覆盖滴灌种植，Zhang 等（2016）开展了灌溉制度优化和水氮耦合制度优化的试验研究，提出了西红柿适宜的塑膜覆盖滴灌水肥耦合制度。针对大田主要粮食作物，塑膜覆盖滴灌水肥耦合制度优化的应用研究及可借鉴的系统性研究成果还不多，急需基于田间定位试验和模型模拟等手段，探讨塑膜覆盖滴灌条件下适宜的水肥耦合技术参数，提出典型粮食产区适宜的塑膜覆盖滴灌水肥调控技术模式。

本章基于东北典型粮食产区4年的田间试验监测，主要分析了塑膜覆盖滴灌下施氮制度对春玉米生长及产量的影响，基于模型模拟和田间定位观测试验，揭示了塑膜覆盖滴灌下田间氮循环和淋失机理，提出了适宜东北典型区玉米塑膜覆盖滴灌水肥一体化关键技术参数及运行管理技术模式，相关结论可为我国粮食主产区高效节水灌溉条件下水肥高效调控技术体系的构建提供一定借鉴和参考。

5.1　塑膜覆盖滴灌施氮制度对作物生长及产量的影响

本章重点针对塑膜覆盖滴灌条件下，基于多年田间定位观测试验，分析了不同施氮量和各生育期施氮分配比例对玉米生长生理指标和产量的影响，东北典型试验区基本概况和春玉米水肥耦合试验设计等详见2.2.1节相关介绍。

5.1.1　玉米株高变化

1. 各生育期施氮比例影响

不同的玉米各生育期施氮分配比例改变了玉米各生育期获得的施氮量，从而影响玉米的生长和产量。从图 5-1 和图 5-2 可以看出，塑膜覆盖滴灌条件下，当施氮量相同时，玉米生育期内，各生育期施氮比例对玉米株高影响明显。相较而言，氮肥分 2 次施入田中时，各生育期的玉米株高最高；氮肥按拔节期：抽穗期：灌浆期 = 3：1：1 施入田中时，各生育期的玉米株高次之；氮肥分 3 次等分施入田中时，各生育期的玉米株高最低。造成这种现象的原因主要是分 2 次施氮的管理方式使玉米拔节期和抽穗期的施氮量较大，从而促进了玉米株高的发展。

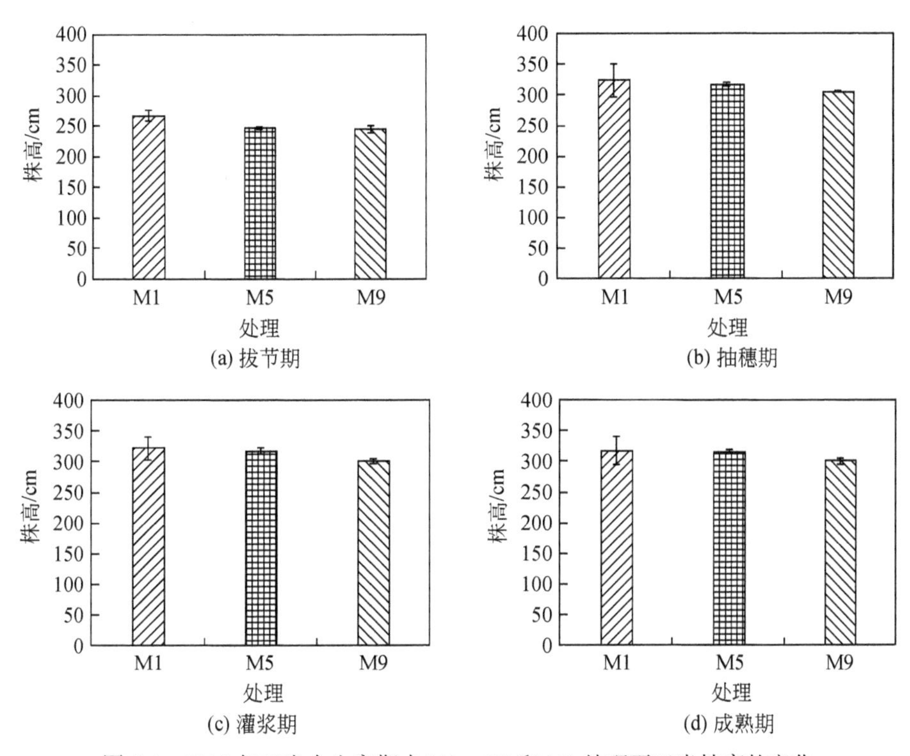

图 5-1　2014 年玉米全生育期内 M1、M5 和 M9 处理下玉米株高的变化

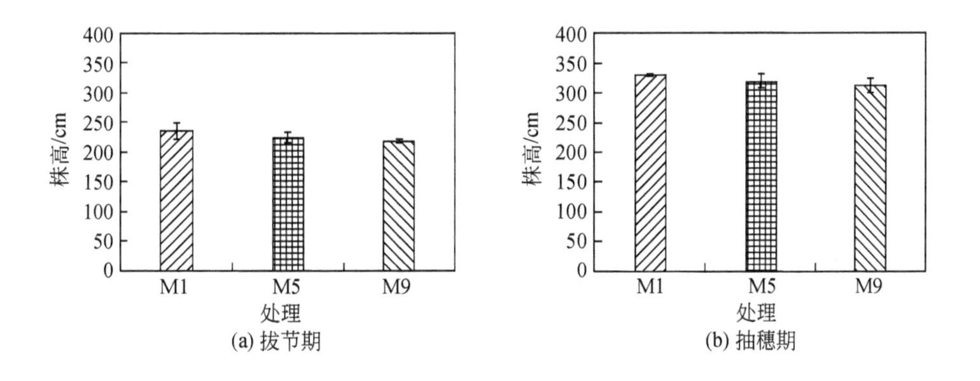

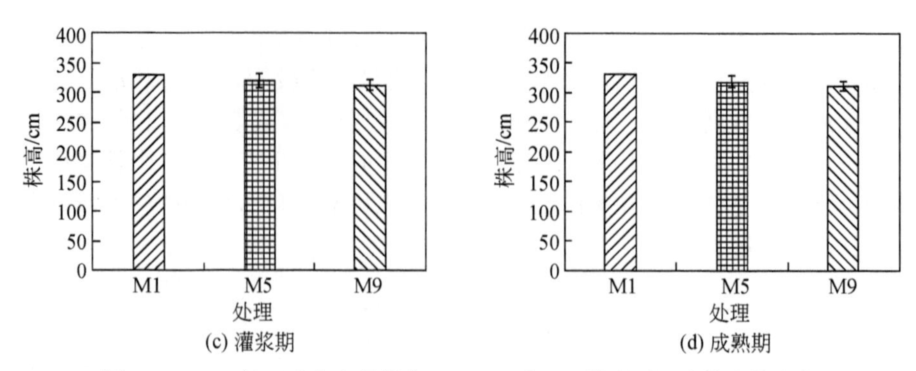

图 5-2　2015 年玉米全生育期内 M1、M5 和 M9 处理下玉米株高的变化

2. 施氮量影响

在东北典型区塑膜覆盖滴灌条件下，2 次施氮的比例下，在本试验制定的施氮量范围内（180～330kg/hm^2），施氮量对玉米株高的影响不明显（图 5-3 和图 5-4），这可能主要是因为东北黑土自身肥力较高和空间变异性的影响，弱化了施氮量对玉米株高的影响。

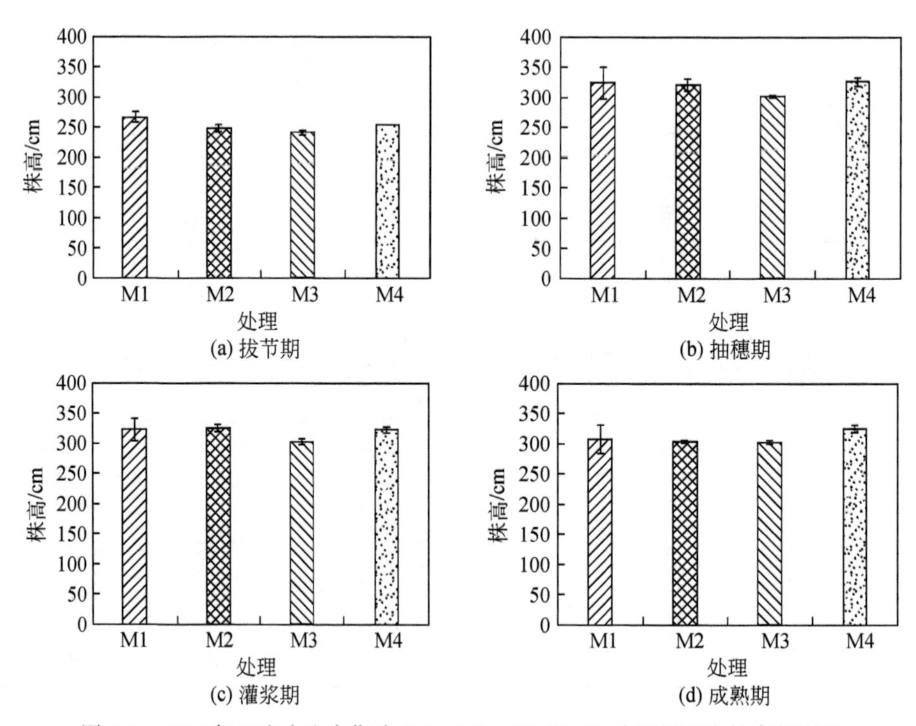

图 5-3　2014 年玉米全生育期内 M1、M2、M3 和 M4 处理下玉米株高的变化

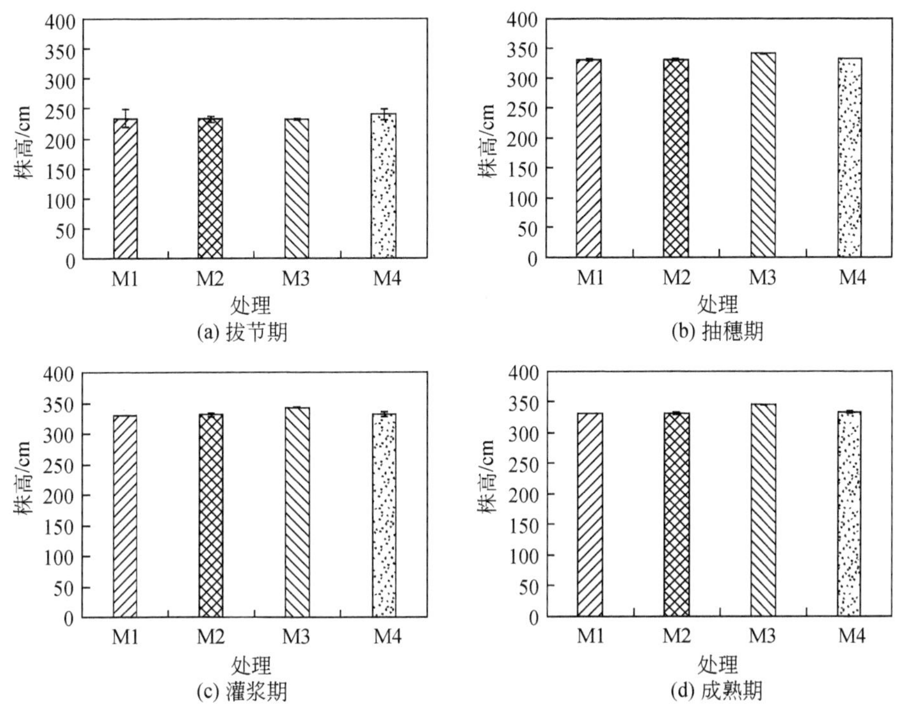

图 5-4　2015 年玉米全生育期内 M1、M2、M3 和 M4 处理下玉米株高的变化

5.1.2　玉米叶面积指数变化

通过 2 年田间试验研究发现，在东北典型区塑膜覆盖滴灌条件下，各生育期和施氮量均对玉米叶面积指数（LAI）无明显影响（图 5-5 ~ 图 5-8），这可能是因为东北黑土自身肥力较高和空间变异性的影响，弱化了施氮管理方式对玉米叶面积指数发展的影响。

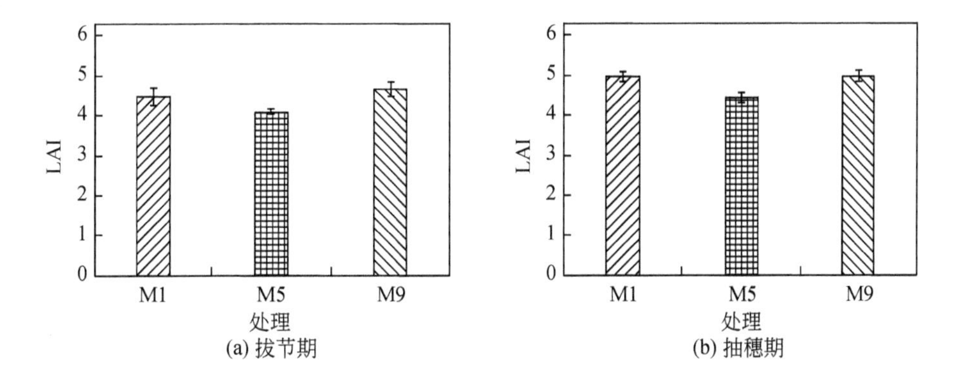

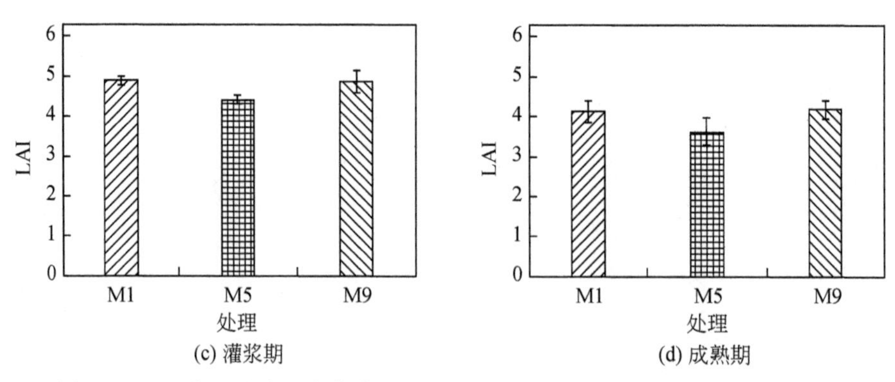

(c) 灌浆期　(d) 成熟期

图 5-5　2014 年玉米全生育期内 M1、M5 和 M9 处理下玉米叶面积指数的变化

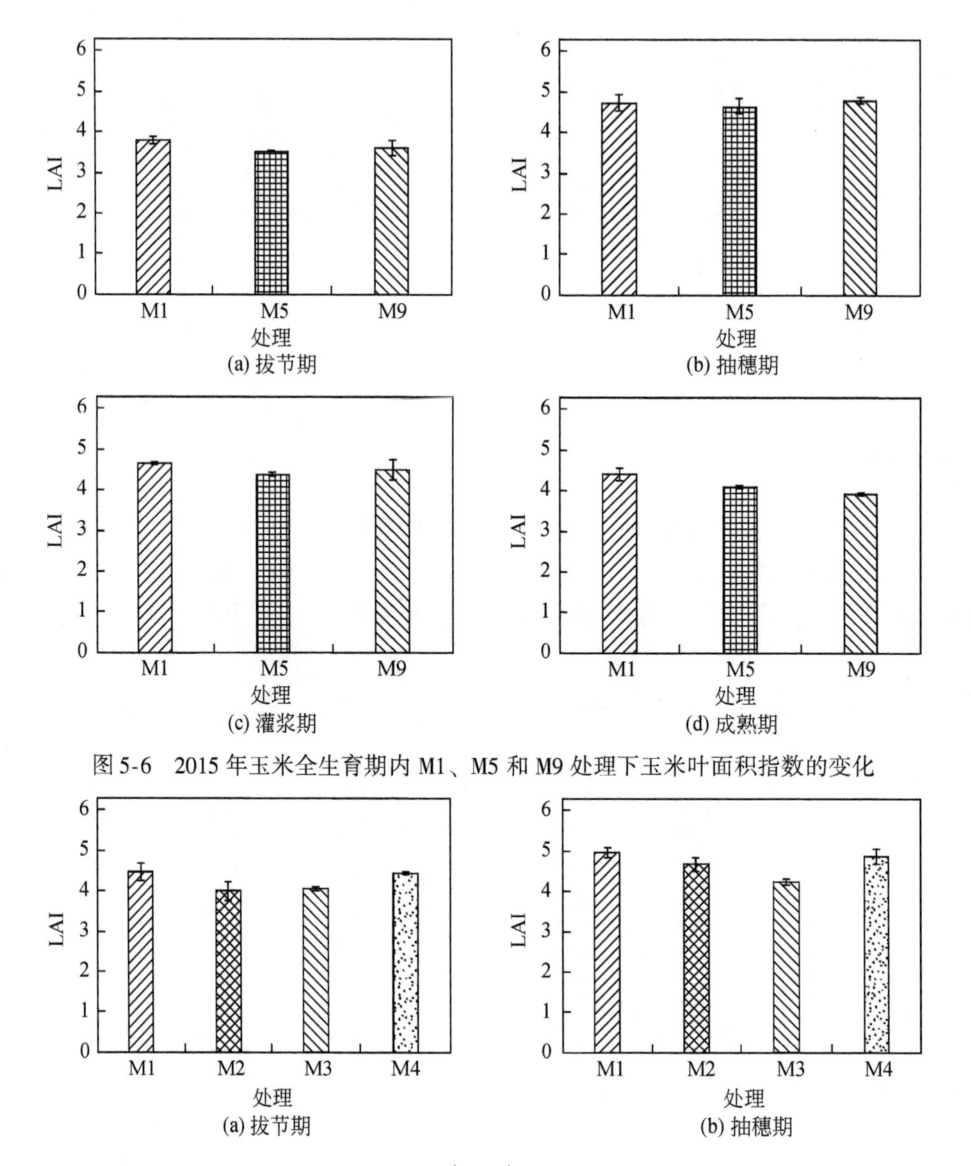

(a) 拔节期　(b) 抽穗期

(c) 灌浆期　(d) 成熟期

图 5-6　2015 年玉米全生育期内 M1、M5 和 M9 处理下玉米叶面积指数的变化

(a) 拔节期　(b) 抽穗期

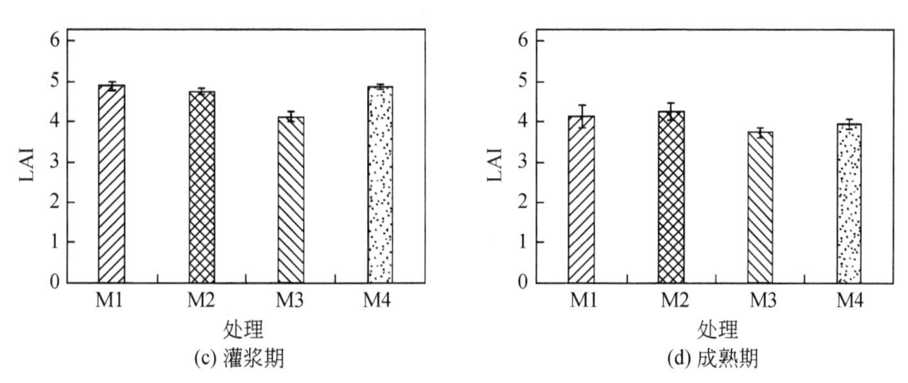

图 5-7　2014 年玉米全生育期内 M1、M2、M3 和 M4 处理下玉米叶面积指数的变化

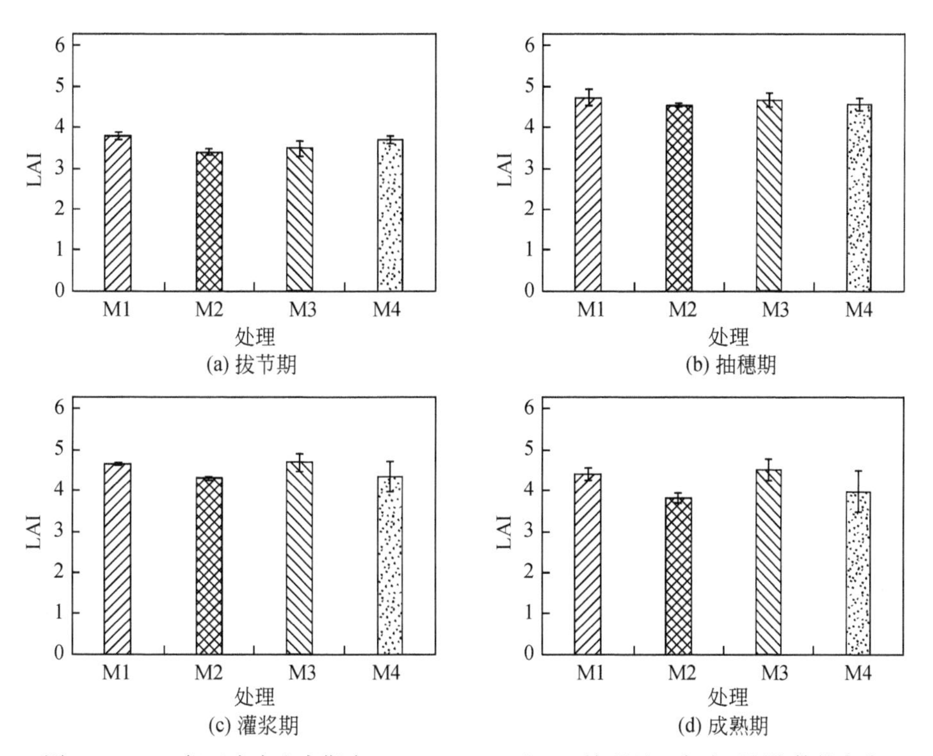

图 5-8　2015 年玉米全生育期内 M1、M2、M3 和 M4 处理下玉米叶面积指数的变化

5.1.3　玉米干物质积累与产量

1. 玉米干物质

表 5-1 汇总了试验期间覆膜处理玉米各生育期内地上干物质积累的变化，从表 5-1 中可以看出，各生育期施氮比例对玉米生育后期（灌浆期和成熟期）的地上部干物质量积累

影响显著（$p \leq 0.5$）。相较而言，氮肥分3次等分施入田中的施氮比例最不利于玉米地上干物质的积累，氮肥分2次施入田中的施氮比例更利于地上干物质的积累，2014年玉米成熟期，M1、M2、M3和M4处理的平均干物质量为25 117.99kg/hm^2，分别比3次不等分施氮的处理（M5、M6、M7和M8）和3次等分施氮的处理（M9、M10、M11和M12）显著增加了约5.22%和9.48%。

从表5-1中可看出，虽然玉米干物质积累随施氮量的增加而有所增加，但施氮量、施氮量与施氮比例的交互作用对不同生育期内玉米干物质积累的影响并不相同，相较而言，施氮量对抽穗期的干物质积累影响显著（$p<0.05$），施氮量与施氮比例的交互作用对灌浆期的干物质积累影响显著（$p<0.05$），而其余生育期内施氮量、施氮量与施氮比例的交互作用对玉米干物质积累影响并不显著（$p>0.05$），这可能主要是肥料的持续释放作用造成了抽穗期和灌浆期的玉米干物质积累有所差异。

表5-1　2014年玉米各生育期内各处理地上干物质的变化　（单位：kg/hm^2）

处理	2014年				2015年			
	拔节期	抽穗期	灌浆期	成熟期	拔节期	抽穗期	灌浆期	成熟期
M1	9 128.10	15 015.93	23 738.72	25 935.30	7 092.58	12 777.61	18 759.70	22 746.21
M2	8 450.34	13 886.42	21 355.22	25 917.12	6 634.68	11 598.03	18 210.05	22 486.33
M3	6 350.20	12 601.67	19 714.67	24 614.48	6 591.32	11 916.35	17 913.83	21 738.56
M4	7 618.45	13 885.58	19 156.62	24 005.05	6 004.75	8 373.70	14 371.17	20 429.34
M5	6 756.08	13 119.71	18 053.13	24 622.45	6 735.66	10 572.02	14 632.71	21 522.58
M6	6 262.50	12 480.00	18 652.29	24 653.82	7 180.41	9 788.24	17 076.35	20 939.14
M7	6 521.50	12 505.50	18 937.60	23 670.03	6 231.88	11 130.62	17 808.93	18 535.19
M8	6 284.75	11 662.25	18 280.26	23 614.92	6 683.63	7 393.00	17 343.20	20 111.03
M9	5 510.20	13 616.21	19 262.92	23 756.12	6 716.08	9 596.07	15 837.19	21 127.53
M10	6 067.25	12 564.25	19 152.43	24 050.32	5 806.99	10 205.86	14 617.61	21 507.28
M11	5 631.75	12 683.00	18 770.33	22 515.63	7 034.12	9 655.37	13 562.22	20 408.42
M12	5 912.00	12 599.75	19 530.61	21 446.68	6 814.54	8 045.31	12 272.72	20 335.06
双因素方差分析								
施氮量	NS	$p=0.031$	NS	NS	NS	NS	NS	$p=0.042$
各生育期施氮比例	NS	NS	$p=0.001$	$p=0.017$	NS	$p=0.027$	$p=0.001$	NS
施氮量×各生育期施氮比例	NS	NS	$p=0.025$	$p=0.005$	NS	NS	$p=0.025$	NS

注：NS表示处理间差异不显著（$p>0.05$）

2. 玉米产量

从表5-2和表5-3中可以看出，施氮量和各生育期施氮比例对玉米产量、WUE和FUE影响显著（$p \leq 0.05$）。相较而言，2次施氮（M1、M2、M3和M4）的比例下，玉米产量、

WUE 和 FUE 最高，2014 年 M1、M2、M3 和 M4 处理的平均产量为 14 038.77kg/hm^2，分别比 3 次不等分施氮（M5、M6、M7 和 M8）和 3 次等分施氮（M9、M10、M11 和 M12）处理的平均产量增加了约 9.39% 和 16.78%，2015 年增加了约 10.75% 和 20.97%；2014 年 WUE 分别增加了约 9.42% 和 16.82%，2015 年增加了约 9.23% 和 20.97%；2014 年 FUE 分别增加了约 9.57% 和 16.81%，2015 年增加了约 9.30% 和 21.43%。

从表 5-2 中还可看出，在 2 次施氮的比例下，当施氮量从 180kg/hm^2 增至 230kg/hm^2 时，虽然 FUE 有所降低，但玉米产量和 WUE 均显著提高，2014 年 M3 的产量和 WUE 比 M4 分别提高了 6.89% 和 6.88%，2015 年分别提高了 7.33% 和 7.49%，但当施氮量从 230kg/hm^2 继续增至 330kg/hm^2 时，产量和 WUE 已不能显著增加，而 FUE 却显著下降。这与刘洋等（2014）所得的研究结论有所不同，这可能主要是因为水文年不同及施氮量水平不同。

为了进一步探索东北典型区塑膜覆盖滴灌条件下施氮量对玉米产量的影响，本研究构建了 2014 年和 2015 年玉米产量与施氮量的统计模型（图 5-9）。通过计算分析发现，在 2 次施氮的比例下，2014 年达到玉米最大产量的施氮量为 332kg/hm^2，2015 年为 268kg/hm^2；在 3 次不等分施氮的比例下，2014 年达到玉米最大产量的施氮量为 312kg/hm^2，2015 年为 277kg/hm^2；在 3 次等分施氮的比例下，2014 年达到玉米最大产量的施氮量为 304kg/hm^2，2015 年为 302kg/hm^2，结合田间试验的实际验证，当施氮量从 230kg/hm^2 继续增加时，玉米产量已不能显著提高。因此，综合考虑玉米产量、WUE 和 FUE，东北典型区玉米塑膜覆盖滴灌适宜的施氮管理制度如下：施氮量为 230kg/hm^2，氮肥宜分 2 次施入田中，即拔节期施入 60% 氮肥，抽穗期施入 40% 氮肥。

表 5-2　2014 年塑膜覆盖滴灌处理玉米的产量、水分利用效率和氮素利用效率

处理	2014 年				2015 年			
	产量/(kg/hm^2)	ET/mm	水分利用效率/(kg/m^3)	氮素利用效率/(kg/kg)	产量/(kg/hm^2)	ET/mm	水分利用效率/(kg/m^3)	氮素利用效率/(kg/kg)
M1	14 585.22a	479.13	3.04 a	44.20 f	13 013.43 a	466.77	2.79 a	39.43 g
M2	14 222.92a	479.20	2.97 a	50.80 e	13 288.46 a	466.74	2.85 a	47.46 e
M3	14 128.73 a	479.58	2.95 a	61.43 c	13 389.50 a	466.49	2.87 a	58.22 c
M4	13 218.21 b	479.09	2.76 b	73.43 a	12 475.19 b	466.72	2.67 b	69.31 a
M5	13 343.80 b	479.26	2.78 b	40.44 g	12 039.07 c	466.98	2.58 c	36.48 h
M6	13 155.42 bc	479.58	2.74 b	46.98 f	12 131.69 c	467.11	2.60 bc	43.33 f
M7	12 904.24 c	479.36	2.69 b	56.11 d	12 152.64 bc	466.73	2.60 bc	52.84 d
M8	11 930.93 de	479.34	2.48 d	66.28 b	11 434.68 d	466.67	2.45 d	63.53 b
M9	12 558.87 cd	479.51	2.62 c	38.06 g	11 147.74 d	467.14	2.39 d	33.78 i
M10	12 232.50 d	479.43	2.55 c	43.69 f	11 173.08 d	466.48	2.40 d	39.90 g
M11	11 899.53 de	479.53	2.48 d	51.74 e	10 485.71 ef	467.14	2.24 e	45.59 e
M12	11 397.17 e	479.23	2.38 e	63.32 bc	10 317.46 f	466.19	2.21 e	57.32 c

注：不同的字母表示处理间差异显著

表 5-3　2014 年和 2015 年玉米产量、水分利用效率和氮素利用效率的双因素方差分析

处理	2014 年			2015 年		
	产量	水分利用效率	氮素利用效率	产量	水分利用效率	氮素利用效率
施氮量	$p=0.000$	$p=0.000$	$p=0.000$	$p=0.000$	$p=0.000$	$p=0.000$
各生育期施氮比例	$p=0.003$	$p=0.000$	$p=0.000$	$p=0.000$	$p=0.000$	$p=0.000$
施氮量×各生育期施氮比例	NS	$p=0.006$	NS	$p=0.045$	$p=0.001$	$p=0.013$

注：NS 表示处理间差异不显著（$p>0.05$）

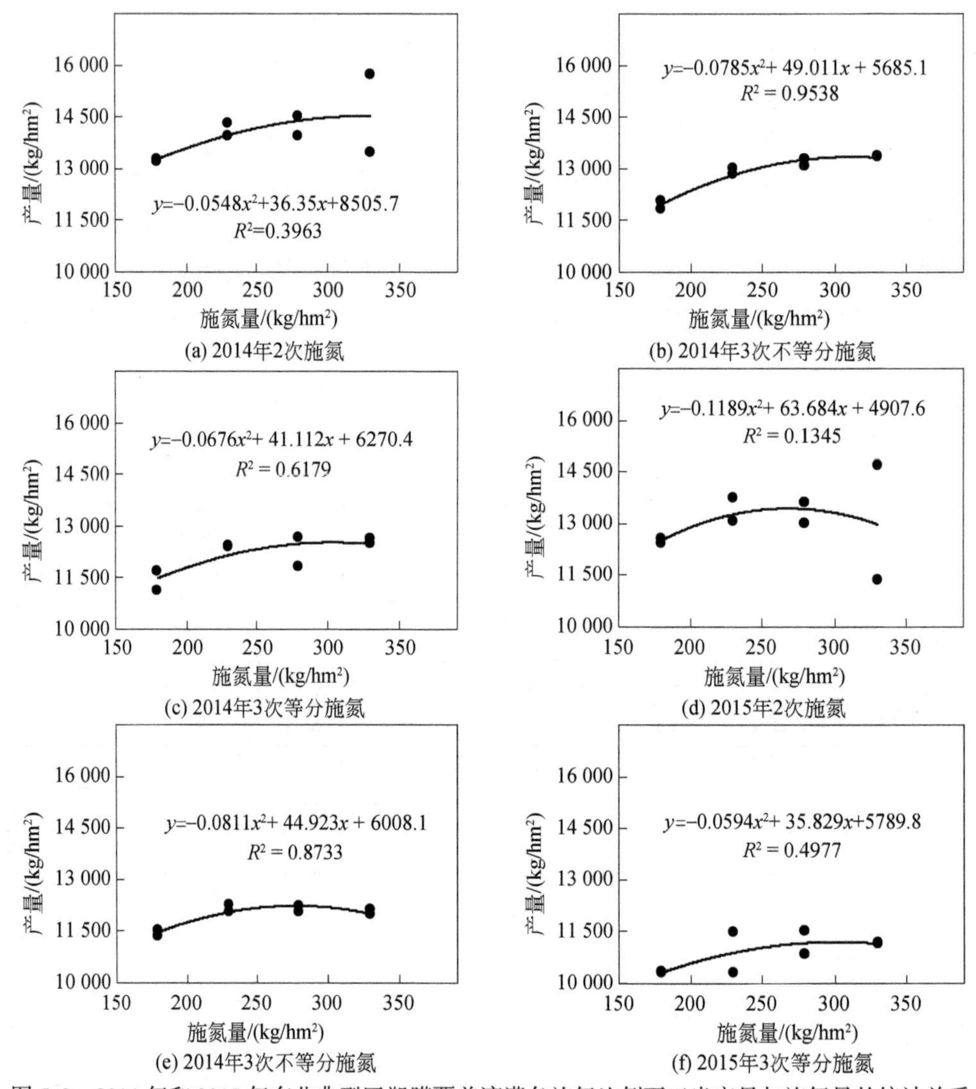

图 5-9　2014 年和 2015 年东北典型区塑膜覆盖滴灌各施氮比例下玉米产量与施氮量的统计关系

2 次施氮比例为 60%∶40%，3 次不等分施氮比例为 60%∶20%∶20%，3 次等分施氮比例为 33%∶33%∶33%

5.1.4 小结

基于上述田间试验与模型模拟分析，东北地区塑膜覆盖滴灌条件下，相比于 3 次不等分施氮（拔节期：抽穗期：灌浆期 = 3：1：1）和 3 次等分施氮的管理方式，2 次施氮管理方式的节水增产效益更为显著。在 2 次施氮管理方式下，施氮量从 180kg/hm^2 增至 230kg/hm^2 时，虽然 FUE 有所降低，但也比传统种植方式提高了 57% ~84%，而玉米产量和 WUE 显著提高，比传统种植方式分别显著提高了 10% ~29% 和 15% ~31%（表 5-4）；继续增加施氮量，如从 230kg/hm^2 增至 330kg/hm^2 时，已不能进一步显著提高玉米的产量和 WUE，反而使 FUE 进一步降低。基于 HYDRUS-2D 软件所构建的水氮运移模型，模拟分析了东北典型区玉米塑膜覆盖滴灌施氮量对土壤水氮运移规律的影响，结果表明，纯氮增量为 50kg/hm^2 时，土层 1m 处的氮淋失量不会显著增加，即施纯氮量从 180kg/hm^2 增至 230kg/hm^2 时，不会引起 1m 土层的氮淋失量显著增加。因此，综合考虑玉米产量、WUE 和 FUE，东北地区塑膜覆盖滴灌条件下，施氮量宜为 230kg/hm^2，氮肥宜分 2 次施入田中，即拔节期施入 60% 氮肥，抽穗期施入 40% 氮肥。

表 5-4 2014 年和 2015 年 M3 和参考处理的玉米产量、ET、水分利用效率和氮素利用效率

年份	处理	产量/(kg/hm^2)	ET/mm	WUE/(kg/m^3)	FUE/(kg/kg)
2014	M3	14 129 a	479.13	3.04 a	61.43a
	CK1	12 873b	485.27	2.65 b	39.01b
	CK2	11 627c	485.97	2.39 c	—
2015	M3	13 390 a	466.77	2.79 a	58.22a
	CK1	10 415b	488.28	2.13 b	31.56b
	CK2	9 928c	489.15	2.03 c	—

注：相同的字母表示差异不显著

5.2 塑膜覆盖滴灌施氮制度对氮循环的影响

不同的施氮制度下，土壤水、氮分布规律有所不同，从而导致植株氮吸收、根区外氮淋失量有所不同，从而对作物产量的影响及对土壤环境产生的潜在风险有所差异，本节定量探讨分析了东北典型区玉米塑膜覆盖滴灌条件下，不同施氮制度对氮循环主要组成因子的影响，研究选用 2014 ~2015 年在东北试验区进行相关试验设计（详见 2.2.1 节介绍）。

5.2.1 氮素淋失计算

根据 Darcy 定律，估算出某一深度处的水分通量（q，cm/d）：

$$q=K(h)\frac{\Delta H}{\Delta Z} \tag{5-1}$$

式中，$K(h)$为非饱和导水率，cm/d；h为土壤基质势，cm；H为土水势，cm；Z为深度。

$K(h)$由式（5-2）进行计算（Genuchten，1980）：

$$K(h)=K_s S_e^l\left[1-\left(1-S_e^{\frac{l}{m}}\right)^m\right]^2 \tag{5-2}$$

式中，K_s为饱和导水率，cm/d，取1.59cm/h（王建东，2010）；m为土壤水分特征曲线的拟合参数；l为孔隙连通性参数；S_e为土壤饱和度，可表示为

$$S_e=\frac{(\theta-\theta_r)}{(\theta_s-\theta_r)} \tag{5-3}$$

$$m=1-1/n,\quad n>1 \tag{5-4}$$

式中，θ为实际土壤含水率，cm^3/cm^3；θ_r为残余含水率，cm^3/cm^3；θ_s为饱和含水率，cm^3/cm^3；n为土壤水分特征曲线的拟合参数。

某一深度氮淋失量（L_N，kg/hm^2）由土壤水分渗漏量和提取液的硝态氮离子浓度（C_N）决定，可表示为（Bruckler et al.，1997）：

$$L_N=\sum q\times C_N \tag{5-5}$$

5.2.2 玉米全氮分析

表5-5总结了不同施氮比例下的玉米全氮量的分布。从表5-5中可以看出，东北典型区塑膜覆盖滴灌条件下，当施氮量相同时，各生育期施氮比例对玉米吸氮量和累计氮肥利用率的影响不显著，相较而言，氮肥分2次施入田中时，玉米吸氮量较大，但未达到统计意义上的显著水平。

表5-5　2014年和2015年玉米收获后M1、M5和M9处理的吸氮量和方差分析

年份	处理	植株吸氮量/(kg/hm^2)				累计氮肥利用率/%
		作物吸氮量	无施肥处理的吸氮量	纯吸氮量	氮肥投入量	
2014	M1	407±11.78	299	108	330	32.70
	M5	379±12.18	299	81	330	24.48
	M9	409±1.75	299	111	330	33.53
	方差分析	NS（p = 0.574）	—	NS（p = 0.574）	—	NS（p = 0.557）
2015	M1	229±24.95	184	46	330	13.85
	M5	207±0.42	184	24	330	7.15
	M9	197±6.76	184	13	330	3.97
	方差分析	NS（p =0.352）	—	NS（p =0.351）	—	NS（p =0.355）

注：NS表示在p=0.1水平上不显著

表5-6总结了在2次施氮的比例下，不同施氮量对玉米全氮量的影响。从表5-6中可以看出，东北典型区塑膜覆盖滴灌条件下，在本试验制定的施氮范围内，施氮量对植株吸氮量

的影响显著（$p<0.05$），玉米吸氮量随施氮量的增加而显著增大。从表 5-6 中还可看出，施氮量对作物吸氮量的影响存在一定的阈值效应，当施氮量在 180 ~ 280kg/hm^2 时，增加施氮量对提高植株吸氮量的影响不显著，当施氮量为 330kg/hm^2 时，玉米吸氮量被显著提高。

从表 5-6 中还可看出，施氮量对玉米的累计氮肥利用率影响显著（$p<0.1$），同比而言，当施氮量为 330kg/hm^2 时，玉米的累计氮肥利用率较高，2014 年为 32.70%，2015 年为 13.85%，而当施氮量在 180 ~ 280kg/hm^2 时，施氮量对玉米的累计氮肥利用率影响不显著。

表 5-6　2014 年和 2015 年玉米收获后 M1、M2、M3 和 M4 处理的吸氮量和方差分析

年份	处理	植株吸氮量/(kg/hm^2)				累计氮肥利用率/%
		作物吸氮量	无施肥处理的吸氮量	纯吸氮量	氮肥投入量	
2014	M1	407a±11.78	299	108a	330	32.70ab
	M2	369b±13.05	299	71b	280	25.25b
	M3	349b±40.63	299	51b	230	21.98b
	M4	370b±7.07	299	72b	180	39.72a
	方差分析	p = 0.024	—	p = 0.024	—	p = 0.059
2015	M1	229a±24.95	184	46a	330	13.85a
	M2	187b±3.24	184	4b	280	1.28b
	M3	195b±5.13	184	11b	230	4.81b
	M4	188b±4.39	184	4b	180	2.10b
	方差分析	p = 0.004	—	p = 0.004	—	p = 0.018

注：相同的字母表示差异不显著

5.2.3　土壤无机氮和全氮分布

1. 土壤硝态氮分布

玉米吸氮量随根区硝态氮含量的增加而增大，而植株含氮量与光合作用有直接的关系，植株含氮量越高，玉米光合能力越强，从而可以有效促进产量的形成。从图 5-10 和图 5-11 可以看出，在东北典型区塑膜覆盖滴灌条件下，0 ~ 50cm 土层的土壤硝态氮受各生育期施氮比例的影响显著，随着土壤深度的增加，50 ~ 100cm 土层的土壤硝态氮受各生育期施氮比例的影响不显著。从图 5-10 和图 5-11 还可看出，当施氮总量相同时，氮肥分 2 次施入田中（M1）和 3 次不等分施入田中（M5）时，拔节期至灌浆期，0 ~ 50cm 土层土壤硝态氮含量明显高于氮肥分 3 次等分施入田中（M9）的土壤硝氮含量，这主要是由 M1 和 M5 处理中玉米拔节期施入的氮肥量较大而导致的。从图 5-10 和图 5-11 仍可看出，灌浆期之后，M1 处理下 0 ~ 50cm 土层土壤硝态氮含量明显较小，而 M5 和 M9 处理下土壤硝态氮含量并无明显差异。

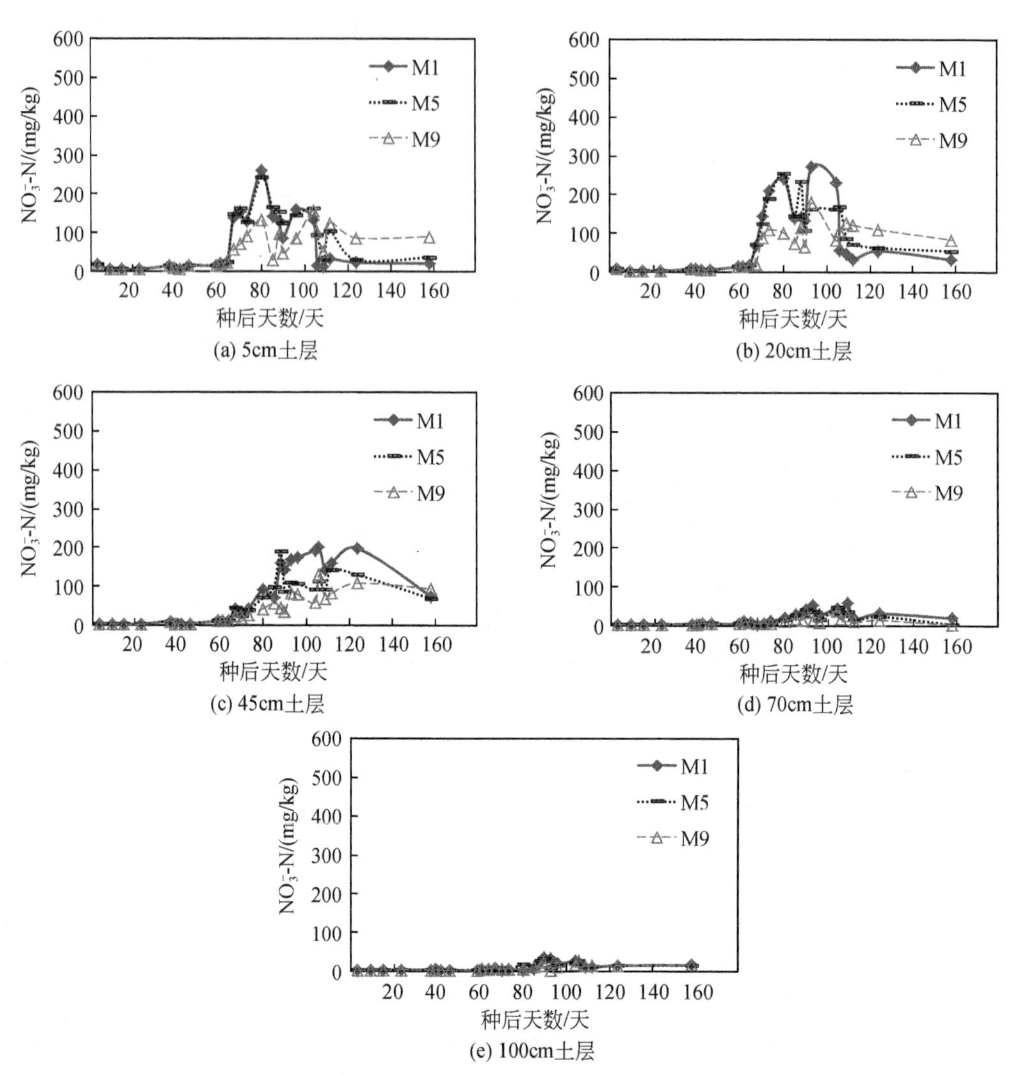

图 5-10　2014 年玉米全生育期内 M1、M5 和 M9 处理下 0～100cm 土层的土壤硝态氮的变化

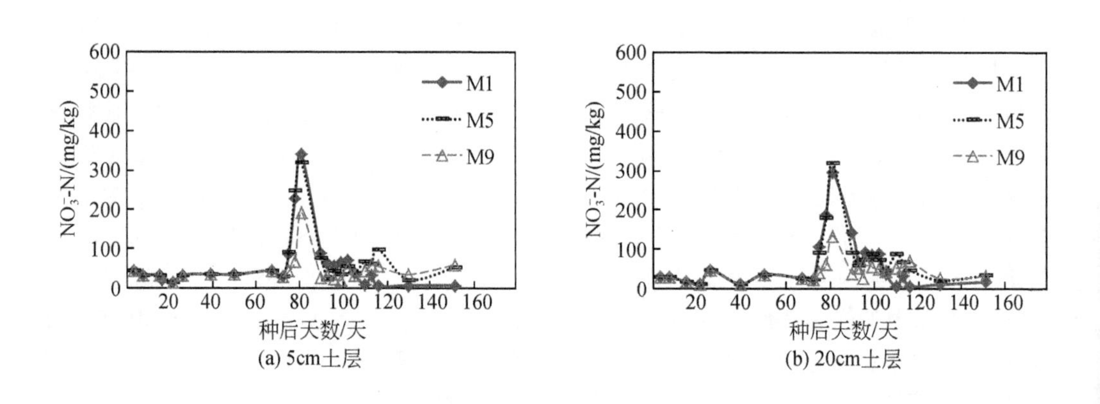

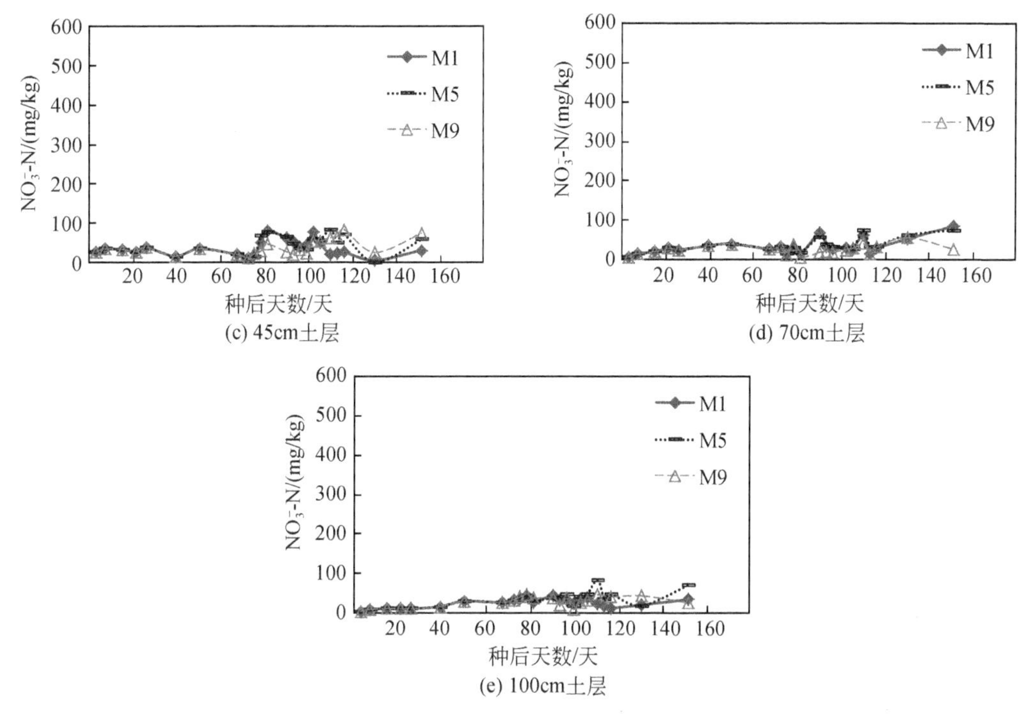

(c) 45cm土层　(d) 70cm土层　(e) 100cm土层

图 5-11　2015 年玉米全生育期内 M1、M5 和 M9 处理下 0 ~ 100cm 土层的土壤硝态氮的变化

而从图 5-12 和图 5-13 可以看出，在东北地区塑膜覆盖滴灌模式下，施氮量主要影响 0 ~ 50cm土层的硝态氮分布，随着土壤深度的增加，50 ~ 100cm 土层的土壤硝态氮同样受施氮量的影响不显著。从图 5-12 和图 5-13 还可以看出，玉米生育期内 0 ~ 50cm 土层的土壤硝态氮含量随施氮量的增加而显著增大，尤其在施氮后的一个星期至十天左右，随着土壤硝化作用，土壤硝态氮浓度的极值随施氮量的增加而显著增大，之后随着作物生长，施氮量对土壤硝态氮的影响逐渐减小。

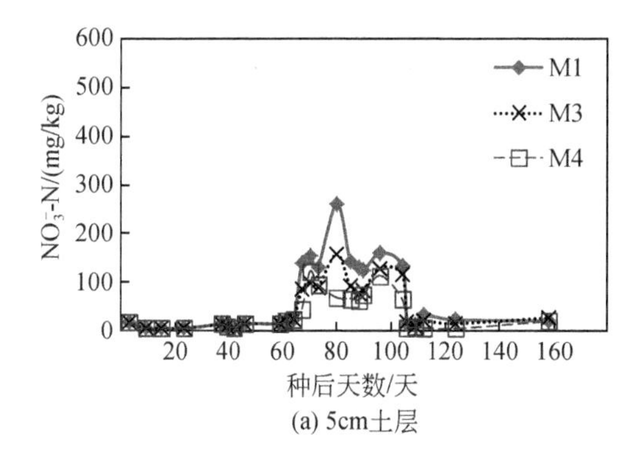

(a) 5cm土层

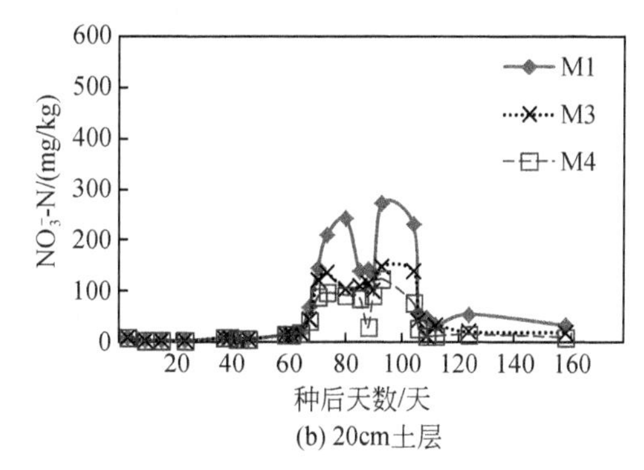

(b) 20cm土层

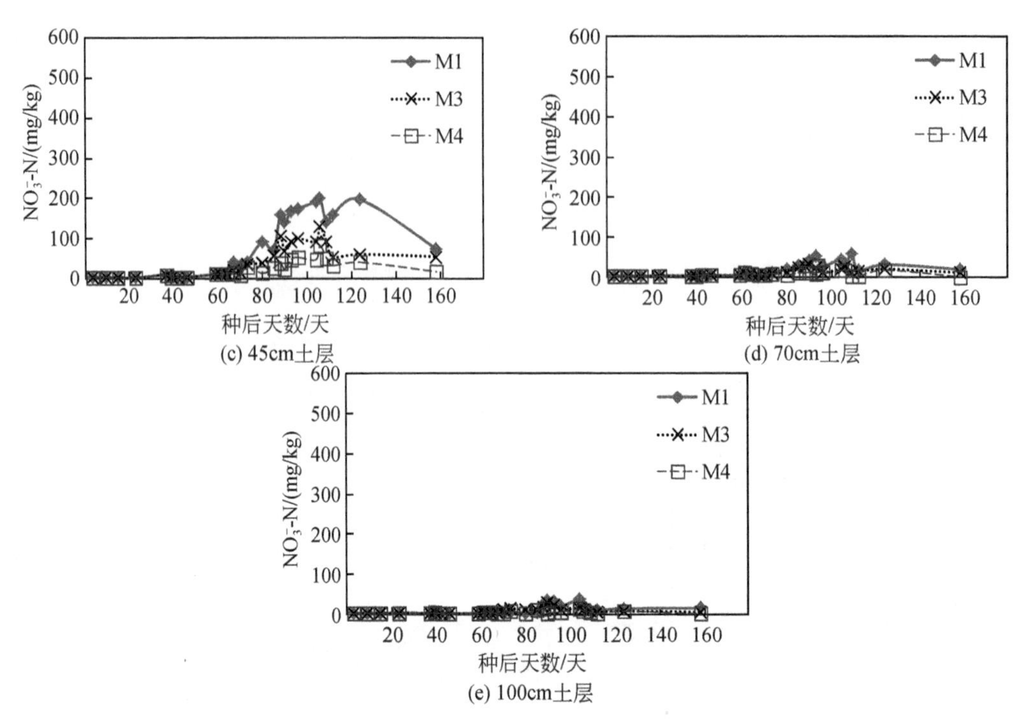

图 5-12　2014 年玉米全生育期内 M1、M3 和 M4 处理下 0 ~ 100cm 土层的土壤硝态氮的变化

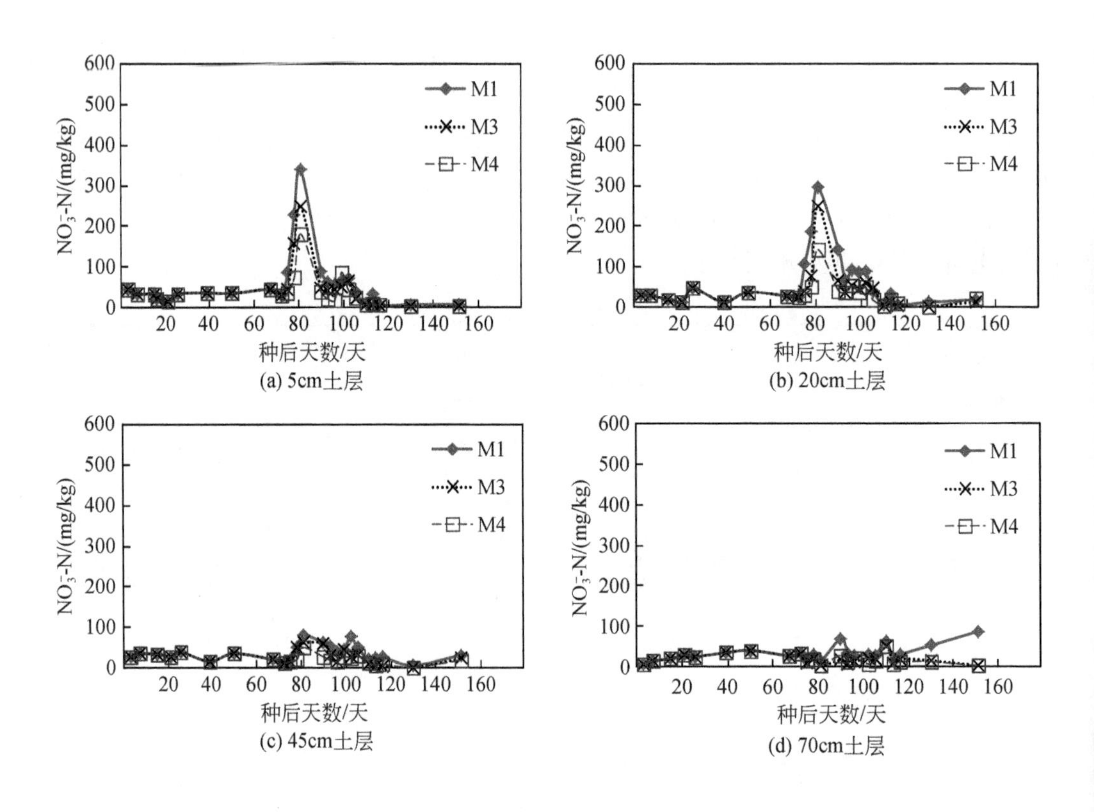

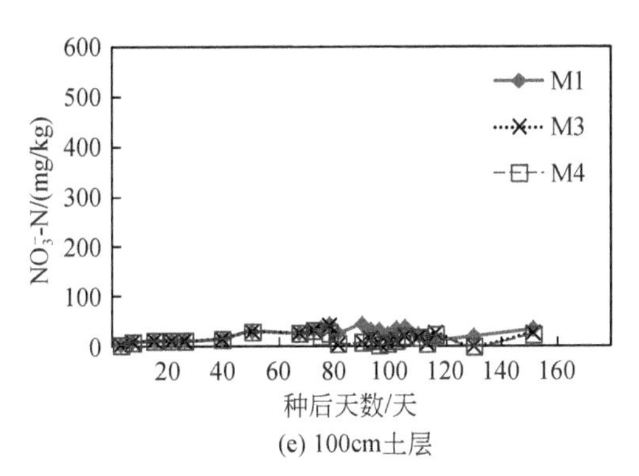

(e) 100cm土层

图 5-13 2015 年玉米全生育期内 M1、M3 和 M4 处理下 0 ~ 100cm 土层的土壤硝态氮的变化

综上而言，各生育期施氮比例影响了各个生育期施氮量的分布，2 次施氮的方式使生育期前期的施氮量增加，而玉米根区硝态氮含量随施氮量的增加而明显增大，因而增加了生育期前期玉米根区硝态氮的浓度，与此同时，增加施氮量又进一步增加了玉米根区的硝态氮浓度，从而促进了玉米的吸氮量和生长，有效增加了玉米产量。

2. 土壤全氮

从图 5-14 可以看出，玉米收获后，0 ~ 80cm 土层的土壤全氮与土壤硝态氮的变化趋势有所不同，氮肥分 2 次施入田中时，0 ~ 80cm 土层的土壤全氮含量最高，氮肥按拔节：抽穗：灌浆 = 3 ：1 ：1 施入田中时，0 ~ 80cm 土层的土壤全氮含量较高，氮肥分 3 次等分施入田中时，0 ~ 80cm 土层的土壤全氮含量最低。从图 5-14 还可以看出，氮肥分 3 次等分施入田中时，80 ~ 100cm 土层的土壤全氮含量明显最高，而氮肥分 2 次施入田中时，该土层的土壤全氮量最低。综上可见，氮肥分 2 次施入田中的管理方式较利于玉米拔节期至灌浆期的氮素吸收，且降低了作物收获后氮素淋失的风险，而分 3 次等分施入田中的管理方式最不利于玉米生育期内氮素的吸收，并且极大地增加了玉米收获后氮素淋失的风险。

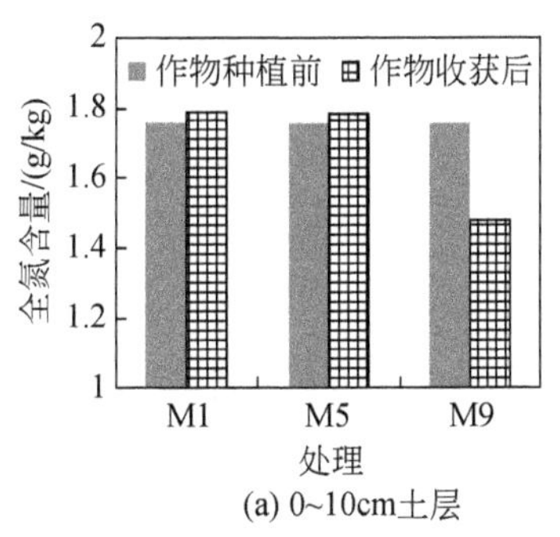

(a) 0~10cm土层

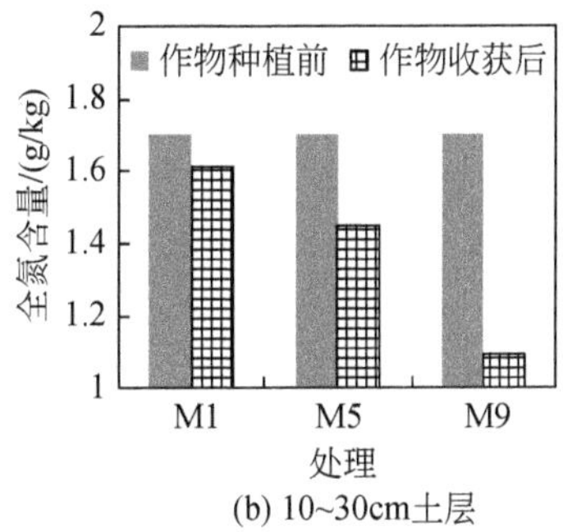

(b) 10~30cm土层

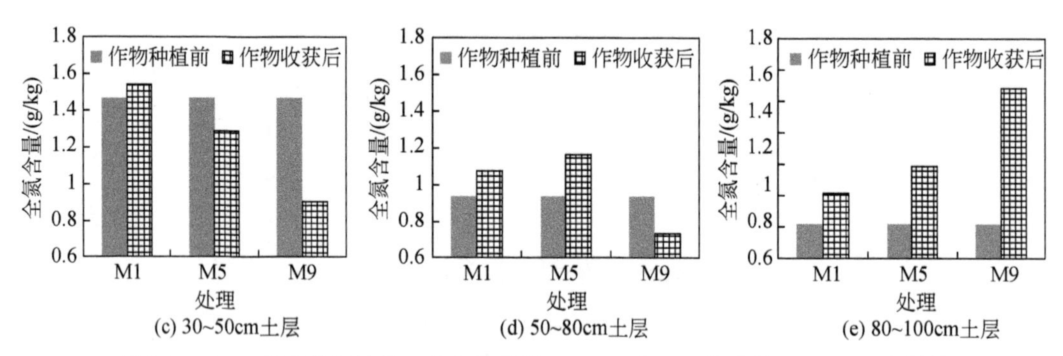

图 5-14　2015 年作物种植前、作物收获后 M1、M5 和 M9 处理下 0 ~ 100cm 土层的土壤全氮的变化

而从图 5-15 可以看出，玉米收获后，在 2 次施氮的比例下，0 ~ 50cm 土层的土壤全氮呈现出与土壤硝态氮类似的变化趋势，即 0 ~ 50cm 土层的土壤全氮含量随施氮量的增加明显增大。从图 5-15 还可以看出，50 ~ 100cm 土层的土壤全氮含量比 0 ~ 50cm 土层的土壤全氮含量显著降低，但与该土层土壤硝态氮的变化趋势不同，随施氮量的增加呈明显增大的趋势。由此可见，虽然增加施氮量增加了根区的全氮含量，但同时也增加了根区外的土壤全氮含量，即增加了氮素淋失的风险，由此可见，控制好施氮方式和施氮量，既能促进作物生长，又能控制氮素过多淋失。

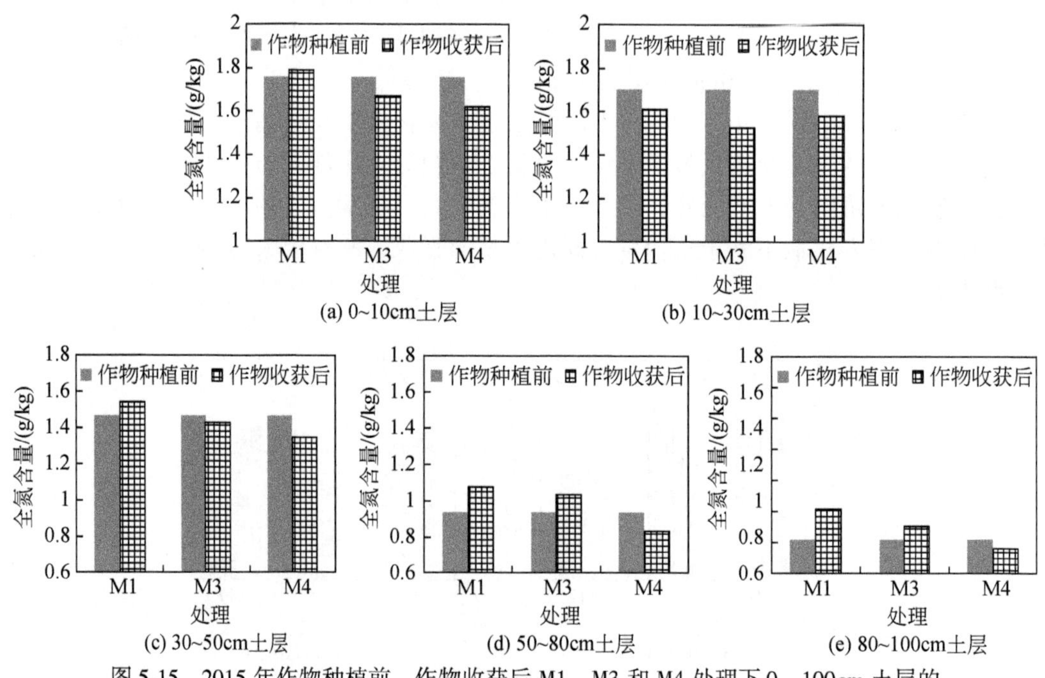

图 5-15　2015 年作物种植前、作物收获后 M1、M3 和 M4 处理下 0 ~ 100cm 土层的土壤全氮的变化

5.2.4 氮淋失监测与模拟

1. 农田氮淋失监测

从图 5-16 可以看出，在塑膜覆盖滴灌条件下，玉米生育期内，拔节期施入较多的肥量时，土层 80cm 处的氮素淋失量较大，相较而言，当氮肥分 3 次等分施入田中（拔节期：抽穗期：灌浆期 = 1∶1∶1）时，氮素淋失量较小，2014 年约为 47kg/hm^2，2015 年约为 34kg/hm^2；当氮肥分 2 次施入田中时，土层 80cm 处的氮素淋失量较大，2014 年约为 54kg/hm^2，2015 年约为 39kg/hm^2。然而，从表 5-7 可以看出，各生育期施氮比例对土层 80cm 处的氮素淋失的影响并未达到统计意义上的显著水平（$p<0.05$），即相比于 3 次等分施氮的管理方式，氮肥分 2 次施入田中的管理方式未令土层 80cm 处的氮素淋失量显著增加。

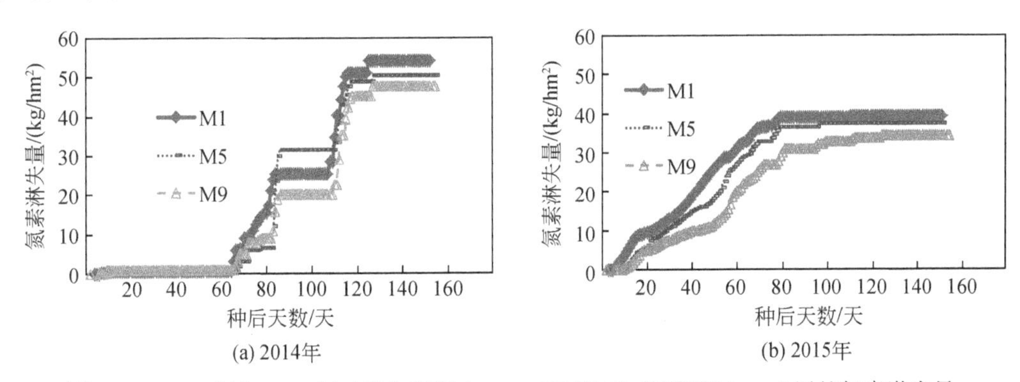

图 5-16　2014 年和 2015 年玉米生育期内 M1、M5 和 M9 处理下 80cm 土层的氮素淋失量

从图 5-17 可以看出，在塑膜覆盖滴灌模式下，玉米生育期内，土层 80cm 处的氮素淋失量随灌水和降雨而产生，随着作物的生长和腾发作用的进行，氮素淋失出现暂时性的停止。从表 5-7 可以看出，在塑膜覆盖滴灌模式下，玉米生育期内，土层 80cm 处的氮素淋失量随施氮量的增加而显著增大（$p<0.05$）。例如，相比于施氮量为 230kg/hm^2 和 180kg/hm^2 的处理，2014 年传统施氮量（330kg/hm^2）下氮素淋失量分别增加了约 25kg/hm^2 和 37kg/hm^2，2015 年分别增加了约 9kg/hm^2 和 16kg/hm^2。

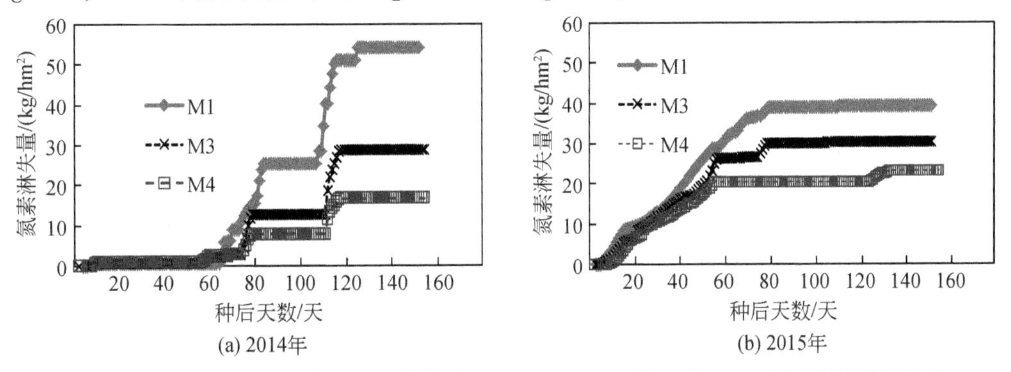

图 5-17　2014 年和 2015 年玉米生育期内 M1、M3 和 M4 处理下 80cm 土层的氮素淋失量

表 5-7　土层 80cm 处氮素淋失量的统计分析

年份	因素	F 值	p 值
2014	施氮量	9.250	0.015
	各生育期施氮比例	4.196	0.072
2015	施氮量	9.620	0.013
	各生育期施氮比例	2.849	0.135

2. 氮淋失的模拟

由于田间试验费时、费力的缺点，借助数值模拟的方法是一种现实可行的解决方案。本研究利用 HYDRUS-2D 软件，构建了适用于东北典型区玉米塑膜覆盖滴灌水氮运移模型，并利用 2014 年玉米塑膜覆盖滴灌的田间试验数据对模型进行了率定和验证，利用验证后的数学模型研究了东北典型区玉米塑膜覆盖滴灌条件下，不同施氮量对根区氮淋失的影响。

（1）数学模型

HYDRUS-2D 是由美国农业部盐渍土实验室开发的用于模拟二维非饱和介质中水和溶质运移的界面化软件，目前，该模型广泛应用于滴灌条件下土壤水分运动和土壤氮素运移的模拟，但应用于东北典型区塑膜覆盖滴灌条件下的水氮运移分布模拟的研究还比较少。将滴灌条件下的水氮运动简化为线源剖面二维运动，东北典型区塑膜覆盖滴灌的水氮运移规律包括以下内容。

A. 土壤水分运动基本方程

根据达西定律和质量守恒定律，假设田间模拟区域为骨架不变形、各向同性的刚性均值多孔介质，二维水分运动的控制方程可描述为

$$\frac{\partial\theta}{\partial t}=\frac{\partial}{\partial x}\left[K(h)\frac{\partial h}{\partial x}\right]+\frac{\partial}{\partial z}\left[K(h)\frac{\partial h}{\partial z}\right]+\frac{\partial K(h)}{\partial z}-S(x,z,t) \tag{5-6}$$

式中，x 为垂直滴灌带方向的坐标，cm；z 为垂向坐标，cm，向上为正；t 为时间步长，d；θ 为土壤含水率，cm^3/cm^3；h 为土壤负压，cm；$K(h)$ 为非饱和导水率，cm/d；$S(x, z, h)$ 为作物根系吸水，1/d。

B. 土壤硝态氮运移基本方程

氮素硝化速度快于氮素的其他转化速率，尿素在施入后几天之内即转化为硝态氮（Havlin et al., 2005）。根据东北塑膜覆盖滴灌试验田间实测数据，发现施氮后土壤 NO_3^--N 含量显著提高，而 NH_4^+-N 在整个生育期内基本维持在较低水平，因此，为了简化模型模拟，本研究忽略土壤 NH_4^+-N 的硝化反应时间，假定尿素通过滴灌施肥系统施入土壤后，转化为 NH_4^+-N，然后部分 NH_4^+-N 直接转化为 NO_3^--N，忽略根系对 NH_4^+-N 的吸收和土壤对 NH_4^+-N 的固定作用，忽略 NH_4^+-N 的挥发（Doltra and Muñoz, 2010），并假定土壤有机氮直接转化成 NO_3^--N（Wang et al., 2010），利用对流–弥散型方程描述氮素的运移过程（关红杰，2013）：

$$
\begin{cases}
\dfrac{\partial\theta c_1}{\partial t}=\dfrac{\partial}{\partial x}\left(\theta D_{xx}\dfrac{\partial c_1}{\partial x}+\theta D_{xz}\dfrac{\partial c_1}{\partial z}\right)+\dfrac{1}{x}\left(\theta D_{xx}\dfrac{\partial c_1}{\partial x}+\theta D_{xz}\dfrac{\partial c_1}{\partial z}\right)\\
+\dfrac{\partial}{\partial z}\left(\theta D_{zz}\dfrac{\partial c_1}{\partial x}+\theta D_{xz}\dfrac{\partial c_1}{\partial z}\right)-\left(\dfrac{\partial q_x c_1}{\partial x}+\dfrac{q_x c_1}{x}+\dfrac{\partial q_z c_1}{\partial z}\right)-k\theta c_1\\
\dfrac{\partial\theta c_2}{\partial t}=\dfrac{\partial}{\partial x}\left(\theta D_{xx}\dfrac{\partial c_2}{\partial x}+\theta D_{xz}\dfrac{\partial c_2}{\partial z}\right)+\dfrac{1}{x}\left(\theta D_{xx}\dfrac{\partial c_2}{\partial x}+\theta D_{xz}\dfrac{\partial c_2}{\partial z}\right)\\
+\dfrac{\partial}{\partial z}\left(\theta D_{zz}\dfrac{\partial c_2}{\partial x}+\theta D_{xz}\dfrac{\partial c_2}{\partial z}\right)-\left(\dfrac{\partial q_x c_2}{\partial x}+\dfrac{q_x c_2}{x}+\dfrac{\partial q_z c_2}{\partial z}\right)+S_c
\end{cases}
\tag{5-7}
$$

式中，θ 为土壤含水率，cm^3/cm^3；c_1 为土壤溶液的尿素氮浓度，mg/cm^3；c_2 为土壤 NO_3^--N 浓度，mg/cm^3；q_x、q_z 为水分通量，cm/d；D_{xx}、D_{zz}、D_{xz} 为水动力弥散系数张量的分量，cm^2/d；k 为尿素氮的水解速率，mg/(g·d)；S_c 为源汇项，$mg/(cm^3 \cdot d)$；x、t 含义同式 (4-1)。按照上述假设，源汇项 S_c 需包含有机氮的矿化反应，利用零阶反应动力学方程表示 NH_4^+-N 的硝化作用，利用一阶反应动力学方程表示 NO_3^--N 的反硝化作用，利用一阶反应动力学方程表示 NO_3^--N 的生物固持作用和根系对 NO_3^--N 的吸收，最终被描述为

$$S_c=k_0\times\rho+k_1\times\theta c_1-k_2\times\theta\times c_2-k_3\times\theta\times c_2-c_2\times S(x,z,t) \tag{5-8}$$

式中，k_0 为有机氮的矿化速率，mg/(g·d)；ρ 为土壤容重，mg/cm^3；k_1 为硝化速率，1/d；k_2 为 NO_3^--N 的生物固持速率，1/d；k_3 为 NO_3^--N 的反硝化速率，1/d；其余变量含义同式 (5-2)。

C. 初始条件

假设 0～100cm 土层的土壤含水率和 NO_3^--N 含量的初始值沿水平方向均匀分布，则土壤含水率和 NO_3^--N 的初始条件为

$$
\begin{cases}
\theta_i(x,z)=\theta_{0i}, & 0\leqslant x\leqslant X, 0\leqslant z\leqslant Z, t=0\\
c_{1i}(x,z)=c_{10i}, & 0\leqslant x\leqslant X, 0\leqslant z\leqslant Z, t=0\\
c_{2i}(x,z)=c_{20i}, & 0\leqslant x\leqslant X, 0\leqslant z\leqslant Z, t=0
\end{cases}
\tag{5-9}
$$

式中，i 为土层数；θ_{0i} 为 θ_i 的初始值，cm^3/cm^3；c_{10i} 为第 i 层土壤的尿素氮浓度初始值，mg/cm^3；c_{20i} 为第 i 层土壤的 NO_3^--N 浓度初始值，mg/cm^3；X 为计算区域的横向宽度，cm；Z 为计算区域的垂向高度，cm。

D. 边界条件

考虑到塑膜覆盖滴灌系统布置的对称性，因此，模拟区域仅为半个垄和垄沟的部分，为简化模型，利用矩形代替起垄耕作的模式，模拟区域横向宽度为 65cm，垂向高度为 100cm（图 5-18）。

如图 5-18 所示，根据对称原理，模拟区域的左、右边界（x=0cm 和 x=65cm）设为不透水边界，即为零通量边界。通过调查，试验区域的地下水位较深，土壤排水性能良好，故假定下边界（z = 0cm）为自由排水边界。

塑膜覆盖滴灌条件下，整个垄均覆有塑料塑膜，滴灌带在塑料塑膜的下方，考虑到灌水时单个滴头形成的饱和区很快会重叠，形成线源灌溉，故本研究忽略灌水过程中饱和区半径随时间的变化，假定滴头处（x=0cm，z=100cm）采用定流量边界，且饱和区宽度为

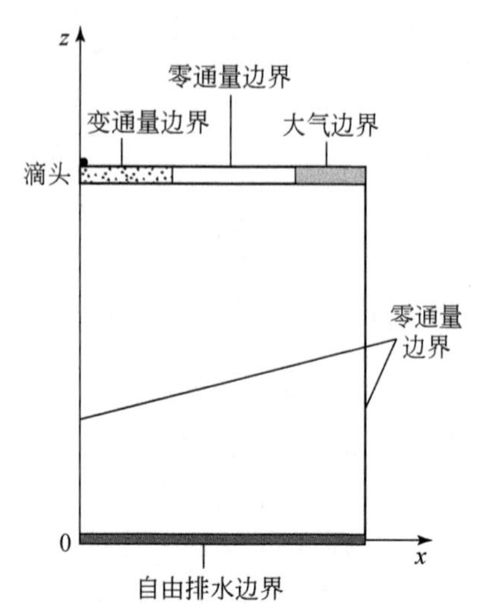

图 5-18　模拟计算区域的示意图

W，根据田间实际观测数据取为 20cm，灌水时滴头至 $x=20$cm 处为定通量边界，其余时间为零通量边界；而当 x 介于 20～50cm 时为零通量边界，垄沟部分为大气边界，即上边界条件为

$$
\begin{cases}
-K(h)\dfrac{\partial h}{\partial z}-K(h)=\sigma(t), & 0\leqslant x\leqslant W, z=100, 0<t<T \\
-\left(\theta D_{zz}\dfrac{\partial c}{\partial z}+\theta D_{xz}\dfrac{\partial c}{\partial x}\right)+q_z c=q_z C_a, & 0\leqslant x\leqslant W, z=100, 0<t<T \\
-\left(\theta D_{zz}\dfrac{\partial c}{\partial z}+\theta D_{xz}\dfrac{\partial c}{\partial x}\right)+q_z c=0, & W\leqslant x\leqslant 65, z=100, t>0 \\
-K(h)\dfrac{\partial h}{\partial z}-K(h)=0, & W\leqslant x\leqslant 50, z=100, t>0 \\
-K(h)\dfrac{\partial h}{\partial z}-K(h)=E(t), & 50\leqslant x\leqslant 65, z=100, t>0
\end{cases}
\tag{5-10}
$$

式中，C_a为肥料溶液的浓度，mg/cm^3；T 为灌水历时，d；$E(t)$ 为土壤蒸发速率，cm/d；$\sigma(t)$为灌水时定通量边界的通量，cm/d。根据下式进行计算：

$$
\sigma(t)=\frac{Q(t)}{2WL_e} \tag{5-11}
$$

式中，$Q(t)$为灌水器额定流量，cm^3/d；W 为灌水器的饱和区宽度，cm；L_e为灌水器的间距，cm。

垄沟处大气边界的水分通量取决于土壤蒸发速率 $E(t)$（cm/d），根据田间实测值确定。

E. 作物根系吸水

方程（5-3）中的作物根系吸水项 $S(x,z,t)$利用下式进行计算（Feddes et al.，1978）：

$$
S(x,z,t)=\alpha(x,z,h)b(x,z)L_t T_p \tag{5-12}
$$

式中，$b(x,z)$为根系分布函数；T_p 为潜在蒸腾速率，cm/d；L_t为植被覆盖的宽度，cm，根据实测值，定为 40cm；$\alpha(x,z,h)$为水分胁迫系数，可表示为

$$\alpha(x,z,h)=\begin{cases}0, & h\leqslant h_4\\ \dfrac{h-h_4}{h_3-h_4}, & h_4<h\leqslant h_3\\ 1, & h_3<h\leqslant h_2\\ \dfrac{h_1-h}{h_1-h_2}, & h_2<h\leqslant h_1\\ 0, & h>h_1\end{cases} \tag{5-13}$$

式中，h_1、h_2、h_3、h_4分别为−15cm、−30cm、−600cm、−8000cm（王珍，2014）。

根系分布函数$b(x,z)$可表示为（Vrugt et al.，2010）：

$$b(x,z)=\begin{cases}\left[1-\dfrac{|x-20|}{x_{1m}}\right]\left[1-\dfrac{100-z}{z_{1m}}\right]e^{-\left(\frac{p_x}{x_{1m}}|x_1^*-|x-20||+\frac{p_z}{z_{1m}}|z_1^*-(100-z)|\right)} & ,0\leqslant z_1\leqslant 70\\ 0 & ,70\leqslant z_1\leqslant 100\end{cases} \tag{5-14}$$

式中，x_{1m}为根系分布水平向的最大距离，根据实测值，取 20cm；z_{1m}为根系分布垂向的最大距离，根据实测值，取 70cm；x_1^* 为水平向根系密度最大处的坐标，取 0cm；z_1^* 为垂向根系密度最大处的坐标，取 10cm；p_x、p_z为根系不对称性的经验参数，均取为 1.0。

（2）模型参数的率定

HYDRUS-2D 模型模拟土壤水分运移时采用 van Genuchten-Mualem 模型（van Genuchten，1980），涉及 θ_r、θ_s、α、n 和 K_s 5 个水力参数，其初始值根据东北试验基地的田间土壤颗粒组成和容重，由 Rosetta 人工神经网络模型预测确定，然后利用 2014 年玉米生育期实测的田间土壤含水率数据对其进行率定，率定后结果见表 5-8。

表 5-8　土壤水力参数的率定结果

深度	θ_r/(cm³/cm³)	θ_s/(cm³/cm³)	α/(1/cm)	n	K_s/(cm/d)	l
垄上 0～10cm	0.0647	0.4409	0.0082	1.44	55	0.5
垄沟 0～10cm	0.0547	0.515	0.0084	1.36	45	0.5
10～30cm	0.0647	0.52	0.0082	1.56	55	0.5
30～80cm	0.0647	0.48	0.0081	1.25	50	0.5
80～100cm	0.0747	0.44	0.0072	1.37	35	0.5

模型中溶质运移参数：各土层的纵向弥散度 D_L，初始值取 20cm（王珍等，2013），弥散度与弥散系数的关系参考王珍（2014）的研究成果确定；横向弥散度 D_T为纵向弥散度 D_L的 1/10，取 2cm；尿素态氮和 NO_3^--N 在水中的分子扩散系数 D_W 均取 1.44cm²/d（Singh and Nye，1984）；尿素的水解速率 k 的初始值取 0.552 1/d（Ling and El-Kadi，1998）；有机氮的矿化速率 k_0取 0.000 72mg/(g·d)（刘培斌和张瑜芳，2000）；硝化速率 k_1取 0.12 1/d（Ling and El-Kadi，1998）；NO_3^--N 的生物固持速率 k_2取 0.006 72 1/d（王珍等，

2013)；NO_3^--N 的反硝化速率 k_3 取 0.001 68 1/d（王珍等，2013）。利用 2014 年玉米生育期实测的田间土壤硝态氮数据进行率定，率定后结果见表 5-9。

表 5-9　溶质运移参数率定结果

深度	D_L /cm	D_T /cm	D_W /(cm²/d)	k /(1/d)	k_0 /[mg/(g·d)]	k_1 /(1/d)	k_2 /(1/d)	k_3 /(1/d)
垄上 0～10cm	20	2	1.44	0.32	0.000 24	0.2	0.018	0.01
垄沟 0～10cm	20	2	1.44	0	0.000 24	0	0	0.009
10～30cm	20	2	1.44	0.95	0.000 24	0.95	0.01	0.01
30～80cm	20	2	1.44	0.9	0.000 24	0.9	0.002	0.009
80～100cm	20	2	1.44	0	0.000 24	0	0	0.001 5

（3）模型验证

利用 2014 年玉米生育期田间实测数据对模型参数和模型模拟效果进行率定和验证。从图 5-19 和图 5-20 中可以看出，玉米生育期内不同位置处不同土层的土壤含水率模拟值与实测值的变化趋势基本一致，垄上不同土层的土壤含水率随灌水而显著增加，随着作物生长而逐渐降低，垄沟处不同土层的土壤含水率随降雨而显著增加，随着土壤蒸发而逐渐降低。从表 5-10 中可以看出，垄上 0～10cm 土层的土壤含水率模拟值与实测值的 RMSE 和 MRE 变化范围分别为 0.00～0.02cm³/cm³ 和 0.34%～5.68%，10～30cm 土层 RMSE 和 MRE 变化范围分别为 0.00～0.04cm³/cm³ 和 0.30%～6.65%，30～50cm 土层 RMSE 和 MRE 变化范围分别为 0.00～0.02cm³/cm³ 和 0.10%～4.76%，50～80cm 土层 RMSE 和 MRE 变化范围分别为 0.00～0.03cm³/cm³ 和 0.24%～8.24%，即垄上不同土层的土壤含水率的模拟值与实测值吻合良好。从表 5-10 中还可看出，垄沟 0～10cm 土层的土壤含水率模拟值与实测值的 RMSE 和 MRE 变化范围分别为 0.00～0.03cm³/cm³ 和 0.41%～7.23%，10～30cm 土层 RMSE 和 MRE 变化范围分别为 0.00～0.03cm³/cm³ 和 0.46%～8.61%，30～50cm 土层 RMSE 和 MRE 变化范围分别为 0.00～0.03cm³/cm³ 和 0.34%～8.06%，即垄沟处不同土层的土壤含水率的模拟值与实测值也吻合良好。由上可见，HYDRUS-2D 模型能够准确模拟东北典型区塑膜覆盖滴灌条件下的土壤水分运移规律。

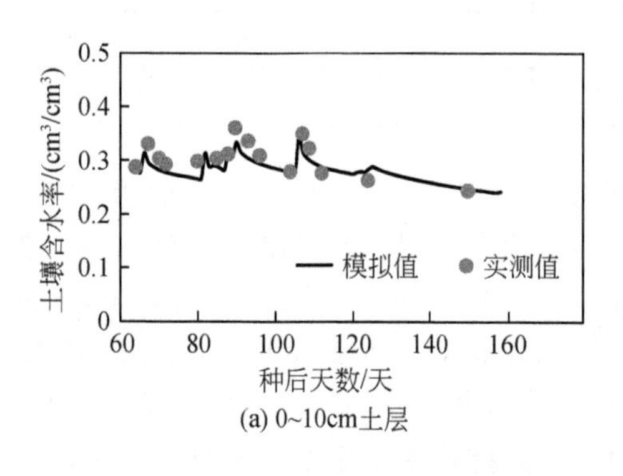

(a) 0~10cm土层

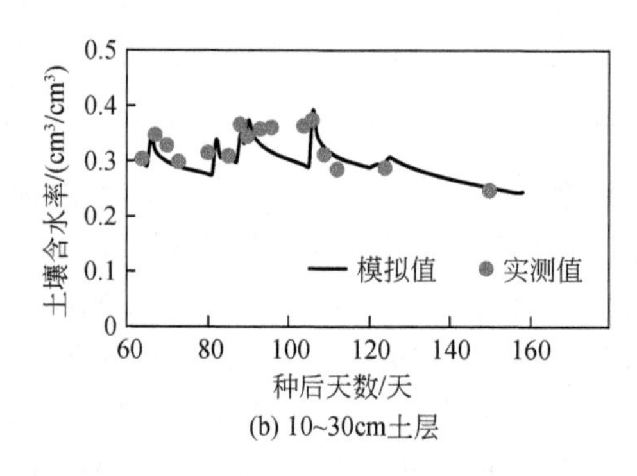

(b) 10~30cm土层

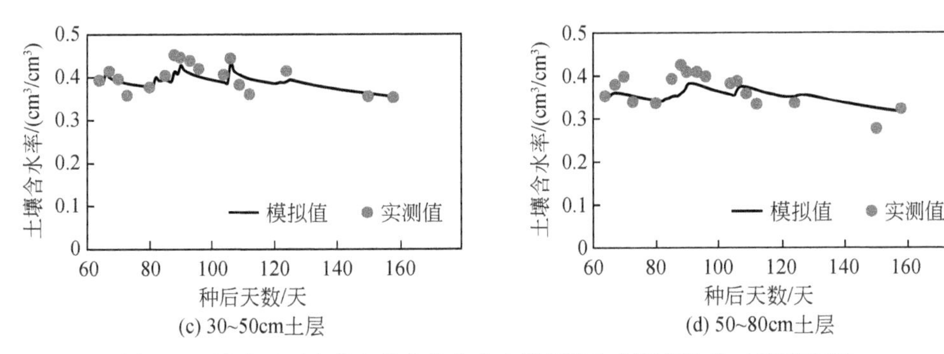

图 5-19　滴头正下方垄上的土壤含水率模拟值和实测值比较（模型验证）

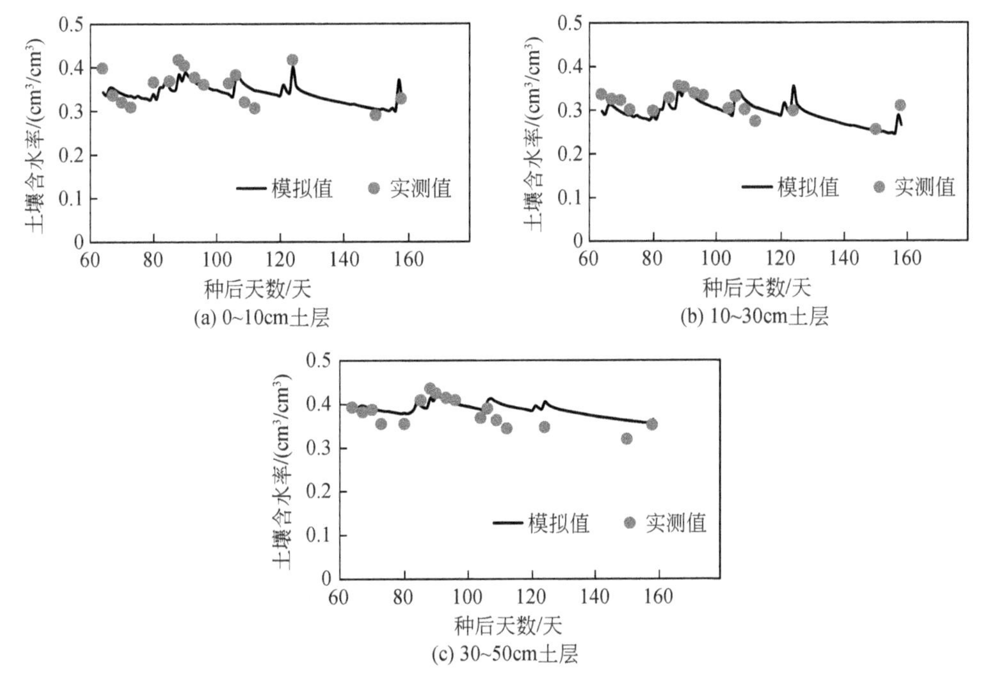

图 5-20　垄沟中间的土壤含水率模拟值和实测值比较（模型验证）

表 5-10　土壤水分的模拟值和实测值的误差

位置	深度	0 ~ 10cm	10 ~ 30cm	30 ~ 50cm	50 ~ 80cm
垄上	RMSE/(cm^3/cm^3)	0.00 ~ 0.02	0.00 ~ 0.04	0.00 ~ 0.02	0.00 ~ 0.03
	MRE/%	0.34 ~ 5.68	0.30 ~ 6.65	0.10 ~ 4.76	0.24 ~ 8.24
垄沟	RMSE/(cm^3/cm^3)	0.00 ~ 0.03	0.00 ~ 0.03	0.00 ~ 0.03	—
	MRE/%	0.41 ~ 7.23	0.46 ~ 8.61	0.34 ~ 8.06	—

从图 5-21 和图 5-22 中可以看出，玉米生育期内不同位置处不同土层的土壤 NO_3^--N 含量模拟值与实测值的变化趋势基本一致，垄上不同土层的土壤 NO_3^--N 含量随施氮而显著

增加，随着作物生长而逐渐降低，垄沟处不同土层的土壤 NO_3^--N 含量基本不变，保持在较低水平。从表 5-11 中可以看出，垄上 0 ~ 10cm 土层的土壤 NO_3^--N 含量模拟值与实测值的 RMSE 变化范围为 0.02 ~ 0.25mg/cm³，10 ~ 30cm 土层 RMSE 变化范围为 0.00 ~ 0.24mg/cm³，30 ~ 50cm 土层 RMSE 变化范围为 0.00 ~ 0.20mg/cm³，50 ~ 80cm 土层 RMSE 变化范围为 0.00 ~ 0.06mg/cm³，表明垄上不同土层的土壤 NO_3^--N 含量模拟值与实测值吻合良好。从表 5-11 中还可看出，垄沟 0 ~ 10cm 土层的土壤 NO_3^--N 含量模拟值与实测值的 RMSE 变化范围为 0 ~ 0.08mg/cm³，10 ~ 30cm 土层 RMSE 变化范围分别为 0.01 ~ 0.06mg/cm³，30 ~ 50cm 土层变化范围为 0.01 ~ 0.06mg/cm³，表明垄沟处不同土层的土壤 NO_3^--N 含量的模拟值与实测值也吻合良好。相较而言，垄上土壤 NO_3^--N 含量模拟值和实测值均方根误差 RMSE 通常高于下层土壤，这可能是玉米生育期内垄上土壤 NO_3^--N 含量随时间变异性较高而造成的。

综上所述，基于 HYDRUS-2D 软件平台构建的数值模型所获得的水氮模拟值与实测值吻合较好，可用于模拟东北典型区塑膜覆盖滴灌条件下土壤含水率和土壤 NO_3^--N 含量的动态变化，同时也进一步说明，所构建的玉米塑膜覆盖滴灌水氮运移模型可用于准确模拟东北典型区玉米塑膜覆盖滴灌不同水肥耦合制度及运行管理方式下的土壤水氮运移和分布特征。

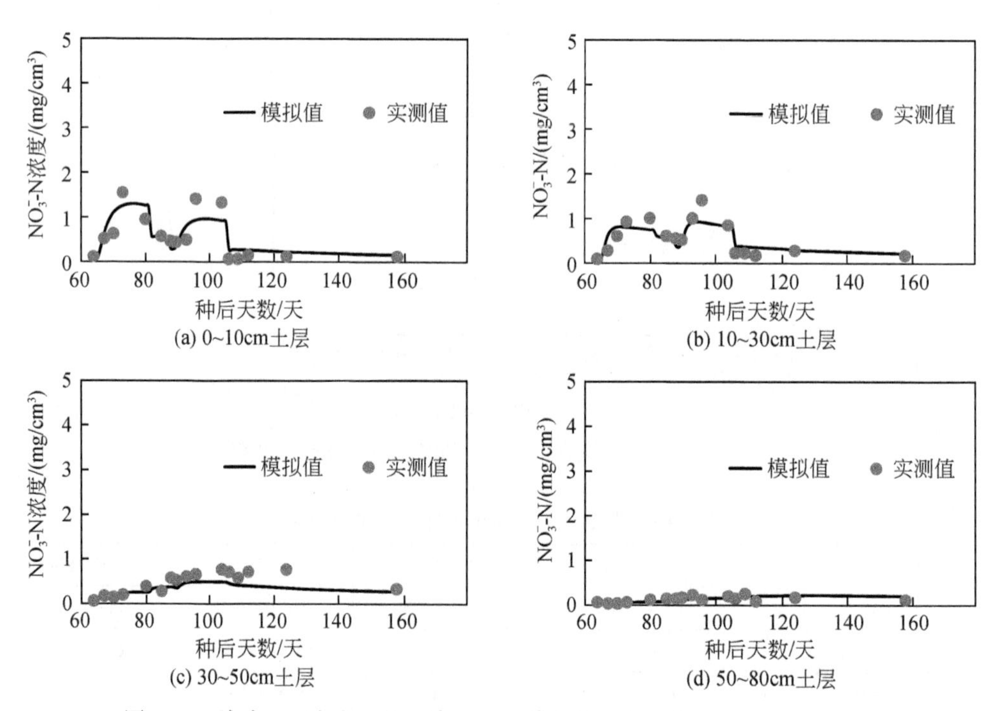

图 5-21　滴头正下方垄上的土壤 NO_3^--N 模拟值和实测值比较（模型验证）

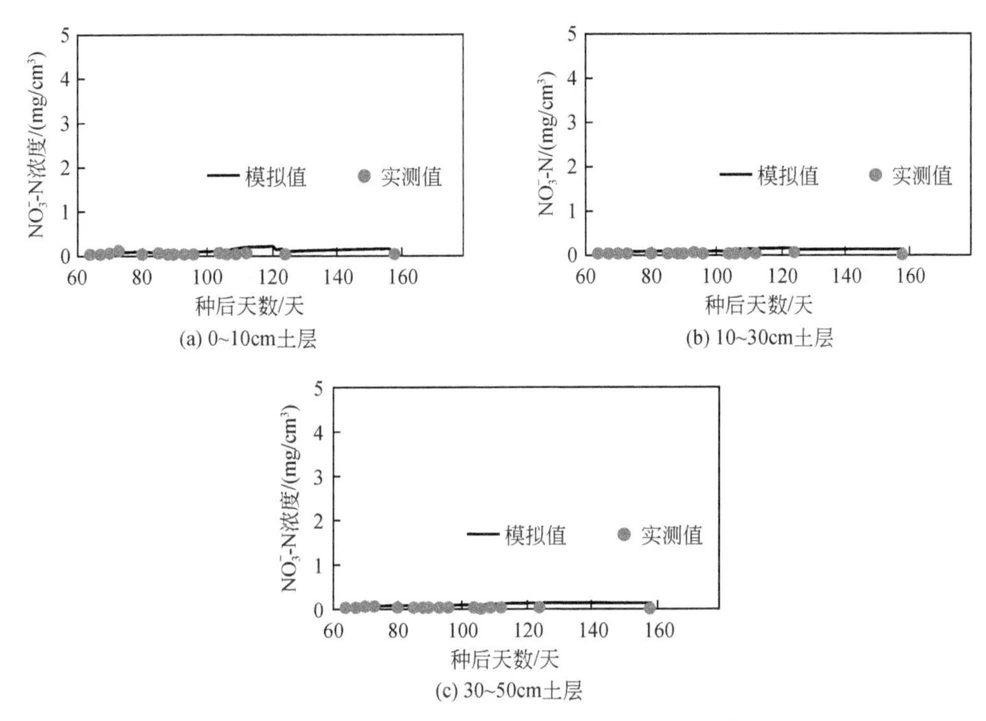

图 5-22　垄沟中间的土壤 NO_3^--N 模拟值和实测值比较（模型验证）

表 5-11　土壤 NO_3^--N 模拟值和实测值的误差

位置	深度	0 ~ 10cm	10 ~ 30cm	30 ~ 50cm	50 ~ 80cm
垄上	RMSE/(mg/cm^3)	0.02 ~ 0.25	0.00 ~ 0.24	0.00 ~ 0.20	0.00 ~ 0.06
垄沟	RMSE/(mg/cm^3)	0.00 ~ 0.08	0.01 ~ 0.06	0.01 ~ 0.06	—

(4) 塑膜覆盖滴灌施氮量对氮淋失影响的模拟

模型模拟中，施氮量设置为 150kg/hm^2、180kg/hm^2、230kg/hm^2、330kg/hm^2 和 500kg/hm^2，即 5 个水平（简记为 N1、N2、N3、N4 和 N5），其中 N2、N3 和 N4 处理与田间试验设置的水平一致。假定氮肥分 2 次施入田中，分别于拔节期施入 60% 的氮肥，于抽穗期施入 40% 的氮肥。假设模拟中滴头流量和滴头间距均与田间试验一致，灌溉施肥制度参考 2014 年试验进行，同时忽略土壤空间变异对土壤水氮分布的影响，对塑膜覆盖滴灌不同施氮量下氮素的运移分布进行模拟研究。

图 5-23 给出了塑膜覆盖滴灌模式下不同施氮量处理土层 1m 处的土壤氮素淋失的变化。从图 5-23 可以看出，玉米生育期内，土层 1m 处的土壤氮素淋失每天均会产生，这与上述田间试验得出的结论有所不同，这可能主要是因为模型中下边界被假定为自由排水边界。从图 5-23 还可以看出，塑膜覆盖滴灌模式下，相较于玉米生育前期，玉米生育后期不同施氮量处理的氮素日淋失量差异较大，这主要是因为土壤水分和氮素运移至下层土壤

需经过一段时间，因而，基本在种后 95 天之后，不同施氮量处理才逐渐表现出氮素日淋失量的差异。表 5-12 给出了不同施氮量处理种后 95 天之后氮素日淋失量的方差分析结果。从图 5-23 和表 5-12 还可以看出，塑膜覆盖滴灌模式下，玉米生育期内，土层 1m 处的土壤氮素淋失量随施氮量的增加而显著增大（$p<0.05$），这与田间试验所得的趋势基本相似，相较而言，当施氮量从 150kg/hm^2 增加至 230kg/hm^2 时，该土层的氮素淋失量无显著性差异，但当施氮量从 230kg/hm^2 增加至 330kg/hm^2 时，该土层的氮素淋失量显著增加，由此可见，引起土层 1m 处氮素淋失量显著增加的氮肥增量的临界值应高于 80kg/hm^2，但应小于 100kg/hm^2。即当施氮量增加 50kg/hm^2 时，土层 1m 处的氮素淋失量不会显著增加，也说明了当氮肥分 2 次施入田中时，施氮量从 180kg/hm^2 增加至 230kg/hm^2 时，土层 1m 处的氮素淋失量不会显著增加。

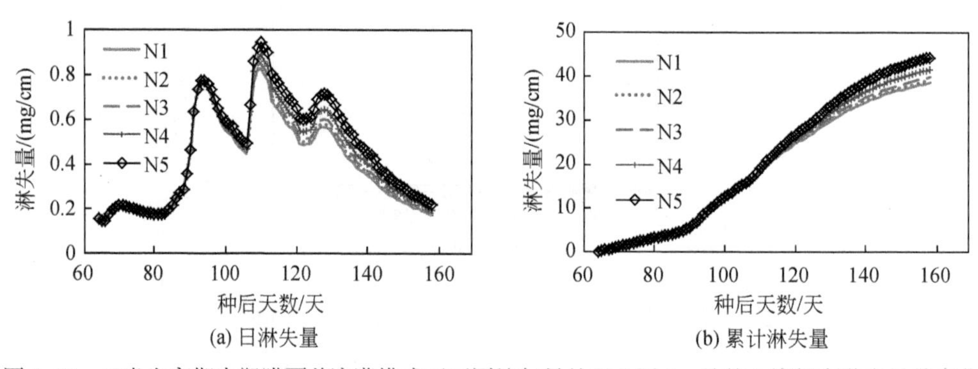

图 5-23 玉米生育期内塑膜覆盖滴灌模式下不同施氮量处理土层 1m 处的土壤氮素淋失量的变化

表 5-12 土层 1m 处的土壤氮素日淋失量的方差分析结果

处理	N1	N2	N3	N4	N5
F 值	2. 563				
p 值	0. 038				
两两比较结果	a	a	a	b	b

注：不同字母表示处理间差异显著

5. 2. 5 小结

基于 HYDRUS-2D 软件所构建的水氮运移模型，模拟分析了东北典型区玉米塑膜覆盖滴灌施氮量对土壤水氮运移规律的影响，结果表明，纯氮增量为 50kg/hm^2 时，土层 1m 处的氮淋失量不会显著增加，即施纯氮量从 180kg/hm^2 增至 230kg/hm^2 时，不会引起 1m 土层的氮素淋失量显著增加。

5.3 结　论

基于多年田间定位试验与模型模拟分析，系统揭示了塑膜覆盖滴灌不同施肥制度，包括施肥比例、施肥总量及施肥时间等因素对作物生长及产量的影响，同时，揭示了塑膜覆盖滴灌下田间氮循环和淋失风险，基于此，提出了东北典型区适宜的水肥耦合技术模式，本章研究取得的主要结论如下：

1）东北地区塑膜覆盖滴灌条件下，相比于 3 次不等分施氮和 3 次等分施氮的管理方式，2 次施氮的管理方式的节水增产效益更为显著。

2）在 2 次施氮的管理方式下，施氮量从 180kg/hm^2 增至 230kg/hm^2 时，虽然 NUE 有所降低，但也比传统种植方式提高了 57% ~84%，而玉米产量和 WUE 分别比传统种植方式显著提高了 10% ~29% 和 15% ~31% 。

3）纯氮增量为 50kg/hm^2 时，土层 1m 处的氮素淋失量不会显著增加，即施纯氮量从 180kg/hm^2 增至 230kg/hm^2 时，不会引起 1m 土层的氮素淋失量显著增加。

4）综合考虑玉米的产量、WUE 和 NUE，东北地区塑膜覆盖滴灌条件下，施氮量宜为 230kg/hm^2，氮肥宜分 2 次施入田中，即拔节期施入 60% 氮肥，抽穗期施入 40% 氮肥。

第6章 覆盖滴灌作物光合生理响应机制

围绕覆盖滴灌农田节水增产机理，目前多数研究主要围绕作物生长的土壤水热环境、生物学等指标开展。刘洋等（2015）指出，覆膜滴灌增产的主要原因是覆膜改善适宜的水热条件，促进氮素等养分的吸收利用，同时滴灌水肥一体化技术提高了水肥利用效率。覆膜缩短生育期生长时间，Li 等（1999）研究指出塑膜覆盖显著提前了春小麦的出苗期和穗分化期，增加了穗粒数，从而提高了产量。刘战东等（2012）研究认为覆膜滴灌比不覆膜喷灌、不覆膜不灌分别增加玉米株高 6.7%、18.5%，增加叶面积 17.8%、21.5%，提高穗粒质量 15.5%、73.3%。另外，也有一些研究探索了光合作用对产量的影响，认为谷子的覆膜播种能够显著提高光合效率、干物质积累量及穗部转移量，增产增值 13.4% ~ 23.0%（郭志利和古世禄，2000）。目前，农田系统光合作用的研究大多局限于描述作物某一生育期或不同生育期中某一时刻的光合速率或光合速率日变化（Pal et al.，2005；江晓东等，2006），对光合速率变化的内因解释较少，且每次测定所处的光、温、湿环境各不相同，所得到的光合参数受到天气条件制约，不同种植区域、作物品种和肥料水平之间的可比性较差（Foulkes et al.，2009）。

光合生理变化是影响作物产量的重要因素，围绕覆盖滴灌模式对作物光合作用关键参数等的影响研究，尤其是关键生育期光合生理响应及调控机制的研究较少，这制约了覆盖滴灌作物节水增产机理的深入探索。因此，有必要基于控制条件下开展研究，量化叶片的光合特征参数而非瞬时速率，并确定不同处理光合参数的差异来源，从生理水平揭示滴灌制度和覆盖处理引起产量及水分利用效率差异的内因（Shangguan et al.，2000；张彦群等，2015；张向前等，2016）。覆盖及灌溉模式可能会影响光合生理过程，进而导致产量的差别，而光合生理参数又与叶片生物学特性有关。此外，叶片氮含量和^{13}C稳定同位素甄别率是重要的叶片生物学因子（Evans，1989；Li et al.，2013b），分析这些参数对覆盖滴灌模式的响应，有利于理解光合参数的差异来源，进一步揭示产量变化的光合生理调控机制。本章系统研究了覆盖滴灌下典型粮食作物叶片光合特性及其关键因子的响应过程，研究结论对通过调控叶片光合气体交换，稳定提高产量及水分利用效率具有积极的指导意义，并有利于从生理角度理解覆盖滴灌农田节水增产机理。

6.1 塑膜覆盖滴灌春玉米光合生理响应机制

东北黑土地区是我国重要的粮食产区，该区玉米种植面积占全国的30%，对保障国家粮食安全十分重要（Liu et al.，2012b）。干旱缺水和春季低温是限制东北地区玉米产量的重要因素（杨宁等，2015）。而塑膜覆盖滴灌将农艺节水与工程技术节水有机结合，能够有效保持表层土壤温度，增加土壤积温，减少土壤水分蒸发，提高作物产量及水分利用效率（Yang et al.，2015；Bi et al.，2018）。

本节以东北典型区春玉米为研究对象，设置塑膜覆盖滴灌和不覆膜滴灌处理及对照处理，于 2014 ~ 2018 年 4 ~ 9 月开展试验，对不同处理下作物生长、产量进行测定，并于 2017 ~ 2018 年开展了光合参数及叶片生物学特性测定，包括叶片氮含量和 ^{13}C 同位素甄别率等，旨在探究覆膜与滴灌水量对东北地区春玉米生长和产量的影响，分析玉米各生育期的光合参数对覆膜及灌水的响应，研究光合参数与叶片氮含量的关系，并从生理生态角度探究东北地区覆膜滴灌节水增粮的机理。

本试验在黑龙江省水利科技试验研究中心开展，试验地概况详见 2. 1. 1 节。试验侧重比较覆膜、不覆膜和对照 3 种处理下的作物生长及光合生理参数差异。具体试验设计和测定情况详见 2. 2. 2 节相关介绍。试验得到的主要结果分析如下。

6. 1. 1 塑膜覆盖滴灌玉米产量与水分利用效率

东北地区 2014 ~ 2018 年玉米生育期的产量、耗水量及水分利用效率处理间差异如表 6-1所示。2014 年 MD 处理产量比 ND 和 CK 处理分别显著高 14. 2% 和 12. 8%；2015 ~ 2018 年 MD 处理产量分别比 ND 处理高出 6. 1%、2. 5%、2. 7% 和 5. 8%，MD 处理则比 CK 处理显著高出 29. 0%、15. 6%、17. 3% 和 18. 3%。同样地，比较 2014 ~ 2018 年各处理下的 WUE，各年份 MD 处理下的 WUE 显著高于 CK 处理下的 WUE 9. 8% ~ 28. 9%，平均高出 19. 4%；MD 处理下的 WUE 比 ND 高出 6. 4% ~ 18. 1%，平均高出 12. 7%，其中 2014 年、2017 年和 2018 年 MD 处理的水分利用效率显著（$p<0.05$）大于 ND 处理，其余年份则无显著性差异（$p>0.05$）。总体上看，从连续 5 年的数据来看，覆膜滴灌能够显著提升春玉米籽粒产量和水分利用效率。由于光合作用是作物产量形成的关键过程，对应塑膜覆盖滴灌下春玉米籽粒产量和水分利用效率提高的作物光合生理基础和调控机制需要进一步明晰。

表 6-1　2014 ~ 2018 年东北地区玉米不同处理间产量、ET_c、WUE 的变化

年份	降雨量/mm	处理	产量/(t/hm²)	蒸发蒸腾量/mm	水分利用效率/(kg/m³)
2014	379. 7	MD	14. 1a	493	2. 87a
		ND	12. 1b	513	2. 35b
		CK	12. 3b	519	2. 38b
2015	335. 6	MD	13. 1a	453	2. 84a
		ND	12. 3a	476	2. 58a
		CK	9. 3b	458	2. 02b
2016	427	MD	12. 2a	488	2. 51a
		ND	11. 9a	508	2. 35ab
		CK	10. 3b	499	2. 06b

续表

年份	降雨量/mm	处理	产量/(t/hm²)	蒸发蒸腾量/mm	水分利用效率/(kg/m³)
2017	443.7	MD	11.0a	449	2.34a
		ND	10.7a	497	2.06b
		CK	9.1b	432	2.11b
2018	406.8	MD	12.0a	445	2.70a
		ND	11.3ab	509	2.22b
		CK	9.8b	476	2.07b

6.1.2 光合生理响应机制

1. 光合-光响应参数

图 6-1 给出了 2017 年和 2018 年各生育阶段测定的光合-光响应参数（A_{max}）光合能力

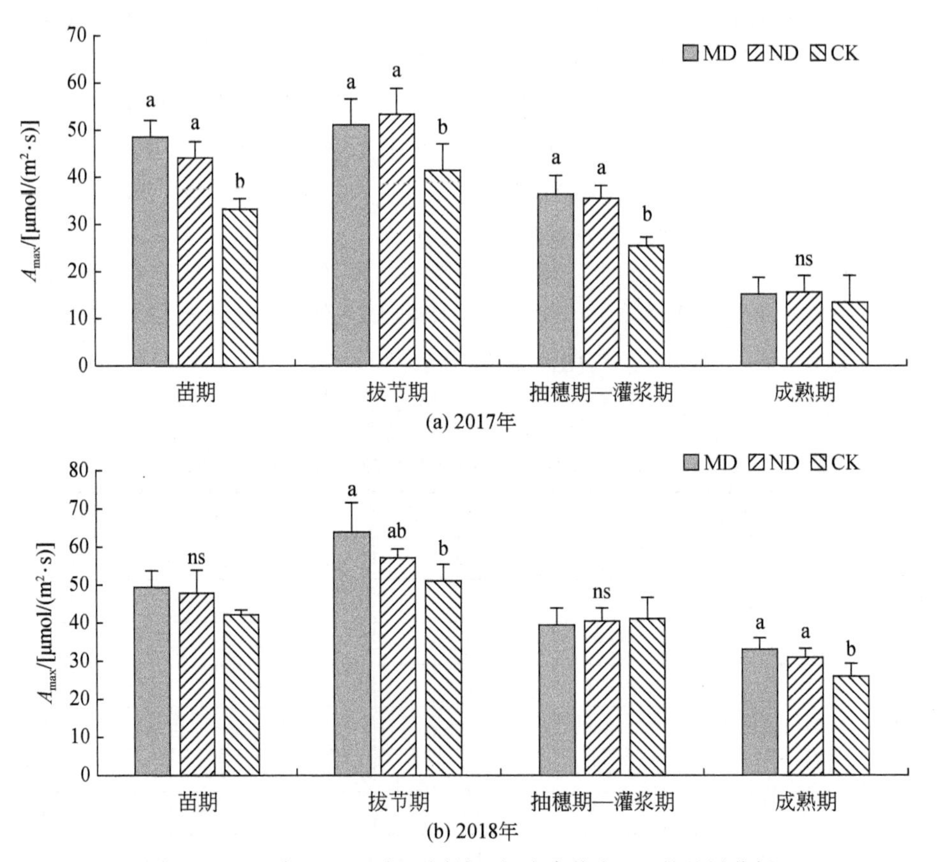

图 6-1　2017 年和 2018 年不同处理间光合能力 A_{max} 的差异分析

的差异比较结果。2017 年春玉米苗期、拔节期、抽穗期—灌浆期和成熟期，MD 处理下光合-光响应参数 A_{max} 值比 CK 处理分别显著（$p<0.05$）提高了 32.0%、19.2%、29.7% 和 10.4%；在苗期和抽穗期—灌浆期，MD 处理的 A_{max} 值比 ND 处理分别提高了 9.8% 和 3.1%。2018 年拔节期和成熟期 MD 处理的 A_{max} 值比 CK 处理分别显著高出 19.7% 和 21.5%（$p<0.05$）；在苗期、拔节期和成熟期，MD 处理的 A_{max} 值比 ND 处理分别高出 3.2%、10.3% 和 5.3%。

整体上看，A_{max} 随生育期的推进先增加后逐渐减小，在拔节期达到较高值。2017 年和 2018 年各处理的 A_{max} 波动范围为 13.4 ~63.6μmol/(m^2 · s)。2017 年和 2018 年 MD 处理全生育期平均 A_{max} 比 CK 处理分别提高了 22.8% 和 12.9%，比 ND 处理分别提高了 1.3% 和 4.1%。可见，覆膜滴灌同比提高了 A_{max}。

2. 光合-胞间 CO_2 响应参数

图 6-2 给出了各处理 2017 年和 2018 年光合-胞间 CO_2 响应参数最大羧化速率 V_{cmax} 的差异比较结果。2017 年各处理的 V_{cmax} 值在苗期有显著性差异（$p<0.05$），在抽穗期—灌浆期有较为显著性差异（$p<0.1$），其他生育期则不存在显著性差异（$p>0.1$）。其中，MD 和

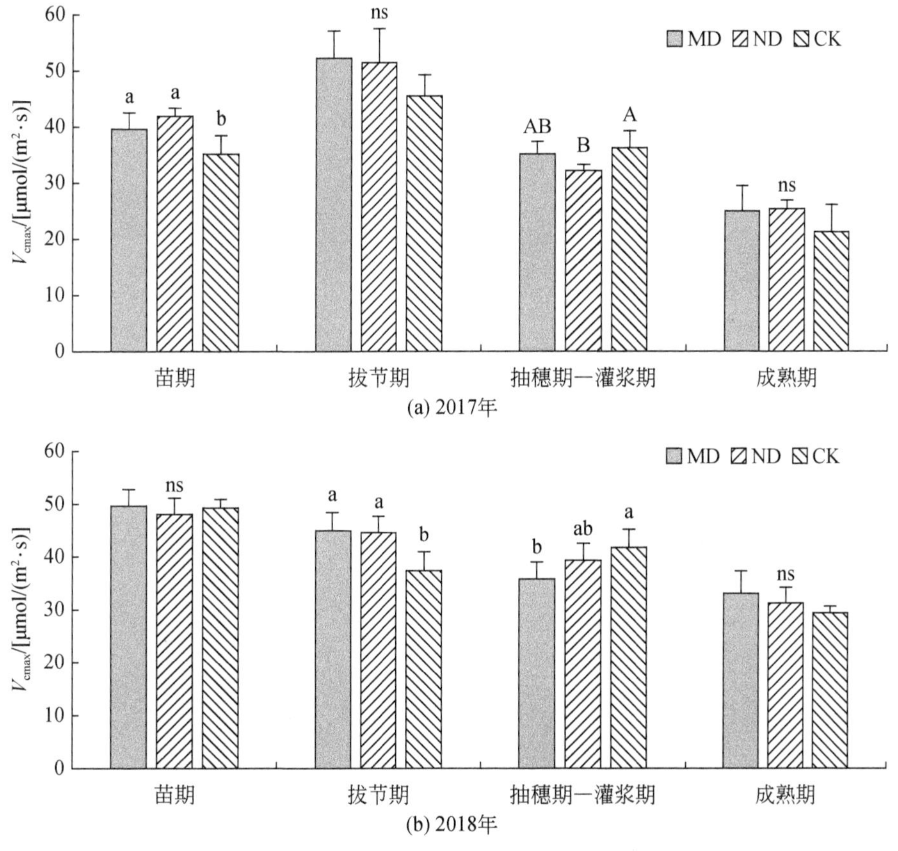

图 6-2　不同处理间最大羧化速率 V_{cmax} 的差异分析

ND 处理的苗期 V_{cmax}值分别比 CK 处理显著高出 11.4% 和 16.1%，在拔节期和抽穗期—灌浆期，MD 处理的 V_{cmax}值比 ND 处理分别高出 1.7% 和 7.9%，其余生育期，MD 处理则小于 ND 处理（$p>0.1$）；此外，在抽穗期—灌浆期，CK 处理的 V_{cmax}值较显著大于 MD 处理（$p<0.1$）。2018 年各处理的 V_{cmax}值只在拔节期和抽穗期—灌浆期有显著性差异（$p<0.05$）。其中，在拔节期，MD 和 ND 处理的 V_{cmax}值比 CK 处理显著高（$p<0.05$）16.9% 和 15.6%，整个生育期内，除了在抽穗期—灌浆期，其余生育期 MD 处理的 V_{cmax}值均大于 ND 处理（$p>0.1$）；同样发现，抽穗期—灌浆期 CK 处理的 V_{cmax}值显著大于 MD 处理（$p<0.05$）。

整体上看，2017 年 V_{cmax}值随生育期的推进先增加后逐渐减小，2018 年呈现逐渐减小的变化趋势。2017 年和 2018 年各处理的 V_{cmax}值范围在 35.82 ~ 49.59μmol/(m² · s)，2017 年和 2018 年生育期内 MD 处理平均 V_{cmax}值比 CK 处理提高了 8.7% 和 3.2%，比 ND 处理分别仅提高了 0.6% 和 0.2%。可见，覆膜滴灌同比一定程度上提高了作物光合最大羧化速率 V_{cmax}。

3. 维管束鞘对 CO_2 的泄漏率

从图 6-3 中可以看出，总体上来看，维管束鞘对 CO_2 的泄漏率（L）随生育期推进呈现逐渐增加趋势。2017 年在抽穗期—灌浆期，MD 处理的 L 值比 ND 和 CK 处理显著（$p<0.05$）降低了 18.7% 和 22.0%，其他生育阶段无显著差异（$p>0.05$）；2018 年拔节期 MD 处理的 L 值比 ND 和 CK 处理分别显著（$p<0.05$）降低 12.6% 和 13.5%，其余时期未发现显著性差异。此外，从生育期平均值来看，2017 年 MD 处理的 L 值比 ND 和 CK 处理分别降低了 7.3% 和 8.9%，2018 年 MD 处理比 ND 处理降低 4.6%，但与 CK 处理相近。可见，覆膜滴灌下 L 值有减少的趋势。

4. 光合参数变异来源

(1) 光合参数与叶片 N 含量关系

从图 6-4 中可以看出，作物光合参数 A_{max} 与叶片 N_{mass} 存在显著线性正相关关系，即叶片中 N_{mass} 含量的增加会提升作物关键光合参数 A_{max} 值。2017 年 MD、ND 和 CK 处理的回归直线决定系数（R^2）分别为 0.7435、0.7063 和 0.7581，2018 年相应 R^2 值分别为 0.6890、

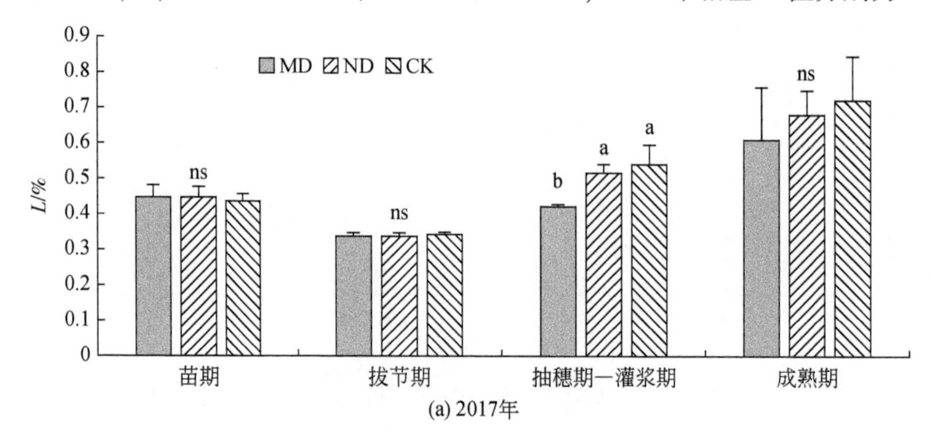

(a) 2017年

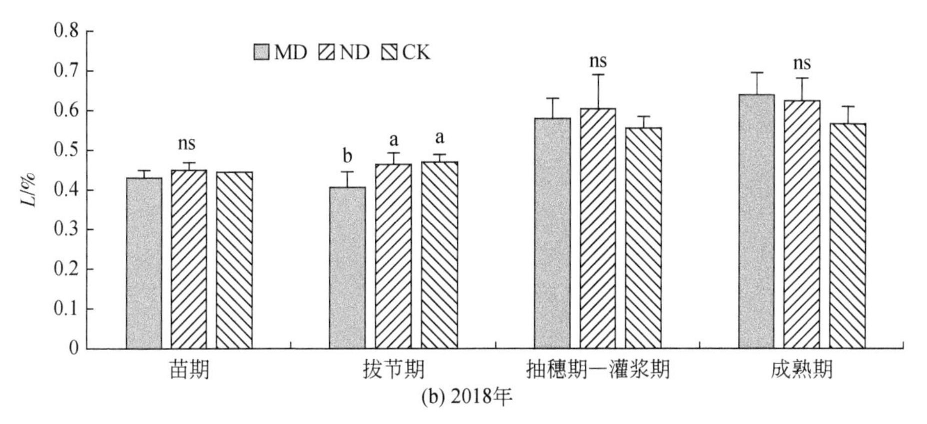

图 6-3　不同处理间各生育期 CO_2 泄漏率 L 的差异

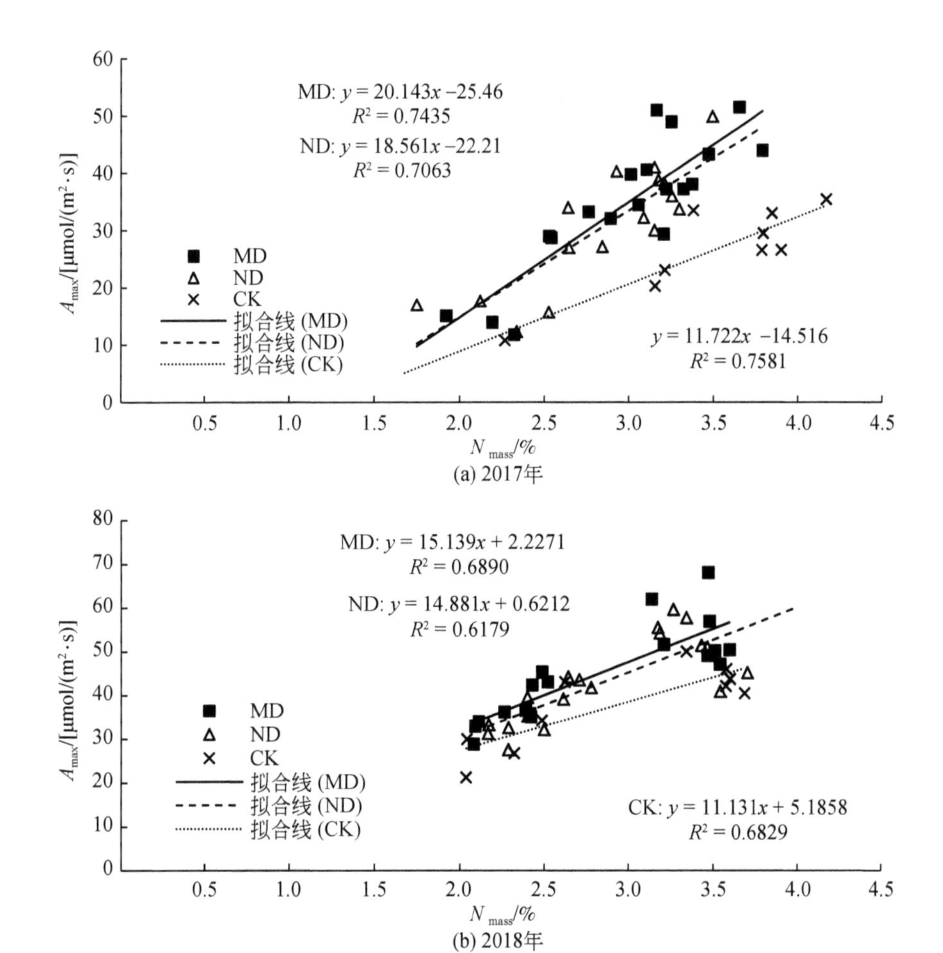

图 6-4　MD、ND 和 CK 处理下叶片 A_{max} 与 N_{mass} 的关系

0.6179 和 0.6829。覆膜与滴灌措施一定程度上影响了 A_{max} 与叶片 N_{mass} 含量之间的相关关系。2017 年 MD 处理的斜率比 ND 和 CK 处理分别提高 8.5% 和 41.8%，ND 处理斜率比 CK 处理提高了 36.8%，但处理间斜率无显著性差异，各处理截距有显著性差异（$p<0.001$）。同样可以发现，2018 年覆膜与滴灌措施使 A_{max} 与叶片 N_{mass} 之间的回归直线截距的绝对值显著提高（$p=0.003$），MD 处理的斜率分别比 ND 和 CK 处理高 6.0% 和 29.7%，ND 处理的斜率比 CK 处理高 25.2%。斜率的增加意味着 A_{max} 对叶片 N_{mass} 变化的敏感性增加，覆膜和滴灌措施提高了光合参数 A_{max} 对叶片 N_{mass} 变化的敏感性，因此，叶片 N_{mass} 相同时，MD 和 ND 处理的 A_{max} 高于 CK 处理。

从图 6-5 中可以发现，各处理的 V_{cmax} 与叶片 N_{mass} 之间也存在显著的线性正相关关系，即叶片中 N_{mass} 含量的增加会提升作物关键光合参数 V_{cmax} 值。2017 年 MD、ND 和 CK 处理的回归直线决定系数（R^2）分别为 0.7106、0.6199 和 0.6374，2018 年各处理 R^2 分别为 0.7688、0.6432 和 0.7467。覆膜和滴灌措施也显著影响了 V_{cmax} 与叶片 N_{mass} 之间的相关关

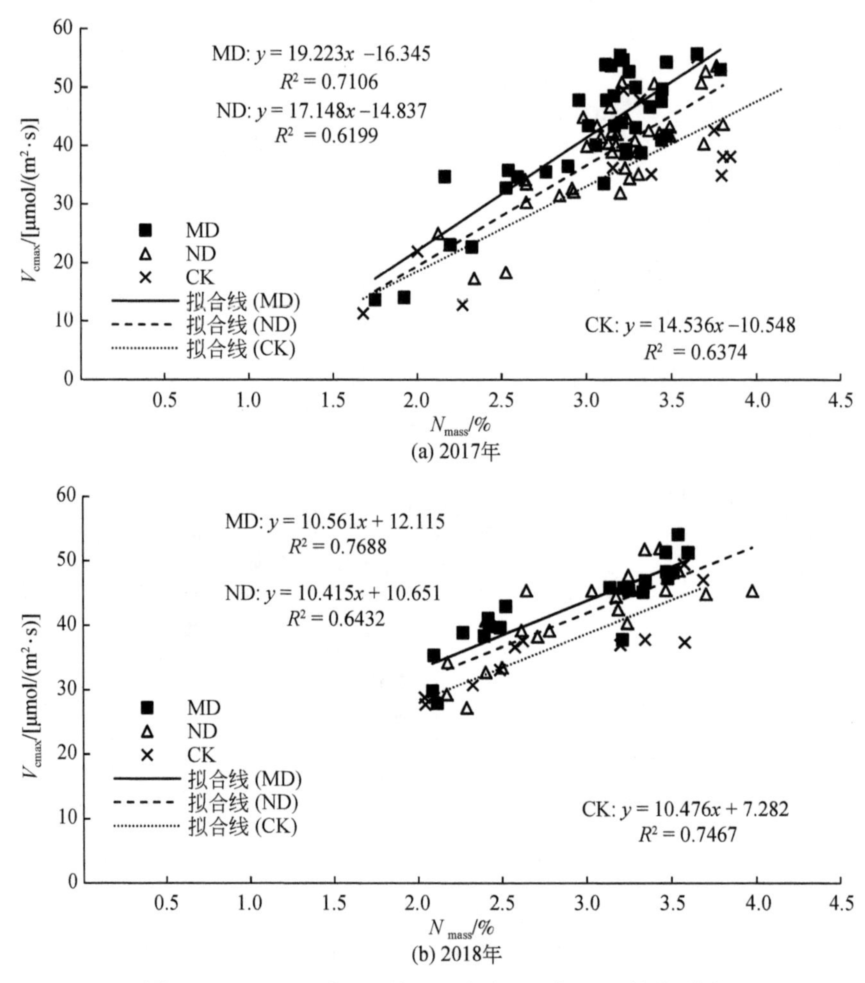

图 6-5 MD、ND 和 CK 处理下叶片 V_{cmax} 与 N_{mass} 的关系图

系。2017 年 MD 处理回归直线的斜率分别比 ND 和 CK 处理高出 12.1% 和 24.2%，ND 处理比 CK 处理高出 15.2%，同时截距存在显著差异（$p<0.001$）。2018 年各回归直线截距存在显著差异（$p=0.001$），斜率差异不显著，MD 处理比 ND 处理和 CK 处理分别高出 1.4% 和 0.8%。与 A_{max} 与叶片 N_{mass} 的规律相似，MD 和 ND 处理相比 CK 处理而言，回归直线斜率增大，这意味着相同的叶片氮含量下 MD 和 ND 处理的 V_{cmax} 提高，即叶片氮利用率得到提高。

（2）光合参数与维管束鞘对 CO_2 的泄漏率的关系

图 6-6 为 2017～2018 年 A_{max} 和 V_{cmax} 分别与 L 的线性拟合关系图。A_{max} 和 V_{cmax} 都与维管束鞘对 CO_2 的泄漏率 L 呈显著线性负相关，即 A_{max} 和 V_{cmax} 值随着 L 增大而减小，但覆膜与滴灌措施并没有显著影响二者的相关关系。尽管 MD、ND 和 CK 处理间斜率、截距均无显著性差异，但在 A_{max} 和 L 的回归关系中，MD 处理的回归斜率比 ND 和 CK 处理分别高

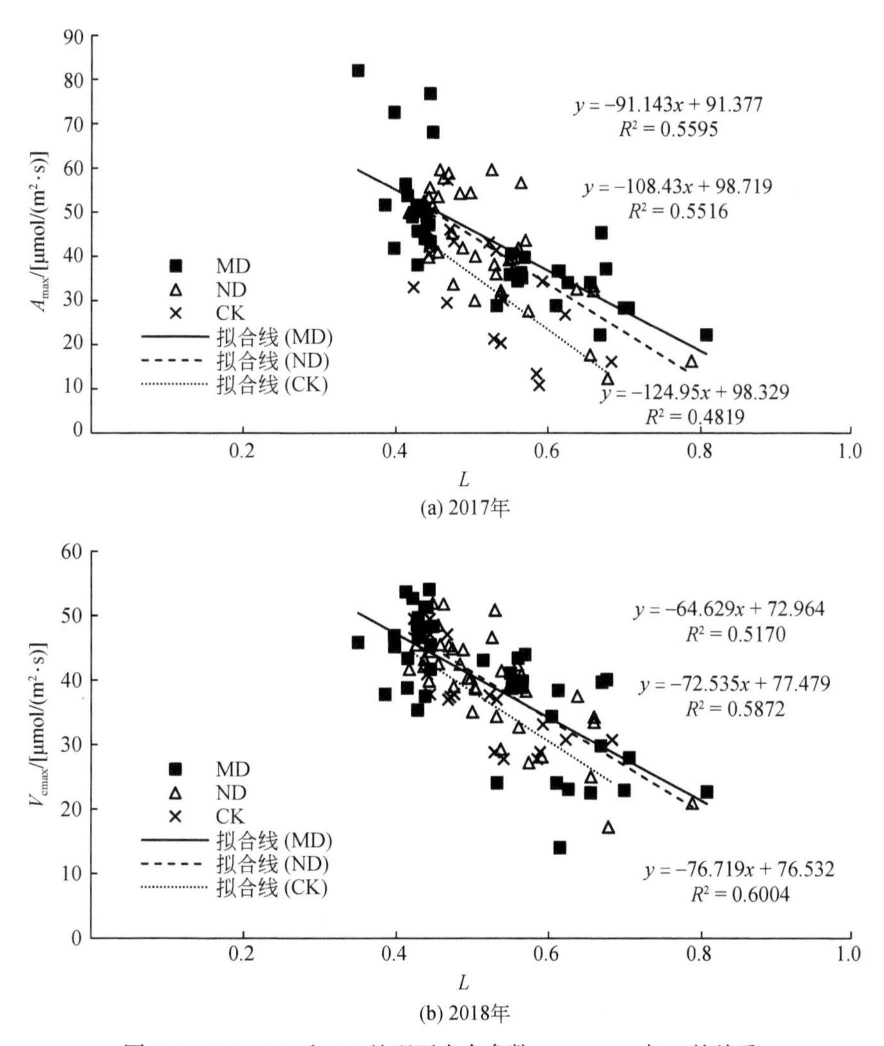

图 6-6　MD、ND 和 CK 处理下光合参数 A_{max}、V_{cmax} 与 L 的关系

19.0%和37.1%，ND处理的回归斜率比CK处理高15.2%。同样，V_{cmax}和L的回归关系中MD处理的斜率绝对值比ND和CK处理的分别小12.2%和18.7%，ND处理的斜率绝对值比CK处理小5.8%。MD和ND处理相比CK处理的回归直线斜率绝对值减小，意味着A_{max}和V_{cmax}值受L变化影响的敏感性有所减弱。

整体而言，A_{max}和V_{cmax}都与L呈显著线性负相关关系（$p<0.05$），即L值的增大会降低光合能力A_{max}和最大羧化速率V_{cmax}值。相同L值下，MD处理下的A_{max}或V_{cmax}值都要高于ND和CK处理，这也从另外一个侧面验证了覆膜滴灌同比可提高作物的光合作用关键参数A_{max}和V_{cmax}值。

5. 产量和WUE与光合参数相关性

基于2017年和2018年各处理的产量数据和测定的光合参数值，建立了玉米籽粒产量（GY）、水分利用效率（WUE）与全生育平均光合参数（A_{max}、V_{cmax}）之间的回归方程关系，如图6-7所示。回归拟合方程显示，GY与A_{max}（$p=0.032$，$R^2=0.7220$）、GY与V_{cmax}（$p=0.022$，$R^2=0.7677$）具有显著正相关关系；WUE与A_{max}存在较显著正相关关系（$p=0.10$，$R^2=0.5247$）、WUE与V_{cmax}也存在较显著正相关关系（$p=0.057$，$R^2=0.6353$）。从拟合结果分析来看，春玉米的产量和水分利用效率随着光合参数A_{max}和V_{cmax}的增大，总体上呈现提高趋势。因此，MD与ND处理相比CK处理提升了作物的关键光合参数值，这也是对应处理下作物产量和水分利用效率能够提升的关键内因之一。

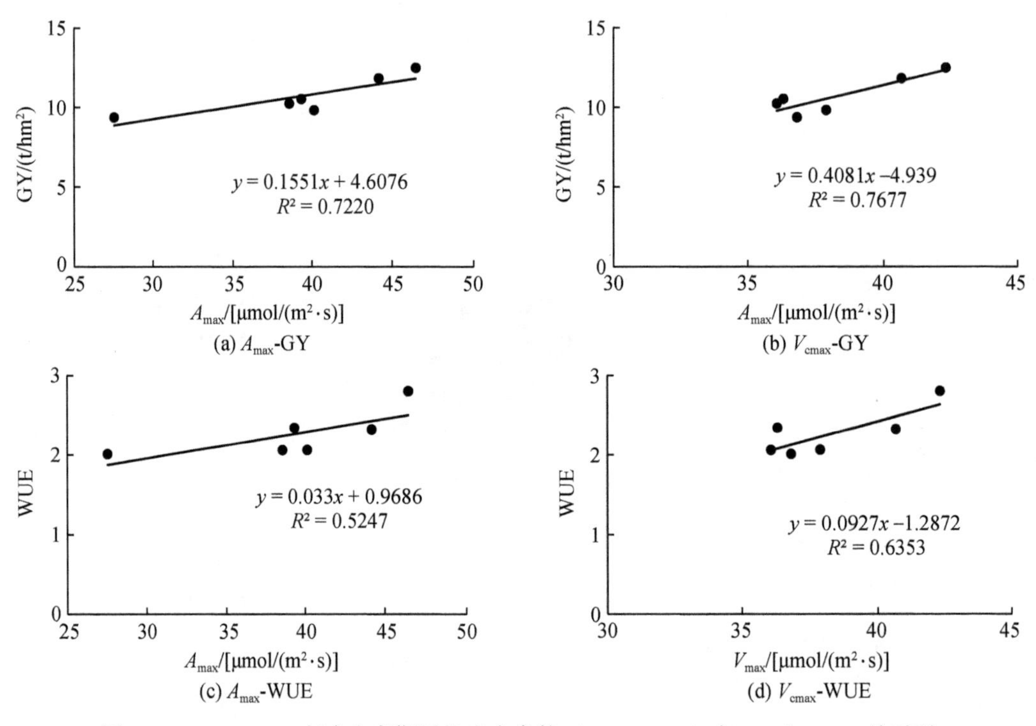

图6-7　2017～2018年全生育期平均光合参数（A_{max}、V_{cmax}）与GY和WUE关系图

6. 讨论

(1) 覆膜滴灌节水增产效应

一些学者的研究表明，覆膜滴灌能够显著提高作物产量及水分利用效率（Zhang et al.，2018），在我们的研究中，2014～2018 年不同处理下的作物产量范围在 9.1～14.1t/hm^2，与 CK 处理相比，MD 处理产量 5 年平均提高了 18.6%，水分利用效率平均提高了 19.4%；与 ND 处理相比，MD 处理产量 5 年平均提高了 6.6%，水分利用效率平均提高了 12.7%。由于试验区的春玉米生育期内降雨量处于 300～450mm，属于半湿润区，相比我国干旱及半干旱地区，覆膜效果有所削弱，Dong 等（2008）在我国西北干旱黄土高原地区的研究表明，采用覆膜措施能够平均提高 21.3% 的冬小麦产量和 24.5% 的水分利用效率，能提高 26.4% 的夏玉米产量和 22.9% 的水分利用效率。此外，在生育期期间气温较低的年份，覆膜节水增产效果更加显著，Bu 等（2013）在西北半干旱区的研究表明，相比传统雨养处理，覆膜处理下的玉米在 2010 年增产 28.3%，水分利用效率分别提高 23%，而在较为寒冷的 2011 年增产高达 87.5%，水分利用效率提高了 90%。由此可见，覆膜滴灌应用在干旱和半干旱区及半湿润区，对提升作物产量和水分利用效率的贡献是非常显著的。

(2) 覆膜滴灌节水增产生理学响应

作物产量的形成基础本质上是光合产物的积累，揭示产量与光合参数之间的相关关系有助于从生理学角度理解产量降低或提升的内在因素，也有助于揭示光合作用对作物生长及产量的影响机理。从本研究结果来看，覆膜滴灌措施能够保障东北地区玉米对水、热、肥等资源的捕获能力，促进了叶片光合作用，进而提高了作物产量和水分利用效率。其他一些研究也表明，覆膜滴灌能够提高作物的光合参数，本研究中 2017～2018 年覆膜滴灌下的光合参数 A_{max} 和 V_{cmax} 显著提高（图 6-1 和图 6-2），2017 年和 2018 年 MD 处理下 A_{max} 比 CK 处理平均提高 22.8% 和 12.9%，V_{cmax} 平均提高了 8.7% 和 3.2%。从本研究得到的结果可知，光合参数 A_{max} 和 V_{cmax} 与产量之间具有显著的正相关关系（图 6-7），这也是 2017 年和 2018 年 MD 处理下的作物产量显著高于 CK 处理的内在原因之一。

叶片中的 N 大部分与参与卡尔文循环的蛋白、类囊体蛋白等密切相关（Evans，1989），同时对穗的发育和产量有重要作用，另外，玉米叶片光合能力也受单位叶面积氮浓度的影响（Vos et al.，2005）。本研究发现，光合参数 A_{max} 和 V_{cmax} 与叶片中 N_{mass} 呈线性正相关关系（图 6-4 和图 6-5），而且线性拟合关系受覆膜与滴灌措施的影响，使得 A_{max} 和 V_{cmax} 对叶片 N_{mass} 的敏感性增加。叶片 N 含量相同时，MD 和 ND 处理的 A_{max} 和 V_{cmax} 显著提高，即覆膜与滴灌措施使得叶片 N 利用率显著提高，相应叶片光合能力也得到提高。另外，叶片 N 利用率显著提高的原因有可能是，覆膜滴灌处理能够使得更多的 N 分配到光合器官中（Evans，1989）。

维管束鞘对 CO_2 的泄漏率 L 的减小说明参与光合碳循环的 CO_2 增多，有利于提升作物光合效率，其直接表现就是相应的光合参数 A_{max} 和 V_{cmax} 值同比提高。在春玉米生育期中期，即拔节期和抽穗期—灌浆期，覆膜对降低 CO_2 的泄漏率（L）的影响较为显著，L 值在这个阶段的降低显然有利于作物在生长阶段合成更多有机物质，促进产量的提高。

从研究结果来看，覆膜与滴灌措施显著提高了春玉米各生育期光合参数 A_{max} 和 V_{cmax} 值，同时降低了生育期中期的 L 值；光合参数与叶片 N_{mass} 的线性关系结果表明，覆膜滴灌显著提高了光合参数 A_{max} 和 V_{cmax} 对叶片 N_{mass} 的敏感性，也提高了叶片 N 的利用效率。光合参数 A_{max} 和 V_{cmax} 与 L 呈现线性负相关关系，而覆膜滴灌措施同比降低了 L 值，因此使得光合参数 A_{max} 和 V_{cmax} 值同比提高。综上，覆膜滴灌措施提高了叶片 N 的利用率，降低 L 值，从而提高了光合参数 A_{max} 和 V_{cmax}，提高了春玉米产量和水分利用效率。

6.1.3 小结

基于东北典型区多年的春玉米产量和水分利用效率的监测结果及光合测定数据分析，取得的主要结论有：

1）覆膜滴灌能够显著提高春玉米产量和水分利用效率。MD 比 ND 处理的产量显著高出 5.69% ~14.9%（$p<0.05$），比 CK 处理显著高出 22.5% ~30.1%（$p<0.05$）；MD 比 ND 处理的 WUE 高出 6.4% ~18.1%（$p<0.05$），比 CK 处理的 WUE 显著高出 9.8% ~28.9%（$p<0.05$）。

2）覆膜滴灌显著提高了作物光合能力（A_{max}）和最大羧化速率（V_{cmax}），同比显著降低了快速生长期（拔节期—抽穗期）的 L 值。MD 处理的 A_{max} 值平均比 ND 处理提高了 3.2% ~4.8%，比 CK 处理显著提高了 13.5% ~20.5%；MD 处理的 V_{cmax} 值平均比 CK 处理提高了 3.6% ~3.89%。从生育期平均值来看，MD 处理的 L 值比 ND 处理降低了 4.6% ~7.3%。

3）光合参数与叶片 N 含量呈显著线性正相关关系，与 L 呈显著线性负相关关系，覆膜滴灌措施同比提升了作物光合参数 A_{max} 和 V_{cmax} 对叶片氮含量的敏感性，提高叶片氮的利用率。同时，产量和 WUE 与光合参数 A_{max} 和 V_{cmax} 具有显著正线性相关关系，不同处理下的光合参数 A_{max} 和 V_{cmax} 的差异根源于叶片氮含量、维管束鞘对 CO_2 的泄漏率 L 等生物学指标的差异。

通过多年的田间定位观测试验，揭示了覆膜滴灌下作物产量和 WUE 与光合关键参数及作物生物学指标间的互馈机理。覆膜滴灌措施能够通过影响作物生物学指标来提升其光合能力，进而实现了作物产量与水分利用效率的提高；同时对类似本研究中的生育初期低温和缺水地区而言，覆膜滴灌是一项能确保作物节水增产的有效农业技术措施。

6.2 秸秆覆盖滴灌冬小麦光合生理响应机制

华北平原是中国粮食主产区，该区小麦和玉米产量占全国粮食总产量的 1/4（刘昌明等，2005）。近年来，由于该地区水资源短缺和地下水超采严重，粮食作物节水灌溉工程和农艺措施逐步推进（房全孝等，2011）。地表滴灌将水分施于作物根区附近，具有降低土壤蒸发，提高作物水分利用效率的优势（Camp，1998）。秸秆覆盖是改善农田水土环境、降低土壤蒸发、提高作物产量的常见农艺措施（刘立晶等，2004；杨永辉等，2016）。

秸秆覆盖和地表滴灌结合模式下，节水增产优势发挥的生理基础仍需要明确。目前相关研究更多的是从相对表观的生物学指标，如作物产量、株高等方面来分析其优势（黄明等，2009；刘青林等，2012）。然而，作物产量的形成涉及诸多生理过程，光合作用是产量形成的基础，从光合生理方面来解释产量差异来源，有利于试验结果的稳定性和可重复性，并为机理模型的构建奠定基础（Braune et al.，2009）。此外，该地区现状研究中缺少对覆盖免耕滴灌条件下内在光合参数的系统测定，制约了其作物模型精度的提高（Müller et al.，2005；Yin and Struik，2009）。

研究选取华北平原冬小麦为研究对象，2013～2016 年连续 4 个生长季，设置了不同滴灌和秸秆覆盖处理，在冬小麦抽穗期后分别进行了两次旗叶光合光响应和 CO_2 响应测定，获得了表观光量子传递效率、光合能力、最大羧化速率、最大电子传递速率等关键参数，比较了不同处理条件下光合参数的差异，并同时测定了旗叶氮含量，以期解释水分和覆盖处理引起的光合参数差异性，进而揭示产量响应的光合生理基础，并为该地区小麦作物模型参数确定提供参考。田间试验在中国水利水电科学研究院农业节水灌溉试验站开展，试验地概况详见 2.1 节。试验在秸秆覆盖和不覆盖 2 种处理下分别设置 3 种滴灌制度，完全随机组合，共 6 个处理，每个处理设 4 个重复，共 24 个小区。具体试验设计和测定情况详见 2.3.2 节相关介绍。

6.2.1 光合生理响应机制

1. 光合-光响应曲线参数

不同滴灌水量和秸秆覆盖处理不同程度地影响了表观光量子效率 α 和光合能力 A_{max}（表 6-2）。表 6-2 按照测定日距返青后首次灌水的天数（Dafi）排列，依次反映旗叶展开至成熟期间不同生育阶段光合参数的处理间差异情况（表 6-3 采用同样的排列顺序）。其中，2013 年每个处理的光曲线只测定了一条，无法进行均值比较，2014～2016 年的每次测定均至少测定两条光曲线，可以进行均值比较及方差分析。

表 6-2 滴灌水量和秸秆覆盖处理及其交互作用对表观光量子效率 α 和光合能力 A_{max} 影响的显著性水平表

光合-光曲线参数	测定日	所属年份	滴灌水量	秸秆覆盖与否	水量和覆盖处理的交互作用	6 个处理比较
表观光量子效率 α	Dafi29～30	2014	0.197	0.991	0.769	0.543
	Dafi32～35	2016	0.923	0.186	0.315	0.472
	Dafi35～36	2015	0.146	0.143	0.401	0.200
	Dafi47～48	2014	0.031 **	0.642	0.119	0.078 *
	Dafi54～55	2015	0.008 **	0.524	0.690	0.038 **

续表

光合-光曲线参数	测定日	所属年份	滴灌水量	秸秆覆盖与否	水量和覆盖处理的交互作用	6 个处理比较
光合能力 A_{max}	Dafi29 ~ 30	2014	0. 007 **	0. 218	0. 119	0. 022 **
	Dafi32 ~ 35	2016	0. 077 *	0. 001 **	0. 515	0. 008 **
	Dafi35 ~ 36	2015	0. 019 **	0. 094 *	0. 606	0. 049 **
	Dafi47 ~ 48	2014	0. 001 **	0. 032 **	0. 332	0. 005 **
	Dafi54 ~ 55	2015	0. 017 **	0. 002 **	0. 408	0. 009 **

* * 表示 $p<0.05$，* 表示 $p<0.1$

滴灌水量对 α 值的显著影响仅表现在抽穗灌浆后期的两次测定（Dafi47 ~ 48 和 Dafi54 ~ 55，表 6-2）中，而并未发现覆盖处理对 α 值的显著影响，也未发现滴灌水量和覆盖处理的交互作用。6 个处理的比较结果也显示，仅抽穗灌浆后期最后一次和倒数第二次测定的 α 值处理间差异显著（$p=0.038$，$p=0.078$）。

图 6-8 显示了 α 值的处理间多重比较结果，图中不同大写和小写字母分别表示处理间在 0. 1 和 0. 05 水平上差异显著。2014 年，Dafi47 ~ 48 测定中，T1 的 α 值与 T5 差异接近

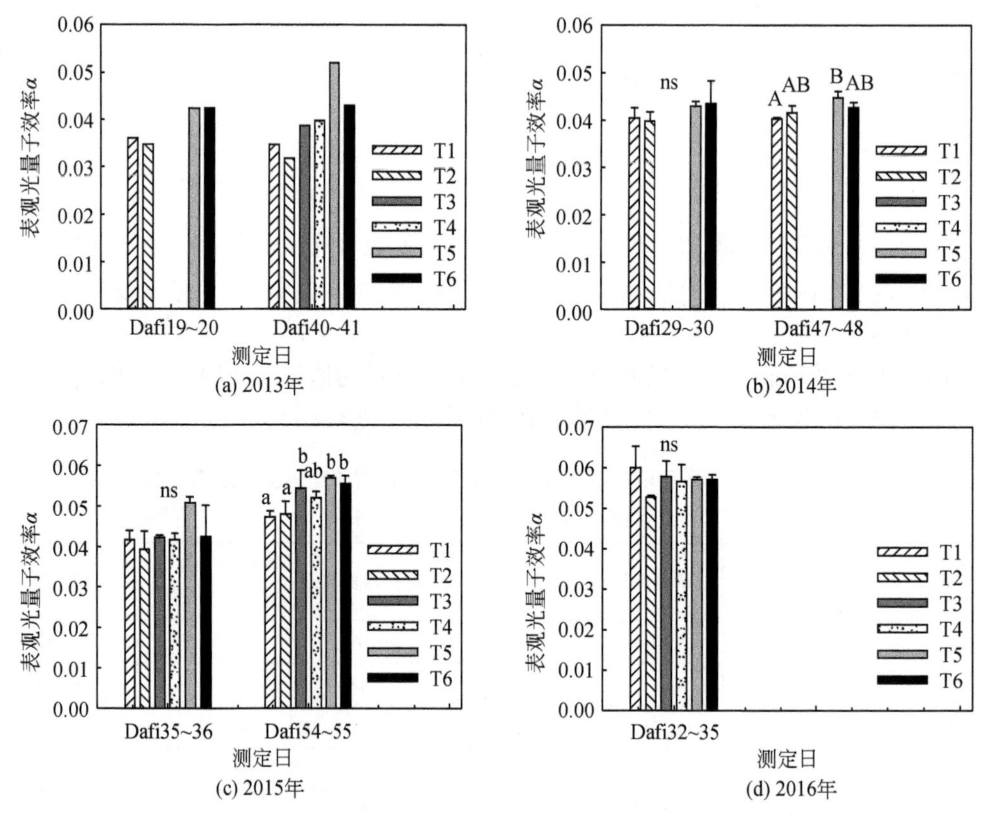

图 6-8　2013 ~ 2016 年不同处理冬小麦表观光量子效率 α 比较

显著，T5 的 α 值较高，而 T2、T6 的 α 值则介于上述两处理之间，且与之均无显著差异。2015 年，Dafi54 ~ 55 测定中，滴灌水量之间的 α 值差异显著，低水处理 T1、T2 的 α 值显著低于高水处理 T5、T6，且显著低于中水覆盖处理 T3，T4 的 α 值介于 T1、T2 和 T3、T5、T6 之间，且与之均无显著差异。T1 ~ T6 四个生长季的 α 均值分别为 0.043、0.041、0.048、0.048、0.050 和 0.047。陆佩玲和于强（2001）研究指出，大田条件下小麦的 α 值一般介于 0.05 ~ 0.07，本研究只有 2015 ~ 2016 年高水和覆盖处理的 α 值在 0.06 左右，而其余年份，尤其是低水不覆盖处理的 α 值较低，表明秸秆覆盖和提高滴灌水量有利于提高 α。

滴灌水量除对 2016 年 Dafi32-35 测定中 A_{max} 的影响接近显著（$p=0.077$）外，其余测定日中，滴灌水量对 A_{max} 均影响显著（$p<0.05$，表 6-2）。秸秆覆盖处理除对 2014 年 Dafi29 ~ 30 的 A_{max} 值影响不显著和对 2015 年 Dafi35 ~ 36 的 A_{max} 值影响接近显著（$p=0.094$）外，其余测定日中，秸秆覆盖对 A_{max} 均影响显著（$p<0.05$）。然而，研究并未发现不同滴灌水量和覆盖处理的交互作用对其产生显著影响。6 个处理间的比较结果显示，所有测定日的 A_{max} 值处理间差异均显著（$p<0.05$，为 0.005 ~ 0.049）。

图 6-9 显示了 A_{max} 值的处理间多重比较结果。2014 年，Dafi29 ~ 30 测定中，T2 的 A_{max} 值显著低于 T5 和 T6，T1 介于 T2 和 T5、T6 之间，与之均无显著差别；Dafi47 ~ 48 测定中，T1、T2 的 A_{max} 值差异不显著，二者均显著低于 T5、T6，T5 的 A_{max} 值又显著大于 T6。2015 年，Dafi35 ~ 36 测定中，A_{max} 值差异仅出现在 T5、T6 和 T2、T4 之间；Dafi54 ~ 55 测定中，T2 的 A_{max} 值则显著低于其余处理，T1 和 T4 则显著低于 T3、T5，而 T6 的 A_{max} 值介于上述两组处理之间，与之均无显著差别。2016 年，Dafi32 ~ 35 测定中，T2、T4 的 A_{max} 值显著低于其余处理，而 T1、T3、T5 的 A_{max} 值差异不显著，T6 的 A_{max} 值介于 T1、T3 和 T5 之间，仅显著低于 T5 值，与 T1、T3 差异不显著。T1 ~ T6 四个生长季的 A_{max} 均值分别为 29.59μmol/(m^2·s)、26.45μmol/(m^2·s)、31.44μmol/(m^2·s)、28.68μmol/(m^2·s)、32.42μmol/(m^2·s) 和 30.90μmol/(m^2·s)。从 A_{max} 值差异来看，越到生育后期，高水和覆盖处理（T5）的优势越显著，而中水覆盖处理（处理 3）的 A_{max} 值与高水覆盖处理差异均不显著。中水、高水覆盖处理的 A_{max} 在生育期末仍较高，有利于籽粒充实，提高作物产量，这与前人研究结果一致（马东辉等，2008）。

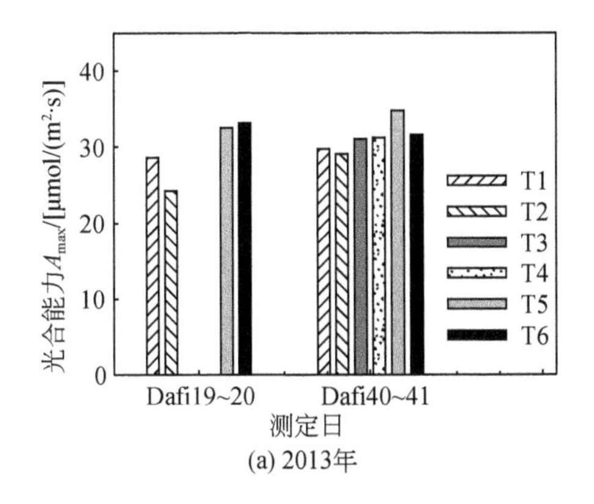

(a) 2013年

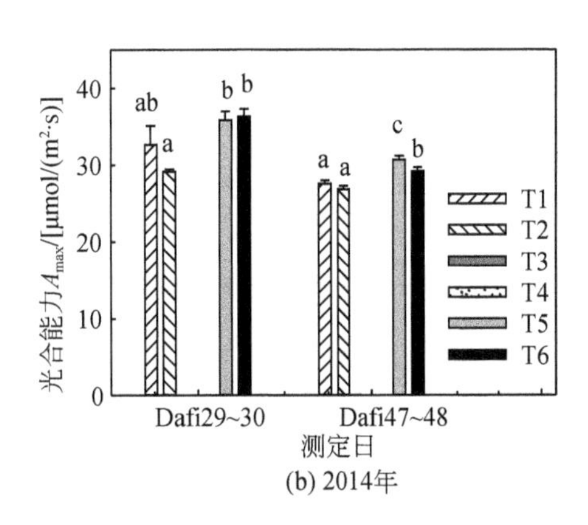

(b) 2014年

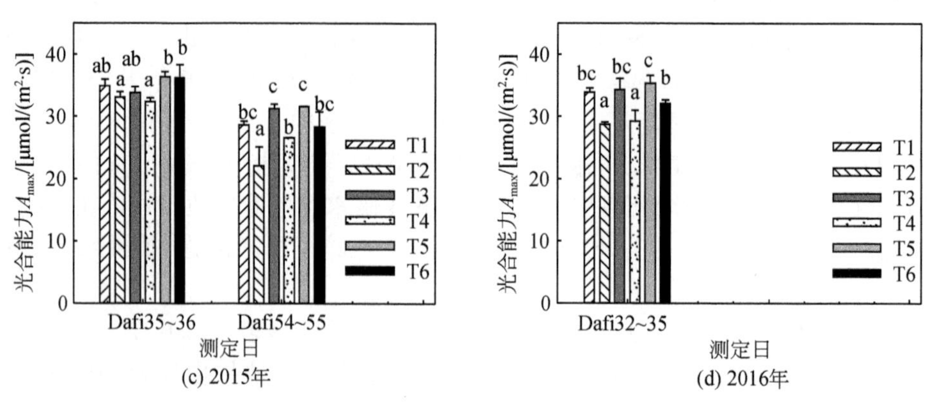

图 6-9　2013～2016 年不同处理冬小麦旗叶最大光合速率 A_{max} 比较

2. 光合-CO_2响应曲线参数

不同滴灌水量和秸秆覆盖处理均不同程度地显著影响了最大羧化速率 V_{cmax} 和最大电子传递效率 J_{max}（表 6-3）。其中，2013～2015 年第二次测定每个处理的 CO_2响应曲线只测定了一条，无法进行均值比较，其余测定日均至少测定两条曲线，可以进行均值比较及方差分析。

表 6-3　滴灌水量和覆盖处理及其交互作用对最大羧化速率 V_{cmax} 和最大电子传递效率 J_{max} 影响的显著性水平表

光合-CO_2响应参数	测定日	所属年份	滴灌水量	秸秆覆盖与否	滴灌水量和覆盖处理的交互作用	6 个处理比较
最大羧化速率 V_{cmax}	Dafi19～20	2013	0.005**	0.298	0.627	0.020**
	Dafi29～30	2014	0.025**	0.321	0.472	0.085*
	Dafi32～35	2016	0.013**	0.031**	0.782	0.035**
	Dafi35～36	2015	0.342	0.073*	0.485	0.202
	Dafi57～58	2016	0.148	0.041**	0.960	0.074*
最大电子传递效率 J_{max}	Dafi19～20	2013	0.046**	0.600	0.747	0.057*
	Dafi29～30	2014	0.249	0.398	0.510	0.453
	Dafi32～35	2016	0.025**	0.497	0.875	0.093*
	Dafi35～36	2015	0.731	0.876	0.229	0.537
	Dafi57～58	2016	0.147	0.026**	0.970	0.062*

**表示 $p<0.05$，*表示 $p<0.1$

滴灌水量对 V_{cmax} 值的显著影响主要表现在抽穗灌浆前期、中期的三次测定（Dafi35 天以前）中，覆盖处理对 V_{cmax} 值的显著影响则主要表现在抽穗灌浆中期、后期（Dafi32 天以后），研究并未发现滴灌水量和覆盖处理的交互作用对其产生显著影响（表 6-3）。6 个处理间的比较结果显示，5 次测定中有 4 次处理间差异达到或接近显著（$p<0.1$），仅 2015 年 Dafi35 ~ 36 测定中处理间 V_{cmax} 值差异不显著（$p=0.202$）。

图 6-10 显示了 V_{cmax} 值的处理间多重比较结果。2013 年，Dafi19 ~ 20 的测定中，低水处理 T1、T2 的 V_{cmax} 值显著低于高水处理 T5、T6。2014 年，Dafi29 ~ 30 的测定中，T2 的 V_{cmax} 值在 0.1 显著水平上低于 T5、T6，T1 的 V_{cmax} 值介于 T2 和 T5、T6 之间，且与两组处理值差异不显著。2016 年，Dafi33 ~ 35 的测定中，T2 的 V_{cmax} 值显著低于 T3、T4、T5、T6，而 T1 的 V_{cmax} 值介于 T2 和 T3、T4、T5、T6 之间，且与两组处理值差异不显著，T4 的 V_{cmax} 值显著低于 T5；Dafi57 ~ 58 的测定中，处理间 V_{cmax} 均值差别较大，处理内个体差异（标准差）也较大，处理间差异仅在 0.1 水平上显著，其中，只有 T2 的 V_{cmax} 值显著低于 T5，其余处理的 V_{cmax} 值介于 T2 和 T5 之间，且与二者差异不显著。T1 ~ T6 四个生长季的 V_{cmax} 均值分别为 121.42μmol/(m^2·s)、107.68μmol/(m^2·s)、133.42μmol/(m^2·s)、113.55μmol/(m^2·s)、141.83μmol/(m^2·s) 和 129.95μmol/(m^2·s)。

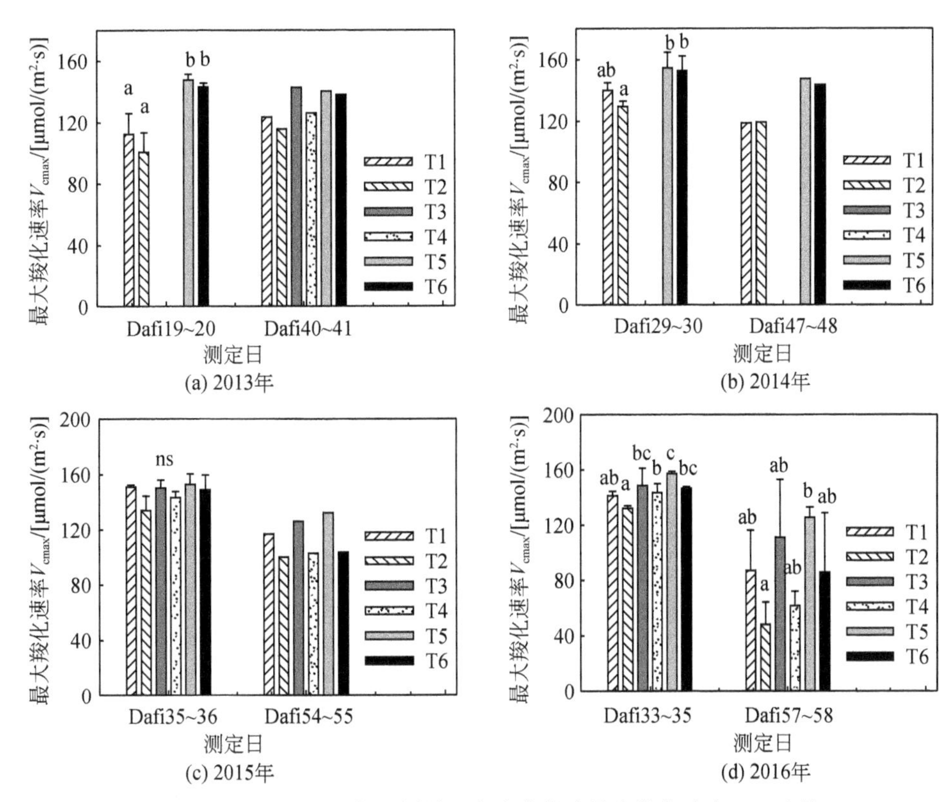

图 6-10　2013 ~ 2016 年不同处理冬小麦旗叶最大羧化速率 V_{cmax} 比较

滴灌水量对 J_{max} 值的显著影响体现在抽穗灌浆前期、中期（Dafi19 ~ 20 和 Dafi32 ~ 35），而覆盖处理对 J_{max} 值的显著影响则仅体现在抽穗灌浆后期末次测定中（Dafi57 ~ 58），同样地，研究并未发现滴灌水量和覆盖处理的交互作用对 J_{max} 显著影响（表 6-3）。6 个处理间的比较结果显示，5 次测定中有 3 次处理间差异仅为接近显著（$0.05<p<0.1$）。

图6-11显示了J_{max}值的处理间多重比较结果。2013年，Dafi19~20的测定中，低水处理T1、T2的J_{max}值在0.1显著水平下低于高水处理T5、T6。2016年，Dafi32~35的测定中，T1、T2的J_{max}值在0.1显著水平下低于T5、T6，T3、T4的J_{max}值介于T1、T2和T5、T6之间，且与两组处理值差异不显著；Dafi57~58的测定中，与V_{cmax}类似，处理内变异较大，可能掩盖了处理间差异，仅有T2、T4的J_{max}值在0.1显著水平下低于T5，其余处理与上述处理均差异不显著。T1~T6四个生长季的J_{max}均值分别为246.21μmol/(m^2·s)、219.24μmol/(m^2·s)、265.20μmol/(m^2·s)、248.20μmol/(m^2·s)、287.04μmol/(m^2·s)和271.63μmol/(m^2·s)。

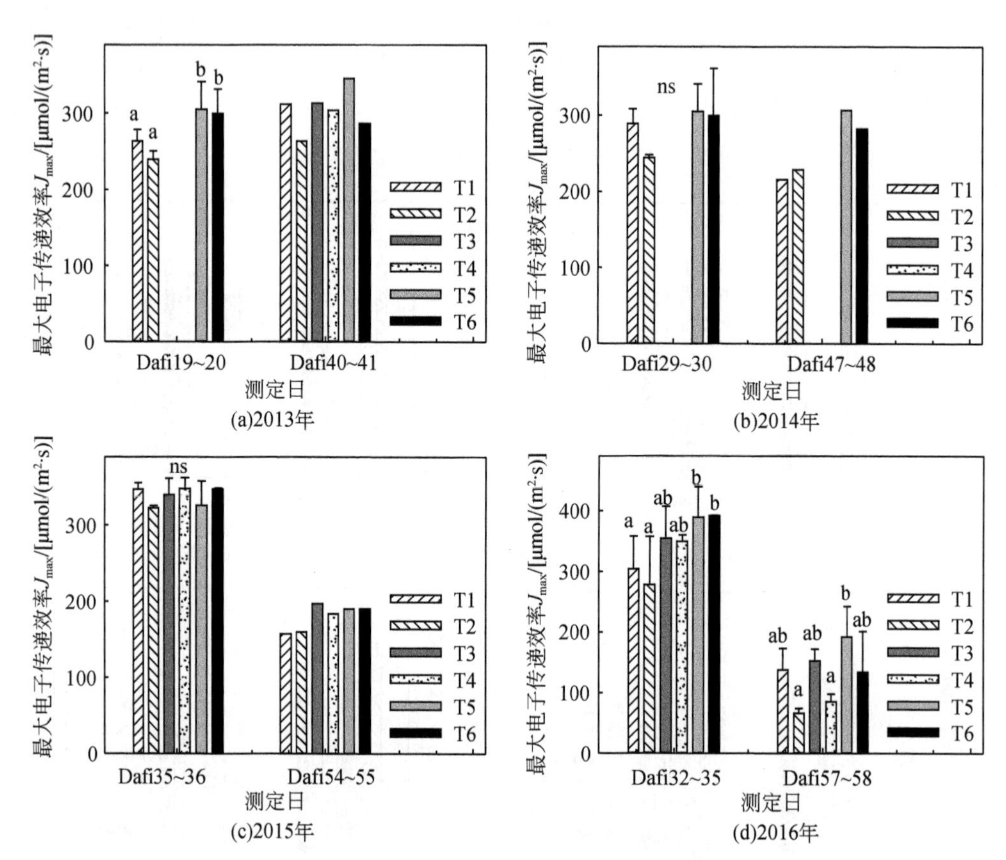

图6-11　2013~2016年不同处理冬小麦最大电子传递效率J_{max}比较

本研究确定的不同处理的V_{cmax}值远高于Wullschleger（1992）对小麦V_{cmax}的统计值[83μmol/(m^2·s)]，但与Müller等（2014）对小麦V_{cmax}的实测值接近，这与近年来小麦品种改良、光合能力提高有关。V_{cmax}的处理间差异一般与旗叶N含量相关，本研究将在下文详述。在V_{cmax}已知的情况下，光合模型参数确定时通常采用J_{max}与V_{cmax}的比值来估算J_{max}值，前人研究普遍认为J_{max}与V_{cmax}的比值较为固定，取值为（2±0.6）μmol/（m^2·s）（Leuning，2002），本研究各处理的J_{max}/V_{cmax}比值介于1.35~2.68，均值为2.0，该范围包含了Evans和Farquhar（1991）对小麦光合研究中报道的该比值1.63~2.06，且均值与

Luening 推荐的 C3 植物普适值 2.0±0.6 一致。基于本研究结果，推荐无基础资料研究中冬小麦光合模拟可采用比值 2 来推算 J_{max}。

3. 光合参数与叶片 N 含量的关系

氮素是作物叶绿素及光合相关酶的重要组成部分，光合速率一般与叶片 N 含量显著相关，本研究分析了光合-光强响应曲线关键光合参数 A_{max} 和光合-CO_2 响应曲线关键光合参数 V_{cmax} 与叶片 N 含量（N_{mass}）的关系。所有年份、所有测定日期的 A_{max} 和 V_{cmax} 均与 N_{mass} 线性相关显著，且不同年份之间相关关系的斜率和截距差异不显著，因此，本研究将所有年份数据统一回归，均达到极显著水平（$p<0.0001$），N_{mass} 分别可以解释 A_{max} 和 V_{cmax} 处理间变异的 71.89% 和 88.76%（图 6-12 和图 6-13）。

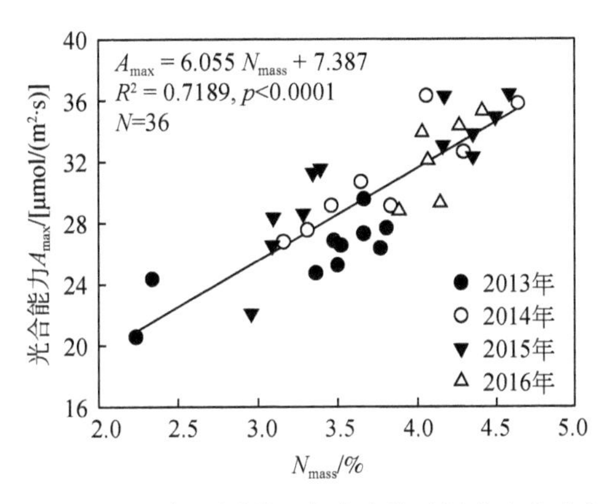

图 6-12　2013 ~ 2016 年不同处理冬小麦旗叶最大光合速率（A_{max}）与叶片 N 含量（N_{mass}）之间的关系

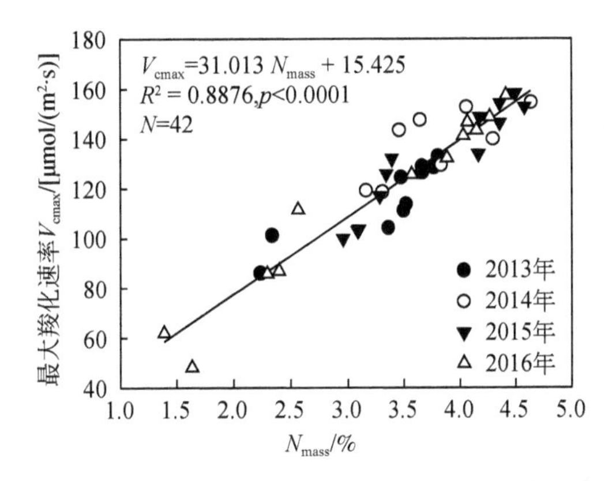

图 6-13　2013 ~ 2016 年不同处理冬小麦旗叶最大羧化速率（V_{cmax}）与叶片 N 含量（N_{mass}）之间的关系

本研究中，高水及秸秆覆盖处理的旗叶在生育末期仍能保持较高的 A_{max} 和 V_{cmax}，与其较高的叶片 N 含量及叶片衰老的延缓有关。光合速率一般随叶片 N 含量增加而增加，二者的定量关系在叶片 N 含量较低时为线性，而叶片 N 含量较高且变化范围较广时则为指数增长到最大值的曲线关系。本研究叶片 N 含量范围内，光合参数与叶片 N 含量的关系仍为线性，未发现随着叶片 N 含量的增加，光合参数增长变缓的现象。适宜的水分和秸秆覆盖处理增加了冬小麦叶片 N 含量，高叶片 N 含量不仅与高光合色素-叶绿素含量相关，而且可提高叶绿体有关光合碳同化酶类活性，进而提高光合速率（Li et al., 2013a; Serrago et al., 2013）。

6.2.2 产量与光合参数的关系

光合作用是产量形成的基础，本研究分析了产量与光合参数之间的相关关系，产量与 A_{max} 及 V_{cmax} 之间均呈现出显著的线性相关关系（图 6-14 和图 6-15），所有年份产量均与 A_{max} 和 V_{cmax} 线性相关显著，且不同年份之间相关关系的斜率和截距差异不显著，因此，本研究将所有年份数据统一回归，均达到极显著水平（$p<0.0001$），A_{max} 和 V_{cmax} 分别能解释产量变异的 83.15% 和 90.99%。该关系较直观地阐明了光合参数对产量的决定作用，A_{max} 和 V_{cmax} 较高时，产量也相应较高（Zhang et al., 2016）。Wang 等（2016）在同一试验地的研究得到的不同滴灌水量和覆盖处理下的产量差异，可以很好地采用光合参数的差异来解释。需要指出的是，本研究 2013 年由于返青期初次灌水较晚，冬小麦返青期可能存在干旱胁迫，尤其是低水及不覆盖处理该年度的产量低于其余年份，这种年际间的产量差异也在光合参数之间反映出来，并未使 2013 年产量与 A_{max} 及 V_{cmax} 之间的关系明显偏离所有年份的回归直线。

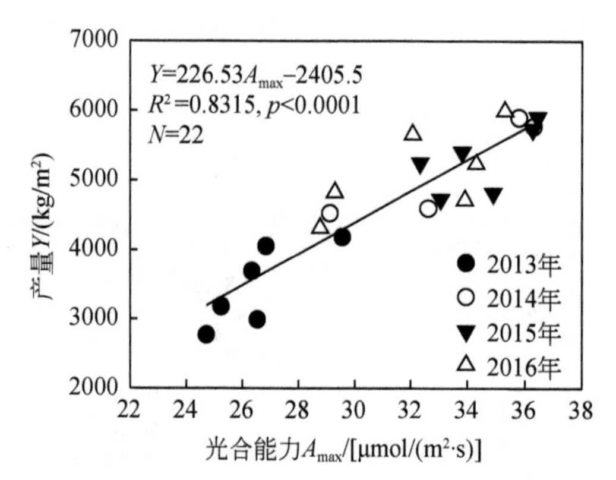

图 6-14　2013～2016 年不同处理冬小麦产量（Y）与旗叶最大光合速率（A_{max}）之间的关系

6.2.3 小结

本研究通过多年连续试验确定了秸秆覆盖处理和不同滴灌制度下的作物光合关键参数，并分析了光合参数处理间差异来源及其与作物产量的关系。4 个生长季的试验表明，

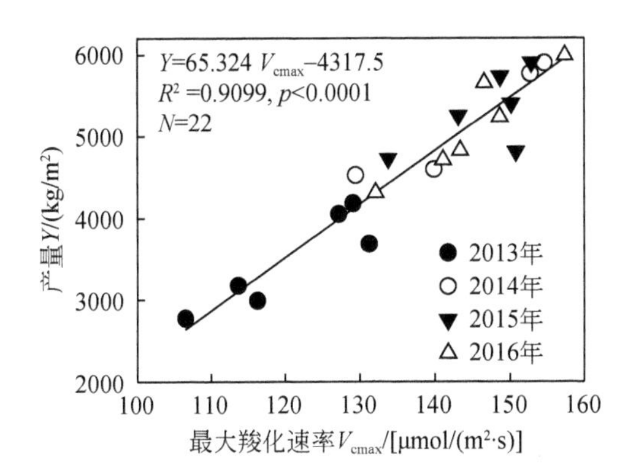

图 6-15 2013 ~ 2016 年不同处理冬小麦产量（Y）与旗叶最大羧化速率（V_{cmax}）之间的关系

秸秆覆盖处理和不同滴灌制度均不同程度地影响了旗叶关键光合参数的值，而二者的交互作用对光合参数的影响则均未发现。

滴灌水量对表观光量子利用效率 α 的显著影响主要表现在抽穗灌浆后期，而秸秆覆盖对 α 的影响不显著；秸秆覆盖和滴灌水量对光合能力 A_{max} 的影响并未表现出明显季节差异；滴灌水量对最大羧化速率 V_{cmax} 和最大电子传递效率 J_{max} 的显著影响主要表现在抽穗灌浆前期、中期，而秸秆覆盖对 V_{cmax} 和 J_{max} 的显著影响则主要表现在抽穗灌浆中期、后期。

秸秆覆盖处理和提高滴灌水量有利于提高 α、A_{max}、V_{cmax} 和 J_{max}，几乎所有测定均以覆盖高水处理（T5）的光合参数最大，不覆盖高水处理（T6）和覆盖中水处理（T3）的相应值略低但与覆盖高水处理差异不显著，而不覆盖低水处理（T2）的相应值则均显著低于上述处理。从降低灌水量的角度来讲，T3 的灌溉制度可以作为秸秆覆盖冬小麦田的滴灌制度，即 65% ~ 85% 的田间持水量作为土壤水分的上下限控制，该灌溉制度配合田间秸秆覆盖措施，可以保持冬小麦旗叶较高的光合能力。

处理间光合参数的差异可以用叶片 N 含量 N_{mass} 来解释，所有年份及所有测定日期的 A_{max} 和 V_{cmax} 均与 N_{mass} 线性相关显著。而光合参数又决定了产量的处理间差异，所有年份的产量均与 A_{max} 和 V_{cmax} 分别线性相关。因此，通过测定不同处理的 N_{mass}，可以估算其旗叶关键光合参数，进而实现其产量的估算。此外，本章研究所确定的光合特征参数还可应用于作物模型中，进而可提高不同水分和秸秆覆盖处理下模型预测的精度。

6.3 秸秆覆盖滴灌夏玉米光合生理响应机制

冬小麦、夏玉米一年两季是华北平原主要的种植模式，秸秆覆盖免耕是改善农田水土环境、降低土壤蒸发、提高水分利用效率的常见农艺措施（房全孝等，2011）。有研究表明秸秆覆盖免耕会导致作物减产，其原因主要是免耕限制根系在土壤的伸展（Guan et al., 2014）及秸秆覆盖使生育初期土壤温度降低。而夏玉米生长季为 6 ~ 9 月，低温效应可能对其生长影响不大，因此，多数研究表明华北平原秸秆还田免耕对夏玉米具有较好的增产效果（陈素英等，2002；Yan et al.，2017），但也有对产量影响不明显的报道，这与还田方式、还田年限及田间其他水肥管理措施的不同密切相关。

本节以华北平原夏玉米为研究对象，设置秸秆覆盖和不覆盖处理，2013～2015年连续3个生长季开展试验，对不同处理下作物生长、产量、内在光合参数进行测定，并同时测定叶片氮含量，主要回答了以下问题：①秸秆覆盖是否促进该地夏玉米生长及提高其产量？②光合参数对秸秆覆盖的响应如何？③光合参数与叶片氮含量的关系是否受到秸秆覆盖的影响？通过本研究明确秸秆覆盖对产量影响的生理基础，并为同类型地区夏玉米作物模型参数确定提供参考。本试验在中国水利水电科学研究院农业节水灌溉试验站基地开展，试验地概况详见2.1节。田间试验于2014～2015年6～10月开展，以夏玉米为研究对象，选择充分灌溉和高肥处理，重点分析秸秆覆盖对玉米光合参数的影响。灌水方式为地表滴灌，灌溉制度以80%～100%的田间持水量作为灌水上下限，抽穗期前、后的计划湿润层分别设定为30cm、50cm。拔节期和灌浆期各施一次N肥，每次追肥200kg/hm^{2}尿素，折合纯N量为92kg/hm^2。具体试验设计和小区布置情况详见2.3.3节。

6.3.1 秸秆覆盖滴灌作物生长和产量

除2013年生长季茎干物质外，秸秆覆盖显著提高了夏玉米成熟期叶、茎和穗的干重（表6-4）。2013～2015年3个生长季成熟期秸秆覆盖处理叶干重比不覆盖处理分别提高了5.5%、7.9%和12.1%，茎干重分别提高了3.8%、14.9%和14.6%，穗干重分别提高了9.9%、9.7%和14.8%。穗干重占地上总干重的比例处理间差异不显著，3个生长季该比值的均值为0.597。秸秆覆盖显著提高了夏玉米产量，2013～2015年秸秆覆盖夏玉米产量分别为11 819.4kg/hm^2、11 024.6kg/hm^{2}和12 429.0kg/hm^2（表6-4），比不覆盖处理提高了11.5%、6.8%和12.1%。

表6-4　试验期间秸秆覆盖和不覆盖处理玉米成熟期干物质积累量及产量均值

年份	处理	干物质			穗/地上干物质总量的比例	产量/(kg/hm^2)
		叶	茎	穗		
2013	SM	2 258.9(130.3)a	4 630.9(105.6)a	10 558.5(779.1)a	0.608(0.009)a	11 819.4(757.7)a
	NM	2 142.0(95.0)b	4 462.9(186.7)a	9 609.6(851.6)b	0.5973(0.012)a	10 600.2(1 138.3)b
	p值	0.030**	0.110	0.018**	0.002**	0.005**
2014	SM	2 111.0(204.7)a	5 181.1(172.7)a	10 427.2(521.3)A	0.587(0.009)a	11 024.6(776.2)A
	NM	1 956.0(116.0)b	4 510.2(199.3)b	9 509.0(426.1)B	0.595(0.007)a	10 319.0(676.6)B
	p值	0.048**	0.014**	0.074*	<0.001**	0.097*
2015	SM	2 291.6(136.0)a	5 872.3(166.2)a	11 892.3(938.6)a	0.599(0.013)a	12 429.0(1 138.8)a
	NM	2 043.6(126.4)b	5 122.7(197.8)b	10 355.6(760.6)b	0.599(0.011)a	11 088.5(920.6)b
	p值	<0.001**	<0.001**	0.002**	<0.001**	0.004**

注：*表示$p<0.1$，**表示$p<0.05$；不同小写字母表示在$p<0.05$水平上差异显著，不同大写字母表示p值介于0.05～0.1，处理间差异接近显著；数字格式为均值（标准差）

秸秆覆盖显著提高了 LAI，且使其较高值持续时间较长（图 6-16）。2013 ~ 2015 年秸秆覆盖处理的 LAI 最大值分别为 4.55、4.77 和 4.48，出现在抽雄吐丝期，分别比不覆盖处理的值（3.88、4.00 和 3.73）高 17.2%、19.2% 和 20.0%。生育期最后一次测定（9 月 20 日左右）中两个处理的差异加大，秸秆覆盖处理下的 LAI 比不覆盖处理值提高 21.8%、36.5% 和 45.1%。

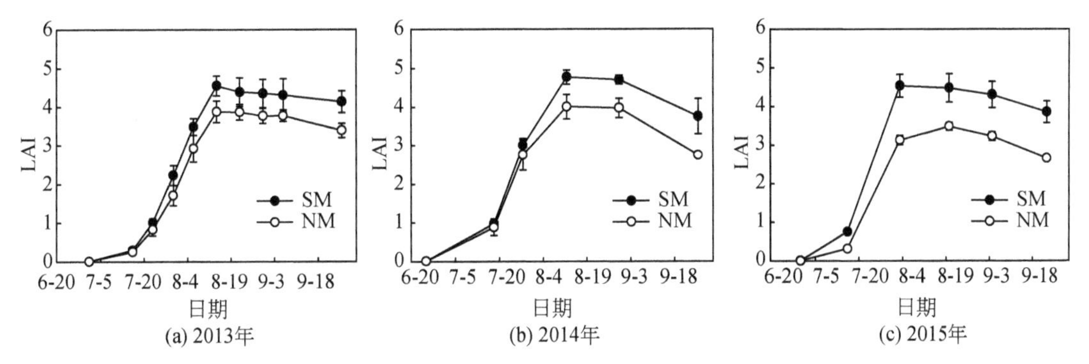

图 6-16　秸秆覆盖和不覆盖处理玉米叶面积指数（LAI）在生育期的变化趋势比较

6.3.2　光合生理响应机制

1. 光合参数和相关叶片特性

除 2014 年抽雄期的一次测定处理间差异不显著外，其余测定秸秆覆盖对光合能力（A_{max}）的影响均显著（图 6-17，$p<0.1$）。2013 年拔节期和吐丝期秸秆覆盖 A_{max} 比不覆盖处理值分别提高 8.4% 和 24.3%，2014 年乳熟期和蜡熟期秸秆覆盖 A_{max} 比不覆盖处理值分别提高 19.2% 和 36.8%，2015 年吐丝期和乳熟期秸秆覆盖 A_{max} 比不覆盖处理值分别提高 9.8% 和 7.9%。2013 ~ 2015 年 SM 和 NM 处理 A_{max} 分别为 33.8 ~ 52.3μmol/(m² · s) 和 27.3 ~ 48.5μmol/(m² · s)，总体来看，A_{max} 随生育期的推进呈现逐渐下降趋势。

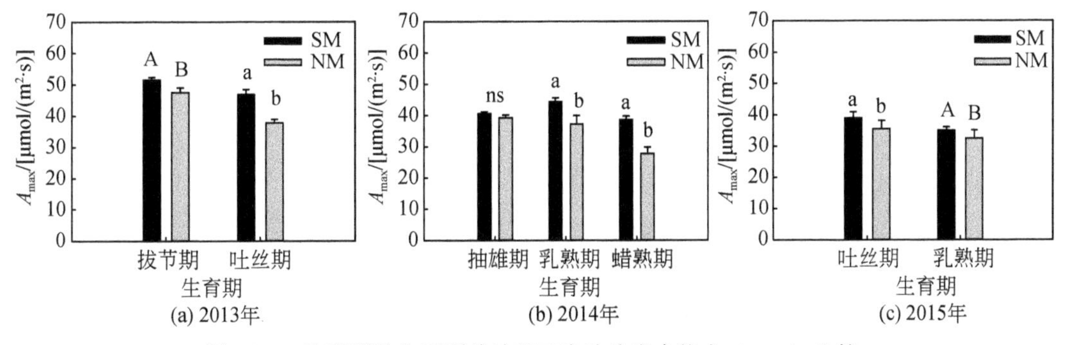

图 6-17　秸秆覆盖和不覆盖处理玉米叶片光合能力（A_{max}）比较

2013～2015 年 7 次测定中有 4 次表观光量子利用效率（α）处理间差异显著（图 6-18，$p<0.1$）。秸秆覆盖处理使 2013 年吐丝期 α 值显著提高 7.7%，2014 年抽雄期和蜡熟期 α 值分别显著提高 15.9% 和 9.1%，2015 年吐丝期 α 值显著提高 16.7%。其余测定中均未发现不同处理 α 值的显著性差异。2013～2015 年 SM 和 NM 处理 α 值分别介于 0.037～0.0585 和 0.035～0.062，总体来看，α 随生育期的推进也呈现逐渐下降趋势。

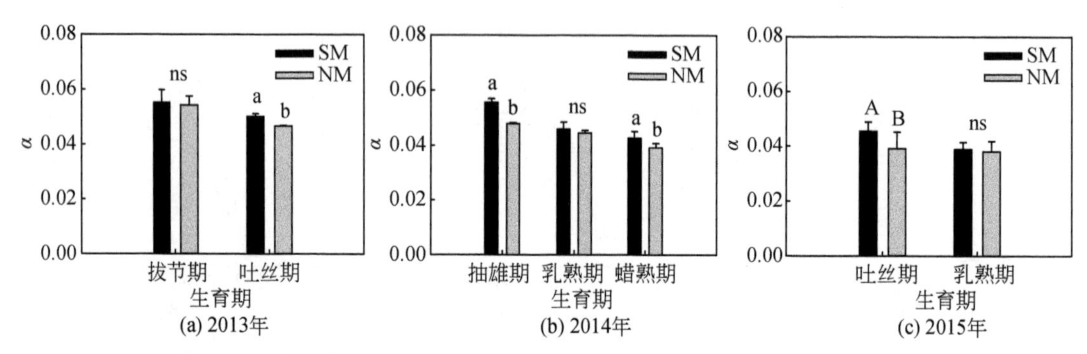

图 6-18　秸秆覆盖和不覆盖处理玉米叶片表观光量子利用效率（α）比较

2013～2015 年 7 次测定中有 2 次呼吸速率（R_d）处理间差异显著（图 6-19，$p<0.1$）。秸秆覆盖处理使 2013 年吐丝期 R_d 值显著提高 16.7%，2014 年蜡熟期 R_d 值显著提高 39.6%。其余测定中均未发现不同处理 R_d 值的显著性差异。R_d 未显示明显的季节变化，2013～2015 年 SM 和 NM 处理均值分别 2.63μmol/(m^2·s) 和 2.52μmol/(m^2·s)。

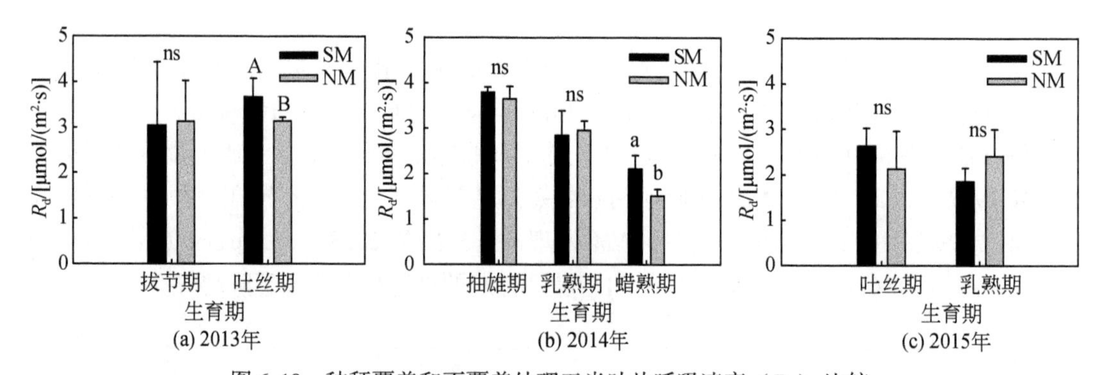

图 6-19　秸秆覆盖和不覆盖处理玉米叶片呼吸速率（R_d）比较

2013～2015 年 7 次测定中只有 1 次叶片氮含量（N_{mass}）处理间差异显著（图 6-20，$p<0.1$），秸秆覆盖处理使 2013 年吐丝期 N_{mass} 值显著提高 10.1%。其余测定中均未发现不同处理 N_{mass} 值的显著性差异。

除 2014 年抽雄期的一次测定处理间差异不显著外，其余测定秸秆覆盖对维管束鞘细胞对 CO_2 的泄漏率（L）影响显著（图 6-21，$p<0.1$）。2014 年乳熟期和蜡熟期秸秆覆盖 L 比不覆盖处理值分别降低 12.5% 和 9.1%，2015 年吐丝期和乳熟期分别降低 9.6% 和 13.3%。

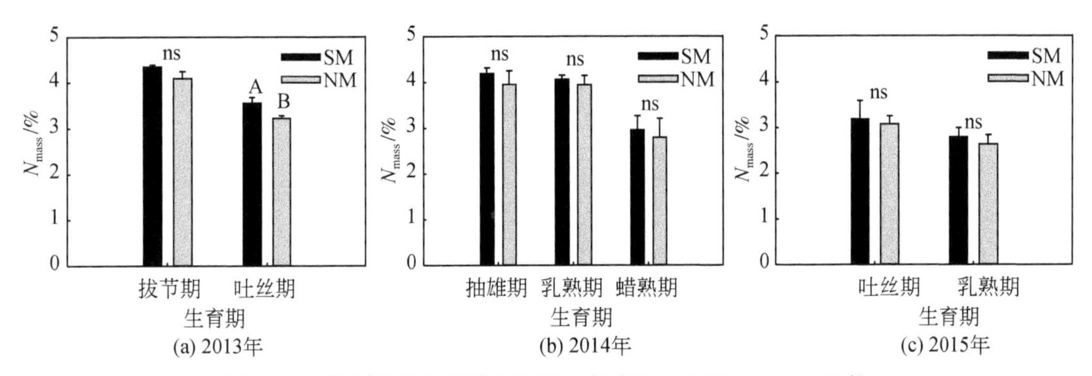

图 6-20　秸秆覆盖和不覆盖处理玉米叶片 N 含量（N_{mass}）比较

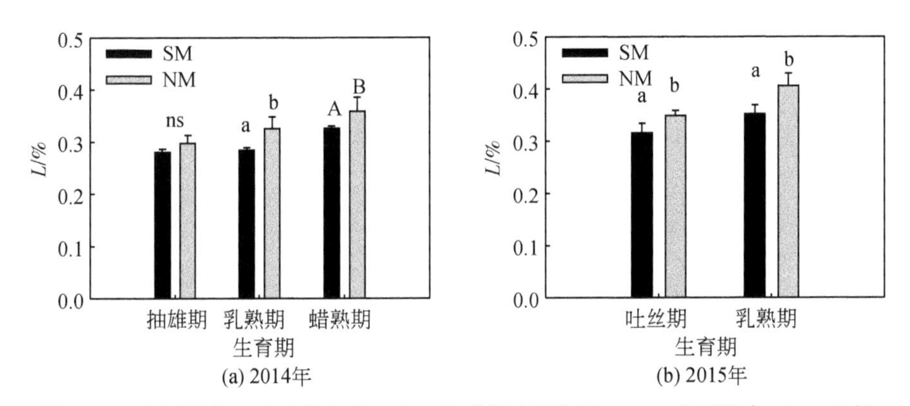

图 6-21　秸秆覆盖和不覆盖处理玉米叶片维管束鞘细胞对 CO_2 的泄漏率（L）比较

2. 光合参数变异来源

2013 ~ 2015 年 A_{max} 与 N_{mass} 显著线性相关，秸秆覆盖处理显著影响了二者的相关关系，使回归直线的截距显著提高（p<0. 001，图 6-22），SM 处理截距（18. 10）比 NM 处理（13. 03）提高 38. 9%，而斜率则变化不大（SM 和 NM 分别为 6. 62 和 6. 85）。秸秆覆盖和不覆盖处理的回归直线决定系数（R^2）分别为 0. 69 和 0. 55。

2013 ~ 2015 年 α 与 N_{mass} 显著线性相关，秸秆覆盖处理显著影响了二者的相关关系，使回归直线的截距显著提高（p = 0. 08，图 6-23），SM 处理截距（0. 0073）比 NM 处理（0. 0067）提高 9. 0%，而斜率则变化不大（SM 和 NM 分别为 0. 0204 和 0. 0210）。秸秆覆盖和不覆盖处理的回归直线决定系数（R^2）分别为 0. 60 和 0. 55。

2013 ~ 2015 年 R_d 与 N_{mass} 显著线性相关，二者相关关系并未受到秸秆覆盖的显著影响，线性回归的斜率和截距分别为 0. 8793 和 –0. 3640，叶片 N 含量能解释 R_d 57. 2% 的变异（图 6-24）。

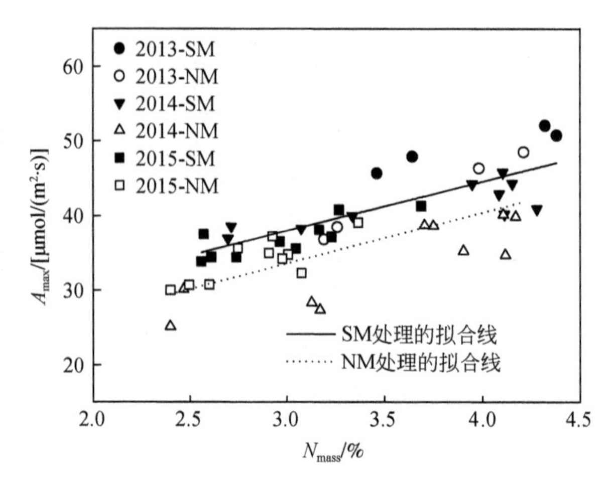

图 6-22　秸秆覆盖和不覆盖处理玉米叶片光合能力 A_{max} 与叶片 N 含量 N_{mass} 关系

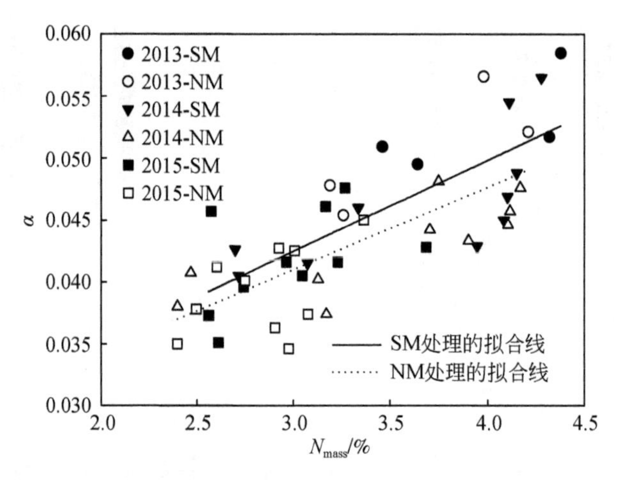

图 6-23　秸秆覆盖和不覆盖处理玉米叶片表观光量子效率 α 与叶片 N 含量 N_{mass} 关系

3. 讨论

(1) 作物生长和产量

秸秆覆盖提高了夏玉米产量和叶、茎、穗的干物质积累量。秸秆覆盖引起的产量和干物质积累量的增加与该处理下叶面积指数较高且持续时间较长（图 6-16）、光合能力（A_{max}）和表观光量子利用效率（α）的提高（图 6-17 和图 6-18）有关（Li et al., 2013a; Efthimiadou et al., 2010）。

已有研究得出的秸秆覆盖量介于 3000 ~ 12 000kg/km²，一般情况下只有秸秆覆盖量大于 6000kg/km² 的处理才能显著提高产量（张吉祥等，2007；张向前等，2014）。本研究中充分灌溉条件下，6000kg/km² 的秸秆覆盖量使籽粒产量比不覆盖处理增加 6.8% ~ 12.1%，地上干物质量提高 7.1% ~ 14.7%。Tolk 等（1999）研究中，充分灌溉和 6700kg/km² 的秸

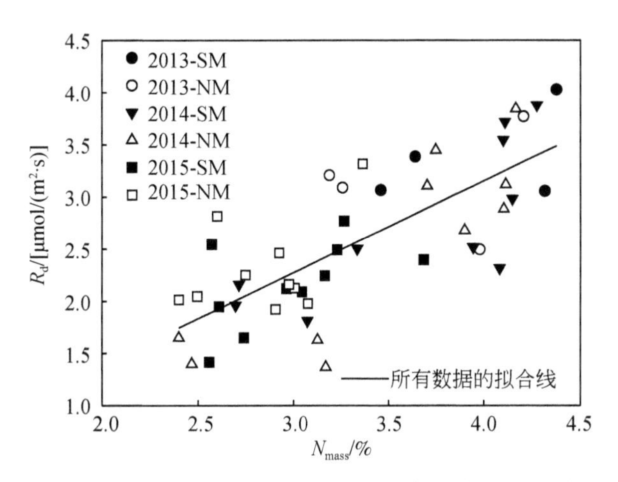

图 6-24 秸秆覆盖和不覆盖处理玉米叶片呼吸速率 R_d 与叶片 N 含量 N_{mass} 关系

秆覆盖量对产量提高的比例接近。

SM 处理叶面积指数在关键生育期（吐丝期前后 15 天）较高也是该处理产量较高的原因之一。秸秆覆盖处理下 LAI 的提高有利于作物在关键时期截获更多的太阳辐射，Puntel（2012）研究发现冠层应截获 95% 的太阳辐射以使其生长速率最大化。Otegui 等（1995）报道玉米籽粒产量的主要影响因素——穗粒数也与关键生育期截获的太阳辐射量密切相关。较高的单位叶面积光合能力和表观光量子利用效率也是秸秆覆盖下产量较高的重要原因，下节重点讨论秸秆覆盖对上述光合参数及相关叶片特性的影响。

（2）光合参数和相关叶片特性

文献报告田间种植的玉米叶片 N 含量为 1.51% ~ 4.66% 时，A_{max} 介于 18.2 ~ 59.6μmol/(m² · s)（Puntel，2012）。本研究中的叶片 N 含量（2.47% ~ 4.38%，图 6-20）和 A_{max} 的变化范围［27.3 ~ 52.3μmol/(m² · s)，图 6-17］均与前人报道范围类似。Skillman（2008）在控制条件下保持大气正常 CO_2 浓度和 O_2 浓度，测定 C4 光合途径作物的 α 平均值为 0.057±0.006。本研究 α 的各次测定中不同处理的平均值介于 0.035 ~ 0.062（图 6-18），略低于在控制条件下的测定数据。本研究生育后期测定的 α 值较低，也与叶片 N 含量降低有关。两种处理的 R_d 平均值为 2.57μmol/(m² · s)（图 6-19），与相同叶位的田间测定值［2.25 ~ 3.1μmol/(m² · s)］非常接近（Puntel，2012）。

针对中国北方地区秸秆覆盖的研究，有几篇报道指出，秸秆覆盖提高了光合参数和叶片 N 含量（蔡太义等，2012；Tao et al.，2015；郭瑶等，2017）。本研究多次测定中超过半数发现，秸秆覆盖下夏玉米的 A_{max} 和 α 显著提高（图 6-17 和图 6-18），该结果与前人研究一致。然而，与前人研究不同的是，本研究 7 次测定中 6 次分析结果都是不同处理 N_{mass} 差异不显著（图 6-20）。本研究发现的秸秆覆盖处理下夏玉米叶片维管束鞘细胞对 CO_2 的泄漏率（L）降低（图 6-21），是目前在田间试验中发现的秸秆覆盖对夏玉米叶片 L 值影响的第一次报道。本研究中“秸秆覆盖下夏玉米主要提高 LAI，而不是提高叶片 N 含量”的现象与前人报道“玉米即便降低叶片 N 含量也会优先伸展叶面积”的观点类似（Vos et al., 2005)。下文将详细讨论秸秆覆盖夏玉米叶片在相似叶片 N 含量下 A_{max} 和 α 较高的其他可能原因。

本研究中 A_{max} 和 N_{mass} 之间、α 和 N_{mass} 之间的关系在两种处理中都是线性的（图6-22 和图6-23)，与大量前人研究一致（Paponov et al., 2005；Vos et al., 2005)。然而，线性拟合的截距受到秸秆覆盖的影响，秸秆覆盖下的回归直线斜率和不覆盖处理接近，但截距较大，这意味着秸秆覆盖处理下，相同的叶片 N 含量可以支持较高的 A_{max} 和 α，即秸秆覆盖处理下夏玉米具有较高的叶片氮利用效率。该发现与笔者在同一研究地的 C3 作物冬小麦研究结果不一致，秸秆覆盖与否对 A_{max} 和 N_{mass} 之间的关系影响不显著，即秸秆覆盖提高了冬小麦叶片 N 含量，进而提高 A_{max}（张彦群等，2017)。夏玉米作为 C4 作物，秸秆覆盖提高其叶片 N 利用效率可能与我们观测到的秸秆覆盖降低了充分水肥条件下的叶片 L 值有关(图6-21)。叶片 N 含量相似时，较多的叶片 N 分配到 Rubisco 酶也可以提高 N 利用效率和降低 L 值（Kromdijk et al., 2014)。我们研究发现的 L 值差异可能也与叶片 N 在细胞器之间的分配不同有关，但仍需进一步研究证实。本研究结果也证实了即使在充分提供水肥的条件下，夏玉米叶片光合中 C3 和 C4 反应速率的相对大小及其对 L 值的影响都对调节最终光合参数的大小至关重要（Ghannoum, 2009)。因此，秸秆覆盖处理下叶片 N 含量的轻微增加引起了光合能力的显著提高。

R_d 与 N_{mass} 的线性相关关系不受秸秆覆盖处理的影响（图6-24)。这与 Osaki 等（2001）在玉米中的研究结果一致。而 Wang 等（2012）在温室玉米的研究中则发现不同 N 处理下 R_d 差异不显著。Byrd 等（1992）则认为 C4 作物 R_d 与叶片 N 之间的关系并不明显。

6.3.3 小结

通过连续 3 年对华北地区秸秆覆盖（SM）和不覆盖（NM）处理的夏玉米生长和相关光合参数进行测定和分析，得出以下结论：

1）秸秆覆盖使夏玉米产量与不覆盖处理相比提高了 7.1% ~14.7%。秸秆覆盖引起的产量和干物质积累量的增加与该处理下叶面积指数较高、叶面积持续时间较长、光合能力(A_{max}）和表观光量子利用效率（α）的提高有关。秸秆覆盖处理下 A_{max} 和 α 比不覆盖处理分别提高了 7.9% ~36.8% 和 7.7% ~16.7%。

2）A_{max}、α 和 R_d 与 N_{mass} 线性相关。A_{max} 和 N_{mass} 之间、α 和 N_{mass} 之间的线性回归关系受秸秆覆盖处理的影响，其斜率相似但截距相差较大，而秸秆覆盖对 R_d 和 N_{mass} 的线性回归没有显著影响。

3）大部分测定中并没有发现 SM 处理下 N_{mass} 较高，光合参数的提高可能与 SM 处理下叶片 N 利用效率较高有关。本研究发现 N 利用效率较高还与 SM 处理的维管束鞘细胞对 CO_2 泄漏率（L）较低有关。

6.4 结　论

本章针对东北和华北地区覆盖滴灌典型粮食作物光合生理响应机制开展研究，通过多年连续试验，系统测定了覆盖和不覆盖条件下的作物生长、内在光合参数及相关叶片生物学特性，分析了不同覆盖处理下的光合参数差异，确定了引起光合参数差异的叶片生物学因子，从光合生理响应层面揭示了覆盖滴灌模式引起产量和水分利用效率变化的内因。得到如下主要成果：

1）对 C3 作物冬小麦来讲，秸秆覆盖处理和不同滴灌制度均不同程度地影响了旗叶关键光合参数的值，而二者的交互作用对光合参数的影响则不显著。各光合参数对覆盖和滴灌水量的响应因生育期不同而异。

2）秸秆覆盖处理和提高滴灌水量有利于提高表观光量子利用效率 α、光合能力 A_{max}、最大羧化速率 V_{cmax} 和最大电子传递效率 J_{max}。处理间光合参数的差异可以用叶片 N 含量 N_{mass} 来解释，所有年份、所有测定日期的 A_{max} 和 V_{cmax} 均与 N_{mass} 线性相关显著，该相关关系不受秸秆覆盖处理影响。

3）各处理光合参数的差异引起了产量的差异，所有年份的产量均与 A_{max} 和 V_{cmax} 分别线性相关。从降低灌水量的角度来讲，T3 的灌溉制度可以作为秸秆覆盖冬小麦田的滴灌制度，即 65% ~85% 的田间持水量作为土壤水分的上下限控制，该灌溉制度配合田间秸秆覆盖措施，可以保持冬小麦旗叶较高的光合能力。

4）对 C4 作物玉米来讲，无论东北区塑膜覆盖春玉米还是华北区秸秆覆盖夏玉米，覆盖滴灌（包括塑膜覆盖和秸秆覆盖）均能不同程度地提高玉米产量，产量提高与该处理下叶面积指数较高、单位叶面积光合能力 A_{max} 的提高有关。塑膜覆盖滴灌处理 A_{max} 值平均比不覆盖滴灌处理提高了 3.2% ~4.8%，比 CK 处理显著提高了 13.5% ~20.5%；秸秆覆盖滴灌处理 A_{max} 比不覆盖处理提高了 7.9% ~36.8%。

5）A_{max} 与叶片氮含量 N_{mass} 线性相关，与冬小麦的不同之处在于，该线性回归关系受覆盖处理的影响，与不覆盖处理相比，覆盖处理相同的 N_{mass} 对应较高的光合能力，即覆盖提高了叶片氮利用效率。大部分测定中并没有发现覆盖处理下 N_{mass} 较高，光合参数的提高可能与 SM 处理下叶片氮利用效率较高有关。更高的氮利用效率还与 SM 处理的维管束鞘细胞对 CO_2 泄漏率（L）较低有关。

第7章 塑膜覆盖滴灌作物模型改进与应用

玉米是中国种植范围最广、产量最高的作物，位居三大粮食作物之首。黑龙江省是我国玉米生产大省之一，春季阶段性干旱和低温是限制当地玉米单产水平的主要因素。塑膜覆盖滴灌技术可明显降低土壤蒸发并促进作物蒸腾，增加表层地温，为作物生长创造良好条件，实现作物增产（康静和黄兴法，2013），目前已在黑龙江、内蒙古、辽宁、吉林等地区得到大面积推广。不同灌溉方式会对作物的生境系统产生重要影响，要在实践中用好塑膜覆盖滴灌技术，就要明确作物各生理指标对该灌溉方式的动态响应，而这种研究目前主要以田间试验为手段开展。传统的研究方法不仅周期长、成本高，而且取得的成果缺乏通用性。作物模型利用计算机对作物生长发育过程及其与环境的动态关系进行系统的分析和定量的描述，从而预测作物的阶段发育、形态发生、干物质积累分配及产量，具有系统性、动态性、预测性和通用性的优点（林忠辉等，2003；罗毅和郭伟，2008；曹宏鑫等，2011），可弥补传统田间试验的缺陷，为塑膜覆盖滴灌的相关研究提供有效手段。

农业技术转移决策支持系统（decision support system for agrotechnology transfer，DSSAT）模型中的 CERES-Maize 模型在世界范围内已成为研究玉米生境系统的有力工具。国内外学者对 CERES-Maize 模型开展了大量应用研究，主要进行模型参数调整与模型验证，以此为灌溉制度制定、水肥管理、产量预测等提供科学依据与技术支持。以往研究中，CERES-Maize 模型在滴灌系统中的应用研究较少，尤其是针对塑膜覆盖滴灌模式下的应用鲜有相关报道。这是由于 CERES-Maize 模型没有针对作物覆盖处理的模块，尚无法从机理上实现对地膜覆盖作物生长过程的模拟，限制了 CERES-Maize 模型的应用。

本章以东北典型试验区塑膜覆盖滴灌玉米为研究对象，试验地概况详见 2.1.1 节，试验设计和田间测定详见 2.2.1 节。利用 2014 ~ 2015 年的滴灌试验数据，依据作物生长发育的积温学说（肖明等，1998），充分考虑覆膜对土壤增温的热效应，量化覆膜后地温对气温的补偿值（杨宁等，2015），并对 CERES-Maize 模型中的冠层能量消光系数进行调试，验证改进模型对覆膜玉米的模拟效果，并通过改进其土壤水分平衡计算输入等参数使其适用于覆膜滴灌模式，利用东北地区滴灌玉米的田间试验数据进行校准和评估。此外，应用改进后的模型对东北典型区塑膜覆盖滴灌灌溉施肥制度进行优化模拟。本章研究结果将为 CERES-Maize 模型在玉米塑膜覆盖滴灌模式下的应用研究提供新思路。

7.1 CERES-Maize 模型改进与适用性评价

7.1.1 模型简介

1. 模型组成

DSSAT 模型是当今世界上应用最为广泛的作物模型之一，囊括了美国众多著名作物模型，包括谷类作物的 CERES 系列模型，GROPGRO 豆类作物系列模型、CROPGRO 非豆类作物系列模型、SUBSTOR-potato（马铃薯）模型、CROPSIM-cassava（木薯）模型、向日葵模型 OILCROP、甘蔗模型 CANEGRO 等，可以模拟超过 25 种作物品种。随着版本的不断更新，模型不断被改进与完善，其适用范围与模拟精度得到极大提高，从较强的经验型模型逐渐转向发展机理型模型。

DSSAT 模型属于模块式模型，主要由用户界面、数据库、作物系统模型、应用分析、后援软件组成（Jones et al.，2003）。如图 7-1 所示。

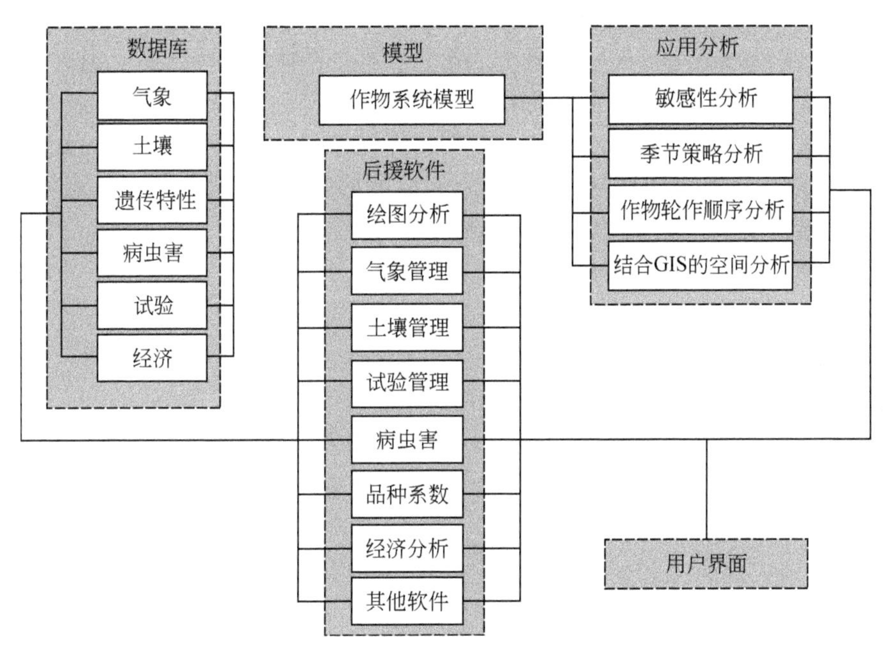

图 7-1　DSSAT 模型的结构组成

数据库用于存储气象、土壤、田间管理及作物遗传特性等信息，为不同的试验模拟提供数据支持。作物系统模型是 DSSAT 模型的核心，可以模拟作物生长和发育过程，同时还可以模拟土壤水分、碳氮过程的动态平衡。应用分析系统可进行模拟试验，并显示模拟结果，主要应用于敏感性分析、季节策略分析、作物轮作顺序分析及结合 GIS 的空间分析。后援软件协助用户构建数据库，比较模拟结果与实测结果来评价模型，以及决定是否需要对模型进一步修改以提高其模拟的准确性，包括试验管理模块、绘图分析工具模块、土壤管理模块、气象管理模块等。用户界面是基于 Windows 系统的界面，简单明了，易于操作。

DSSAT 模型中的 CERES 系列模型（可模拟玉米、小麦、水稻、高粱等禾谷类作物）是光能驱动模型，即通过气象资料模拟太阳能，进而驱动光合作用并形成作物产量。其中，CERES-Maize 模型是专门用于模拟玉米生长发育和产量形成的模型，通过调用气象和土壤数据库及土壤水分、氮素和碳素平衡模块，以天为时间步长模拟玉米生长发育、产量形成、氮碳水平衡过程等（Jones et al.，2003）。所需基础数据包括气象数据、土壤数据、作物品种数据及农田管理数据。

2. ET 与土壤水量平衡计算

在 CERES-Maize 模型中，逐日土壤含水量是根据 Ritchie（1998）提出的水量平衡方法，采用一维“翻桶式”（Ritchie，1985）来逐层模拟土壤水分运动和根系吸水。土壤各层含水量的变化通过降水或灌溉、径流、渗漏、土壤蒸发和根部吸收等过程进行计算，计算公式如式（7-1）所示。根系吸水根据作物有效根区和根区有效水分来计算，是根长密度、深度、根系分布和实际土壤含水量之间的函数。参照作物腾发量（ET_0）可用 Priestley-Taylor 和 Penman-Monteith 两种方法计算，潜在作物腾发量（E_0）通过 ET_0 乘以作物系数来计算，如式（7-2），并根据冠层能量消光系数（K）划分为潜在作物蒸腾（EP_0）和潜在土壤蒸发（ES_0）（DeJonge et al.，2012）［式（7-3）和式（7-4）］。实际作物蒸腾（EP）即潜在作物蒸腾和潜在根系吸水（EP_r）之间的较小值，模型通过比较两者之间的大小关系来确定是否发生水分胁迫。当水分充足时，潜在根系吸水大于潜在蒸腾，根系吸水和表面蒸发导致土壤失水，潜在根系吸水逐渐减少，当不能满足潜在蒸腾需求时即发生水分胁迫，从而影响作物生长和生物量形成的相关过程。

$$\Delta S = P + I - \mathrm{EP} - \mathrm{ES} - R - D \tag{7-1}$$

$$E_0 = K_c \times \mathrm{ET}_0 \tag{7-2}$$

$$\mathrm{EP}_0 = E_0 \times [1 - \exp(-K \times \mathrm{LAI})] \tag{7-3}$$

$$\mathrm{ES}_0 = E_0 - \mathrm{EP}_0 \tag{7-4}$$

$$K = K_{bl} \times (1 - \sigma)^{0.5} \tag{7-5}$$

式中，ΔS 为土壤含水量的变化量；P 为降水量；I 为灌溉量；EP 为作物蒸腾量；ES 为土壤蒸发量；R 为地表径流量；D 为土壤剖面的排泄量；K_c 为作物系数；K 为冠层能量消光系数，模型中默认值为 0.685；LAI 为叶面积指数；K_{bl} 为叶片消光系数；σ 为叶片散射系数。

模型气象数据中的太阳辐射包括光合有效辐射（PAR，约占 47%）和近红外辐射（NIR，约占 53%），因此模型中的冠层能量消光系数 K 应是一个能够反映太阳总辐射的加权值。叶片散射系数（σ）针对光合有效辐射和近红外辐射分别取值为 0.2 和 0.8，因此根据式（7-5），加权 K 值的计算式应为：$K = 0.47\ [K_{bl}(1-0.2)^{0.5}] + 0.53\ [K_{bl}$

$(1-0.8)^{0.5}$]，其中叶片消光系数（K_{bl}）的值为0.7～0.8，计算得到的K的加权值应为0.46～0.53（Sau et al.，2004），因此可认为模型中的0.685过高（López-Cedrón et al.，2008）。本研究为了揭示K值变化对覆膜玉米产量和生物量的影响，将其依次降低（0.595、0.505、0.415），与默认值0.685逐一进行对比分析。

7.1.2 塑膜覆盖 CERES-Maize 模型改进

1. 覆膜增加地温和对气温的补偿作用

地膜覆盖增加了地表净辐射热量吸收，抑制了土壤表层由蒸发作用引起的土壤降温效应，所以覆膜后能明显提高表层土壤温度，导致覆膜玉米生育期比露地玉米生育期提前。根据有效积温学说，即露地玉米与覆膜玉米完成某一生育期应有相同的有效积温值，分析并量化覆膜地温增加对气温的补偿作用。

玉米从播种到出苗期间，发育速率主要取决于土壤的热效应，与5cm深处的地积温之间的相关性显著（杨文彬等，1989），玉米出苗后，有效气积温成为影响其生长发育的重要因素。覆膜玉米生育期提前，主要是覆膜玉米有效地积温的增加补偿了相同时间内有效气积温的不足，因此可参考肖明等（1998）的方法计算覆膜地积温对气积温的增温补偿系数C_c，即有效地积温每增加1℃对有效气积温的补偿值，然后根据张立祯等（2003）的经验公式可求出覆膜地温增加对气温的日补偿值ΔT（或为地膜覆盖气温增加量），一般覆膜后地温与气温的比值和土壤增温值越大，其补偿效应越好（杨宁等，2015）。地膜覆盖气温由当天气温加上该天的气温增加量得到，从而生成与覆膜对应的最高、最低气温数据文件，与其他气象资料一起输入，实现模型对玉米覆膜过程的模拟。具体计算方法见式（7-6）～式（7-10）。

$$T_{cum} = \sum_{n=1}^{d} (T - T_b) \tag{7-6}$$

$$C_c = -\frac{T_{cum\text{-}a\text{-}MD} - T_{cum\text{-}a\text{-}ND}}{T_{cum\text{-}s\text{-}MD} - T_{cum\text{-}s\text{-}ND}} \tag{7-7}$$

$$\Delta T = \frac{C_c \times (T_{s\text{-}MD} - T_{s\text{-}ND}) \times (T_a - T_b)}{T_{s\text{-}ND} - T_b} \tag{7-8}$$

$$T_{a\text{-}MD} = T_a + \Delta T \tag{7-9}$$

$$T_a = \frac{T_{max} + T_{min}}{2} \tag{7-10}$$

式中，T_{cum}为有效地（气）积温，℃；T为日均地温（T_s）或日均气温（T_a），℃；T_b为玉米的生物学下限（基点）温度（出苗前为10℃，出苗后为8℃），℃；d为玉米完成某一生育期的天数，d；C_c为增温补偿系数；$T_{cum\text{-}a\text{-}MD}$为覆膜玉米某一生育期的有效气积温，℃；$T_{cum\text{-}a\text{-}ND}$为露地玉米某一生育期的有效气积温，℃；$T_{cum\text{-}s\text{-}MD}$为覆膜玉米某一生育期的有效地积温，℃；$T_{cum\text{-}s\text{-}ND}$为露地玉米某一生育期的有效地积温，℃；$\Delta T$为气温日补偿值，℃；$T_{s\text{-}MD}$为覆膜5cm日均地温，℃；$T_{s\text{-}ND}$为露地5cm日均地温，℃；$T_a$为日均气温，℃；$T_{a\text{-}MD}$为覆膜日均气温，℃；$T_{max}$为日最高气温，℃；$T_{min}$为日最低气温，℃。

2. 模型输入数据

2014 年和 2015 年的逐日气象数据由试验基地的自动气象站获得，包括逐日最高气温（℃）、逐日最低气温（℃）、逐日日照时数（h）和降雨量（mm）（图 7-2）。逐日太阳辐射能根据 Angstron（1924）经验公式计算：

$$R_s = R_a\left(a_s + b_s \frac{n}{N}\right) \tag{7-11}$$

式中，R_s为太阳总辐射，MJ/(m^2 · d)；R_a为天顶辐射，MJ/(m^2 · d)；a_s、b_s为经验系数，与大气质量状况有关，根据 FAO 推荐，选择a_s = 0.25，b_s = 0.50；n 为逐日日照时数，h；N 为逐日最大可能的日照持续时间，h。

土壤数据为田间实测数据，每层的土壤物理特性参数均在试验前测定。模型运行所需土壤参数见表 7-1。

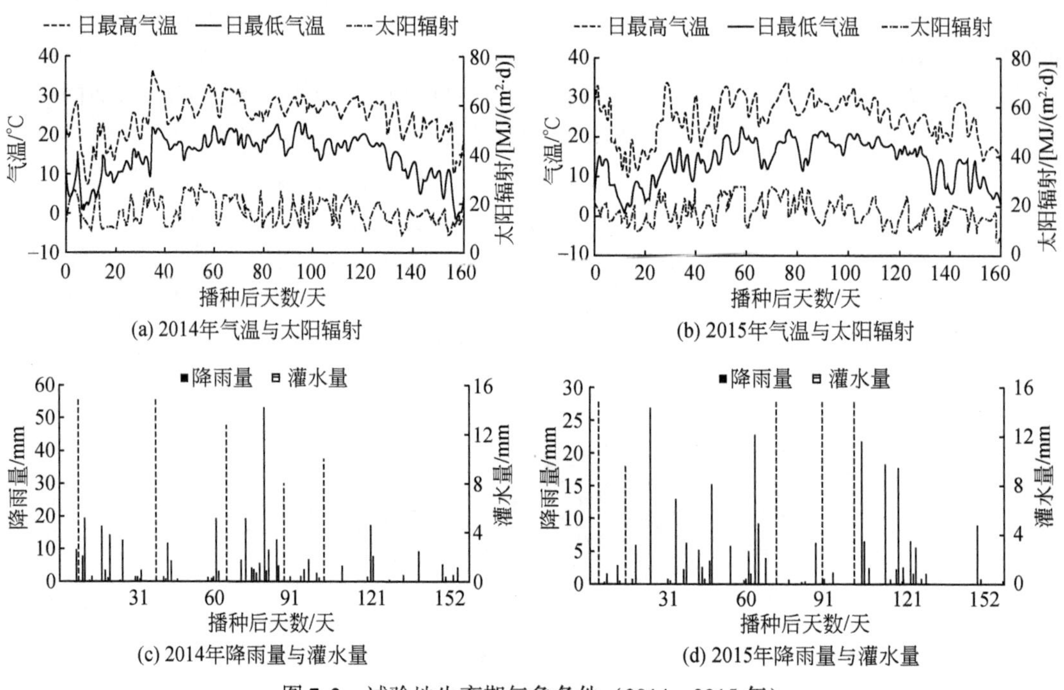

图 7-2 试验地生育期气象条件（2014 ~ 2015 年）

田间管理数据不仅包括播种日期、播种方式、播种密度及深度、玉米生育期节点、收获日期，还包括施肥日期、施肥量、灌溉日期、灌溉量等田间管理信息，在试验期间观测记录以作为模型的输入数据。作物品种遗传参数用来描述作物遗传特性、发育性状和产量性状，不同的作物有不同的参数，DSSAT 模型通过调用这些参数来控制作物发育进程、植株形态与产量形成。在模型的参数校验中，主要对品种遗传参数进行校验。玉米品种遗传参数及取值范围见表 7-2。

表 7-1 试验区土壤性质

土层深度/cm	黏粒/%	粉粒/%	容重/(g/cm^3)	饱和含水率/(cm^3/cm^3)	田间持水率/(cm^3/cm^3)	有机质含量/(g/kg)	pH
0~10	34.7	38	1.372	0.474	0.349	31.63	8.36
10~30	39.9	43	1.309	0.515	0.321	28.57	8.48
30~50	29.6	33	1.552	0.456	0.375	25.50	8.76
50~80	35.2	38	1.516	0.461	0.360	25.94	8.90
80~100	37.7	41	1.630	0.424	0.356	18.07	8.96

表 7-2 玉米品种遗传参数及取值范围

参数	描述	取值范围
P1	从出苗至幼苗期结束大于 8℃的积温/(℃/d)	5~450
P2	光周期敏感系数	0~2
P5	从吐丝到生理成熟期大于 8℃的积温/(℃/d)	580~999
G2	单株潜在最大穗粒数	248~990
G3	潜在最大灌浆速率/[mg/(粒·d)]	5~16.5
PHINT	完成一片叶生长所需积温/(℃/d)	35~50

3. 模型的验证与评价方法

本研究中模型校正和验证过程都以模拟值和实测值之间的相对均方根误差（relative root mean-squared error，RRMSE）和绝对相对误差（absolute relative error，ARE）来进行评价，它们能够度量模拟值与实测值的相对差异程度，RRMSE 和 ARE 的值越小则表明模型模拟精度越高，计算公式如下：

$$\mathrm{ARE}=\frac{|S_i-O_i|}{O_i}\times 100\% \tag{7-12}$$

$$\mathrm{RMSE}=\sqrt{\frac{1}{n}\sum_{i=1}^{n}(S_i-O_i)^2} \tag{7-13}$$

$$\mathrm{RRMSE}=\frac{\mathrm{RMSE}}{\overline{O}}\times 100\% \tag{7-14}$$

式中，RMSE 为均方根误差,%；RRMSE 为相对均方根误差,%；ARE 为绝对相对误差,%；S_i为第 i 个模拟值；O_i为第 i 个实测值；$\overline{O}$为实测值的平均值；n 为数据个数。

7.1.3 改进模型在玉米塑膜覆盖滴灌的适用性

1. 玉米品种遗传参数

本研究运用2014年和2015年ND处理（足肥足水）试验数据进行玉米品种遗传参数的率定和验证。参数率定采用DSSAT模型自带的参数调试程序包GLUE，以玉米的物候期（出苗期、开花期、成熟期）、最终地上生物量和籽粒产量作为相关输出变量，以实测值和模拟值之间的相对误差最小作为目标进行调参（姚宁等，2015）。率定时，首先设置程序运行所需的一组作物参数初始值，然后运行参数调试程序包GLUE，经过10 000次随机搜索后获得较为可靠的一组参数组合，如表7-3所示，并用田间试验数据进行验证。

表7-3 试验玉米品种遗传参数

品种	P1	P2	P5	G2	G3	PHINT
东福1号	285.4	0.043	767.9	972.5	15.84	36.13

比较模型校正和验证方案相应输出变量的模拟值和实测值（表7-4），可以看出模型对开花期和成熟期的模拟精度很高，误差最大为2天，RRMSE为1%左右；对出苗期的模拟相对较差，RRMSE为19.35%，这是由于玉米出苗前的发育速率主要受土温控制，而模型在模拟玉米播种到出苗阶段使用的是气温数据，这是出苗期模拟误差较大的主要原因；对籽粒产量和生物量的模拟效果较好，RRMSE分别为20%左右和15%以下，可见模型在开花期、成熟期和生物量模拟方面较为精确。

2. 覆膜玉米有效气积温补偿系数

覆膜增加了耕层土壤积温，补偿了气积温不足。覆膜增温效应主要受玉米冠层覆盖度的影响。玉米生长前期增温效应明显，随着冠层生长对太阳辐射的截获量日趋增大，增温效应逐渐降低，达到最大冠层覆盖度（一般为抽雄前期）后增温效应不明显（杨宁等，2015），因此本研究只考虑播种期到抽雄期覆膜地积温增加对气积温的补偿效应。根据公式计算出地温对气温的换算系数C_c（表7-5）。出苗前的增温补偿系数大于出苗后，表明出苗前气温的波动变幅较大，对覆膜地温的影响大于出苗后。由于DSSAT模型没有覆膜处理模块，在对模型内核程序不做修改的情况下，根据式（7-6）~式（7-10）计算出覆膜玉米气温，与其他气象资料一起作为新的气象参数用于覆膜玉米模拟。

表 7-4 CERES-Maize 模型的校准和验证结果

	年份	出苗期				开花期				成熟期				籽粒产量/(kg/hm²)				生物量/(kg/hm²)			
		模拟值/天	实测值/天	ARE /%	RRMSE /%	模拟值/天	实测值/天	ARE /%	RRMSE /%	模拟值/天	实测值/天	ARE /%	RRMSE /%	模拟值/天	实测值/天	ARE /%	RRMSE /%	模拟值/天	实测值/天	ARE /%	RRMSE /%
模型校正	2014	17	14	21.43	19.35	85	85	0	0.81	140	142	1.41	1.09	10 928	13 250	17.52	22.35	22 074	24 750	10.81	15.07
	2015	14	17	17.65		89	90	1.11		149	148	0.68		8 720	11 958	27.08		17 183	21 294	19.31	
	均值			19.54	19.35			0.56	0.81			1.05	1.09			22.3	22.35			15.06	15.07
模型验证	2014	17	14	21.43	19.35	85	85	0	0.81	140	142	1.41	1.09	10 968	12 559	12.57	17.54	22 114	23 620	6.34	11.85
	2015	14	17	17.65		89	90	1.11		149	148	0.68		8 715	11 129	21.64		17 185	20 510	16.19	
	均值			19.54	19.35			0.56	0.81			1.05	1.09			17.11	17.54			11.26	11.85

表 7-5　覆膜玉米增温补偿系数

年份	增温补偿系数	
	播种至出苗	出苗至抽雄前
2014	0.63	0.24
2015	0.26	0.15
均值	0.45	0.20

3. 改进 CERES-Maize 模型适用性评价

通过对模型的气象输入数据及冠层能量消光系数 *K* 进行改进，利用率定后的作物遗传参数，对覆膜玉米的生长进行模拟，并与改进前的模拟结果进行比较。改进后的模型对覆膜玉米生育期的模拟精度与改进前相比均有提高（表 7-6），其中，开花期、成熟期的 RRMSE 都在 1% 以下，降低了 2.8% 左右，最大误差仅为 1 天，模拟效果理想。对出苗期的模拟不稳定，虽然改进后模拟精度有所提升，但多年平均的模拟效果仍不理想，这与玉米出苗前的发育主要受地温影响有关，要想解决此问题，必须从内核程序上对模型进行改进，如增加地温输入模块等。

表 7-6　模型改进前后对覆膜玉米物候期的模拟结果

物候期	年份	模拟值/天		实测值/天	ERROR/天		ARE/%		RRMSE/%	
		改进前	改进后		改进前	改进后	改进前	改进后	改进前	改进后
出苗期	2014	17	14	6	11	8	183.33	133.33	126.57	80.81
	2015	14	8	8	6	0	75	0		
开花期	2014	85	82	82	3	0	3.66	0	3.57	0.84
	2015	89	85	86	3	1	3.49	1.16		
成熟期	2014	140	136	137	3	1	2.19	0.73	3.39	0.51
	2015	149	143	143	6	0	4.19	0		

本研究将 *K* 从模型默认值 0.685 依次降为 0.595、0.505、0.415，对覆膜玉米产量和生物量的模拟结果如图 7-3 所示。随着 *K* 值降低，产量和生物量的模拟值明显增加，模拟值和实测值的相对绝对误差（ARE）逐渐减小，并趋近于 0。例如，将 *K* 值从 0.685 降低为 0.415，2014 年、2015 年的产量增幅分别为 22.7% 和 26.5%，生物量增幅分别为 12.2% 和 22.1%，产量 ARE 分别降低了 15.7% 和 17.4%，生物量 ARE 分别降低了 7.9% 和 16.0%。*K* 值降低导致潜在作物蒸腾变小，使得潜在根系吸水更容易满足其蒸腾需水要求，两者的比率（EP_r/EP_0）变大，不易发生水分胁迫或降低水分胁迫程度，从而使产量和生物量增加。经过以上比较，结合前文对冠层能量消光系数 *K* 的理论分析，本研究将 *K* 取值为 0.5，相应的 2014 年和 2015 年的产量和生物量的 ARE 均值分别为 16.95% 和 7.65%，RRMSE 均值分别为 17.5% 和 8.75%。与 *K* 为默认值时相比，生物量和产量的 RRMSE 分别降低了 13.1% 和 12.4%，提高了模拟精度，且对生物量的模拟效果优于产量。

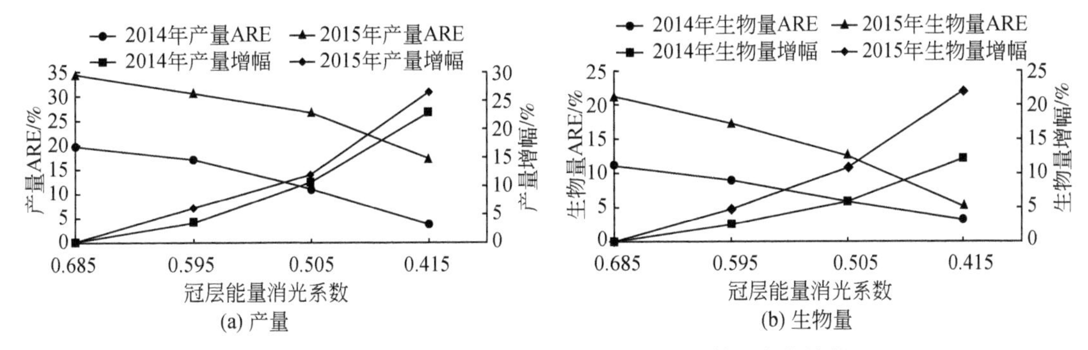

图 7-3　玉米产量和生物量随冠层能量消光系数的变化趋势

7.1.4　小结

本节利用 2014 年和 2015 年的塑膜覆盖滴灌玉米田间试验数据，校准和验证了 CERES-Maize 模型，进而对模型进行改进并应用于覆膜滴灌处理，得到如下主要结论：

1）土壤温度和气温是影响玉米生长发育及产量形成的重要因素，覆膜增温效应使玉米的生育期提前。本研究依据有效积温原理，量化玉米覆膜地积温对气积温的补偿效应，得到增温补偿系数（C_c）在播种期—出苗期为 0.45，出苗期至抽雄期前为 0.2，并根据经验公式计算得到覆膜后的气温值从而形成新的气象输入文件，为拓展 CERES-Maize 模型应用于覆膜玉米的模拟提供了改进依据。

2）冠层能量消光系数 K 反映作物对太阳辐射的吸收能力，是影响模型中作物 ET 计算的一个重要参数。试验研究发现随着 K 值降低，产量与生物量的模拟值增大，ARE 降低并趋近于 0。结合试验结果与消光理论的支持，本研究将 K 取值为 0.5，以更好地模拟玉米产量与生物量。

3）改进后模型对覆膜玉米的开花期和成熟期模拟误差在 1 天以内，统计指标优于模型改进前；对生物量和产量的模拟精度提高，RRMSE 分别降低了 13.1% 和 12.4%，满足精度要求。

改进后的 CERES-Maize 模型可适用于对覆膜玉米生长发育过程及产量的模拟。应用改进的 CERES-Maize 模型对滴灌玉米地膜覆盖的模拟尚属初步研究，需要进一步开展连续试验验证，可为研究东北半干旱地区作物地膜覆盖的生产力预测、农业水肥资源优化管理提供科学依据和技术支撑。

7.2　基于改进作物模型的塑膜覆盖滴灌玉米水肥制度优化

东北和华北地区玉米灌溉施肥管理目前仍然主要沿用传统的地面灌溉和撒施肥料的方式（刘洋等，2014）。为增加作物产量，大部分农户大量施用化肥，尤其是氮肥，引起肥料资源浪费和环境污染。通过研究并建立优化的水肥管理制度，提升区域玉米产量和水肥利用效率正成为许多学者关注的焦点。徐泰森等（2016）对覆膜滴灌玉米水氮耦合效应的研究结果发现，水、氮在一定范围内配合表现出明显的正交互作用，明显促进玉米的生长发育，但当施氮量超过一定范围时会对玉米的生长及产量起到一定的抑制作用，吉林省西部半干旱区玉米的施氮量280kg/hm^2、灌溉定额500mm为最佳水氮组合。刘洋等（2014）的研究表明，施氮次数对玉米的生长和产量影响显著，在灌水充分的前提下，东北黑土区玉米塑膜覆盖滴灌宜采用3次追肥施氮，且总施氮量控制在150～200kg/hm^2（不含底肥）。李楠楠和张忠学（2010）通过试验研究得出，黑龙江半干旱区滴灌玉米以高氮和中水为水肥调控的最佳组合，所需总氮量为375kg/hm^2，全生育期灌溉定额为538.7m^3/hm^2。徐杰（2015）通过研究4个滴灌量和3个施氮量的交互作用对玉米生产的影响，发现滴灌80%ET处理，施氮量为180kg/hm^{2}时玉米产量及水氮利用效率与正常灌水（100%ET）处理无显著差异。张忠学等（2016）的试验结果表明，滴灌玉米最优施氮量范围为290～316kg/hm^2，灌溉定额为505～588m^3/hm^2。

然而这些田间试验没有深入评估施氮次数、施氮比例与灌溉制度之间相互作用的影响，对累积氮淋失量的考虑也较少。此外，基于田间试验手段确定优化的水肥管理制度存在耗时长和成本高等缺点，且所获得的结果具有固有的时间和空间属性，即在某些特定的现场条件和时间上得出的结论可能对其他情况不再有效（He et al.，2012）。作物模型考虑了作物、天气、土壤和管理因素之间的复杂相互作用，一定程度上可用于作为现场实验的有效补充（Ghaffari et al.，2001；He et al.，2012），是开展作物生长模拟和最佳管理策略研究的一种经济有效的方法。DSSAT模型中的CERES-Maize模型是光能驱动模型，通过调用气象和土壤数据库及土壤水分、氮素和碳素平衡模块，以天为时间步长模拟玉米生长发育、产量形成、氮碳水平衡过程等（Jones and Kiniry，1986；Jones et al.，2003），被国内外学者在不同地区进行评估证实具有较高的模拟精度（O' Neal et al.，2002；Liu et al.，2011；He et al.，2011；Ngwira et al.，2014），是世界范围内研究玉米生境系统的有力工具，尤其在水肥优化管理方面，为玉米的种植与研究提供了科学依据与技术支持（Reshmi and Sandipta，2008；Timsina et al.，2008；He，2008），如He等（2012）使用CERES-Maize模型确定了沙质土壤上甜玉米生产的灌溉和氮肥最佳管理方法，Kadiyala等（2015）利用CERES-Rice和CERES-Maize模型确定了热带半干旱地区水稻–玉米轮作种植系统的灌溉和氮肥最佳管理措施，刘海龙（2011）基于CERES-Maize模型在中国吉林省进行了不同氮素对玉米生长和产量影响的模拟试验等。

目前，国内外围绕覆盖滴灌条件下作物生长和灌溉施肥制度的模拟研究较少。本研究选用CERES-Maize模型，通过改进使其适用于滴灌模式，并利用东北地区滴灌玉米的田间试验数据进行校准和评估，然后再应用改进后的模型针对典型区覆盖滴灌灌溉施肥制度进行优化模拟。研究的主要内容包括：①模拟玉米产量和累积氮素淋失量对不同施氮量和灌溉方式的响应；②用长期的气象数据确定最佳氮肥和灌溉管理策略，提出施肥量、施肥次数、施肥比例等覆盖滴灌水肥一体化关键技术参数。相关研究结论可为东北黑土典型区合理玉米滴灌灌溉施肥管理技术模式的制定提供科学依据和参考。

7.2.1 模型参数输入与模拟方案

1. 模型参数输入

土壤水分是影响作物生长和土壤氮素运移的重要因素。在 CERES-Maize 模型中，土壤水分是根据 Ritchie（1998）提出的水量平衡方法，采用一维“翻桶式”来逐层模拟土壤水分运动和根系吸水，每天土壤分层含水量的变化通过降水、灌溉、渗漏、土壤蒸发和根部吸收等过程进行计算，因此灌溉是影响土壤水分计算结果的重要因素。CERES-Maize 模型对土壤水分动态变化的模拟建立在田间整体均匀灌溉的前提下，这与滴灌属于局部灌溉的实际情况不符，如当灌溉量为 1.56m^3（表 7-7）时，模型认为试验小区内任一点的灌溉深度为 15mm，然而滴灌模式下，对于相同的灌溉量（1.56m^3），由于实际灌溉面积减小，实际灌溉深度一定大于 15mm，如果将 15mm 的灌水深度输入模型，则模型一定会低估滴灌模式下作物根系附近的土壤水分（尤其是对于降雨较少的 2015 年）。因此，本研究在对模型的内核程序不进行修改的情况下，对模型输入数据中的灌水深度进行改进以使模型对土壤水分动态模拟更接近滴灌的实际值。本研究只考虑滴头附近的土壤水分动态，而非整个试验小区。

灌溉前后，通过用取土烘干法对滴头下方的 0 ~ 100cm 土层的土壤含水量进行分层测定发现，当灌溉量为 1.56m^3时，灌溉后 80 ~ 100cm 土层及以上各层的土壤含水量均增高，当灌溉量为 1.04m^3时，灌溉后 30 ~ 50cm 土层及以上各层的土壤含水量均增高，这说明滴灌的局部灌溉方式使得灌溉水能够湿润的土层深度高于式（2-1）中所取的计划湿润层深度，因此将灌水后实际达到的土壤湿润层深度代入式（2-1）计算得出的灌水深度作为改进值输入模型，以提高 CERES-Maize 模型对滴灌灌溉模式的适用性。本试验中 2014 年和 2015 年由式（2-1）计算的实际灌溉深度（即假设均匀灌溉下的灌水深度）和输入模型的改进灌水深度值（即相同灌水量下滴头处的灌水深度）如表 7-7 所示。

表 7-7　2014 年和 2015 年灌水深度的实际值和模型输入值　　（单位：mm）

年份	灌水深度					
2014	日期	5-3	6-2	6-30	7-23	8-8
	实际值	15	15	13	8	10
	输入值	45	45	24	8	10
2015	日期	5-1	5-8	7-7	7-25	8-6
	实际值	15	10	15	15	15
	输入值	45	17	28	28	28

注：当实际灌水深度为 15mm（包含 13mm）时，相同灌水量下滴灌时滴头附近的实际土壤湿润层深度取 90cm，如 2014 年 5 月 3 日的 $\theta_{下}$ 为 75% 的田间持水量，H 取 90cm，计算出滴头处灌水深度为 45mm；当实际灌水深度为 10mm（包含 8mm）时，相同灌水量下滴灌时滴头附近的实际土壤湿润层深度取 50cm，如 2014 年 7 月 23 日的 $\theta_{下}$ 为 92% 的田间持水量，H 取 50cm，计算出滴头处灌水深度为 8mm

2. 模拟试验方案设计

本研究首先对灌溉和氮肥分别进行长期的单因素模拟，然后再选择同时具有相对较高产量和较低氮淋溶的灌溉与氮肥施用方法的不同组合进行多因素模拟，最终从上述模拟情景中确定滴灌最优管理策略。

在灌溉试验的单因素模拟中，考虑灌溉次数和灌溉时间两个因素。设置 2 次、3 次、4 次、5 次四个灌溉次数水平和播种后（5 月 1 日）、苗期（6 月 1 日）、拔节期（7 月 5 日）、抽雄期（7 月 25 日）、灌浆期（8 月 15 日）五个灌溉时间水平，氮施用量固定为 330kg/hm^2，并在拔节期和抽雄期以 6∶4 的施氮比例进行追肥（当地传统施肥方式）。为配合施肥的需要，共设置 8 个处理进行模拟（表 7-8）。灌水深度参考 2015 年（偏干旱）的值：播种后的出苗水和苗期都为 10mm（模型输入值为 17mm）；拔节期、抽雄期和灌浆期都为 15mm（模型输入值为 28mm）。

表 7-8　灌溉模拟试验处理

处理	灌水次数	灌水时间	总灌水深度/mm	氮肥施用
I1	2	拔节期、抽雄期	30	总施氮量 330kg/hm^2，在拔节期和抽雄期以 6∶4 的施氮比例进行追肥
I2	3	播种后、拔节期、抽雄期	40	
I3		苗期、拔节期、抽雄期	40	
I4		拔节期、抽雄期、灌浆期	45	
I5	4	播种后、苗期、拔节期、抽雄期	50	
I6		苗期、拔节期、抽雄期、灌浆期	55	
I7		播种后、拔节期、抽雄期、灌浆期	55	
I8	5	播种后至灌浆期	65	

氮肥模拟试验考虑施氮总量和追肥比例两个因素。施氮总量以当地传统施氮量 330kg/hm^2 为基准，以 40kg/hm^2 为间隔，设置 290kg/hm^2、250kg/hm^2、210kg/hm^2、170kg/hm^2 四个施氮量水平，并在可能最佳施氮量的范围内增设 240kg/hm^2、230kg/hm^2、220kg/hm^2 三个水平，共 8 个施氮量水平（含基肥），分别记为 N330、N290、N250、N240、N230、N220、N210、N170（表 7-9）。玉米的追肥时期主要考虑拔节期、抽雄期和灌浆期，追肥次数采用 2 次和 3 次，在这三个生育期按照不同的施氮比例进行追肥，共 13 个追肥模拟处理（表 7-10 中的 S1 ~ S13）。

在对施氮量进行单因素模拟时，施氮方式采用当地的传统施氮方式：播种时施入基肥（含纯氮 62.0kg/hm^2），并在拔节期和抽雄期以 6∶4 的比例进行追肥。在对追肥比例进行单因素模拟时，施氮量固定为当地传统施氮量 330kg/hm^2（含基肥）。氮肥模拟试验的灌溉制度各处理相同，根据追肥需要全生育期 3 次灌水，灌水量参考 2015 年的田间试验值，拔节期、抽雄期、灌浆期各 15mm（模型输入值为 28mm）。

对于每个灌溉和氮肥处理，首先利用试验区 1980 ~ 2013 年的历史天气数据（包括太阳辐射、最高气温、最低气温和降雨量）来运行模型，计算并分析各处理 34 年的产量和累积氮淋失量的平均值，考虑由气候变化引起的模拟结果的不确定性。然后在上述单因素模拟中选择同时具有相对较高产量和较低氮淋溶的灌溉与氮肥处理进行组合以进行多因素模拟，对每个组合处理模型同样运行 34 年的历史天气数据进行模拟，以产量和累积氮淋失量的平均值为依据获取灌溉和施肥的优化管理策略。

表 7-9 施氮量模拟试验处理

处理	总施氮量/(kg/hm^2)	氮施用方式	灌溉
N330	330	播种时施入基肥（含纯氮 62.0 kg/hm^2 ），并在拔节期和抽雄期以 6∶4 的比例进行追肥	拔节期、抽雄期、灌浆期各灌水 15mm，共 45mm
N290	290		
N250	250		
N240	240		
N230	230		
N220	220		
N210	210		
N170	170		

表 7-10 追肥模拟试验处理

处理	追肥次数	追肥比例	总施氮量	灌溉
S1	2	1/2-1/2-0	330 kg/hm^2 （含基肥）	拔节期、抽雄期、灌浆期各灌水 15mm，共 45mm
S2		1/2-0-1/2		
S3		0-1/2-1/2		
S4		3/5-2/5-0		
S5		3/5-0-2/5		
S6		2/5-3/5-0		
S7		0-3/5-2/5		
S8		2/5-0-3/5		
S9		0-2/5-3/5		
S10	3	1/3-1/3-1/3		
S11		3/5-1/5-1/5		
S12		1/5-3/5-1/5		
S13		1/5-1/5-3/5		

注：追肥比例为各生育期追肥量与总追肥量的比值，如 1/2-1/2-0 表示在拔节期和抽雄期的追肥量各为总追肥量的 1/2，在灌浆期不追肥

7.2.2 模型改进效果验证

通过对输入模型的灌水量进行改进，CERES-Maize 模型利用 2014 年施氮量 280 kg/hm^2

（N2）处理的田间试验数据进行参数率定，得到供试玉米的品种系数如表7-11 所示。率定结果显示玉米的开花期、成熟期、籽粒产量和生物量的模拟值与实测值之间具有较高的一致性，ARE 介于0～4.11%。对单粒重和吸氮量的模拟精度稍低，ARE 分别为9.76%和8.23%（表7-12）。同时2014 年其余处理的田间试验数据用来验证模型在该年的准确性，相关的统计指标见表7-13。模型准确地预测了玉米开花期和成熟期、单粒重及生物量，ARE 和RRMSE 都在10%左右；对产量及全生育期作物吸氮量的模拟效果良好，RRMSE在20%以内；较好地模拟了滴头下方土壤含水率的动态变化，ARE 和RRMSE 在16%以内。以N1 处理为例，滴头下方0～30cm 土壤含水率的模拟值和实测值的决定系数 R^2 的平均值为0.73［图7-4（a）、图7-4（b）］；整个生育期累积氮淋失量的模拟值和实测值较接近，ARE 为10.71%。

利用2015 年滴灌全部处理的田间试验数据对模型进行验证，以评估模型在不同季节条件下的应用可靠性。如表7-13 所示，模型对开花期和成熟期的模拟精度较高，模拟值和实测值仅相差1 天，ARE 和RRMSE 在1%左右；对单粒重和产量的模拟精度高于生物量，前两者的ARE 和RRMSE 都在20%以内，生物量的RRMSE 为20.40%，模拟效果良好；较好地模拟了滴头下方0～30cm 土层在整个生育期土壤水分的动态变化，RRMSE 在15%以内，如以N1 处理为例，滴头下方0～30cm 土壤含水率的模拟值和实测值的决定系数 R^2 的平均值为0.66［图7-4（c）、图7-4（d）］，且对10～30cm 土层土壤含水率的模拟精度高于0～10cm 土层；生育期末的累积氮淋失量的模拟值和实测值的相对误差ARE为15.94%。模型对2015 年的作物吸氮量模拟效果较差（RRMSE 为48.66%），这是由于模型以均匀灌溉为前提，假设各处土壤含水率分布相同，而实际上滴灌是局部灌溉，滴头附近的土壤含水率高于其他各处，分布并不均匀，土壤水分是影响作物对氮素吸收的重要因素，所以模型对氮吸收的模拟值总是高于实测值，进而导致对氮淋失的模拟值低于实测值。此外2015 年的降雨量少于2014 年，导致2014 年的氮吸收模拟效果较好，而2015 年较差。总之，CERES-Maize 模型对滴灌玉米的物候期、产量、生物量及滴头下方0～30cm土层土壤含水率的模拟效果良好，对累积氮淋失量的模拟误差与He 等（2011）使用CERES-Maize 模型模拟的氮淋失量的平均相对误差15.3%非常接近，因此CERES-Maize 模型可以用于研究滴灌条件下施肥和灌溉管理对玉米产量及硝态氮淋失的影响。

表7-11　玉米的品种（东福1 号）遗传参数及取值范围

参数	描述	取值范围	率定值
P1	从出苗至幼苗期结束大于8℃的积温/(℃/d)	5～450	285.4
P2	光周期敏感系数	0～2	0.043
P5	从吐丝到生理成熟期大于8℃的积温/(℃/d)	580～999	767.9
G2	单株潜在最大穗粒数	248～990	972.5
G3	潜在最大灌浆速率/［mg/(粒·d)］	5～16.5	15.84
PHINT	完成一片叶生长所需积温/(℃/d)	35～50	36.13

表 7-12　模型校正结果

试验数据	开花期			成熟期			单粒重/g			籽粒产量/(kg/hm^2)			生物量/(kg/hm^2)			吸氮量/(kg/hm^2)		
2014 年 N2 处理	模拟值/天	实测值/天	ARE /%	模拟值/天	实测值/天	ARE /%	模拟值/天	实测值/天	ARE /%	模拟值/天	实测值/天	ARE /%	模拟值/天	实测值/天	ARE /%	模拟值/天	实测值/天	ARE /%
	85	85	0	140	142	1.41	0.45	0.41	9.76	14 148	13 590	4.11	25 294	24 663	2.56	342	316	8.23

表 7-13　模型验证结果

年份	试验数据	变量	模拟值	实测值	ARE/%	RRMSE/%
2014	除 N2 之外的其余处理	开花期/天	85	85	0	0
		成熟期/天	140	142	1.41	1.41
		单粒重/g	0.45	0.41	8.76	9.35
		籽粒产量/(kg/hm²)	14 168	12 317	15.34	15.96
		生物量/(kg/hm²)	25 307	24 740	8.42	10.10
		吸氮量/(kg/hm²)	343.03	336.20	18.53	19.69
		土壤含水率（0～10cm）/(cm³/cm³)	0.33	0.31	14.66	15.44
		土壤含水率（10～30cm）/(cm³/cm³)	0.29	0.31	7.66	9.39
		累积氮淋失/(kg/hm²)	14.67	16.43	10.71	
2015	所有处理	开花期/天	89	90	1.11	1.11
		成熟期/天	149	148	0.68	0.68
		单粒重/g	0.33	0.30	9.51	10.96
		籽粒产量/(kg/hm²)	13 002	11 016	18.79	19.75
		生物量/(kg/hm²)	25 049	20 990	19.98	20.40
		吸氮量/(kg/hm²)	305	206	48.90	48.66
		土壤含水率（0～10cm）/(cm³/cm³)	0.32	0.30	10.91	12.19
		土壤含水率（10～30cm）/(cm³/cm³)	0.30	0.33	7.17	8.61
		累积氮淋失/(kg/hm²)	26.53	31.56	15.94	

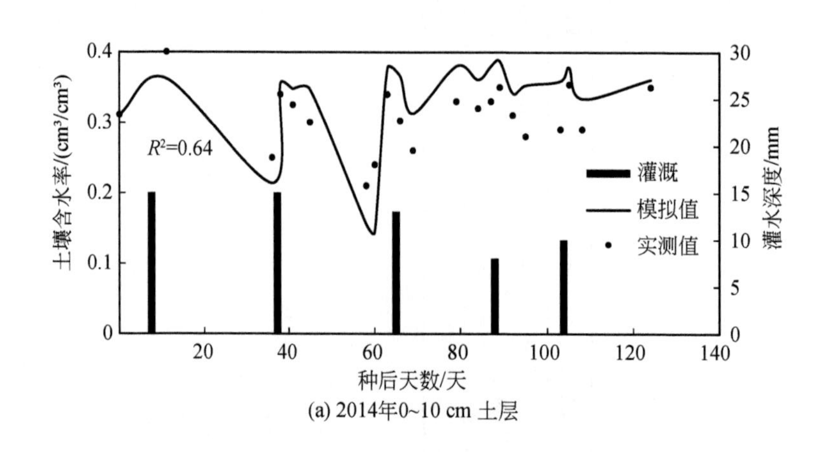

(a) 2014年0~10 cm 土层

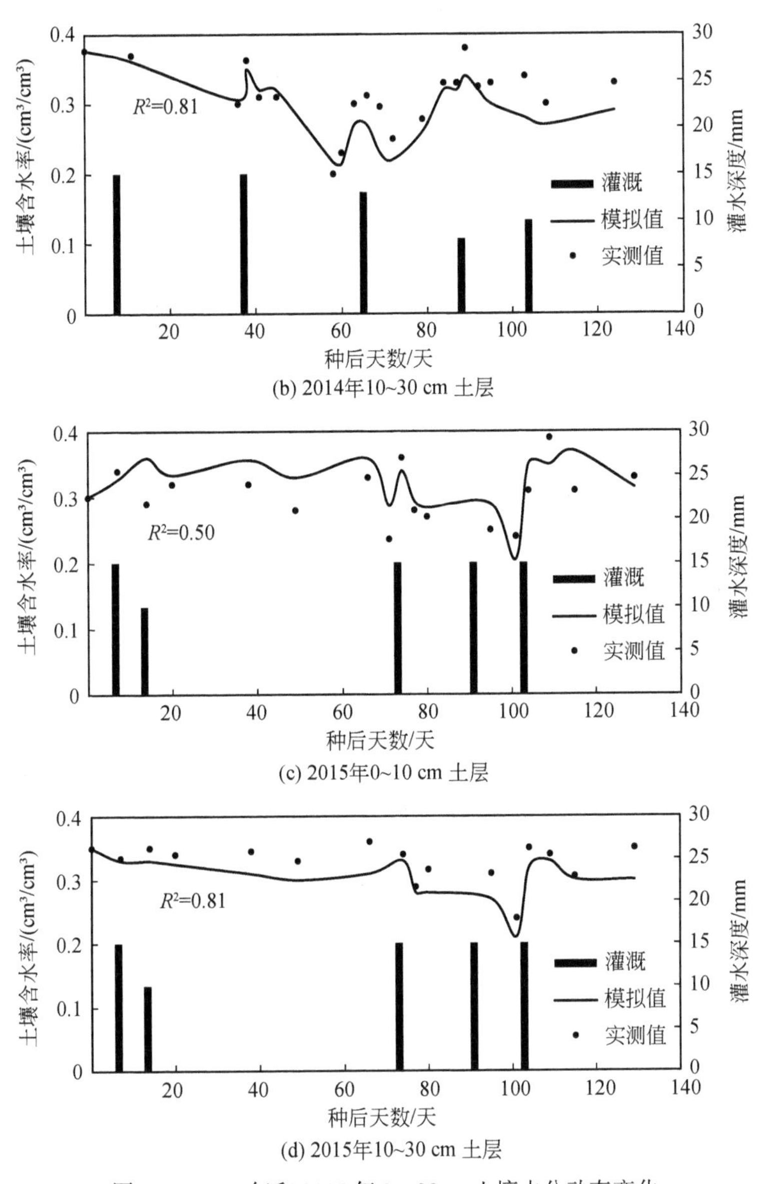

图 7-4　2014 年和 2015 年 0 ~ 30cm 土壤水分动态变化

7.2.3　塑膜覆盖滴灌玉米灌溉与施氮方案优化模拟

1. 塑膜覆盖滴灌玉米灌溉方案优化模拟

基于试验区 1980 ~ 2013 年的历史天气数据进行灌溉方案模拟，计算这 34 年的产量、干物质和累积氮淋失的平均值，结果如图 7-5 所示。灌溉试验不同处理的产量和生物量均随灌水次数的增加而增加［图 7-5（a）、图 7-5（b）］。与 2 次灌水相比，3 次、4 次、5 次灌水的产量分别增加 3.2%、6.3%、9.3%，生物量分别增加 2.4%、4.7%、6.9%。其中处理 I8 的产量和生物量模拟值最大，其次是处理 I6、I7 和 I4，处理 I1、I2、I3、I5 的模拟值相对较小，但各处理间的差异均没有达到显著性水平（$p>0.05$），说明在施氮总量为 330kg/hm^2，且施氮追肥比例固定的前提下，灌溉制度的变化并没有对玉米的产量和生物量产生显著影响，同时模拟结果也显示玉米的灌浆期是需水关键期，不灌溉会导致产量和生物量降低。累积氮淋失量同样随灌水次数的增加而增加［图 7-5（c）］，3 次、4 次、5 次灌水分别比 2 次灌水增加 8.5%、18.9%、30.9%。除 I8 和 I1 的累积氮淋失量差异达到显著性水平（$p<0.05$）外，其余处理间差异均不显著，且同一灌水次数的各处理间模拟值相差不大，如 2 次灌水各处理间最大相差 3%，3 次灌水各处理间最大相差 3.1%。综上所述，处理 I4、I6 和 I7 3 个灌溉方案同时具有较高的产量、生物量和相对较低的累积氮淋失量，可以作为较优灌溉方案进行下一步水肥耦合优化模拟。

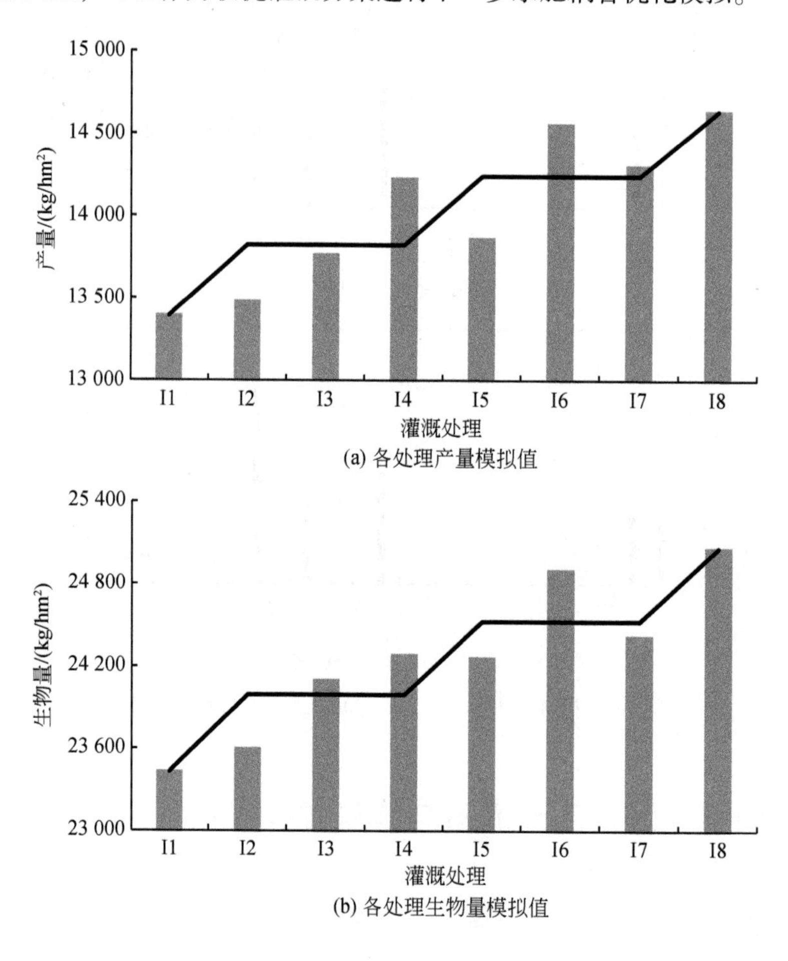

(a) 各处理产量模拟值

(b) 各处理生物量模拟值

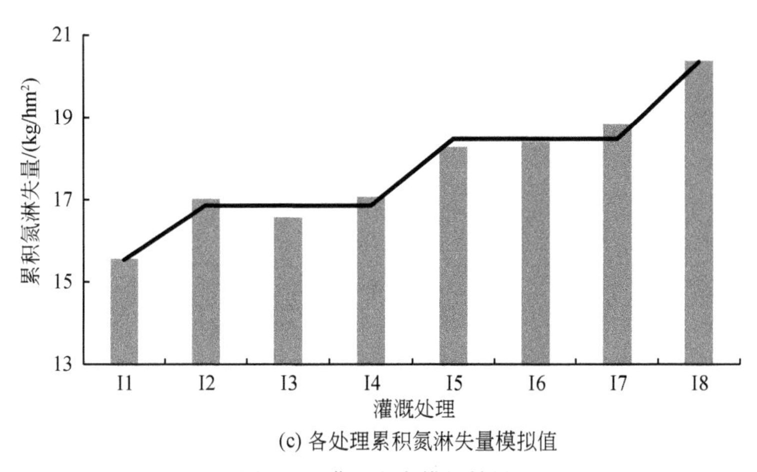

(c) 各处理累积氮淋失量模拟值

图 7-5　灌溉方案模拟结果

图中折线为 2、3、4、5 次灌水中各处理的平均值

2. 塑膜覆盖滴灌玉米施氮方案优化模拟

(1) 不同施氮量模拟

针对不同滴灌施氮量，各处理模拟了 1980～2013 年的产量、干物质和累积氮淋失量，对各处理 34 年的计算平均值进行比较分析，结果如图 7-6 所示，总体上来讲，玉米产量、生物量和累积氮淋失量均随施氮量的减少而减少。当施氮量高于（等于）210kg/hm^2 时，各处理的产量和生物量相对较高，且变化较平稳，施氮量低于（等于）170kg/hm^2 后，产量和生物量明显降低，如与 N330 相比，N210 的产量和生物量仅降低了 0.87% 和 0.51%，而 N170 的产量和生物量分别降低了 3.7% 和 2.3%。施氮量大于（等于）250kg/hm^2 的各处理的累积氮淋失量较高，在 16.5kg/hm^2 左右，而施氮量小于（等于）240kg/hm^2 的各处理的累积氮淋失量降低较明显，如与 N330 相比，N240、N230、N220、N210、N170 分别降低了 8.2%、9.2%、10.2%、11.4% 和 12.6%，且处理间（N240、N230、N220、N210、N170）相差不大，最大仅相差 4.6%。因此，基于高产和低氮淋失的标准，选择 240kg/hm^2、

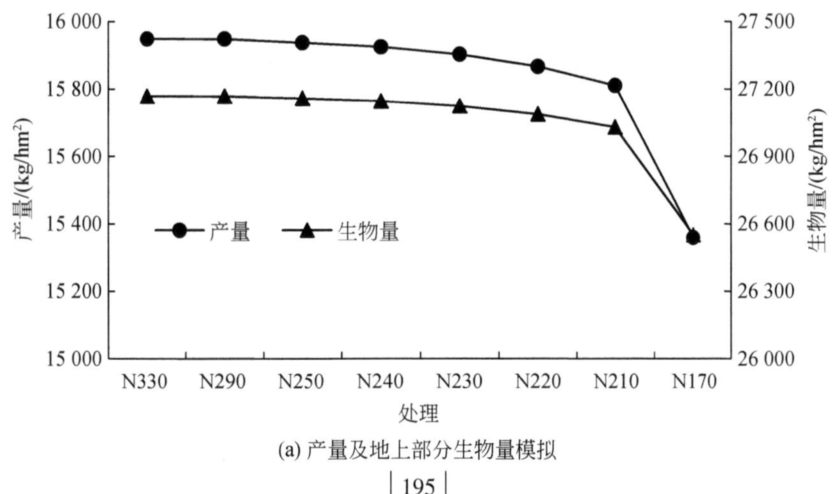

(a) 产量及地上部分生物量模拟

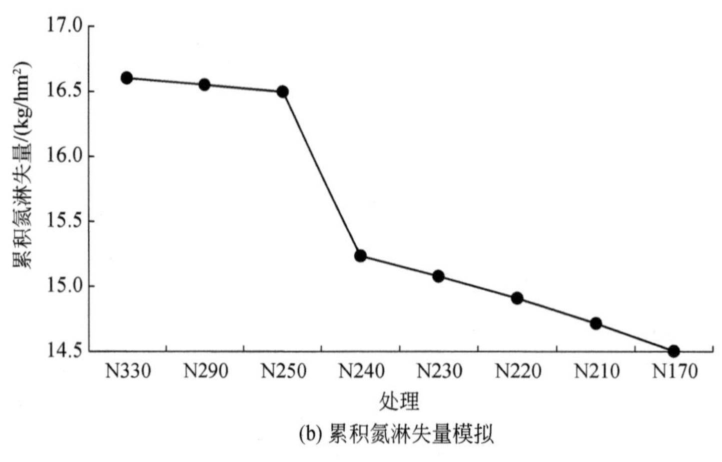

(b) 累积氮淋失量模拟

图 7-6　不同施氮量模拟结果

230kg/hm^2、220kg/hm^2 和 210kg/hm^2 四个施氮量水平来进行下一步的水肥耦合优化模拟。

(2) 不同施氮比例模拟

运用 34 年历史天气数据对不同施氮比例的处理进行模拟，计算各处理相应 34 年模拟得到的产量、干物质和累积氮淋失量等指标的平均值，模拟结果（图 7-7）显示，各处理的产量和生物量的变化趋势基本一致，且 3 次追肥处理略高于 2 次追肥处理，产量和生物量分别增加了 0.5% 和 1.6%。除 S3、S7、S9 的产量和生物量低于 13 个模拟处理的平均水平外，其余处理的产量和生物量均在平均值以上，说明拔节期不追肥会使玉米的产量和生物量相应降低。3 次追肥处理的累积氮淋失量略高于 2 次追肥处理，约高 0.1%。其中 S3、S7、S9 的累积氮淋失量偏低，低于各处理的平均水平，S8、S10、S12、S13 接近或略低于平均值，而 S1、S2、S4、S5、S6、S11 的累积氮淋失量均相对较高，在平均水平以上，说明玉米拔节期追肥量高于（或等于）总追肥量的 50% 或拔节期追肥量高于（或等

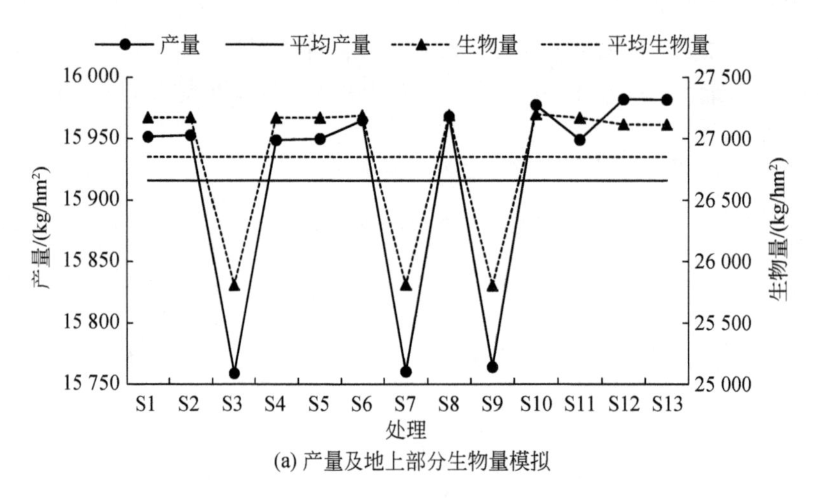

(a) 产量及地上部分生物量模拟

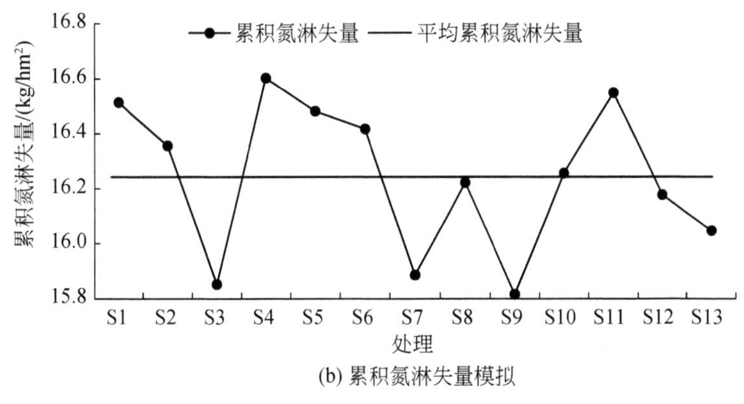

(b) 累积氮淋失量模拟

图 7-7　不同追肥比例模拟结果

于）总追肥量的 40% 且与抽雄期连续追肥会加大土壤氮素的淋失。综合考虑，最终选择 S8（2/5-0-3/5）、S10（1/3-1/3-1/3）、S12（1/5-3/5-1/5）、S13（1/5-1/5-3/5）等 4 个施肥比例作为较优施氮比例来进行下一步的水肥耦合优化模拟。

3. 优化灌溉施肥制度的确定

通过对灌溉和施肥方案分别进行单因素优化模拟，确定了 48 个最佳水肥管理组合，包括 3 个灌溉方案、4 个施氮总量和 4 个追肥比例。运用 34 年的连续历史天气数据进行模拟，并计算这 34 年的产量和累积氮淋失量的平均值，模拟结果见图 7-8。产量模拟结果显示［图 7-8（a）］，处理 T1 ~ T12（施氮量 240kg/hm^2 与 3 个灌溉方案和 4 个追肥比例的组合）的产量均在 48 个模拟产量平均值之上，处理 T13 ~ T24（施氮量 230kg/hm^2 与 3 个灌溉方案和 4 个追肥比例的组合）的产量除 T16 和 T24 外也都在均值以上，且 T16 和 T24 仅比平均值低 0.7% 左右，处理 T25 ~ T48（施氮量 220kg/hm^2、210kg/hm^2 与 3 个灌溉方案和 4 个追肥比例的组合）的产量除 T29、T30、T31 外均低于均值，因此从高产的角度考虑，处理 T1 ~ T24 是最优的水肥组合。产量除与施氮量有关外，还受灌溉制度和追肥比例的影响。以处理 T1 ~ T12 为例，全生育期灌水 4 次（T5 ~ T12）的处理比全生育期灌水 3 次（T1 ~ T4）的处理产量高约 1.3%，且以灌溉制度 I6 进行灌溉的处理（T5 ~ T8）产量比以灌溉制度 I7 进行灌溉的处理（T9 ~ T12）产量高约 1.9%。处理 T1 ~ T4（追肥比例分别为 S8、S10、S12、S13）的产量依次递减，处理 T5 ~ T8 和 T6 ~ T12 存在同样的规律。

累积氮淋失量模拟结果显示［图 7-8（b）］，以灌溉制度 I4 进行灌溉的处理（T1 ~ T4、T13 ~ T16、T25 ~ T28 和 T37 ~ T40）的累积氮淋失量最低，比 48 个模拟处理的累积氮淋失量平均值低约 5.5%，以灌溉制度 I6 进行灌溉的处理（T5 ~ T8、T17 ~ T20、T29 ~ T32 和 T41 ~ T44）的累积氮淋失量比平均值高约 1.5%，以灌溉制度 I7 进行灌溉的处理（T9 ~ T12、T21 ~ T24、T33 ~ T36 和 T45 ~ T48）的累积氮淋失量较高，比平均值高约 4.0%，这说明组合处理的累积氮淋失量主要受灌溉制度的影响，而受施氮量和追肥比例的影响不明显，且播种后的出苗水容易提高氮淋失量。因此从低氮淋失的角度考虑，处理 T1 ~ T8、T13 ~ T20、T25 ~ T32 和 T37 ~ T44 是最优的水肥组合。

综上，处理 T1 ~ T8、T13 ~ T20 同时具有较高的产量和较低的累积氮淋失量，理论上可以作为最佳的水肥管理组合。然而从施肥的易操作性来考虑，追肥比例 S8（2/5-0-3/5）和 S10（1/3-1/3-1/3）的操作相对较简单，其产量在施氮量和灌溉制度固定的前提下较 S12 和 S13 略高，因此最终确定 T1、T2、T5、T6、T13、T14、T17、T18 共 8 个组合（表 7-14）可作为最优灌溉施肥方案向滴灌玉米种植者推荐。

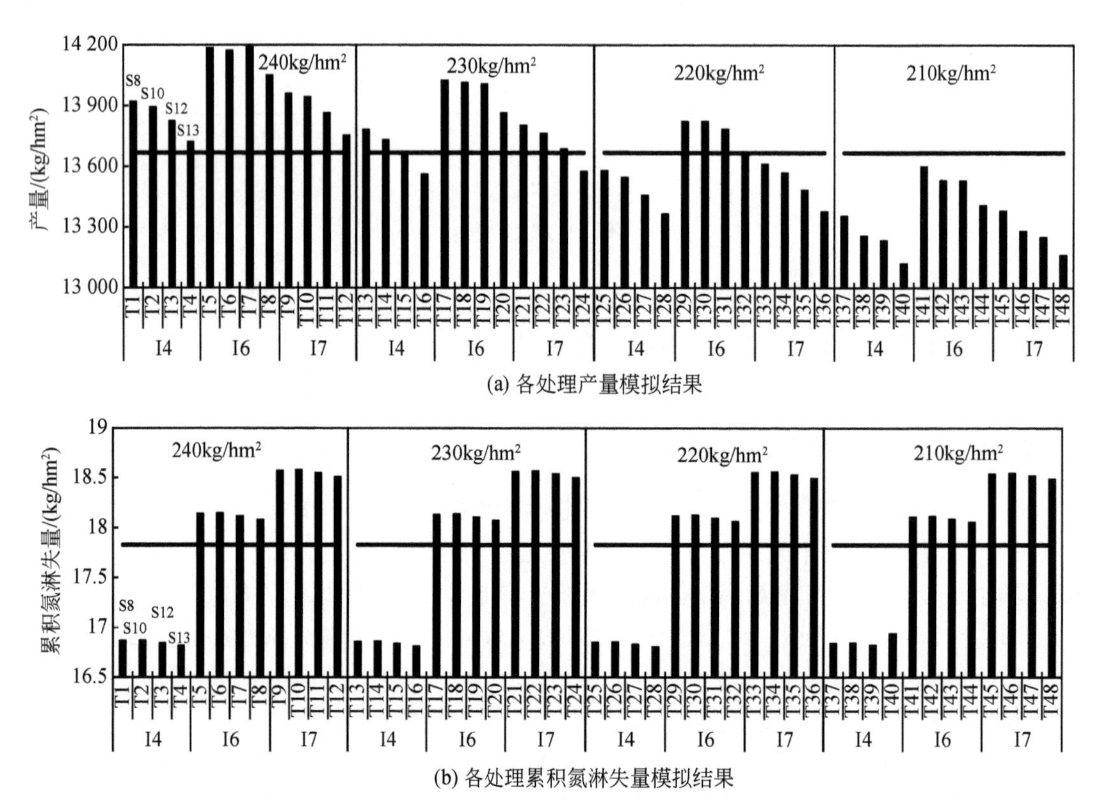

(a) 各处理产量模拟结果

(b) 各处理累积氮淋失量模拟结果

图 7-8　组合模拟结果（图中直线分别为所有组合处理的产量平均值和累积氮淋失量平均值）

表 7-14　覆盖滴灌玉米最优的水肥耦合制度方案

<table>
<tr><th>组合序号</th><th>灌溉制度</th><th>施氮总量/(kg/hm²)</th><th>追肥比例</th></tr>
<tr><td>1</td><td rowspan="2">拔节期、抽雄期、灌浆期（灌水定额 15mm，灌溉定额 45mm）</td><td rowspan="2">240</td><td>2/5-0-3/5</td></tr>
<tr><td>2</td><td>1/3-1/3-1/3</td></tr>
<tr><td>3</td><td rowspan="2">苗期、拔节期、抽雄期、灌浆期（灌水定额苗期为 10mm，其余生育期为 15mm，灌溉定额 55mm）</td><td rowspan="2">240</td><td>2/5-0-3/5</td></tr>
<tr><td>4</td><td>1/3-1/3-1/3</td></tr>
<tr><td>5</td><td rowspan="2">拔节期、抽雄期、灌浆期（灌水定额 15mm，灌溉定额 45mm）</td><td rowspan="2">230</td><td>2/5-0-3/5</td></tr>
<tr><td>6</td><td>1/3-1/3-1/3</td></tr>
<tr><td>7</td><td rowspan="2">苗期、拔节期、抽雄期、灌浆期（灌水定额苗期为 10mm，其余生育期为 15mm，灌溉定额 55mm）</td><td rowspan="2">230</td><td>2/5-0-3/5</td></tr>
<tr><td>8</td><td>1/3-1/3-1/3</td></tr>
</table>

4. 讨论

(1) 水肥管理对产量的影响

水分和氮肥是影响玉米产量的重要因素。玉米各阶段需水量不同，苗期较少，拔节期—灌浆期是耗水高峰期，到灌浆期的后阶段需水量才明显减少（郑利均等，2013），需水关键期如果土壤水分低于60%的田间持水量，将会影响玉米根系对养分的吸收，从而减少干物质的积累与储存（徐杰，2015）。氮肥的合理施用对玉米的增产效果影响十分明显，产量的高低与氮肥施用时期、施氮量、农艺措施等因素有关。当施氮量较低时，产量与施肥量成正相关，但当施氮量超过一定范围时对玉米的生长及产量起到一定的抑制作用（王帅等，2008；徐泰森等，2016）。玉米生育期氮素累积速率在拔节期—吐丝期最高（Niu et al.，2010），因此氮肥施用的最佳时期是在吐丝期之前，且玉米产量随施氮次数显著增加，3 次施氮处理平均比 1 次施氮处理提高 5%（刘洋等，2014）。大量研究表明水、氮之间存在相互影响、相互促进的作用（仲爽等，2009；谢英等，2012；徐泰森等，2016），适宜的土壤水分有利于作物根系对氮素的吸收，直接影响氮肥效应的发挥，同时土壤氮素的多寡也会直接影响水分的增产效果（易镇邪等，2008；Wang et al.，2018）。水分和氮肥及其交互作用会对蒸散量和作物耗水量产生影响（徐杰等，2015），从而影响作物的生长发育及产量，因此只有合理配置才能发挥水肥联合调控的增产作用。本研究中灌溉制度和施氮措施对玉米产量没有产生显著影响（图 7-5 ~ 图 7-7），这是由于试验区降雨较丰富，土壤含水率较高，且土壤属于肥力较高的黑土，不会限制玉米生长。因此当没有春旱发生，可选择全生育期 3 次灌水（拔节期、抽穗期、灌浆期），当有春旱发生，可在苗期加灌一次。最佳施氮措施（施氮总量 240kg/hm^2 和 230kg/hm^2，追肥比例为 2/5-0-3/5 和 1/3-1/3-1/3）与许多学者的研究结果相似（张瑞富等，2011；刘洋等，2014；隋娟，2016；张守都等，2018），最终确定了 8 个水氮最佳组合方案（表 7-14）。

(2) 水肥管理对氮淋失的影响

作物生产中水氮资源利用不合理，不仅造成水分和肥料的资源浪费，还会导致大量的硝酸盐被淋洗到深层土壤，给环境带来严重威胁。大量研究表明，氮淋失会随着灌溉水量和施氮量的增加而增加（He et al.，2011，2012），当灌溉供水超过土壤的持水能力或施肥量超过作物生长发育所需量时容易造成氮淋失。影响硝态氮淋失风险的因素有灌溉制度、气候变化及施氮方式，由于气候因素不可控，可通过对灌溉和施肥的管理来降低氮淋失（Sui et al.，2015；Trifonoy et al.，2018）。He 等（2012）研究指出少量多次灌溉会增加氮淋失，因为频繁灌溉使土壤含水率较高，降雨不能被保持而进入深层土壤引起氮淋失，但少量多次施肥有利于作物吸收，可减少氮淋失。Behera 和 Panda（2008）对亚热带湿润地区灌溉制度与施肥对小麦根区土壤水分运动及溶质运移进行了研究，指出低灌水定额高频率灌溉比高灌水定额低频率灌溉会造成更多的深层渗漏损失，施肥水平和灌溉制度对氮淋溶有显著影响。隋娟等（2014）通过研究滴灌条件下水肥耦合对土壤氮素运移分布规律的影响发现，适宜的灌溉制度和施肥量耦合有助于减少氮淋失和硝态氮残留，高水高肥处理下硝态氮淋失风险较大，中水中肥处理下肥料利用率较高且潜在的淋失风险最小，低水高肥处理下氮挥发或淋失的损失概率高于其他处理。本研究中氮淋失随灌水次数的增加而增加（图 7-5），且播种后灌出苗水会加大氮淋失［图 7-8（b）］，因为播种时施入了基肥且没有作物根系吸收，所以应避免播后灌水，如果为了出苗需要，可采取坐水种（即播种时灌少量水）技术。施氮量和追肥比例同样影响氮淋失（图 7-6、图 7-7），施氮量低于 240kg/hm^2 时，氮淋失降低明显，拔节期追肥量过高（大于等于总追肥量的 50%）会加大氮淋失。

7.2.4 小结

本节应用 CERES-Maize 模型对东北黑土区塑膜覆盖滴灌玉米水、氮管理方案进行优化模拟。研究首先对灌溉和氮肥施用分别进行长期的（连续 34 年）单因素模拟，选择同时具有相对较高产量和较低氮淋溶的方案进行组合，然后对 48 个水氮组合方案进行长期多因素模拟，以显示水、氮之间相互作用的影响，最终确定了 8 种可行的最优灌溉施肥管理策略。

灌溉制度没有对玉米产量和生物量形成显著影响，累积氮淋失量随灌水次数的增加而增加，且播种后灌水会加大氮淋失，应避免播后灌水，若有春旱为保证出苗可采取坐水种技术。拔节期、抽雄期、灌浆期是玉米的需水关键期，若春旱严重也可在苗期加灌一次。根据研究结果推荐东北黑土区滴灌玉米采用全生育期灌水 3 次或 4 次。产量与施肥量成正相关，但施肥量超过作物生长发育所需量时容易造成氮淋失，模型模拟确定最佳施氮量为 240kg/hm^2 或 230kg/hm^2。玉米生育期氮素累积主要发生在拔节期、抽雄期、灌浆期，而且拔节期不追肥或追肥量较低会降低产量，而追肥量过高（大于等于总追肥量的 50%）会加大土壤氮素的淋失，模拟确定拔节期、抽穗期、灌浆期的最佳追肥比例为 2/5-0-3/5 或 1/3-1/3-1/3。综上，研究共确定八个最佳水肥组合。CERES-Maize 模型为确定滴灌玉米的最佳灌溉施肥方式提供了经济有效的方法，但是，本研究的结果没有考虑杂草及病虫害对作物生长和发育的影响，这是后期研究需要注意的问题。

7.3 结　论

本章首先利用 2014 年和 2015 年的塑膜覆盖滴灌玉米田间试验数据校准和验证了 CERES-Maize 模型，进而对模型进行改进并应用于覆膜滴灌处理，最终采用改进的模型对该地区玉米的灌溉和施肥制度进行了优化，取得以下主要结论：

1）量化了玉米覆膜地积温对气积温的补偿效应，得到增温补偿系数在（C_c）播种至出苗期为 0.45，出苗至抽雄前为 0.2，并根据经验公式计算得到覆膜后的气温值从而形成新的气象输入文件，为拓展 CERES-Maize 模型应用于覆膜玉米的模拟提供了改进依据。

2）确定了适应于该地区的最佳模拟效果的冠层能量消光系数 K 值为 0.5。改进后模型对覆膜玉米的开花期和成熟期模拟误差在 1 天以内，统计指标优于模型改进前；对生物量和产量的模拟精度提高，RRMSE 分别降低了 13.1% 和 12.4%，满足精度要求，改进后的 CERES-Maize 模型可适用于对覆膜玉米生长发育过程及产量的模拟。

3）以同时具有相对较高产量和较低氮淋溶为目标确定滴灌玉米水肥最优管理策略，基于 48 个水肥制度耦合的模拟结果分析，推荐东北黑土区塑膜覆盖滴灌玉米采用全生育期灌水 3 次或 4 次，施氮量 240kg/hm^2 或 230kg/hm^2，拔节期、抽雄期、灌浆期的追肥比例为 2/5-0-3/5 或 1/3-1/3-1/3，共 8 种最优灌溉施肥方案。

应用改进的 CERES-Maize 模型对覆盖滴灌农田模拟尚属初步研究，该模型为确定滴灌玉米的最佳灌溉施肥方式提供了一种经济有效的方法，可为研究区域覆盖滴灌模式作物的生产力预测、农业水肥资源优化管理提供科学依据和技术支撑。

第8章　塑膜覆盖滴灌农田水碳耦合模拟

为深入理解覆盖滴灌模式对农田水土环境及作物生长的调控，一些研究采用作物生长模型描述土壤-作物-大气系统相互作用机理，评价农业生产管理措施对农田生态环境的影响（He et al.，2012；Wang et al.，2015b）。本书对CERES-Maize模型在覆盖滴灌农田方面的应用做了有益的探索，但模型模拟精度还有待于进一步提高。对农业生态系统过程定量描述的准确性建立在机理明确认识的基础之上，因农业生态系统蒸发蒸腾及光合等生物物理作用过程极其复杂，作物模型中对该过程及其对作物产量的影响模拟多数情况采用简化实际情况和经验性模拟，这往往成为模型在不同地区间应用的重要障碍（罗毅和郭伟，2008）。近似的过程还有可能忽略不同滴灌模式导致的水土环境和田间微气象变化与作物生理过程之间的互馈作用，作物模型模拟精度的进一步提高有赖于作物生理过程的深刻认识和机理性水碳耦合模型的引入（Yin and Struik，2009）。

植物和大气水热传输是一个复杂的过程系统，不仅在于各个要素之间复杂的相互耦合非线性关系，而且在于描述这些系统过程复杂的数学和物理方程。这就要求数学模型不仅要能够准确地描述植物和土壤的物理与生物过程，同时要能够描述大气边界层的物理过程。在冠层内不同高度，植物所处的微环境不同，相应的植物生理响应过程也不同，因此有必要将冠层划分成不同的层次，根据每一层的微气象条件来计算各层的水热交换量，再累加得到冠层尺度的水热通量，即多层水热传输模型。另外，水热传输过程涉及多个过程，主要包括冠层中的辐射传输、叶片或冠层能量平衡和水量平衡、植物的生理响应，以及植物和土壤与大气间及冠层内的热量、水分和动量湍流输送等。这些过程是相互耦合的非线性关系，如叶片获得辐射能量影响叶片温度，而叶片温度也影响能量平衡，方程中的水汽压是叶片温度的指数函数，向外长波辐射是叶片温度的四次方，叶片温度也影响气孔导度，进而影响植物的能量分配和水分传输。

研究致力于构建适用于覆盖滴灌模式的高精度水碳耦合模型，本章节首先介绍考虑光合生化过程的水碳耦合模拟模型构建及其在覆盖滴灌农田的应用，然后进一步将该部分模型嵌入农田尺度的多层水碳通量模型，并考虑覆膜对水碳传输过程的影响，构建覆膜滴灌农田水碳耦合模拟模型，借助所构建的模型进一步揭示覆盖滴灌节水增产机理。

8.1　光合-气孔导度耦合模拟

农田水碳过程耦合涉及多个过程，主要包括冠层中的辐射传输，叶片或冠层能量平衡和水量平衡，植物的生理响应，植物和土壤与大气间及冠层内的热量、水分和动量湍流输送等。水碳耦合模型是基于植物散失水汽的蒸腾作用和同化CO_2的光合作用均以气孔为主要通道的生理基础来构建的。基于光合生化模型和气孔导度半经验模型（Ball et al., 1987; Leuning, 1995）的水碳耦合模型包含植物光合生理关键过程和参数的量化，耦合气孔导度和水、土、气象因子来实现作物光合和蒸腾的模拟，其模型机理性和参数复杂程度适中，可加深对作物耗水和生长过程的机理认识和提高作物模型精度（Müller et al., 2005; Braune et al., 2009; Zhang et al., 2011）。尽管这种耦合模型成为理解冠层气体交换过程的主要手段，但模型的参数化方法仍需要较多研究（Han et al., 2014），尤其是模型关键参数最大羧化效率（V_{cmax}）、最大电子传递效率（J_{max}）及胞间 CO_2浓度与环境 CO_2浓度之比（C_i/C_a）的时空变化常常对模型模拟结果产生较大影响（Medlyn et al., 2002）。且叶片光合及气体交换过程是冠层水碳耦合的关键组成部分，本节重点介绍考虑生化过程的光合-气孔导度耦合模型构建及验证，旨在为进一步提高农田水碳耦合模拟精度提供基础模块。本章节针对 6.2 节试验测定得到的光合参数及其与叶片氮含量的关系，构建光合-气孔导度耦合模型，推导模型代数解，模拟不同滴灌模式下的光合速率，是定量化研究该地区作物产量生理调控机制的重要手段，对进一步揭示田间高效灌溉模式节水增产内在原因具有重要的理论指导意义。

8.1.1 模型介绍与评价指标

1. 模型介绍

净光合速率（A_n）受 2 个过程限制：Rubisco 酶活性（W_c）、电子传递（W_J）。各个过程的表达式见式（8-1）~式（8-5）。

$$A_n = V_c - 0.5 \times V_o - R_d = V_c \times \left(1 - \frac{\Gamma^*}{C_i}\right) - R_d \tag{8-1}$$

$$V_c = \min(W_c, W_J) \tag{8-2}$$

$$W_c = \frac{V_{cmax} C_i}{C_i + K_c \times (1 + O/K_o)} \tag{8-3}$$

$$W_J = \frac{J C_i}{4 \times (C_i + 2\Gamma^*)} \tag{8-4}$$

$$J = \frac{\alpha \times \mathrm{PAR} + J_{max} - \sqrt{(\alpha \times \mathrm{PAR} + J_{max})^2 - 4 \times \theta \times \alpha \times \mathrm{PAR} \times J_{max}}}{2 \times \theta} \tag{8-5}$$

式中，V_c和 V_o分别为 Rubisco 酶的羧化和加氧速率；Γ^*为无暗呼吸时的 CO_2补偿点；R_d为白天呼吸速率；V_{cmax}和 J_{max}分别为 Rubisco 酶的最大羧化速率和 RuBP 再生阶段最大电子传递速率；C_i为细胞间 CO_2浓度；K_c和 K_o为米氏常数；O 为氧气分压；J 为电子传递速率；α 为光能转化效率；PAR 为光合有效辐射。模型关键参数 V_{cmax}依赖于叶片温度，关系表达为

$$f(T_\ell) = \frac{Q_{10}(T_\ell - T_{ref})/10}{1 + e^{s_1(T_\ell - s_2)}} \tag{8-6}$$

式中，Q_{10}为温度系数，通常值为 2.0；T_ℓ为叶片的开氏温度，K；T_{ref}为参考温度，298K；s_1和 s_2分别为高温、低温抑制因子，分别取值为 0.3K 和 313K。

模型中叶片温度 T_ℓ 可以近似为空气温度 T_a 或由 T_a 推算得到，PAR 通过气象数据得到；C_i 为未知。根据 Fick 定律，A_n 和蒸腾速率（T_r）还可以分别表示为式（8-7）和式（8-8）：

$$A_n = g_b(C_a - C_s) = g_{sc}(C_s - C_i) \tag{8-7}$$

$$T_r = g_b \times (w_s - w_a) = g_s \times (w_i - w_s) \tag{8-8}$$

式中，C_a 和 C_s 分别为空气和叶表面 CO_2 浓度；w_a、w_s 和 w_i 分别为空气、叶表面和细胞间水汽浓度；g_b 为边界层导度，可以由经验公式求得；g_{sc} 和 g_s 分别为气孔对 CO_2 和 H_2O 的导度，两者满足式（8-9）：

$$g_{sc} = g_s / 1.6 \tag{8-9}$$

可见，气孔导度是联系光合和蒸腾的中间因子。由式（8-7）和式（8-8）可以推出 C_i 的表达式，然而又引入未知变量 g_s，只有再列出与 A_n、C_i 和 g_s 有关的第三个等式，才能使整个模型有解。气孔导度模型的研究给出了与三者相关的经验表达式，可以很好地模拟自然和实验室状态下的植物气孔导度，进而模拟光合速率和蒸腾速率。本研究选用被广泛应用的 Ball-Berry 气孔导度模型，其表达式为

$$g_s = g_0 + \frac{g_1 A_n \mathrm{RH}}{C_s - \Gamma^*} \tag{8-10}$$

式中，g_0 为最小气孔导度；g_1 为气孔斜率因子；RH 为叶表面相对湿度；C_s 为叶表面 CO_2 浓度；Γ^* 为无暗呼吸时的 CO_2 补偿点。

根据式（8-1）~式（8-10）推导得到求解 C_i 的二次方程如下

$$aC_i^2 + bC_i + cC_i = 0 \tag{8-11}$$

式中，a、b 和 c 为二次方程的系数，分别为

$$a = g_0 + d(X - R_d) \tag{8-12}$$

$$b = (1.6 - C_s d)(X - R_d) + g_0(Y - C_s) - d(X\Gamma^* + YR_d) \tag{8-13}$$

$$c = -(1.6 - C_s d)(X\Gamma^* + YR_d) - g_0 Y C_s \tag{8-14}$$

式中，d 为气孔导度模型的系数，表达式如下：

$$d = g_1 \mathrm{RH} / (C_s - \Gamma^*) \tag{8-15}$$

$$X = \begin{cases} V_{\mathrm{cmax}}, & \text{Rubisco 酶活性限制阶段} \\ J/4, & \text{电子传递限制阶段} \end{cases} \tag{8-16}$$

$$Y = \begin{cases} K_c(1 + O/K_o), & \text{Rubisco 酶活性限制阶段} \\ 2\Gamma^*, & \text{电子传递限制阶段} \end{cases} \tag{8-17}$$

根据 X、Y 的取值，分别求解 C_i，再代入式（8-1）~式（8-5）计算 A_n，取 W_C、W_J 中较小的值为模拟 A_n 值。

2. 模型评价指标

采用 3 类 4 个评价指标来评判本章建立的蒸腾-光合耦合模型的估算效果。

第一类：汇总统计指标，主要对模型预测值与实测值进行比较，反映模型拟合性的基本情况。本研究采用模拟值和实测值的平均值（$\overline{P}$ 和 $\overline{O}$），其计算公式分别为

$$\bar{O} = N^{-1} \sum_{i=1}^{N} O_i \tag{8-18}$$

$$\bar{P} = N^{-1} \sum_{i=1}^{N} P_i \tag{8-19}$$

第二类：相关性指标，可以定量反映模型的最优性，但不能估计模型的无偏性。本研究采用决定系数（R^2），其计算公式为

$$R^2 = \left\{ \frac{\sum_{i=1}^{N} (O_i - \bar{O})(P_i - \bar{P})}{\sqrt{\sum_{i=1}^{N} (O_i - \bar{O})^2} \sqrt{\sum_{i=1}^{N} (P_i - \bar{P})^2}} \right\}^2 \tag{8-20}$$

第三类：绝对误差指标，可以反映模型的无偏性。本研究采用平均绝对误差（MAE），计算公式为

$$\text{MAE} = N^{-1} \sum_{i=1}^{N} | O_i - P_i | \tag{8-21}$$

式中，O_i 和 P_i 分别为实测值和模拟值；N 为样本数。

8.1.2 秸秆覆盖滴灌模式下冬小麦光合-气孔导度耦合模拟

滴灌不同水量和秸秆覆盖处理下冬小麦蒸腾-光合耦合模拟模型参数确定采用 4 次（2013 年和 2015 年各 2 次）光合-胞间 CO_2 浓度（A_n-C_i）曲线测定数据，模型对 2015 年在滴灌不同水量和覆盖处理下的冬小麦日变化进行测定验证，确保建模数据和验证数据的独立性。

1. 模型关键光合参数的确定

Rubisco 酶的最大表观羧化速率（V_{cmax}）、RuBP 再生阶段最大电子传递速率（J_{max}）和羧化效率（CE）通过测定的光合-胞间 CO_2 浓度（A_n-C_i）曲线，由式（8-1）~式（8-5）模拟得到。图 8-1 和图 8-2 给出了不同滴灌水量和覆盖处理下 2013 年和 2015 年两次测定的参数拟合情况。

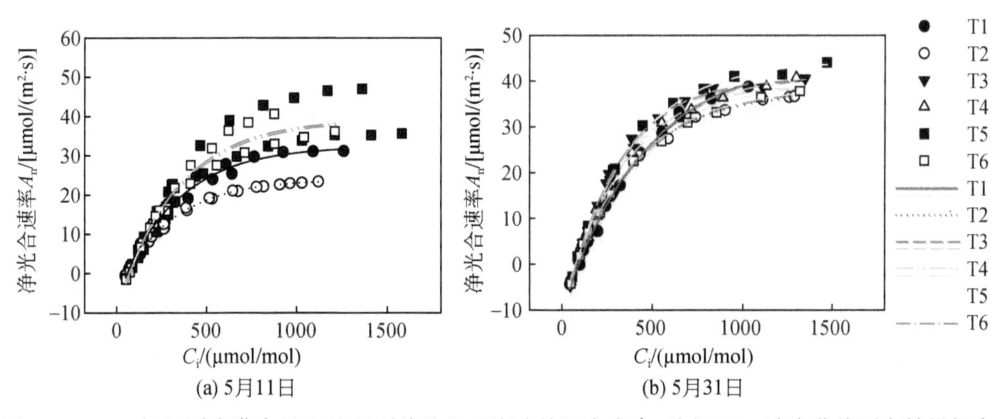

图 8-1 2013 年不同滴灌水量和秸秆覆盖处理下旗叶的两次光合-胞间 CO_2 浓度曲线测定结果拟合

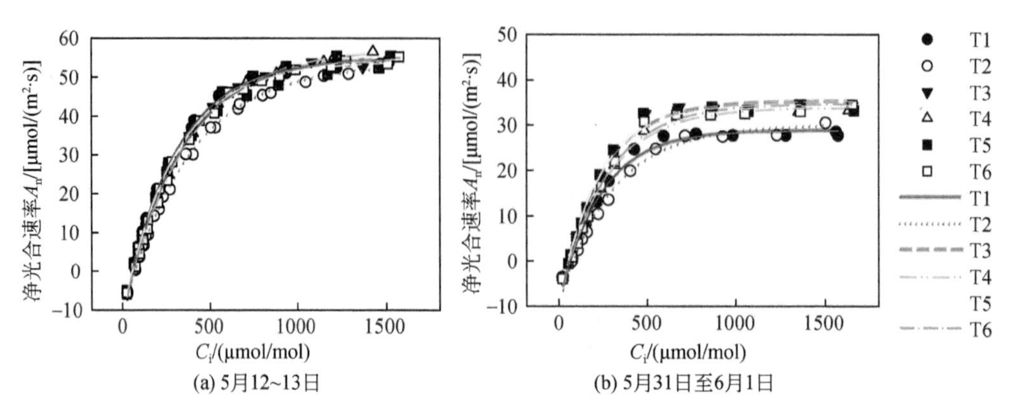

(a) 5月12~13日　　(b) 5月31日至6月1日

图 8-2　2015 年不同滴灌水量和秸秆覆盖处理下旗叶的两次光合-胞间 CO_2 浓度曲线测定结果拟合

2. Ball-Berry 气孔导度模型关键参数的确定

Ball-Berry 气孔导度模型拟合公式参见式（8-10），滴灌不同水量和秸秆覆盖处理对模型参数的影响在图 8-3 中给出。可见，Ball-Berry 气孔导度模型的斜率随处理变化，高水处理显著低于中水和低水处理，覆盖处理低于不覆盖处理。Ball-Berry 气孔导度模型的截距也随处理变化：高水处理显著高于中水和低水处理，覆盖处理高于不覆盖处理。本研究测得的 Ball-Berry 气孔导度模型参数变化范围在前人研究范围内。

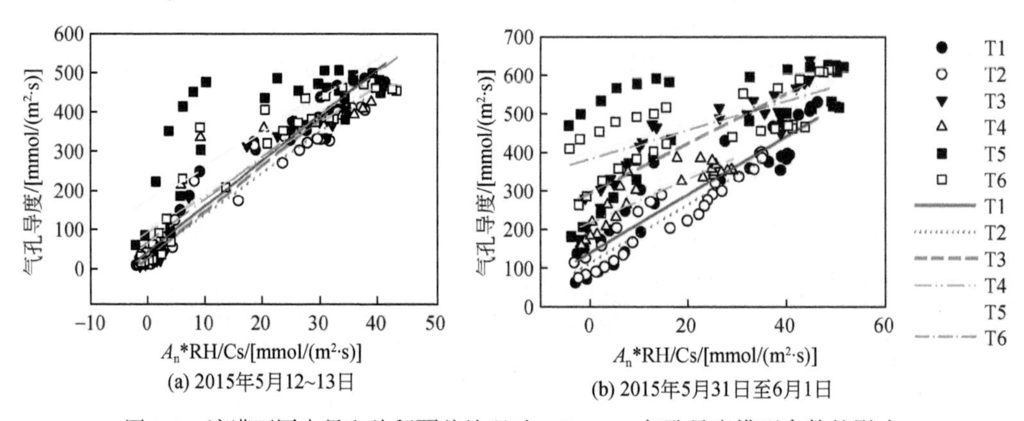

(a) 2015年5月12~13日　　(b) 2015年5月31日至6月1日

图 8-3　滴灌不同水量和秸秆覆盖处理对 Ball-Berry 气孔导度模型参数的影响

3. 关键参数与叶片 N 含量的关系

滴灌不同水量和覆盖处理下冬小麦 V_{cmax} 与叶片 N 含量 N_{mass} 之间存在极显著的正相关关系，与不同施 N 量处理下二者关系不同，该关系不受滴灌水量和覆盖处理的影响（图 8-4），这表明不同年份不同测定日期下，旗叶的 V_{cmax} 的处理间差异主要是由叶片 N 含量 N_{mass} 不同引起的。根据本章得到的二者关系，可以通过测定叶片 N 含量来估算叶片的 V_{cmax}，然后再根据 J_{max}/V_{cmax} 比值，估算得 J_{max}。结合 Ball-Berry 气孔导度模型（图 8-3），不同滴灌水量和覆盖处理下蒸腾-光合耦合模拟模型的关键参数均已获得。

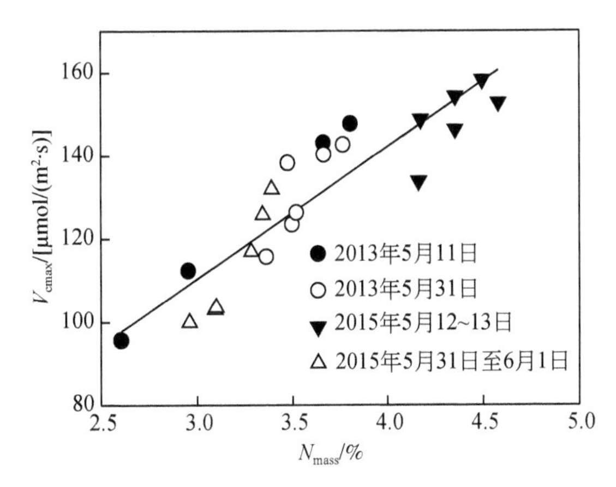

图 8-4　2013 年和 2015 年旗叶最大羧化速率（V_{cmax}）与叶片 N 含量（N_{mass}）之间的关系

4. 模型验证

图 8-5 是模型对 2015 年不同滴灌水量和秸秆覆盖处理下冬小麦不同冠层位置旗叶光合速率模拟值和实测值的比较，可见，模型能较好地模拟不同处理、冠层不同部位、不同时刻的光合值。模拟值和实测值的日变化规律基本一致：秸秆覆盖处理和中、高水分处理上层叶片的光合日进程为单峰曲线，而不覆盖、低水处理为双峰曲线，中午和午后光合值明显降低。冠层中、下部叶片的光合显著小于冠层顶部。考虑叶片 N 含量变化和光强变化的耦合模型基本可以重现光合速率的实测结果。

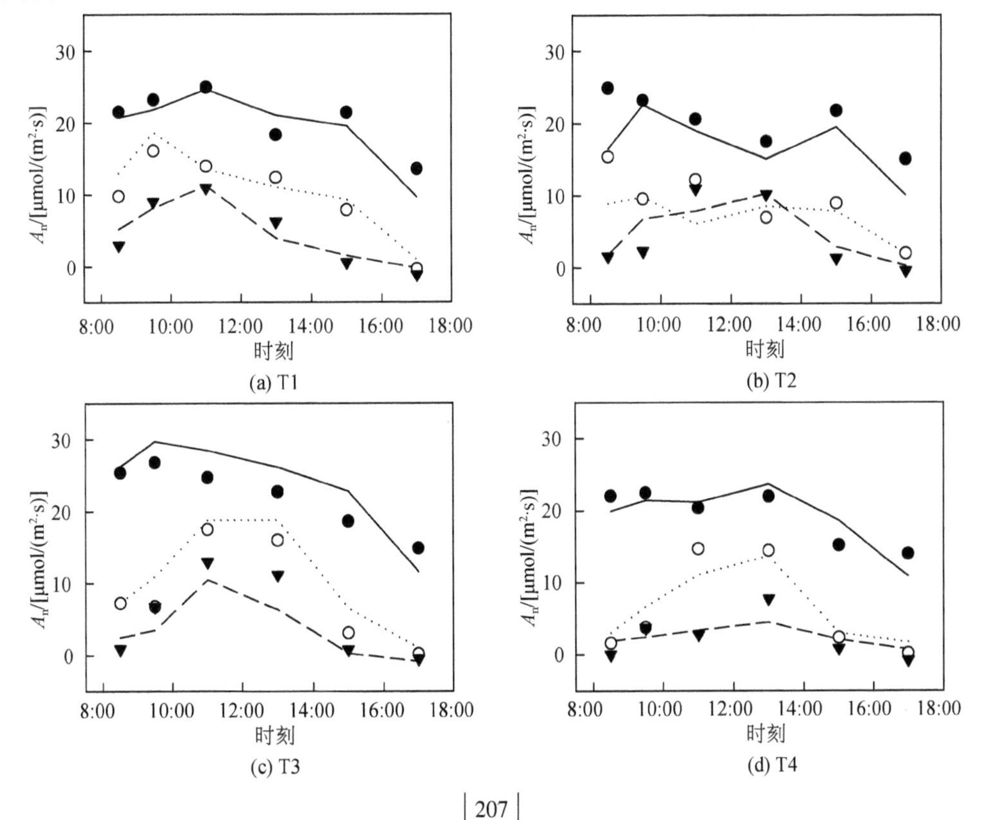

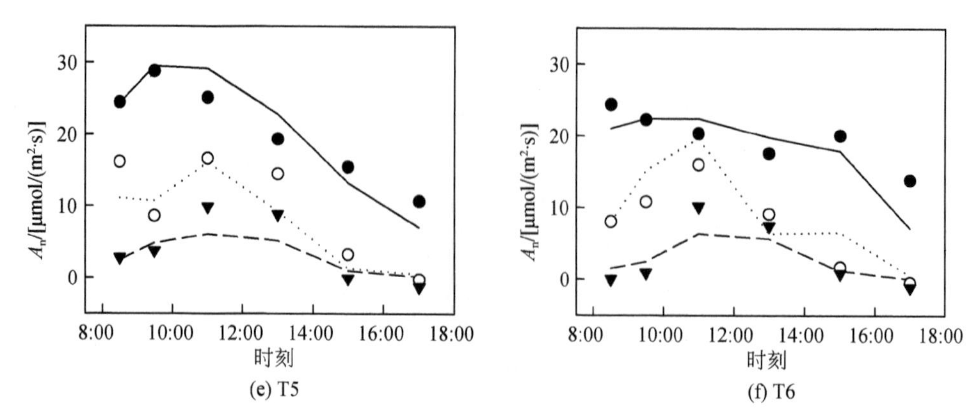

图 8-5　模型对 2015 年各秸秆覆盖滴灌处理下不同冠层位置旗叶光合速率模拟值和实测值的比较
——代表冠层上部旗叶光合速率实测值；……代表冠层中部旗叶光合速率实测值；– – –代表冠层下部旗叶光合速率实测值；●代表冠层上部旗叶光合速率模拟值；○代表冠层中部旗叶光合速率模拟值；▼代表冠层下部旗叶光合速率模拟值

图 8-6 是模型对 2015 年不同滴灌水量和秸秆覆盖处理下冬小麦不同冠层位置旗叶蒸腾速率模拟值和实测值的比较，可见，模型能较好地模拟不同处理、冠层不同部位、不同时刻的蒸腾速率。模拟值和实测值的日变化规律基本一致：覆盖处理和中、高水分处理上层叶片的蒸腾速率日进程为单峰曲线，而不覆盖、低水处理为双峰曲线，中午和午后蒸腾速率值明显降低。冠层中、下部叶片的蒸腾显著小于冠层顶部。考虑叶片 N 含量变化和光强变化的耦合模型可基本重现实测结果。

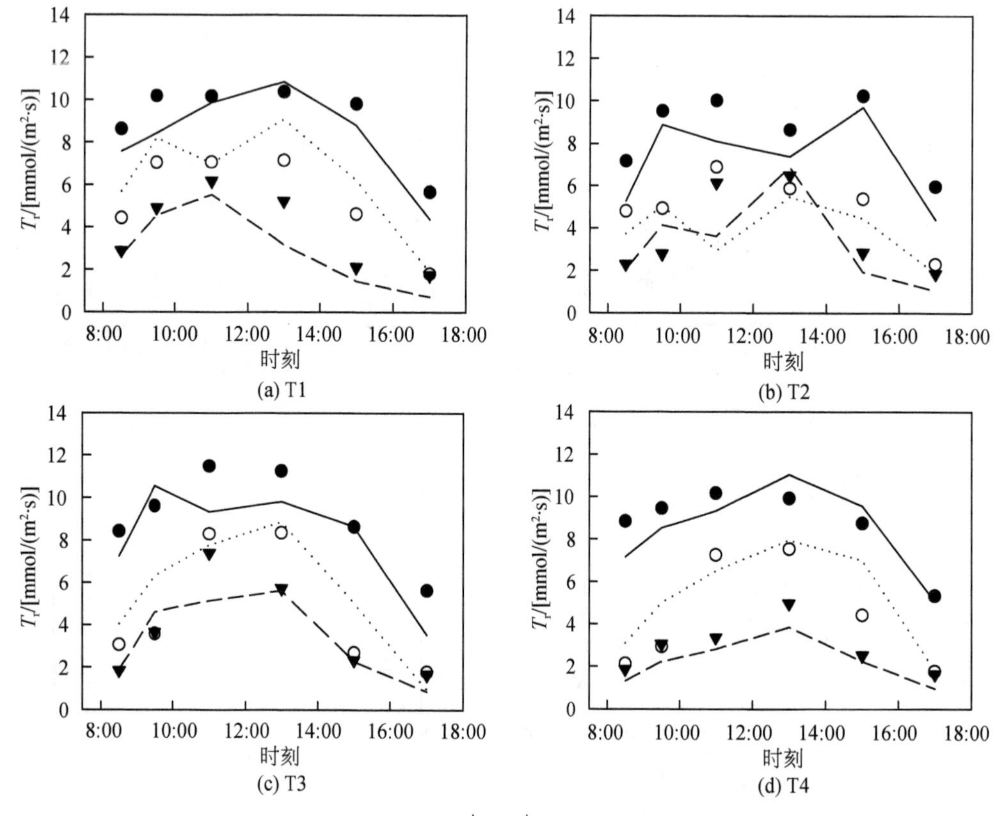

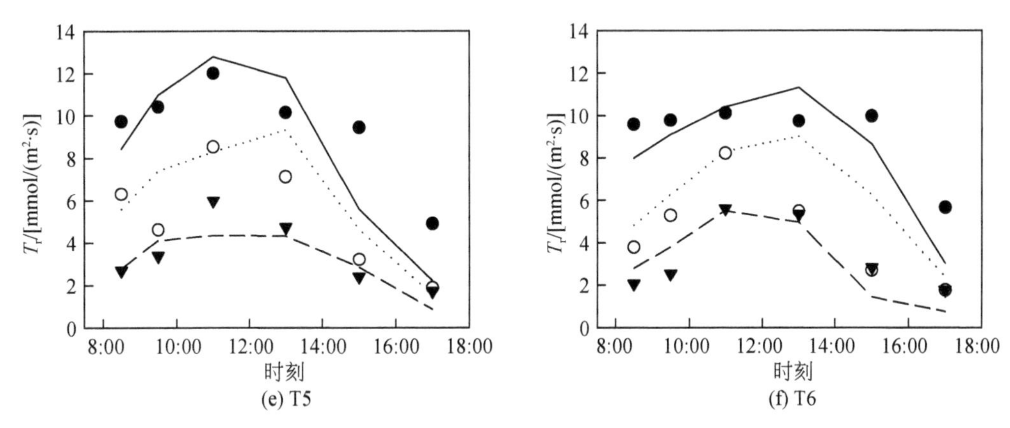

图 8-6　模型对 2015 年不同滴灌水量和覆盖处理下冬小麦不同冠层位置旗叶蒸腾速率模拟值和实测值的比较

——代表冠层上部旗叶蒸腾速率实测值；……代表冠层中部旗叶蒸腾速率实测值；– – –代表冠层下部旗叶蒸腾速率实测值；●代表冠层上部旗叶蒸腾速率模拟值；○代表冠层中部旗叶蒸腾速率模拟值；▼代表冠层下部旗叶蒸腾速率模拟值

模型对 2015 年不同处理不同冠层位置旗叶光合速率、气孔导度和蒸腾速率模拟值和实测值进行比较的散点图（图 8-7）表明：光合速率、蒸腾速率和气孔导度模拟值与实测值的散点较均匀地分布在 1 : 1 线的附近，也证明模型能较好地模拟上述光合生理参数的日变化过程。

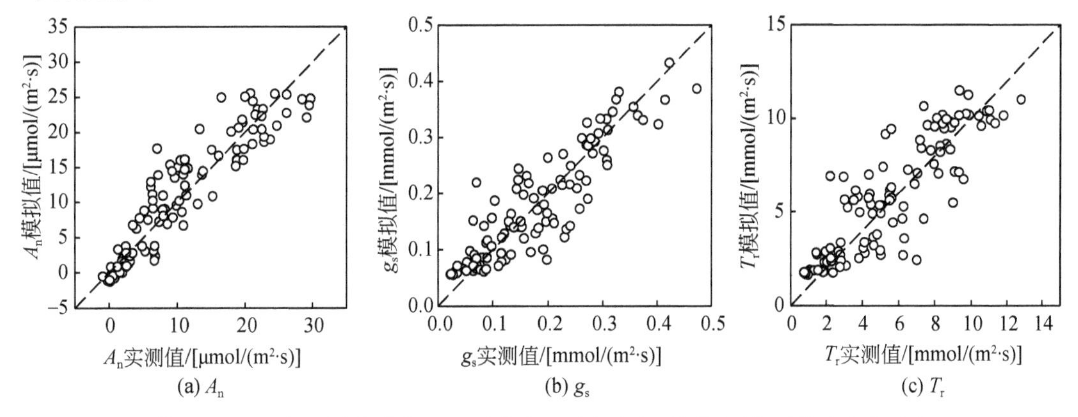

图 8-7　模型对 2015 年不同滴灌水量和覆盖处理下冬小麦不同冠层位置旗叶光合速率（A_n）、气孔导度（g_s）和蒸腾速率（T_r）模拟值和实测值比较的散点图

表 8-1 为采用 3 类 4 个评价指标评判蒸腾-光合耦合模型的估算效果。从 3 个冠层位置的平均值来看，模型模拟蒸腾速率的实测平均值和模拟平均值分别为 5.61mmol/(m^2·s) 和 5.85mmol/(m^2·s)，两者非常接近，实测平均值和模拟平均值的平均绝对误差为 1.25mmol/(m^2·s)，决定系数为 0.74。模型模拟光合速率的实测平均值和模拟平均值分别为 10.82μmol/(m^2·s) 和 11.06μmol/(m^2·s)，模拟平均值比实测平均值高约 2%，实测平均值和模拟平均值的平均绝对误差为 2.58μmol/(m^2·s)，决定系数为 0.85。按照冠层位置来看，不同冠层位置的高估或低估情况不同，以冠层上层的实测平均值和模拟平均值差

别最小，平均绝对误差的值虽较大，但其占实测平均值的比例在冠层上层是最小的。

表 8-1　模拟和实测数据统计参数比较

冠层位置	模拟参数	实测平均值 $\overline{O}$	模拟平均值 $\overline{P}$	平均绝对误差 MAE	决定系数 R^2
3 层平均值	T_r [μmol/(m² · s)]	5.61	5.85	1.25	0.74
	A_n [μmol/(m² · s)]	10.82	11.06	2.58	0.85
冠层上层	T_r1 [μmol/(m² · s)]	8.21	9.14	1.56	0.59
冠层中层	T_r2 [μmol/(m² · s)]	5.55	4.83	1.34	0.56
冠层下层	T_r3 [μmol/(m² · s)]	3.06	3.59	0.86	0.71
冠层上层	A_n1 [μmol/(m² · s)]	19.92	20.54	3.59	0.52
冠层中层	A_n2 [μmol/(m² · s)]	8.82	8.50	2.27	0.77
冠层下层	A_n3 [μmol/(m² · s)]	3.72	4.14	1.89	0.78

8.1.3　滴灌不同施 N 量处理下冬小麦光合–气孔导度耦合模拟

滴灌不同施 N 量处理下冬小麦光合–气孔导度耦合模拟中模型参数采用 2014 年的 3 次光合–胞间 CO_2浓度（A_n-C_i）响应曲线测定数据，模型对 2013 年在滴灌不同施 N 量试验区的两次日变化测定和 2014 年的 3 次光合–光响应曲线实测数据进行验证，确保建模数据和验证数据的独立性。

1. 模型关键光合参数的确定

Rubisco 酶最大表观羧化速率（V_{cmax}）、RuBP 再生阶段最大电子传递速率（J_{max}）和羧化效率（CE）通过测定的光合–胞间 CO_2浓度（A_n-C_i）曲线，由式（8-1）~式（8-5）模拟得到。图 8-8 给出了滴灌不同施 N 量处理对上述参数的影响比较。

V_{cmax}随测定日期的推进逐渐降低，N3、N2 和 N1 处理 6 月 2 ~ 3 日 A_{max}测定结果分别比 5 月 4 ~ 5 日降低了 27.2%、40.0% 和 40.3% [图 8-8（a）]。其中，5 月 4 ~ 5 日不同 N 处理间 V_{cmax}无明显差异，5 月 21 ~ 23 日 N3 和 N2 处理的 V_{cmax}差异不显著，两处理的值 [133.2μmol/(m² · s) 和 125.3μmol/(m² · s)] 显著大于 N1 处理的值 [110.8μmol/(m² · s)]。6 月 2 ~ 3 日 N3 处理的 V_{cmax}显著大于 N2 和 N1 处理，N2 处理和 N1 处理值无显著差异。

J_{max}的季节变化趋势和处理间差异情况与 V_{cmax}类似，3 次测定各处理的 J_{max}介于 156.5 ~ 236.2μmol/(m² · s) [图 8-8（b）]。与 V_{cmax}不同的是，6 月 2 ~ 3 日不同处理 J_{max}差异显著，N3 处理的 J_{max}显著大于 N2 处理和 N1 处理，N2 处理也显著大于 N1 处理。

3 次测定的 J_{max}/V_{cmax}处理间差异均不显著，随测定日期的推进有逐渐升高的趋势，3 次测定各处理的 J_{max}/V_{cmax}介于 1.49 ~ 2.00 [图 8-8（c）]。CE 随测定日期的推进逐渐降低，除 5 月 4 ~ 5 日不同 N 处理间 CE 无明显差异外，后两次测定不同 N 处理间差异均显著 [图 8-8（d）]。其中，5 月 21 ~ 23 日 N3 处理的 CE [0.125mol/(m² · s)] 显著大于

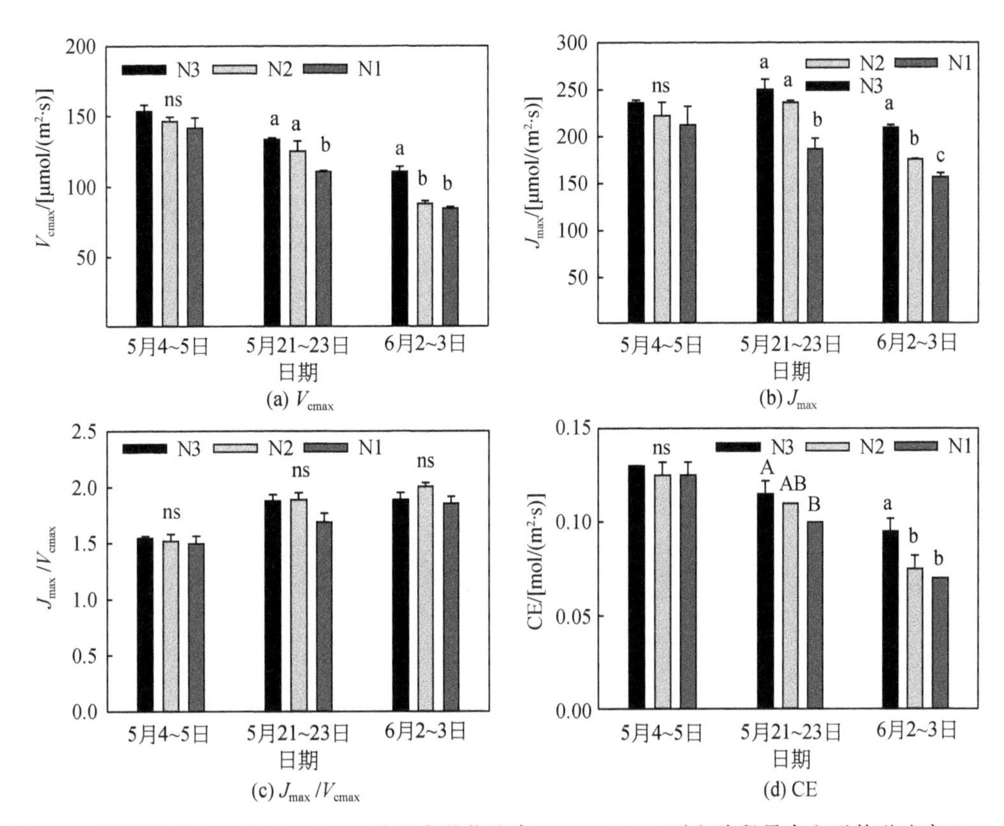

图 8-8　滴灌不同施 N 量对 Rubisco 酶最大羧化速率 V_{cmax}、RuBP 再生阶段最大电子传递速率 J_{max}、二者比例 V_{cmax}/J_{max} 和羧化效率 CE 的影响

N1 处理的值 [0.075mol/(m^2 · s)]，N2 处理 CE [0.11mol/(m^2 · s)] 介于 N3 处理和 N1 处理之间，与 N3 和 N1 没有显著差别。6 月 2 ~3 日 N3 处理的 CE 显著大于 N2 和 N1 处理，N2 处理和 N1 处理值无显著差异。3 次测定各处理的 CE 介于 0.07 ~0.13mol/(m^2 · s)。

2. Ball-Berry 气孔导度模型关键参数的确定

Ball-Berry 气孔导度模型参数确定采用 2014 年的 3 次光合-光响应曲线测定结果，根据式（8-10）拟合。

不同测定日期和不同施 N 量均对 Ball-Berry 气孔导度模型参数影响显著，随测定日期的推进，Ball-Berry 气孔导度模型参数截距有先升高后降低的趋势，而斜率有逐渐降低的趋势（图 8-9）。不同施 N 量对 Ball-Berry 气孔导度模型参数的影响并未在所有测定日期中观测到。其中，5 月 4 ~5 日和 6 月 2 ~3 日不同施 N 处理对 Ball-Berry 气孔导度模型参数的影响不显著，5 月 4 ~5 日的截距和斜率分别为 85.5 和 11.2，6 月 2 ~3 日的截距和斜率分别为 162.2 和 6.2。5 月 21 ~23 日测定的 Ball-Berry 气孔导度模型参数处理间差异显著，N3、N2 和 N1 处理的截距依次降低，分别为 215.4、173.1 和 125.4，而 N3、N2 和 N1 处理的斜率分别为 4.0、5.6 和 5.9。本研究测得的 Ball-Berry 气孔导度模型参数变化范围在

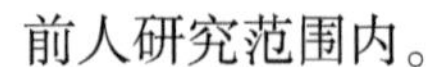

前人研究范围内。

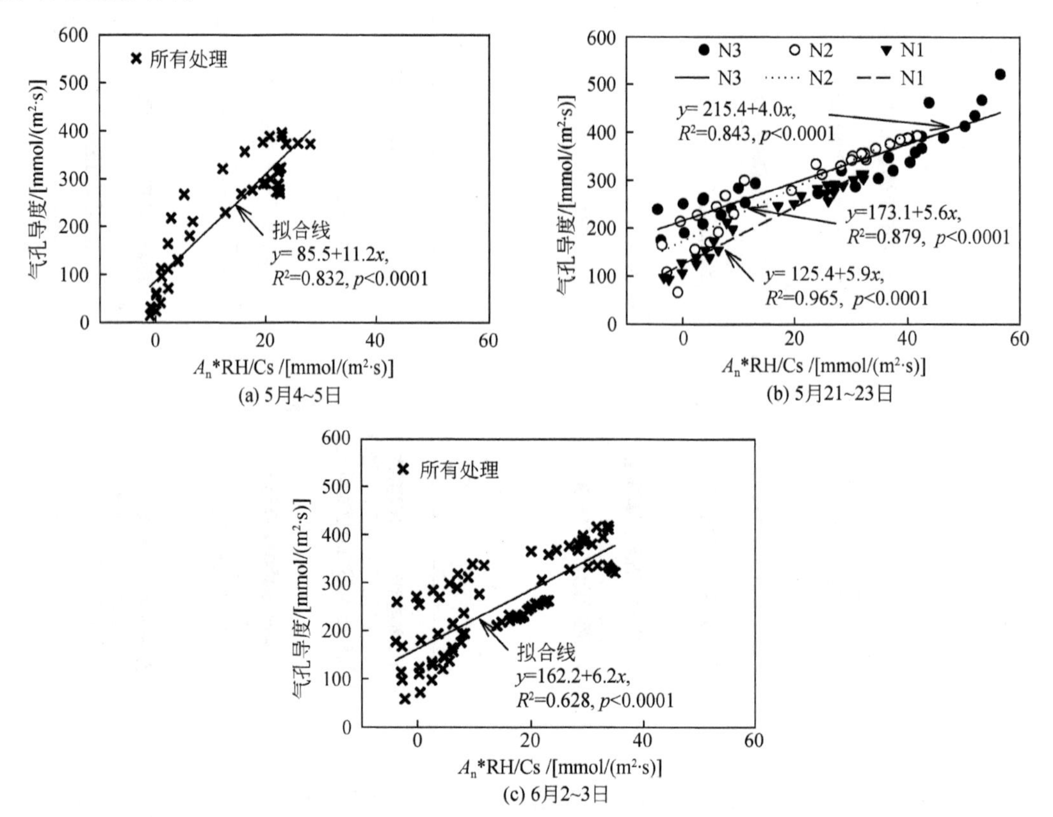

图 8-9　滴灌不同施 N 量和测定日期对 Ball-Berry 气孔导度模型参数的影响

3. 关键参数与生物学因子的关系

所有处理的 V_{cmax} 与叶片 N 含量（N_{mass}）和 Δ 之间均存在显著的线性相关关系，且这些相关关系受到 N 肥处理的显著影响，随着施 N 量的降低，回归直线斜率的绝对值增大（图 8-10），这与低 N 肥处理下，V_{cmax} 随时间的降低比例较大有关，也表明低 N 处理下，V_{cmax} 对上述参数的敏感性较高。从各回归方程的决定系数（R^2）来看，N3 处理下，V_{cmax} 与 Δ 的相关关系较好；而 N2 和 N1 处理下，V_{cmax} 与 N_{mass} 的相关关系较好。这表明高肥处理下，V_{cmax} 的季节变化主要受到叶片自然衰老（Δ 升高）的驱动，而低肥处理下，生育后期叶片 N 含量（N_{mass}）的降低则成为制约 V_{cmax} 的主要因素。可以通过测定叶片 N 含量来估算叶片的 V_{cmax}，然后再根据 J_{max}/V_{cmax}，估算 J_{max}。结合 Ball-Berry 气孔导度模型（图 8-9），不同滴灌施 N 量处理下蒸腾-光合耦合模拟模型的关键参数均已获得。

4. 模型验证

考虑不同施 N 量处理对作物生物学指标——叶片 N 含量的影响，采用本节所确定的模型输入参数，对 2013 年的两次光合日进程和 2014 年的 3 次光合曲线进行了模拟。

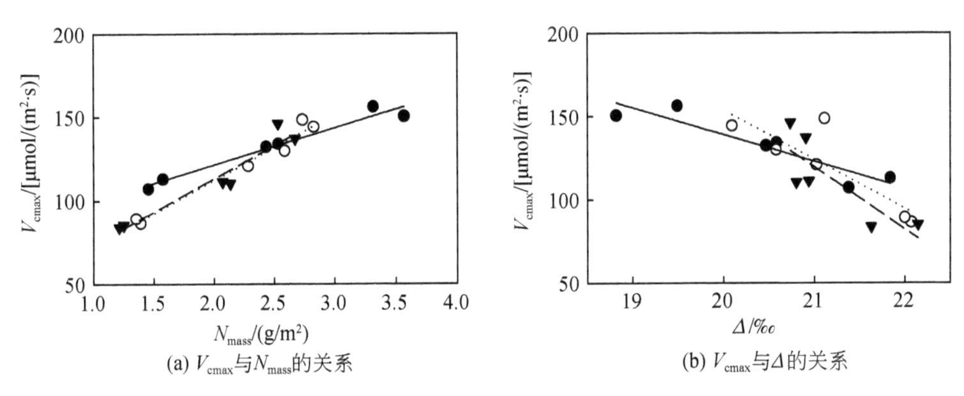

(a) V_{cmax}与N_{mass}的关系　(b) V_{cmax}与Δ的关系

图 8-10　最大羧化速率 V_{cmax} 与叶片氮含量（N_{mass}）和^{13}C 同位素分辨率（Δ）之间的关系

图 8-11 反映了模型对 2013 年两次光合日进程测定的模拟值与实测值的比较。图中实测值为黑色实线，模拟值为黑点。可见，模型能较好地模拟不同测定日期不同滴灌施 N 处理下不同时刻的光合值。模拟值和实测值的日变化规律基本一致：不同施 N 处理的光合日进程为单峰曲线，上午 8：00～12：00 光合值较高，午后光合值明显降低。

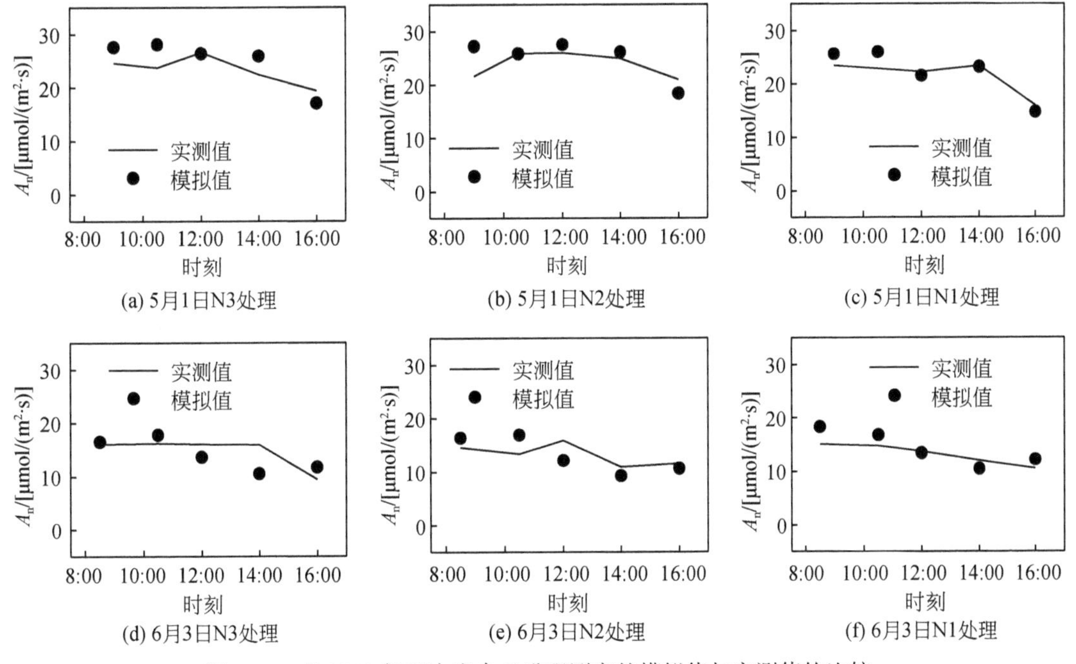

(a) 5月1日N3处理　(b) 5月1日N2处理　(c) 5月1日N1处理
(d) 6月3日N3处理　(e) 6月3日N2处理　(f) 6月3日N1处理

图 8-11　对 2013 年两次光合日进程测定的模拟值与实测值的比较

图 8-12 反映了模型对 2014 年 3 次光曲线测定的模拟值与实测值的比较。该图以纵坐标为模拟值，横坐标为实测值，可见，3 次测定模拟值和实测值的散点均较均匀地分布在 1：1 线附近，表明模拟值与实测值非常接近，所构建的蒸腾-光合耦合模拟模型可以较好地模拟不同滴灌施 N 处理下小麦旗叶的光合-光响应曲线。

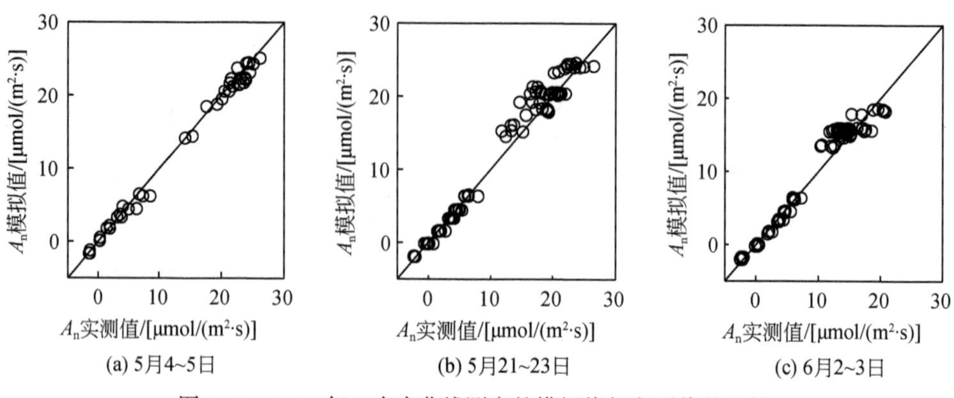

图 8-12　2014 年 3 次光曲线测定的模拟值与实测值的比较

8.1.4　模型敏感性分析和预测

根据所构建的光合–气孔导度耦合模拟模型，将模型关键输入参数分别变化一定范围，模型输出参数的变化范围列在表 8-2 中。模型敏感性分析和预测结果表明：不同参数对光合速率模拟结果的影响范围不同，最大羧化速率 V_{cmax} 和气孔导度子模型的斜率主要对高光强下的光合速率有影响，而截距和电子传递效率主要对低光强下的光合速率有影响。忽略气孔导度模型中的截距，会使低光强下的光合的模拟误差大大提高。仅考虑 CO_2 浓度倍增时，光合速率提高 31%，而叶温升高 1℃则引起高光强下光合速率下降 2%~5%，因此综合考虑全球气候变化引起的 CO_2 浓度升高、温度升高和水分降低等条件共同作用下作物产量（光合产物）的变化情况还较复杂。模型模拟的秸秆覆盖和高水分处理引起的叶片 N 含量提高、叶温降低和冠层湿度增高等因素综合变化可引起光合速率升高 2%~14%，与实测结果吻合。

表 8-2　蒸腾–光合耦合模拟模型敏感性分析

因子分类	变化因子		变化方向	变化范围	影响光合情况	光合速率变化方向	光合速率变化范围
单因子效应	生理因子	V_{cmax}	增高	10%	PAR>1000	增高	5%~10%
		J_{max}	增高	10%	PAR>1000	增高	< 5%
		曲率 θ	增高	10%	光强越弱影响越大	增高	10%~50%
		电子传递效率 α	增高	10%	PAR<1000	增高	5%~50%
		g_s模型的斜率	增高	10%	PAR>1000	增高	2%
		g_s模型的截距	降低	由 0.07 变为 0	PAR<500	降低	5%~100%
					PAR>500	降低	3%

续表

因子分类	变化因子		变化方向	变化范围	影响光合情况	光合速率变化方向	光合速率变化范围
单因子效应	环境因子	CO_2浓度	增高	100%	所有光强基本均等	增高	31%
		叶温	增高	1℃	PAR>1000	降低	2%~5%
		冠层湿度	增高	20%	PAR>1001	增高	1%~2%
		光强	增高	10%	PAR<1000	增高	5%~50%
综合效应（覆盖/高水处理）	1	V_{cmax}，J_{max}	增高	10%	PAR>500	增高	2%~14%
		叶温	降低	1℃			
		冠层湿度	增高	20%			
	2	光强	降低	10%	PAR>1500	增高	5%~14%
		V_{cmax}，J_{max}	增高	10%			
		叶温	降低	1℃	PAR<500	降低	5%~50%
		冠层湿度	增高	20%			

8.1.5 小结

以不同施 N 量和滴灌水量及覆盖处理为特征的不同覆盖滴灌模式显著影响叶片的最大羧化速率（V_{cmax}）和叶片 N 含量。测定结果表明，高 N 处理和覆盖处理的 V_{cmax}、叶片 N 含量都分别大于中、低 N 处理和不覆盖处理，处理间的 V_{cmax} 差异可以用叶片 N 含量来解释。气孔导度模型的斜率和截距均随不同滴灌模式变化：高 N 处理的截距最大，而斜率却最小；高水及覆盖处理的斜率较小，截距较大，而中、低水及不覆盖处理反之。

建立的光合-气孔导度耦合模型在考虑模型关键参数处理间变化的情况下，可对覆盖滴灌处理下光合-光曲线的形状及处理间差异进行较好的模拟，可对光合速率、蒸腾速率和气孔导度的处理间、不同冠层位置的日变化进行较好的模拟。模型预测表明：不同参数对光合速率模拟结果的影响范围不同，模型可以模拟滴灌制度和覆盖处理引起的多种因素综合变化条件下的蒸腾速率和光合速率等参数的变化趋势与变化量。

8.2 塑膜覆盖滴灌农田水碳耦合模型

由于地表覆盖能够阻止土壤水分蒸发且反照率等陆面参数也与其他下垫面有显著的差异，这种下垫面物理属性的改变必然引起陆气相互作用界面上能量和物质的交换过程。然而，考虑覆盖作用所引起的物理过程变化的多层水碳通量模型较为少见，而这些物理和生化过程通常是相互耦合、相互联系的，任何一个过程的改变都有可能会引起其他过程的改变。因此发展一个适合于覆盖农田下垫面的生理生化过程模型对进行特殊下垫面条件下的高精度水碳过程模拟和预测具有重要的意义。

本节中，我们首先基于8.1节中的光合-气孔导度耦合模拟模型，运用光合参数与叶片氮含量关系及冠层内辐射分布情况对光合参数冠层内和季节变化进行模拟，实现模型从叶片到冠层的尺度转换（Müller et al.，2014）。然后基于冠层尺度，考虑覆膜滴灌模式对水碳传输的影响，进行覆盖滴灌农田水碳耦合模型构建。为此，我们选取综合生理生态、生物地球化学和微气象理论的物质和能量交换的多层水热传输量化过程模型作为覆盖滴灌农田水碳耦合模型构建的基础。该多层模型由冠上短波和长波入射辐射、气温、空气饱和差、大气CO_2浓度、风速和降雨驱动。模型中考虑C3和C4光合生化过程，可以将叶片及冠层尺度上作物对环境变化的生理生化响应考虑进去。冠层首先被分为n层，每层再分为阴阳叶，叶片尺度净通量通过面积加权平均阴阳叶的通量得到。通过假定光合能力（以1、5二磷酸再生的最大速率，J_{max}和1、5二磷酸羧化加氧酶促最大羧化速率，V_{cmax}为代表）在冠层内指数衰减来量化每层的叶片净通量，整株的通量值通过对垂直方向上的每层叶片精通量整合得到。

为更好地模拟地膜覆盖的农田下垫面的水气过程特征，我们将地膜覆盖条件下的农田概化为土壤层、地膜覆盖层、植被层及大气相互作用的一维物理系统。根据大气与陆地间能量及物质平衡的原理，设计一个地膜层的子模型，嵌入多层冠层水碳耦合模型中，形成一个新的多层模型MLCan-Mulch，用于模拟地膜覆盖农田下垫面的物质和能量交换过程。同时利用相同的气象驱动数据，运行原模型，作为对比模拟试验来研究地膜覆盖对农田陆面水气交换过程的影响。通过模型模拟确定覆膜引起的直接和间接影响。覆膜的直接影响主要是地表层的能量平衡，通过模型的改进实现；覆膜的间接影响包括作物生长和生理参数的变化，以及LAI、光合参数等的变化，通过模型参数的调整实现。

本节主要介绍模型组成和基本计算过程，对增加的地膜覆盖条件下土壤水热传输和能量平衡过程模拟模块进行详细介绍，综合考虑地膜对辐射传输、水热交换及平衡等过程的影响。利用模型讨论了由覆膜引起的田间微气象环境变化及其对作物耗水、生长及产量的影响，初步揭示了优化覆盖滴灌模式的节水增产的内因。

8.2.1 模型介绍与改进

1. 作物生理响应和控制模块

模型考虑了可见光辐射、CO_2浓度、温度、水汽压亏缺对气孔导度的影响。应用叶片温度和辐射传输，结合每层的空气温度、空气动力阻力（平均风速）、湿度和CO_2浓度，能够估算出每层单元的气孔导度。组合了Ball-Berry气孔导度模型和Farquhar光合模型计算气孔导度：

$$g_{sw}=f_w(\theta)m\frac{A_n h_s}{C_s}+b \tag{8-22}$$

$$f_w(\theta)=\min\left\{1.0,\ m_1+m_2\left[1-\exp\left(-m_3\frac{\theta-\theta_{WP}}{\theta_{FC}-\theta_{WP}}\right)\right]\right\} \tag{8-23}$$

式中，m 为气孔斜率因子；b 为最小气孔导度，mmol/(m^2 · s)；A_n为叶片净同化速率，mmol/(m^2 · s)；h_s为叶表面相对湿度；C_s为叶表面 CO_2浓度，mol/mol；f_w（θ）为土壤水分对气孔导度的胁迫因子；m_1、m_2和 m_3为经验系数；θ、θ_{WP}、θ_{FC}分别为实际土壤含水率、凋萎点对应的土壤含水率和田持时的土壤含水率。式（8-22）把气孔导度与生理生态和生化因子联系起来，具有坚实的生理基础，式中 m 和 b 这两个参数的取值与植物功能类型有关，具体表现在 C_3和 C_4型光合通道植物之间的差异。

叶片净同化速率 A_n是结合叶绿体的 CO_2扩散和酶动力学的生化模型，一般表达为羧化速率 V_c、羟化速率 V_o和暗呼吸 R_d的函数。

$$A_n = V_c - 0.5V_o - R_d = V_c\left(1-\frac{\Gamma_*}{C_i}\right) - R_d \tag{8-24}$$

式中，C_i为叶片胞间 CO_2浓度，mol/mol；Γ_*为无暗呼吸时的 CO_2补偿点，mol/mol。通常 $V_c-0.5V_o$是二磷酸核酮糖（RuBP）饱和时 Rubisco 酶限制的羧化速率（A_c），RuBP 再生受电子传输限制时的光限制羧化速率（A_j），碳化合物运输限制（C_3作物）或 PEP 限制（C_4作物）的羧化速率（A_s）的最小值。

$$A_c = \begin{cases} V_{cmax}\dfrac{C_i-\Gamma_*}{C_i+K_c\ (1+O_i/K_o)}, & C_3\text{ 型光合通道植物} \\ V_{cmax}, & C_4\text{ 型光合通道植物} \end{cases} \tag{8-25}$$

式中，V_{cmax}为 RuBP 羧化的最大能力，mol/(m^2 · s)；K_c和 K_o为 CO_2和 O_2的 Michaelis-Menten 系数，mol/mol；O_i为叶绿体中 O_2的浓度，mol/mol。

$$A_j = \begin{cases} \dfrac{J}{4}\dfrac{C_i-\Gamma_*}{C_i+2\Gamma_*}, & C_3\text{ 型光合通道植物} \\ \dfrac{J}{4}, & C_4\text{ 型光合通道植物} \end{cases} \tag{8-26}$$

式中，J 为电子传输的潜在速率，mol/(m^2 · s)，与光合光量子通量密度 Q 有如下关系：

$$J = \frac{\alpha Q + J_{max} - \sqrt{(\alpha Q + J_{max})^2 - 4\theta_j \alpha Q J_{max}}}{2\theta_j} \tag{8-27}$$

式中，α 为初始光量子传递效率，是光响应曲线在光强等于 0 处的斜率；J_{max}为光饱和时电子传输的最大速率，mol/(m^2 · s)；θ_j为曲线的凸度。

$$A_s = \begin{cases} 0.5V_{cmax}, & C_3\text{ 型光合通道植物} \\ 2\times10^4 V_{cmax}C_i, & C_4\text{ 型光合通道植物} \end{cases} \tag{8-28}$$

R_d应用 Arrhenius 类型的指数函数：

$$R_d = R_o e^{[\ln(Q_{10})\times T_\ell/10]} \tag{8-29}$$

式中，R_o为基准呼吸率，mol/(m^2 · s)；Q_{10}为温度系数，通常值为 2.0。

光合生化模型的参数 V_{cmax}、J_{max}、K_c和 K_o都和叶片温度密切有关。V_{cmax}和 J_{max}依赖于叶片温度的关系表达为：

$$f\ (T_\ell)\ =\begin{cases} Q\ (T_{\ell k}-T_{ref})\ /10_{10}\dfrac{1}{1+e^{s_1(T_{\ell k}-s_2)}}, & C_3\text{ 型光合通道植物} \\ Q_{10}^{(T_{\ell k}-T_{ref})/10}\dfrac{1}{[1+e^{s_1(T_{\ell k}-s_2)}]\ [1+e^{s_3(s_4-T_{\ell k})}]}, & C_4\text{ 型光合通道植物} \end{cases} \tag{8-30}$$

式中，$T_{\ell k}$为叶片的开氏温度（K）；T_{ref}为参考温度（298K）；s_i为高低温抑制因子。

应用 Arrhenius 类型函数描述 K_c和 K_o随温度的变化：

$$f(T_\ell)=\exp[E_a(T_{\ell k}-T_{ref})/(RT_{\ell k}T_{ref})] \tag{8-31}$$

式中，E_a为 K_c和 K_o的活性能，J/mol；R 为米氏常数（Leuning，1990）。

为得到光合的解析方程，需要耦合光合生化方程和扩散方程。C_3作物的光合速率 A_n三次方程按 Baldocchi 于 1994 年提出的方法推导，本研究着重介绍 C_4光合求解。光合扩散方程如下：

$$A_n=(C_a-C_s)g_b=(C_s-C_i)g_{sw}/1.6 \tag{8-32}$$

式中，g_b 为叶片边界层导度；1.6 为水汽和 CO_2的扩散率比值。C_4作物光合速率的一般代数形式如下：

$$A_n=a_A C_i-R_d \tag{8-33}$$

联立式（8-32）和式（8-33），并结合 Ball-Berry 气孔导度模型，消去 C_s、C_i和 g_{sw}后，得到 C_4作物光合速率的二次方程：

$$C_{A2}A_n^2+C_{A1}A_n+C_{A0}=0 \tag{8-34}$$

$$C_{A2}=\theta_A-a_A\lambda_A \tag{8-35}$$

$$C_{A1}=\frac{\gamma_A}{C_a}+R_d\theta_A-a_A\beta_A \tag{8-36}$$

$$C_{A0}=a_A\gamma_A+R_d\frac{\gamma_A}{C_a} \tag{8-37}$$

其中，

$$\theta_A=g_b m h_s-b \tag{8-37a}$$

$$\lambda_A=\gamma_A+\frac{b}{g_b}-mh_s \tag{8-37b}$$

$$\gamma_A=C_a^2 b g_b \tag{8-37c}$$

$$\beta_A=C_a\ [g_b\ (mh_s-\gamma_A)\ -2b] \tag{8-37d}$$

解此二次光合方程可得具有生理和物理基础的根：

$$A_n=\frac{-C_{A1}+\sqrt{C_{A1}^2-4C_{A2}C_{A0}}}{2C_{A2}} \tag{8-38}$$

为了利用 Ball-Berry 气孔导度模型求解获得气孔导度，需要知道叶片表面湿度 h_s和 CO_2浓度 C_s。由于这两个变量很难获得，利用扩散方程和气孔导度方程联立得到关于 g_{sw}的二次方程。

$$F_E=g_{sw}(q_i T_l-q_s)=g_b(q_s-q_a) \tag{8-39}$$

$$A_n=g_b(C_s-C_a) \tag{8-40}$$

联立式（8-39）和式（8-40），并结合 Ball-Berry 气孔导度方程，消去 C_s、q_s和 h_s后，

得到 g_{sw} 的二次方程：

$$a_g g_{sw}^2 + b_g g_{sw} + c_g = 0 \tag{8-41}$$

其中，

$$a_g = C_s = C_a - \frac{A_n}{g_b} \tag{8-42}$$

$$b_g = \left(C_a - \frac{A_n}{g_b} \right)(g_b - b) - mA_n f_g(\theta) \tag{8-43}$$

$$c_g = g_b b \left(C_a - \frac{A_n}{g_b} \right) - f_w(\theta) \cdot m \cdot A_n \cdot g_b \cdot \frac{q_a}{q_i(T_l)} \tag{8-44}$$

类似于式（8-34），求解式（8-41），可得具有生理和物理基础的唯一根。

2. 冠层辐射传输

短波辐射：短波辐射分为光合有效辐射（Q_p）和近红外短波辐射（Q_n）。向下直射短波辐射（包括 Q_p 和 Q_n）的透射 τ 通过比尔定律计算：

$$\tau = \exp(-K_b \times \Omega \times \mathrm{LAI}_i) \tag{8-45}$$

反射系数 ρ 与吸收率 α 的关系考虑光合有效辐射（Q_p）和近红外短波辐射（Q_n）的差异如下：

$$\rho_{(p,n)} = \frac{1 - \sqrt{\alpha_{(p,n)}}}{1 + \sqrt{\alpha_{(p,n)}}} \tag{8-46}$$

直接辐射的消光系数 K_b 表示从太阳高度角（φ）发射的光将某层叶片投射到水平面上的比例：

$$K_b = \frac{\sqrt{x^2 + \tan^2\varphi}}{x + 1.774\,(x + 1.182)^{-0.733}} \tag{8-47}$$

式中，x 为表征叶角分布函数的参数，$x=1$ 表示呈叶角球形分布。散射短波辐射的透射率采用式（8-45）计算，其中 K_b 的值考虑了散射辐射的特性。每层的阳生叶比例 f_{sun} 为 τ，阴生叶比例为 $1-f_{sun}$。

每层冠层接受的向下短波辐射输入包括：未被上层冠层截获的太阳直接辐射和散射辐射、上层冠层透射和反射的直接辐射；每层冠层接受的向上短波辐射输入包括：从下层冠层和土壤（地膜层）反射且未被下层冠层截获的直接辐射。

长波辐射：冠层内长波辐射来自天空向下方向的长波辐射和各冠层及土壤（地膜层）发射的长波辐射。

3. 土壤表面水热通量

土壤表面能量收支上边界条件由冠层辐射传输给出。为了计算土壤表面辐射量，需要知道表面温度，到达土壤表面的短波辐射可由辐射传输模块计算得到。不覆膜情况下，土壤表面吸收的总能量（$R_{abs,s}$）以土壤热通量（G）、土壤与近地层大气之间的显热（H_s）和潜热（LE_s）交换、土壤向外界长波辐射的形式消耗。

$$R_{abs,s}-H_s-LE_s-G-LW_{out,s}=0 \tag{8-48}$$

土壤表面的潜热交换通过土壤表层温度与冠层最下一层的温度梯度和冠层最下一层的风速来计算：

$$H_s=\rho_a C_p D_h(T_{s,1}-T_{a,1}) \tag{8-49}$$

潜热根据相似理论利用土壤表层及冠层最下一层的水汽梯度来计算：

$$L_v E_s=L_v\rho_a D_w\frac{0.622}{P_a}(e_{a,1}-e_{s,1}) \tag{8-50}$$

土壤表面的水汽压利用土壤表面的温度和相对湿度计算。假定对流传输和潜热蒸发公式中的交换系数与动量交换系数相等，其计算公式如下：

$$D_h=D_w=\frac{U_1k_v^2}{[\ln(z_1/z_0)]^2} \tag{8-51}$$

地表发射的长波辐射根据土壤表面温度计算：

$$LW_{out,s}=\sigma\varepsilon_s T_{s,1}^4 \tag{8-52}$$

土壤热通量计算公式如下：

$$G=K_{T,1}\frac{T_{s,1}-T_{a,1}}{dz_1} \tag{8-53}$$

土壤表面的土壤热通量计算公式如下：

$$F_{c,s}=R_0 Q_{10}^{\frac{T_{s,1}-10}{10}} \tag{8-54}$$

4. 覆膜条件下土壤表面水热通量

覆膜情况下土壤表面水热通量模拟模型建立在如下假设基础上：①地膜层覆盖土壤后，完全隔绝了土壤与大气间的水汽交换；②忽略地膜和土壤表面间潜热传输及水分凝结消耗的能量；③忽略植被穿透地膜空隙引起的土壤与大气间的水汽交换；④地膜层一般为轻型材质，热容量低，本身并不存储能量；⑤认为地膜和其覆盖土壤密切结合，忽略之间的空气，假定地膜和塑膜覆盖地表温度一致；⑥地膜层阻断了大气与土壤呼吸产生 CO_2的交换。

在上述几个假设的基础上，给出了地膜覆盖下农田的大气-植被-地膜层-土壤层相互作用的能量平衡示意图，如图 8-13 所示。

(1) 地表层（地膜和土壤）的能量平衡方程

覆膜条件下，地表由原来的均一表面变为非均一表面，各能量输出项均由地膜覆盖和裸露土壤面积比加权平均得到，因此，地表层（地膜和土壤）的能量平衡方程如下：

$$R_{n,g}-H_g-LE_g-G=0 \tag{8-55}$$

$$R_{n,g}=f_m R_{n,m}+(1-f_m)R_{n,s} \tag{8-56}$$

$$H_g=f_m H_{m,p}+(1-f_m)H_{s,p} \tag{8-57}$$

$$E_g=(1-f_m)E_s \tag{8-58}$$

$$G=f_m G_m+(1-f_m)G_0 \tag{8-59}$$

式中，$R_{n,g}$、$R_{n,m}$和 $R_{n,s}$分别为地表、覆膜地表及不覆膜地表吸收的净辐射；L 为水的汽化潜热；H_g、$H_{m,p}$和 $H_{s,p}$分别为地膜及土壤与植被间空气的感热通量；E_s为未被地膜覆盖的

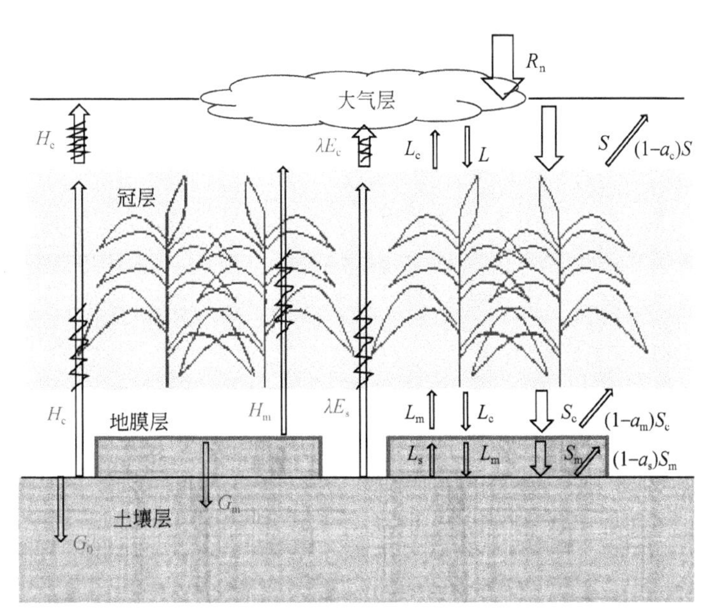

图 8-13　地膜覆盖下农田的大气-植被-地膜层-土壤层相互作用的能量平衡示意图

土壤与植被空气间的水汽通量；G 为土壤热通量；G_m 和 G_0 分别为覆膜地表及不覆膜地表的土壤热通量；f_m 为地膜占地表的比例。

（2）覆膜部分和不覆膜部分土壤层的能量平衡方程

本节分别列出覆膜部分和不覆膜部分土壤层的能量平衡方程及各部分吸收的长波和短波辐射计算公式。

覆膜部分能量平衡方程：

$$C_m \frac{\partial T_m}{\partial t} = R_{n,m} - H_{m,p} - G_m = 0 \tag{8-60}$$

不覆膜部分能量平衡方程：

$$R_{n,s} - H_{s,p} - L_v E_s - G_0 = 0 \tag{8-61}$$

其中，覆膜部分净辐射：

$$R_{n,m} = S_m + S_{m,s} + L_m + L_{m,s} \tag{8-62}$$

不覆膜部分净辐射：

$$R_{n,s} = S_s + L_s \tag{8-63}$$

式中，C_m 为地膜层的热容量，根据假设，$C_m = 0$；T_m 为地膜的温度；S_s、$S_{m,s}$、S_m 和 L_s、$L_{m,s}$、L_m 分别为不覆膜土壤、地膜本身和塑膜覆盖土壤吸收的短波和长波辐射。本章仅考虑土壤对短波辐射的一次反射和地膜对土壤反射短波辐射的一次反射，采用如下局部覆膜土壤表层辐射传输方程计算，其中，地膜吸收的短波辐射 S_m 的计算公式如下：

$$S_m = \alpha_m (1 + \tau_m \rho_s) S_{a,1} \tag{8-64}$$

塑膜覆盖土壤吸收的短波辐射 $S_{m,s}$ 采用下式计算：

$$S_{m,s} = (1 - \rho_s) \tau_m S_{a,1} \tag{8-65}$$

或：

$$S_{m,s}=(1-\rho_s)(1+\rho_s\rho_m)\tau_m S_{a,1} \tag{8-66}$$

不覆膜土壤吸收的短波辐射 S_s 采用下式计算：

$$S_s=(1-\rho_s)S_{a,1} \tag{8-67}$$

式中，$S_{a,1}$ 为冠层最下面一层下方或者到达地表（$S_{s,1}$）的短波辐射；α_m、ρ_m 和 τ_m 分别为地膜对短波辐射的吸收率、反射率及透射率；ρ_s 为土壤对短波辐射的反射率。

本章中对于透明介质地膜考虑其长波辐射的吸收、反射、透射和发射，而不透明介质土壤考虑其长波辐射的吸收、反射和发射。各介质的长波辐射吸收量计算公式如下，其中地膜吸收的长波辐射 L_m 计算公式如下：

$$L_m=\alpha_{m,lr}(1+\tau_{m,lr}\rho_{s,lr})L_{a,1}-2\sigma\varepsilon_m T_m^4+\alpha_{m,lr}\sigma\varepsilon_s T_{s,m}^4 \tag{8-68}$$

塑膜覆盖土壤吸收的长波辐射 $L_{m,s}$ 计算公式如下：

$$L_{m,s}=(1-\rho_{s,lr})(1+\rho_{s,lr}\rho_{m,lr})\tau_{m,lr}L_{a,1}+(1-\rho_{s,lr})\sigma\varepsilon_m T_m^4-\sigma\varepsilon_s T_{s,m}^4 \tag{8-69}$$

不覆膜土壤吸收的长波辐射 L_s 计算公式如下：

$$L_s=(1-\rho_{s,lr})L_{a,1}-\mathrm{LW}_{out,s} \tag{8-70}$$

其中，

$$\mathrm{LW}_{out,s}=\sigma\varepsilon_s T_{s,0}^4 \tag{8-71}$$

式中，$L_{a,1}$ 为冠层最下面一层下方或者到达地表（$L_{s,1}$）的长波辐射；$\alpha_{m,lr}$ 和 $\tau_{s,lr}$ 为地膜对长波辐射的吸收率和透射率；$\rho_{m,lr}$ 和 $\rho_{s,lr}$ 为地膜和土壤对长波辐射反射率；ε_m 和 ε_s 分别为地膜和土壤长波发射率；σ 为 Stefan-Bolzmann 常数；T_m、$T_{s,m}$ 和 $T_{s,0}$ 分别为地膜、塑膜覆盖土壤和不覆膜土壤的温度，本章假定 $T_m=T_{s,m}$，则原模型中 $T_{s,1}$ 计算公式如下：

$$T_{s,1}=f_m T_m+(1-f_m)T_{s,0} \tag{8-72}$$

（3）显热和潜热分项的计算公式

覆膜部分和不覆膜裸土部分的显热计算公式类似，仅有温度梯度不同，覆膜条件下采用膜表面与冠层最下一层大气间的温度梯度，不覆膜裸土部分采用土壤表面与冠层最下一层大气间的温度梯度计算：

$$H_{m,p}=\rho_a C_p D_h(T_m-T_{a,1}) \tag{8-73}$$

$$H_{s,p}=\rho_a C_p D_h(T_{s,0}-T_{a,1}) \tag{8-74}$$

由于忽略了地膜和土壤表面间潜热传输及水分凝结消耗的能量，覆膜条件下潜热计算公式仅考虑不覆膜部分的土壤，计算公式同不覆盖条件下的潜热计算公式，仅土壤表面水汽计算公式采用覆膜条件下不覆盖部分的土壤温度计算。

$$L_v E_s=L_v\rho_a D_w\frac{0.622}{P_a}(e_{a,1}-e_{s,0}) \tag{8-75}$$

覆膜条件下土壤热通量计算过程与土壤显热计算过程类似，公式如下：

$$G_0=K_{T,1}\frac{T_{s,0}-T_{a,1}}{dz_1} \tag{8-76}$$

$$G_m=K_{T,1}\frac{T_m-T_{a,1}}{dz_1} \tag{8-77}$$

假定对流传输和潜热蒸发公式中的交换系数与动量交换系数相等，其计算公式如下：

$$D_h = D_w = \frac{u_1 k_v^2}{[\ln(z_1/z_0)]^2} \tag{8-78}$$

式中，ρ_a为空气密度；C_p为空气定压比热；L_v为气化潜热；D_h和D_w分别为显热和潜热传输的空气动力学导度；k_v为卡曼常数；u_1为冠层最下面一层的风速；z_1为冠层最下面一层的高度；z_0为土壤表面粗糙度长度；$K_{T,1}$为表层土壤的热导度。

（4）地表 CO_2通量

地表 CO_2通量根据土壤呼吸对温度的敏感性方程计算：

$$F_{c,s} = (1-f_m) \times R_0 Q_{10}^{\frac{T_{s,1}-10}{10}} \tag{8-79}$$

5. 土壤水分运移和根系吸水

模型将土壤非饱和区划分为厚度固定的土层，土层之间的土壤热量交换采用一维 Fourier 热扩散方程描述：

$$\frac{\partial T}{\partial t} = \frac{\partial T}{\partial z}\left(D_t \frac{\partial T}{\partial z}\right) \tag{8-80}$$

式中，D_t为土壤热扩散率，$m^2/(K \cdot s)$，与土壤类型、土壤水分、有机质含量等有关。该方程的上边界条件考虑覆膜影响，下边界设定为常值。关于热扩散率及土壤热量传导的详细描述和求解见 Pyles（2000）的研究。

土壤水分运动采用一维 Richards 方程：

$$\frac{\partial \theta}{\partial t} = \frac{\partial}{\partial z}\left[K_{sh}\left(\frac{\partial \psi_s}{\partial z} - 1\right)\right] - S_r \tag{8-81}$$

式中，θ 为土壤含水率；K_{sh}为土壤扩散率（m^2/s）；Ψ_s为土壤基质势；z 为垂直方向的坐标；S_r 为水分的源汇项，$m^3/(m^3 \cdot s)$，即土壤蒸发和植物蒸腾。K_{sh} 计算采用 Clapp-Hornberger 方程，其中用到土壤的沙粒含量（f_s）和黏粒含量（f_c）。

根系吸水计算基于 Feddes 等（1978）的根系吸水模型，根系吸水表达为蒸腾速率 T_r、土壤含水率和根系导度分布的函数：

$$S_r = r_f\left(\frac{\theta - \theta_d}{\theta_s - \theta_d}\right) T_r \tag{8-82}$$

式中，θ_d为土壤水分干至不能被植物吸收时的土壤含水量；θ_s为饱和状态下的土壤含水量；r_f为根系导度分布。

8.2.2 模型输入参数

模型要求输入的参数包括气象、生理变量和土壤理化性质参数。主要输入气象数据包括冠层上方的短波辐射、长波辐射、降雨、平均风速、空气温度、空气湿度、大气压和 CO_2浓度；无 CO_2浓度测定值时，我们假定为 370ppm。输入的主要作物数据是叶面积指数、作物高度和根系深度、作物生理参数等。另外，模型要求输入土壤沙粒和黏粒含量、初始温度和湿度。输出变量为冠层顶的太阳净辐射、潜热通量、感热通量、土壤热通量和冠层储热、冠层内的光合有效辐射强度、空气温度、湿度、风速和 CO_2 浓度的剖面等参数，还可以输出气孔导度等生理参数的冠层内分布情况。为使模型能够准确模拟，模型还需要根据实际情况输入一些状态参数，具体列于表 7-1。其中较为关键的作物输入参数是 V_{cmax}，其值由气体交换分析仪实测值分析得到。J_{max} 通过与 V_{cmax} 的比例关系得到（Collatz et al.，1991；Leuning，1997），如对于 20℃的叶温，J_{max} 等于 V_{cmax} 的 2.68 倍（Leuning，1997）。

为计算玉米全生育期内的水热通量，需要输入动态的作物结构参数，如动态的株高、叶面积指数及根系深度。这些作物变量的测定是非连续系列，需要对测定值进行拟合以得到连续值。因此，本研究根据玉米全生育期内的实测值拟合得到连续值。图 8-14 显示了实测和拟合的 2017 ~ 2018 年玉米全生育期内叶面积指数动态变化，根系生长动态和根系的垂直分布状况参考 Ding 等（2013）的研究。

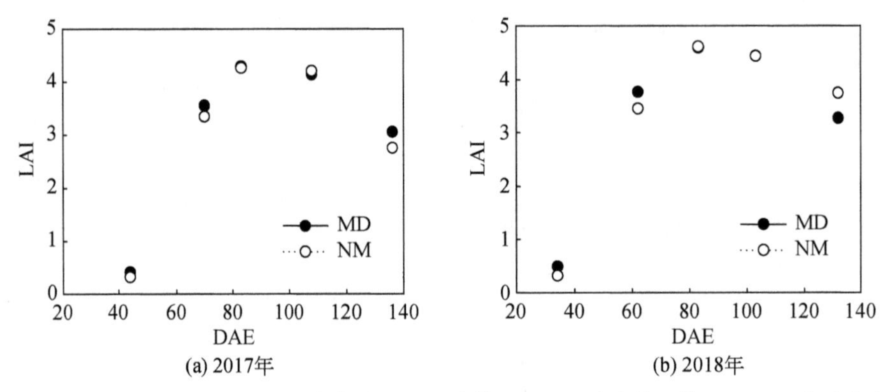

图 8-14　2017 ~ 2018 年玉米全生育期内叶面积指数（LAI）随出苗天数（DAE）的动态变化

玉米净光合速率对光合有效辐射 PAR 的响应曲线和对胞间 CO_2 度的响应曲线采用 6.1 节中的测定结果，应用 Farquhar 光合模型对响应曲线进行拟合，得到生理参数 V_{cmax} 值，采用值也列在表 8-3 中。

表 8-3　玉米冠层采用 MLCAN-M 模型的参数

缩写	中文变量解释	单位	取值
α_m	地膜对短波辐射的吸收率	—	0.05
ρ_m	地膜对短波辐射的反射率	—	0.11
τ_m	地膜对短波辐射的透射率	—	0.84
ρ_s	土壤对短波辐射的反射率	—	0.21
$\alpha_{m,lr}$	地膜对长波辐射的吸收率	—	0.05
$\tau_{m,lr}$	地膜对长波辐射的透射率	—	0.82
$\rho_{m,lr}$	地膜对长波辐射的反射率	—	0.13

续表

缩写	中文变量解释	单位	取值
$\rho_{s,lr}$	土壤对长波辐射的反射率	—	0.07
ε_m	地膜长波发射率	—	0.05
ε_s	土壤长波发射率	—	0.93
K_d	散射消光系数	—	0.6
σ	Stefan-Bolzmann 常数	$W/(m^2 \cdot K^4)$	$5.670\ 373\times10^{-8}$
f_m	地膜占地表的比例	—	0.7
$K_{T,1}$	表层土壤的热导度	$W/(m \cdot K)$	2.5
z_0	土壤表面的粗糙度长度	m	0.005
k_v	von Karman 常数	—	0.41
ρ_a	空气密度	kg/m	1.29
C_p	空气定压比热	$J/(kg \cdot K)$	1.004×10^3
L_v	气化潜热	J/kg	2.45×10^6
Q_{10}	土壤呼吸对温度的敏感系数	—	2
$V_{cmax\text{-}M}$	覆膜玉米最大羧化速率	$\mu mol/(m^2 \cdot s)$	40.6
V_{cmax}	不覆膜玉米最大羧化速率	$\mu mol/(m^2 \cdot s)$	38.1
h	株高	m	2.5
d_0	叶宽	m	0.08
d	粗糙度高度-0 平面位移	m	2/3h
C_d	叶面拖拽系数	—	0.2
f_s	土壤砂砾含量	—	0.05
f_c	土壤黏土含量	—	0.20

8.2.3 模型验证

1. 玉米冠层上方净辐射模拟

2017～2018 年覆膜和不覆膜处理下玉米冠层上方净辐射小时值模拟值与实测值的比较如图 8-15 所示。其中，不覆膜处理的净辐射采用原模型模拟，覆膜处理的净辐射采用改进后的模型模拟。总的来说，模型能较好地模拟覆膜和不覆膜处理下的玉米冠层上方净辐射，模拟值和实测值的散点较均匀地分布在 1 ∶ 1 线附近。改进后的模型（MLCan-M 模型）对玉米冠层上方净辐射的模拟精度与原模型相似，没有显著降低，表明模型的改进在保证其模拟精度的前提下扩展了其适用性。

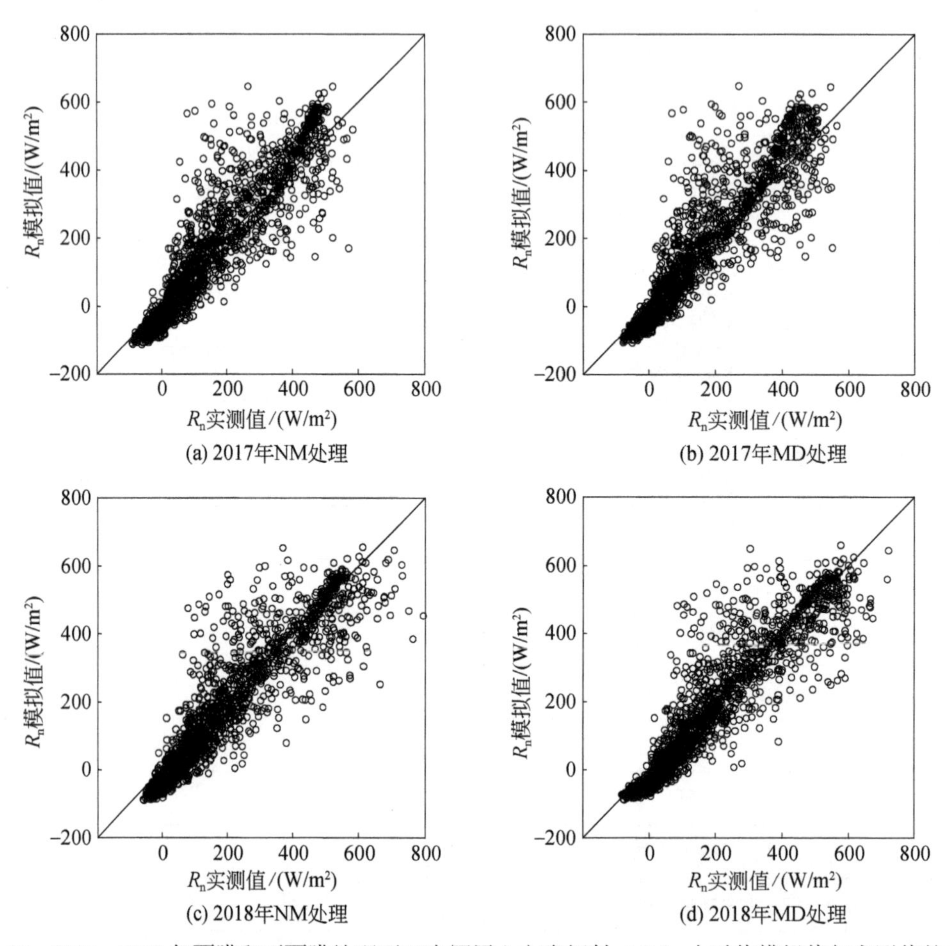

图 8-15　2017 ~ 2018 年覆膜和不覆膜处理下玉米冠层上方净辐射（R_n）小时值模拟值与实测值的比较

进一步分析 2017 ~ 2018 年膜覆和不覆膜处理下玉米冠层上方净辐射小时值模拟值与实测值之间的统计分析结果（表 8-4）表明，模拟均值和实测均值差别在 10% 以内，回归方程的斜率均略大于 1，且 2017 年和 2018 年不覆膜与覆膜处理的决定系数 R^2 均大于 0.8。决定系数大于 0.8 通常被作为衡量模型精度的一个准则。冠层净辐射由辐射平衡方程与能量平衡方程综合计算得到。净辐射主要由入射的太阳辐射、作物和土壤发出的长波辐射决定，冠层和土壤单元的反射率与消光系数的确定及表面温度的计算决定了净辐射模拟的精度。改进后的模型（MLCan-M 模型）对覆膜处理下净辐射模拟结果较高的决定系数表明改进的模型能够很好地模拟辐射在冠层中的传输及地膜覆盖对辐射传输的影响。

表 8-4　2017～2018 年覆膜和不覆膜处理下玉米冠层上方净辐射小时值模拟值与实测值之间的统计分析

处理	年份	平均值/(W/m²)		回归方程	R^2
		实测值 x	模拟值 y		
不覆膜处理	2017	92.0	86.0	$y=1.0181x-12.561$	0.8738
	2018	100.2	96.6	$y=1.0132x-19.333$	0.8899
覆膜处理	2017	90.8	86.9	$y=1.0228x-16.219$	0.8710
	2018	94.6	90.9	$y=1.0154x-14.381$	0.8970

2. 玉米田作物蒸腾模拟

将液流测定值经过尺度转换作为作物蒸腾实测值，液流测定情况和尺度转换过程详见 2.2.1 节。模型能较好地模拟覆膜和不覆膜处理下的作物蒸腾，2017～2018 年覆膜和不覆膜处理下玉米蒸腾量小时值模拟值与实测值的散点较均匀地分布在 1∶1 线附近（图 8-16）。作物蒸腾是田间蒸发蒸腾量（ET）的主要组成部分，尤其在覆膜滴灌条件下，由于覆膜对土壤蒸发的影响，作物蒸腾占比很高，采用原程序模拟蒸腾量，可能会使蒸腾量偏低，降低模拟精度。而改进后的模型（MLCan-M 模型）对覆膜处理下的作物蒸腾模拟有较高精度，进一步验证了模型模拟的准确程度。

为对比模拟和实测的蒸腾日变化过程，本研究选取了生育期内覆膜和不覆膜处理不同天气条件的蒸腾量进行对比分析（图 8-17 和图 8-18）。总的来说，模型能够较好地模拟覆膜和不覆膜处理不同天气条件的玉米蒸腾量的量级和日变化过程，白天和夜间的模拟结果均与实测值接近。

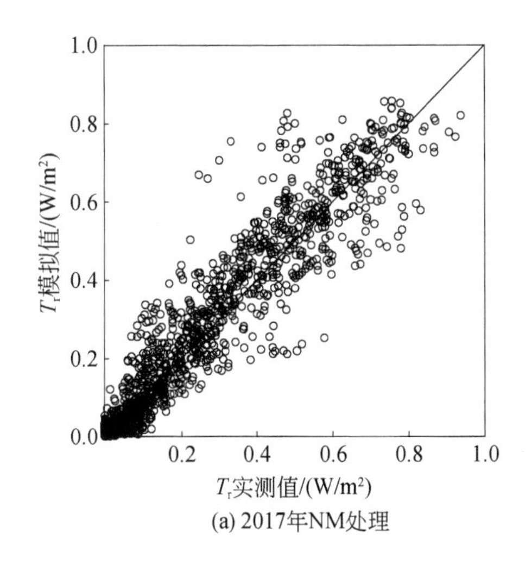

(a) 2017年NM处理

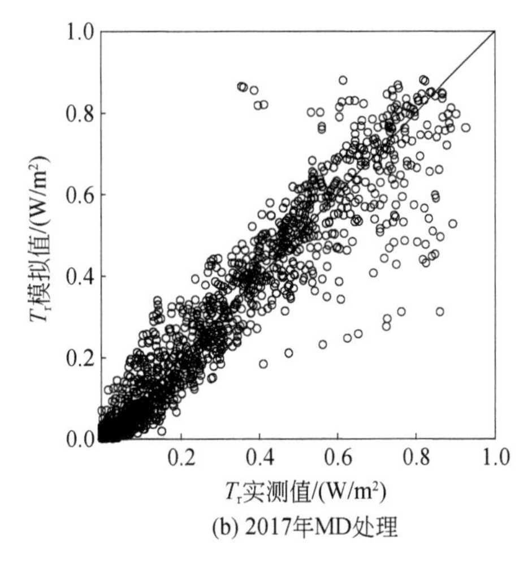

(b) 2017年MD处理

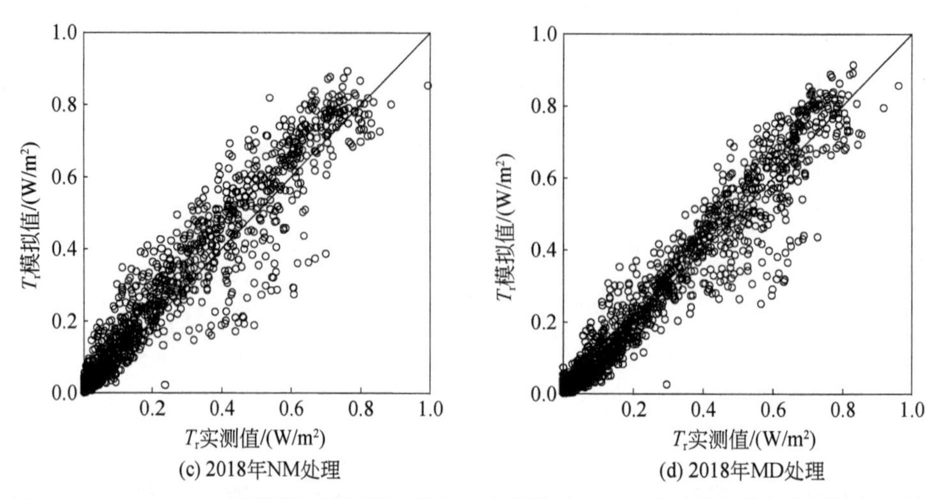

(c) 2018年NM处理
(d) 2018年MD处理

图 8-16　2017 ~ 2018 年覆膜和不覆膜处理下玉米蒸腾量（T_r）小时模拟值与实测值的比较

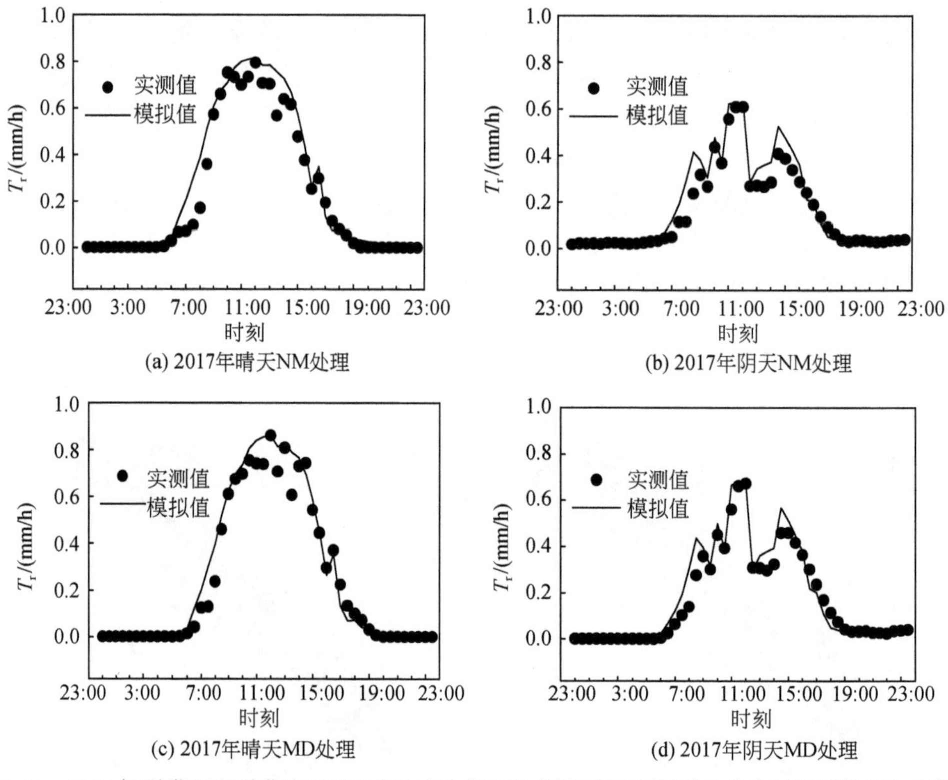

(a) 2017年晴天NM处理
(b) 2017年阴天NM处理
(c) 2017年晴天MD处理
(d) 2017年阴天MD处理

图 8-17　2017 年覆膜和不覆膜处理下玉米生育中期植株蒸腾晴天和阴天日变化过程模拟值与实测值

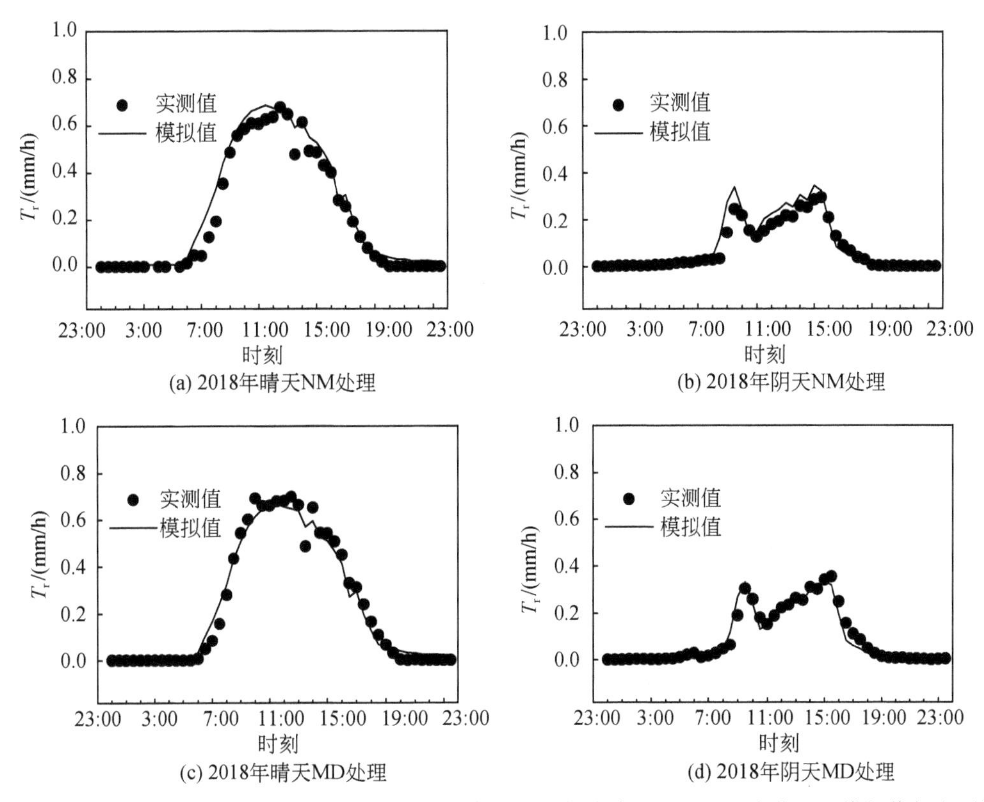

图 8-18　2018 年覆膜和不覆膜处理下玉米生育中期植株蒸腾晴天和阴天日变化过程模拟值与实测值

进一步分析晴天和阴天蒸腾日变化模拟值与实测值之间的统计分析结果（表 8-5），模拟均值和实测均值差别在 12% 以内，回归方程的斜率均在 1 左右，且 2017 年和 2018 年不覆膜与覆膜处理的决定系数 R^2 均大于 0.9。晴天的决定系数均大于阴天，相同天气条件下，覆膜处理的决定系数大于不覆膜处理，表明模型在晴天的模拟精度高于阴天，且改进的模型（MLCan-M 模型）对覆膜处理的模拟精度高于原模型。

表 8-5　2017 ~ 2018 年玉米生育中期植株蒸腾晴天和阴天日变化过程模拟值与实测值的统计分析

年份	处理	天气条件	均值/(mm/h)		拟合方程	决定系数 R^2
			实测值	模拟值		
2017	NM	晴天	0.225	0.245	$y=1.0591x+0.0279$	0.9674
		阴天	0.158	0.176	$y=1.1003x+0.0011$	0.9492
	MD	晴天	0.256	0.273	$y=1.0592x+0.0124$	0.9706
		阴天	0.170	0.189	$y=1.0745x+0.0064$	0.9532

续表

年份	处理	天气条件	均值/(mm/h)		拟合方程	决定系数 R^2
			实测值	模拟值		
2018	NM	晴天	0.210	0.230	$y=1.03x+0.0279$	0.9826
		阴天	0.077	0.086	$y=1.1033x+0.0052$	0.9410
	MD	晴天	0.236	0.248	$y=0.9635x+0.0199$	0.9856
		阴天	0.094	0.099	$y=0.9764x+0.0029$	0.9534

3. 玉米农田土壤蒸发模拟

土壤蒸发是作物蒸散发的重要组成部分，占作物蒸散发的比例较大，直接影响着土壤表面的能量分配，也会对灌溉制度的制定有直接影响，因此准确模拟土壤蒸发很有意义。覆膜对 ET 的影响主要表现在对土壤蒸发的抑制上，改进后的模型能够模拟覆膜引起的土壤蒸发降低，模拟值和实测值的散点较均匀地分布在 1：1 线附近（图 8-19）。

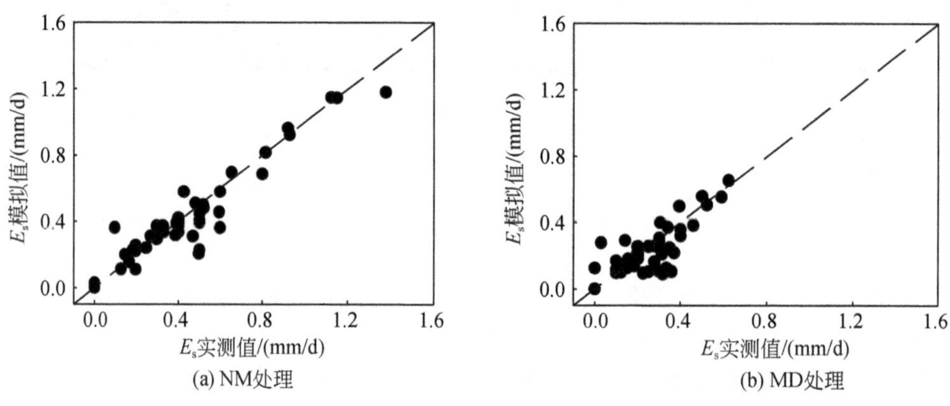

图 8-19　2018 年玉米农田土壤蒸发日值（E_s）的模拟值与实测值比较

4. 玉米冠层光合速率日变化的模拟

本章采用 2018 年 7 月 11 日的光合日进程测定结果模型对光合的模拟进行验证。日进程测定只测定了上层叶片的光合值，但光合曲线进行了上层、中层和下层叶片的测定，根据各层拟合光合参数的差别，用上层叶片的净光合速率推导出中层和下层叶片值，取 3 层光合速率平均值与模型模拟冠层光合速率进行比较，结果表明，A_n模拟值与实测值之间吻合较好（图 8-20）。然而，不同时刻 A_n模拟值和实测值吻合情况不同，日进程测定当天中午12：00左右云层遮挡导致光强降低，进而 A_n降低较明显，模型对此时的光合值高估，其余时刻，两者吻合较一致。尽管如此，两个样本的 T 检验结果 A_n日均值的模拟值与实测值之间差异不显著（$p=0.196$）。因此，可以认为模型模拟得到的碳同化量累计值与实际情况近似。

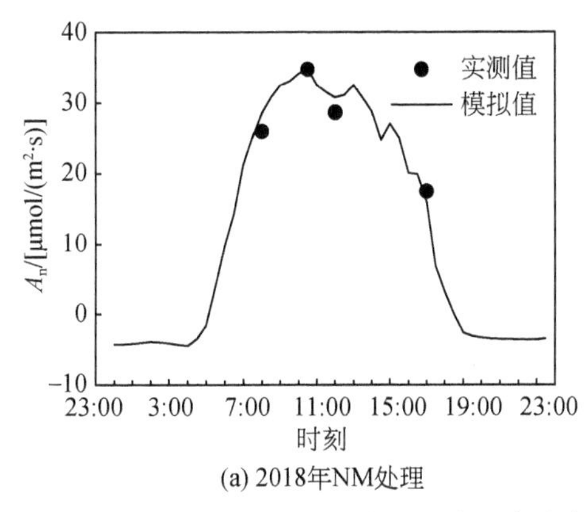

(a) 2018年NM处理

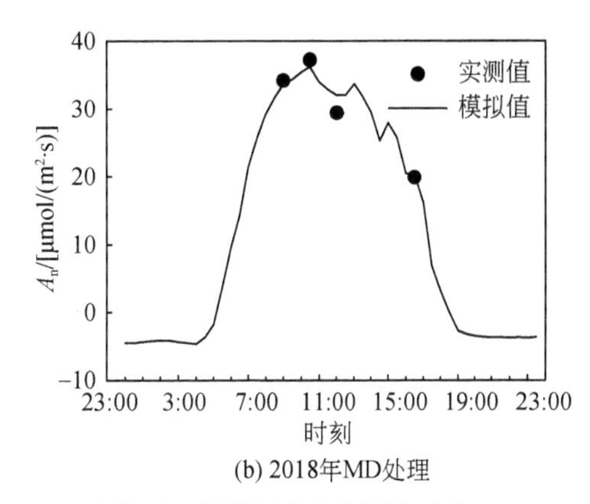

(b) 2018年MD处理

图 8-20　2018 年玉米叶片净光合速率（A_n）日变化过程的模拟值与实测值比较

8.2.4　基于水碳耦合模型的覆膜滴灌节水增产机理分析

从 8.2.3 节中相关内容可知，改进的模型能较准确地模拟覆膜滴灌下田间辐射传输、蒸发蒸腾及光合变化情况，本节利用该模型定量分析覆膜滴灌模式下田间辐射传输的改变及其对田间蒸发蒸腾及水分利用效率的影响，揭示覆膜滴灌节水增产机理。根据田间实测情况设定覆膜比 0.7，选用相同输入气象数据和生理参数，用原模型和覆膜模型分别运行得到的结果进行对比分析，确定仅考虑覆塑膜覆盖土壤水热传输过程改变等覆膜直接影响对作物耗水和水分利用效率的影响（覆膜运行情景 1）；进一步叠加覆塑膜覆盖作物生长（主要是株高和叶面积指数变化）和生理参数（光合参数及气孔导度模型参数等）的改变等覆膜间接影响对作物耗水和水分利用效率的影响，本节根据实测结果，设定覆膜导致 LAI 和 V_{cmax}较不覆膜处理均提高 10%（覆膜运行情景 2）。通过分别对比 2 个覆膜运行情景模拟结果与不覆膜模拟结果各变量的大小关系，区分覆膜滴灌模式下作物产量、耗水和水分利用效率的改变受到上述直接和间接影响的比例，从而确定其节水增产机理。

本节分别对比了不同运行情景下小时尺度的冠层上方净辐射（R_n）、冠层净光合速率（A_n）、作物蒸腾（T_r）、土壤蒸发（E_s）和田间蒸发蒸腾总量（ET）及日尺度的水分利用效率（WUE）的差异（图 8-21 ~ 图 8-27）；表 8-6 列出了 2 个覆膜运行情景分别与不覆膜运行情景对比散点图强制通过原点的拟合直线方程和决定系数，从中可以直观地看出覆膜运行情景导致模拟变量的变化方向及变化量。

由图 8-21 可以看出，2 种覆膜运行情景均使冠层上方净辐射（R_n）降低，且降低比例接近。覆膜运行情景 1 下 R_n较不覆膜运行情景降低 4.0%，而覆膜运行情景 2 使 R_n较不覆膜运行情景降低 4.36%（表 8-6），2 个覆膜运行情景对 R_n的模拟差别不大。表明覆膜处理对 R_n主要是直接影响，覆膜处理引起的 LAI 和 V_{cmax}值变化与冠层上方净辐射 R_n值变化的关系不大。进一步对比覆膜运行情景 2 与不覆膜运行情景模拟的冠层上方净辐射日均值发现，覆膜处理引起 R_n的降低主要发生在拔节前期及之前的生育期（7 月 15 日之前，

图 8-22)。覆膜运行情景 2 与不覆膜运行情景对比得出的 R_n 模拟结果降低比例（4.4%）也与对应运行情景对比得出的 R_n 实测结果降低比例（4.1 节中为 5.1%）接近。

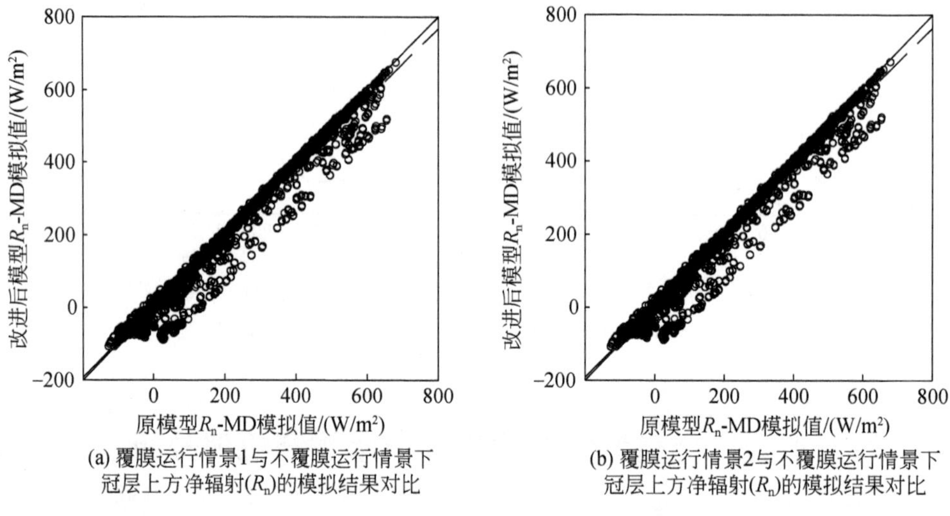

图 8-21　覆膜运行情景 1 和 2 分别与不覆膜运行情景下冠层上方净辐射（R_n）的模拟结果对比

覆膜运行情景 1 和不覆膜运行情景分别指输入相同气象数据与生理参数分别采用改进后的模型和原模型进行模拟；覆膜运行情景 2 指输入相同气象数据与不同生理参数：覆膜处理下 LAI 和 V_{cmax} 值较不覆膜处理均提高 10%，采用改进后的模型进行模拟。下同

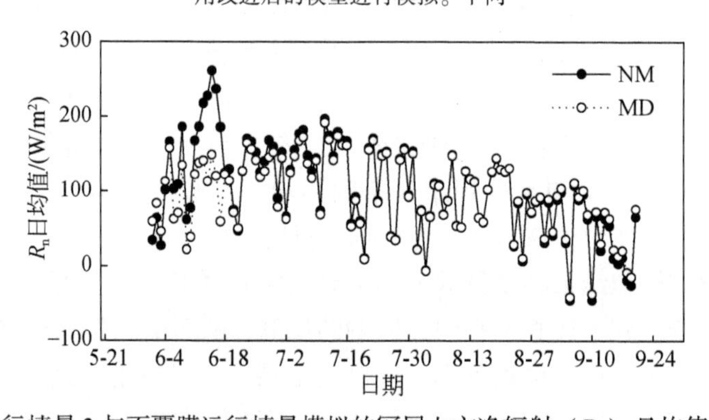

图 8-22　覆膜运行情景 2 与不覆膜运行情景模拟的冠层上方净辐射（R_n）日均值对比（2017 年）

表 8-6　2 种覆膜运行情景分别与不覆膜运行情景对比散点图强制通过原点的拟合直线方程和决定系数

模拟变量	模拟时间尺度	对比运行情景	强制通过原点的拟合直线方程	决定系数 R^2
R_n	半小时数据	覆膜运行情景 1（y）与不覆膜运行情景（x）对比	$y=0.96x$	0.9833
		覆膜运行情景 2（y）与不覆膜运行情景（x）对比	$y=0.9564x$	0.9834
A_n	半小时数据	覆膜运行情景 1（y）与不覆膜运行情景（x）对比	$y=0.9937x$	0.9883
		覆膜运行情景 2（y）与不覆膜运行情景（x）对比	$y=1.0411x$	0.9858

续表

模拟变量	模拟时间尺度	对比运行情景	强制通过原点的拟合直线方程	决定系数 R^2
T_r	半小时数据	覆膜运行情景 1（y）与不覆膜运行情景（x）对比	$y=1.0198x$	0.9930
		覆膜运行情景 2（y）与不覆膜运行情景（x）对比	$y=1.057x$	0.9892
E_s	半小时数据	覆膜运行情景 1（y）与不覆膜运行情景（x）对比	$y=0.4383x$	0.8346
		覆膜运行情景 2（y）与不覆膜运行情景（x）对比	$y=0.4258x$	0.8387
ET	半小时数据	覆膜运行情景 1（y）与不覆膜运行情景（x）对比	$y=0.9399x$	0.9758
		覆膜运行情景 2（y）与不覆膜运行情景（x）对比	$y=0.9701x$	0.9755
WUE	日均值	覆膜运行情景 1（y）与不覆膜运行情景（x）对比	$y=0.9777x$	0.8190
		覆膜运行情景 2（y）与不覆膜运行情景（x）对比	$y=1.0963x$	0.8015

由图 8-23 可以看出，覆膜运行情景 1 对冠层净光合速率（A_n）的影响不大，而覆膜运行情景 2 使 A_n 较不覆膜运行情景提高 4.11%（表 8-6）。表明 A_n 主要受到覆膜引起的生理参数变化影响，且叶片最大羧化速率（V_{cmax}）10% 的提高，不能引起冠层净光合速率 A_n 的同等比例提高，可能与较高的 LAI 提高了冠层遮挡率，导致冠层吸收的光合有效辐射（PAR）降低有关。

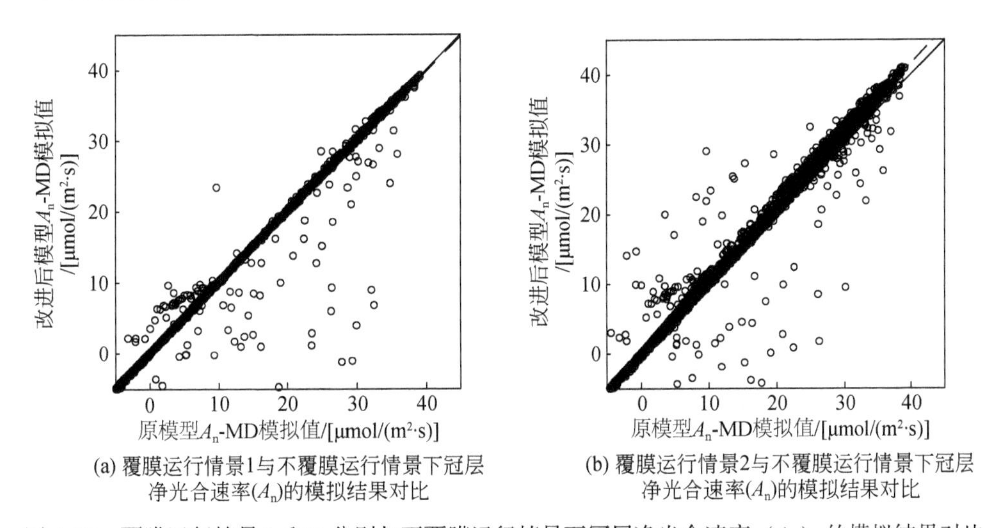

(a) 覆膜运行情景1与不覆膜运行情景下冠层净光合速率(A_n)的模拟结果对比

(b) 覆膜运行情景2与不覆膜运行情景下冠层净光合速率(A_n)的模拟结果对比

图 8-23 覆膜运行情景 1 和 2 分别与不覆膜运行情景下冠层净光合速率（A_n）的模拟结果对比

由图 8-24 可以看出，2 种覆膜运行情景使作物蒸腾（T_r）有不同程度的提高，覆膜运行情景 1 使作物蒸腾（T_r）较不覆膜运行情景提高 1.98%，而覆膜运行情景 2 使 T_r 较不覆膜运行情景提高 5.7%（表 8-6）。表明 T_r 受到覆膜引起的微气象条件和生理参数变化的共同影响，仅考虑覆膜直接作用对 T_r 的影响会导致 T_r 偏低，覆膜条件下 LAI 和 V_{cmax} 的提高同样会引起 T_r 的提高。

由图 8-25 可以看出，2 种覆膜运行情景均使土壤蒸发（E_s）显著降低，且降低比例接

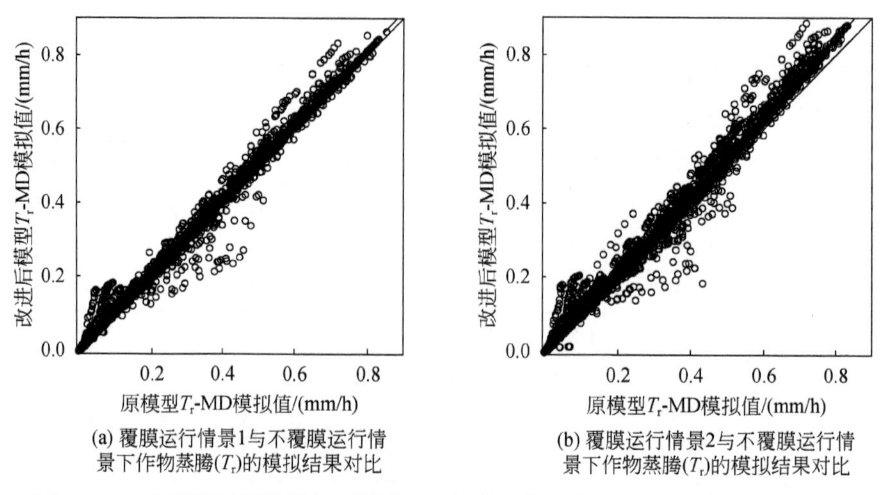

(a) 覆膜运行情景1与不覆膜运行情景下作物蒸腾(T_r)的模拟结果对比

(b) 覆膜运行情景2与不覆膜运行情景下作物蒸腾(T_r)的模拟结果对比

图 8-24　2 种覆膜运行情景与不覆膜运行情景下作物蒸腾（T_r）的模拟结果对比

近。覆膜运行情景 1 使 E_s较不覆膜运行情景降低 56.17%，而覆膜运行情景 2 使 E_s较不覆膜运行情景降低 57.42%（表 8-6）。表明 E_s主要受到覆膜引起的微气象条件等覆膜直接作用的影响，覆膜条件下 LAI 和 V_{cmax}的提高对 E_s影响不大。

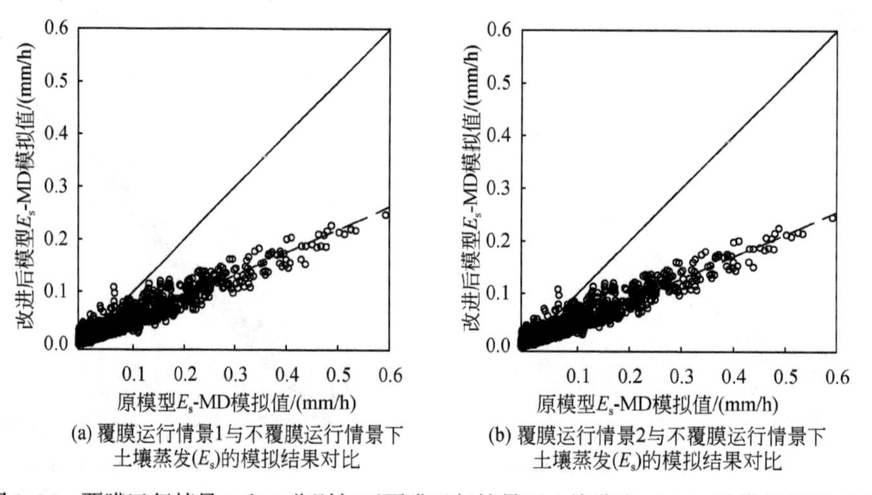

(a) 覆膜运行情景1与不覆膜运行情景下土壤蒸发(E_s)的模拟结果对比

(b) 覆膜运行情景2与不覆膜运行情景下土壤蒸发(E_s)的模拟结果对比

图 8-25　覆膜运行情景 1 和 2 分别与不覆膜运行情景下土壤蒸发（E_s）的模拟结果对比

由图 8-26 可以看出，2 种覆膜运行情景均使田间蒸发蒸腾总量（ET）显著降低，覆膜运行情景 2 下 ET 的降低比例低于覆膜运行情景 1。覆膜运行情景 2 是在覆膜运行情景 1 的基础上叠加了作物生长和生理参数的变化，因此覆膜运行情景 2 使 ET 的降低比例低于覆膜运行情景 1，表明覆塑膜覆盖作物生长和生理参数的提高导致 ET 提高，而抵消了一部分覆塑膜覆盖微气象因子变化引起的 ET 降低效应。总体来讲，覆膜运行情景 1 使 ET 较不覆膜运行情景降低 6.01%，而覆膜运行情景 2 使 ET 较不覆膜运行情景降低 2.99%（表 8-6）。表明覆膜引起的微气象条件等覆膜直接作用和覆膜条件下 LAI 与 V_{cmax}的提高对 ET 影响的方向不同，在前者作用下 ET 降低，在后者作用下 ET 提高，综合来看，覆膜导致

ET 降低 3.0%，与 ET 实测值的对比结果（4.1 节中为 2.8%~5.2%）较接近。

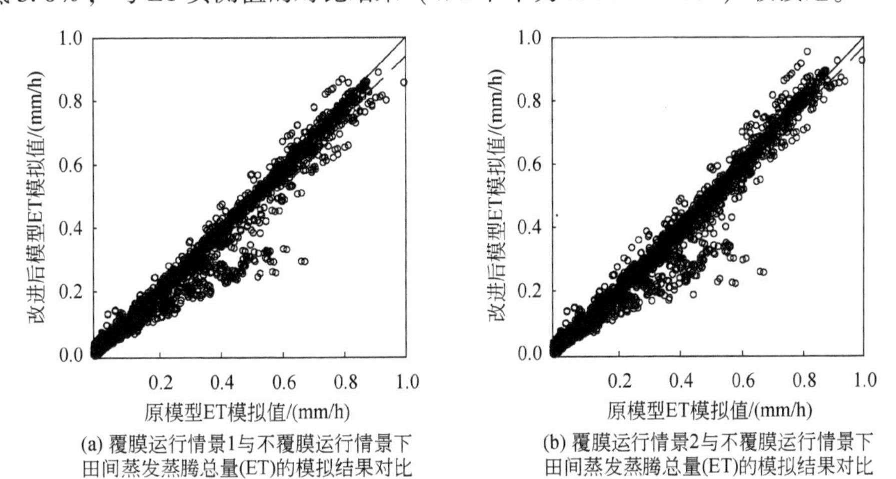

图 8-26　覆膜运行情景 1 和 2 与不覆膜运行情景下田间蒸发蒸腾总量（ET）的模拟结果对比

由图 8-27 可以看出，2 种覆膜运行情景引起的田间水分利用效率（WUE）变化的方向不一致，覆膜运行情景 1 使 WUE 轻微降低（2.23%），而覆膜运行情景 2 使 WUE 显著提高。与 2 种覆膜运行模式对 ET 影响的分析类似，覆膜运行情景 2 抵消了覆塑膜覆盖微气象因子变化引起的 WUE 降低效应，还使其提高 9.63%（表 8-6），表明覆塑膜覆盖作物生长和生理参数的提高可以显著提高 WUE，仅考虑覆膜直接作用对 WUE 的影响会导致估计误差较大。覆膜导致 WUE 提高的比例与 WUE 实测值的对比结果（4.1 节中为 10.7%~12.0%）较接近。

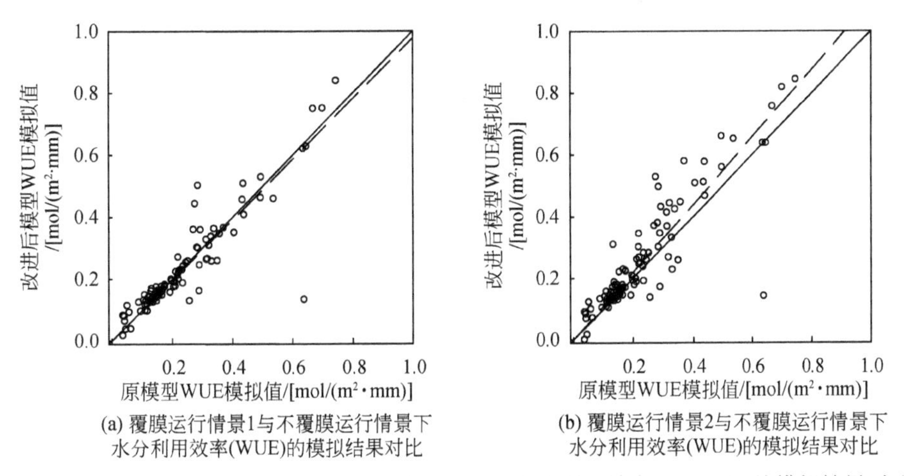

图 8-27　覆膜运行情景 1 和 2 与不覆膜运行情景下水分利用效率（WUE）的模拟结果对比

8.2.5　小结

本节基于生理生化光合-气孔导度耦合模型，考虑地表覆膜后导致的土壤表面能量分配和能量交换的变化、地表反照率变化和土壤层水热运移的变化等方面，构建了覆膜条件下玉米田水热传输多层多过程耦合模型 MLCan-M，根据实测数据对模型进行参数化和性能验证，对覆膜和不覆膜条件下的作物生长和耗水进行了模拟，并利用模型揭示了覆膜滴灌节水增产机理。

MLCan-M 模型模拟覆膜条件下玉米冠层的净辐射精度较高，决定系数均大于 0.8。另外，该模型能较好地再现玉米冠层蒸腾的作用大小和日变化过程，并能较好地模拟玉米田土壤蒸发量，因此对作物蒸发蒸腾量模拟较准确。MLCan-M 模型还能模拟冠层光合速率，且与实测值较为接近。通过模型验证，证实修改后的模型能够对覆膜条件下玉米田的辐射传输、耗水和产量形成过程进行较为准确的模拟。

通过区分覆膜导致的直接影响（田间微环境因子的变化）和间接影响（作物生长和生理参数的变化，主要是 LAI 和光合生理参数 V_{cmax} 提高），利用模型揭示了覆膜滴灌模式的节水增产机理：覆膜使 R_n 较不覆膜降低 4.4%，主要由直接影响引起，间接影响不大。覆膜对田间耗水量的影响主要表现在覆膜直接作用引起 E_s 降低，覆膜直接作用和间接作用共同引起 T_r 升高；覆膜直接作用引起 ET 降低，而间接作用引起 ET 升高，综合来看覆膜导致 ET 降低 3.0%，而覆膜对 A_n 的影响主要是间接影响，使其提高 4.1%。因此，覆膜条件下，以 A_n 与 ET 之比表征的 WUE 比不覆膜条件提高 9.6%。

总之，实测数据的验证结果表明，本章构建的 MLCan-M 模型能较好地模拟农田水热通量，并能用于植物和大气之间物质与能量交换过程的机理研究，为该区域农田生态系统的水热传输研究提供了有力的工具，也为该模型继续解决更多区域问题提供了依据。

8.3 结　　论

本章首先对光合生化过程进行了光合-气孔导度耦合模拟，并采用独立实测数据验证了其在不同覆盖滴灌模式的适用性；进而考虑覆膜对农田系统各个层次水碳传输过程的影响，构建了覆膜滴灌农田水碳耦合模拟模型，并利用模型初步揭示了覆膜滴灌优化模式的节水增产机理。取得的主要成果如下：

1）利用关键光合参数与叶片氮含量之间的关系可以估算不同秸秆覆盖滴灌模式下的光合参数，建立的光合-气孔导度耦合模型在考虑模型关键参数的处理间变化的情况下，可以较好地模拟光合光响应曲线及气体交换参数。

2）光合-气孔导度耦合模拟模型还可以预测滴灌制度和覆盖处理引起的多种因素综合变化条件下的蒸腾速率和光合速率等参数变化。基于此考虑覆膜条件构建的多层水热传输模型能够较为准确地模拟覆膜条件下玉米田的辐射传输、耗水和产量形成过程。

3）利用覆膜滴灌农田水碳耦合模拟模型揭示了覆膜滴灌模式的节水增产机理：覆膜使 R_n 较不覆膜降低 4.4%，进而导致 ET 降低 3.0%；而覆膜使 A_n 提高 4.1%。因此，覆膜条件下，以 A_n 与 ET 之比表征的 WUE 比不覆膜条件提高 9.6%。

本章在农田水碳耦合模拟方面的尝试可作为覆盖滴灌模式下作物和大气之间物质与能量交换过程机理研究的基础，为农田生态系统的水热传输研究提供了有力的工具，也为该模型继续解决更多区域问题提供了重要依据。

参考文献

蔡典雄 . 1995. 半湿润偏干旱区旱地麦田保护耕作技术研究 . 干旱地区农业研究，13（4）：63-74.

蔡焕杰，邵光成，张振华 . 2002. 荒漠气候区膜下滴灌棉花需水量和灌溉制度的试验研究 . 水利学报，（11）：119-123.

蔡太义，张合兵，黄会娟，等 . 2012. 不同量秸秆覆盖对春玉米光合生理的影响 . 农业环境科学学报，31（11）：2128-2135.

曹宏鑫，赵锁劳，葛道阔，等 . 2011. 作物模型发展探讨 . 中国农业科学，44（17）：3520-3528.

曹玉军，魏雯雯，徐国安，等 . 2013. 半干旱区不同地膜覆盖滴灌对土壤水、温变化及玉米生长的影响 . 玉米科学，21（1）：107-113.

陈素英，张喜英，刘孟雨 . 2002. 玉米秸秆覆盖麦田下的土壤温度和土壤水分动态规律 . 中国农业气象，23（4）：34-37.

陈玉章，柴守玺，范颖丹，等 . 2014. 覆盖模式对旱地冬小麦土壤温度和产量的影响 . 中国农业气象，35（4）：403-409.

丁昆仑，Hann M J. 2000. 耕作措施对土壤特性及作物产量的影响 . 农业工程学报，16（3）：28-32.

杜尧东，刘作新，赵国强，等 . 2000. 冬小麦田秸秆覆盖的小气候效应 . 生态学杂志，19（3）：20-23.

房全孝，王建林，于舜章 . 2011. 华北平原小麦–玉米两熟制节水潜力与灌溉对策 . 农业工程学报，27：37-44.

冯绍元，丁跃元 . 2001. 温室熵灌线土源土壤水分运动数值模拟 . 水利学报，（2）：59-62.

逄焕成 . 1999. 秸秆覆盖对土壤环境及冬小麦产量状况的影响 . 土壤通报，30（4）：174-175.

高龙，田富强，倪广恒，等 . 2010. 膜下滴灌棉田土壤水盐分布特征及灌溉制度试验研究 . 水利学报，41（12）：1483-1490.

高鹭，胡春胜，陈素英，等 . 2005. 喷灌条件下冬小麦田间蒸发的试验研究 . 农业工程学报，21（12）：381-385.

谷岩，胡文河，徐百军，等 . 2013. 氮素营养水平对膜下滴灌玉米穗位叶光合及氮代谢酶活性的影响 . 生态学报，33（23）：7399-7407.

关红杰 . 2013. 干旱区滴灌均匀系数对土壤水氮及盐分分布和棉花生长的影响 . 北京：中国水利水电科学研究院博士学位论文 .

郭瑶，柴强，殷文，等 . 2017. 绿洲灌区小麦免耕秸秆还田对后作玉米产量性能指标的影响 . 中国生态农业学报，25（1）：69-77.

郭志利，古世禄 . 2000. 覆膜栽培方式对谷子（粟）产量及效益的影响 . 干旱地区农业研究，18（2）：33-39.

胡际芳 . 1999. 地膜玉米是秦巴山区粮食增产的有效途径——从柞水实践谈起 . 陕西农业科学，（6）：31-33.

胡晓棠，李明思 . 2003. 膜下滴灌对棉花根际土壤环境的影响研究 . 中国生态农业学报，11（3）：127-129.

黄明，吴金芝，李友军，等 . 2009. 不同耕作方式对旱作区冬小麦生产和产量的影响 . 农业工程学报，25：50-54.

姬景红，李玉影，刘双全，等 . 2015. 覆膜滴灌对玉米光合特性、物质积累及水分利用效率的影响 . 玉米科学，23（1）：128-133.

江晓东，王芸，侯连涛，等 . 2006. 少免耕模式对冬小麦生育后期光合特性的影响 . 农业工程学报，22：

66-69.
江永红，宇振荣，马永良 . 2000. 秸秆还田对农田生态系统及作物生长的影响 . 土壤通报，32（5）：209-213.
姜良超，李守中，宁秋蕊，等 . 2016. 河套灌区不同膜下滴灌方式对玉米拔节期光合日变化的影响 . 亚热带资源与环境学报，11（2）：22-31.
巨晓棠，潘家荣，刘学军，等 . 2003. 北京郊区冬小麦/夏玉米轮作体系中氮肥去向研究 . 植物营养与肥料学报，9（3）：264-270.
康静，黄兴法 . 2013. 膜下滴灌的研究及发展 . 节水灌溉，（9）：71-74.
康绍忠，史文娟，胡笑涛，等 . 1998. 调亏灌溉对于玉米生理指标及水分利用效率的影响 . 农业工程学报，14（4）：82-87.
康绍忠，张富仓，刘晓明 . 1995. 作物叶面蒸腾与棵间蒸发分摊系数的计算方法 . 水科学进展，6（4）：285-289.
雷廷武 . 1988. 微灌果园的 SPAC 系统模拟研究及其应用 . 北京：北京农业工程大学博士学位论文 .
雷志栋，杨诗秀，谢森传 . 1988. 土壤水动力学 . 北京：清华大学出版社 .
李淦，高丽丽，张巨松 . 2017. 适宜膜下滴灌频次提高北疆机采棉光合能力及产量 . 农业工程学报，33（4）：178-185.
李洪勋，吴伯志 . 2004. 地膜覆盖对玉米生理指标的影响研究综述 . 玉米科学，12（S1）：66-69.
李会，刘钰，蔡甲冰，等 . 2011. 夏玉米茎流速率和茎直径变化规律及其影响因素 . 农业工程学报，27（10）：187-191.
李建明，潘铜华，王玲慧，等 . 2014. 水肥耦合对番茄光合，产量及水分利用效率的影响 . 农业工程学报，30（10）：82-90.
李明思，马富裕，郑旭荣，等 . 2002. 膜下滴灌棉花田间需水规律研究 . 灌溉排水学报，21（1）：58-60.
李明思，郑旭荣，贾宏伟，等 . 2001. 棉花膜下滴灌灌溉制度试验研究 . 中国农村水利水电，（11）：13-15.
李楠楠，张忠学 . 2010. 黑龙江省半干旱区玉米膜下滴灌水肥耦合模式试验研究 . 中国农村水利水电，6：88-90.
李全起 . 2003. 秸秆覆盖节水效应研究 . 泰安：山东农业大学硕士学位论文 .
李荣，王敏，贾志宽，等 . 2012. 渭北旱塬区不同沟垄覆盖模式对春玉米土壤温度、水分及产量的影响 . 农业工程学报，28（2）：106-113.
李世清，李生秀 . 2000. 半干旱地区农田生态系统中硝态氮的淋失 . 应用生态学报，11（2）：240-242.
李树华，许兴，张艳铃，等 . 2010. 小麦不同器官碳同位素分辨率与产量的相关性研究 . 中国农学通报，26（23）：121-125.
李彦斌，程相儒，李党轩，等 . 2012. 不利气象条件下玉米膜下滴灌高产栽培技术研究 . 现代农业科技，（18）：239-240.
梁运江，依艳丽，尹英敏，等 . 2003. 水肥耦合效应对辣椒产量影响初探 . 土壤通报，34（4）：262-266.
林忠辉，莫兴国，项月琴 . 2003. 作物生长模型研究综述 . 作物学报，29（5）：750-758.
刘昌明，张喜英，由懋正 . 1998. 大型蒸渗仪与小型棵间蒸发器结合测定冬小麦蒸散的研究 . 水利学报，10：36-39.
刘昌明，周长青，张士锋，等 . 2005. 小麦水分生产函数及其效益的研究 . 地理研究，14：1-10.
刘冬青，辛淑荣，张世贵 . 2003. 不同覆盖方式对旱地棉田土壤环境及棉花产量的影响 . 干旱地区农业研究，2（2）：18-21.

刘海龙 . 2011. 作物生产系统水分和氮素管理的DSSAT 模型模拟与评价 . 北京：中国农业科学院博士学位论文 .

刘立晶，高焕文，李洪文 . 2004. 玉米-小麦一年两熟保护性耕作体系试验研究 . 农业工程学报，20：70-73.

刘培斌，张瑜芳 . 2000. 田间—维饱和—非饱和土壤中氮素运移与转化的动力学模式研究 . 土壤学报，37（4）：490-498.

刘青林，张恩和，王琦，等 . 2012. 灌溉与施氮对留茬免耕春小麦耗水规律 . 产量和水分利用效率的影响 . 草业学报，21（5）：169-177.

刘新永，田长彦，马英杰，等 . 2006. 南疆膜下滴灌棉花耗水规律以及灌溉制度研究 . 干旱地区农业研究，24（1）：108-112.

刘学军，巨晓棠，张福锁 . 2004. 减量施氮对冬小麦-夏玉米种植体系中氮利用与平衡的影响 . 应用生态学报，15（3）：458-462.

刘洋，栗岩峰，李久生，等 . 2015. 东北半湿润区膜下滴灌对农田水热和玉米产量的影响 . 农业机械学报，46（10）：93-104，135.

刘洋，栗岩峰，李久生 . 2014. 东北黑土区膜下滴灌施氮管理对玉米生长和产量的影响 . 水利学报，45（5）：529-536.

刘钰，Fernando R M，Pereira L S. 1999. 微型蒸发器田间实测麦田与裸地土面蒸发强度的试验研究 . 水利学报，6：36-41.

刘战东，肖俊夫，郎景波，等 . 2012. 灌溉模式对玉米生长发育及产量形成的影响 . 河南农业科学，41（4）：12-14.

刘祖贵，陈金平，段爱旺，等 . 2006. 不同土壤水分处理对夏玉米叶片光合等生理特性的影响 . 干旱地区农业研究，24（1）：90-95.

陆佩玲，于强 . 2001. 冬小麦光合作用的光响应曲线的拟合 . 中国农业气象，22：12-14.

罗宏海，李俊华，张宏芝，等 . 2009. 源库调节对新疆高产棉花产量形成期光合产物生产与分配的影响 . 棉花学报，21（5）：371-377.

罗毅，郭伟 . 2008. 作物模型研究与应用中存在的问题 . 农业工程学报，24（5）：307-312.

罗永藩 . 1991. 我国少耕与免耕技术推广应用情况与发展前景 . 耕作与栽培，2：1-7.

马东辉，赵长星，王月福，等 . 2008. 施氮量和花后土壤含水量对小麦旗叶光合特性和产量的影响 . 生态学报，28：4896-4901.

马冬云，郭天财，王晨阳，等 . 2008. 施氮量对冬小麦灌浆期光合产物积累，转运及分配的影响 . 作物学报，34：1027-1033.

马富裕，严以绥 . 2002. 棉花膜下滴灌技术理论与实践 . 乌鲁木齐：新疆大学出版社 .

马树庆，王琪，郭建平，等 . 2007. 东北地区玉米地膜覆盖增温增产效应的地域变化规律 . 农业工程学报，23（8）：66-71.

马占元，张保起 . 1990. 玉米地膜覆盖栽培技术 . 现代农村科技，11：2-17.

梅旭荣，康绍忠，于强，等 . 2013. 协同提升黄淮海平原作物生产力与农田水分利用效率途径 . 中国农业科学，46（6）：1149-1157.

孟兆江，贾大林 . 1998. 黄淮豫东平原冬小麦节水高产水肥耦合数学模型研究 . 农业工程学报，14（1）：86-90.

孟兆江，刘安能，吴海卿 . 1997. 商丘试验区夏玉米节水高产水肥耦合数学模型与优化方案 . 灌溉排水学报，（4）：18-21.

穆彩芸，马富裕，郑旭荣，等 . 2005. 覆膜滴灌棉田蒸散量的模拟研究 . 农业工程学报，21（4）：25-29.
聂堂哲，张忠学，林彦宇，等 . 2018. 1959—2015 年黑龙江省玉米需水量的时空分布特征 . 农业机械学报，49（7）：217-227.
宁东峰，李志杰，孙文彦，等 . 2010. 限水灌溉下施氮量对冬小麦产量、氮素利用及氮平衡的影响 . 植物营养与肥料学报，（6）：1312-1318.
沈荣开，任理，张瑜芳 . 1997. 夏玉米麦秸全覆盖下土壤水热动态的田间试验和数值模拟 . 水利学报，2：14-21.
沈荣开，王康，张瑜芳，等 . 2001. 水肥耦合条件下作物产量、水分利用和根系吸氮的试验研究 . 农业工程学报，17（5）：35-38.
沈玉琥 . 1998. 秸秆覆盖的农田效应 . 干旱地区农业研究，1（1）：45-50.
石珊珊，周苏玫，尹钧，等 . 2013. 高产水平下水肥耦合对小麦旗叶光合特性及产量的影响 . 麦类作物学报，33（3）：549-554.
石元春，刘昌明，龚元石 . 1995. 节水农业应用基础研究进展 . 北京：中国农业出版社 .
隋红建，曾德超，陈发祖 . 1992. 不同覆盖条件对土壤水热分布影响的计算机模拟 Ⅰ - 数学模型 . 地理学报，47（1）：74-79.
隋娟，王建东，龚时宏 . 2014. 滴灌条件下水肥耦合对农田水氮分布及运移规律的影响 . 灌溉排水学报，33（1）：1-6.
隋娟 . 2016. 北方滴灌粮食作物水氮优化耦合制度试验与模拟 . 北京：中国水利水电科学研究院 .
孙宏勇，刘昌明，张永强，等 . 2004. 微型蒸发器测定土面蒸发的试验研究 . 水利学报，8：114-118.
孙景生，康绍忠，王景雷，等 . 2005. 沟灌夏玉米棵间土壤蒸发规律的试验研究 . 农业工程学报，21（11）：20-24.
孙志强 . 1992. 陇东旱地水肥产量效应研究 . 干旱地区农业研究，（4）：57-61.
塔依尔，吕新，马兰花，等 . 2006. 膜下滴灌棉田潜热和感热通量分配特征分析 . 湖北农业科学，（2）：162-164.
王炳英 . 2006. 覆膜条件下作物需水规律及土壤温度变化规律的试验研究 . 杨凌：西北农林科技大学硕士学位论文 .
王丹，李玉中，李巧珍，等 . 2010. 不同水肥组合对冬小麦产量的影响 . 中国农业气象，31（1）：28-31.
王罕博，龚道枝，梅旭荣，等 . 2012. 覆膜和露地旱作春玉米生长与蒸散动态比较 . 农业工程学报，28（22）：88-94.
王建东，龚时宏，许迪，等 . 2015. 东北节水增粮玉米膜下滴灌研究需重点关注的几个方面 . 灌溉排水学报，34（1）：1-4.
王荣堂，张竹青，王有宁 . 2002. 地膜覆盖对蒸腾蒸发的影响 . 湖北农学院学报，22（2）：101-103.
王帅，韩晓日，战秀梅 . 2008. 氮肥不同追施方法对春玉米光合特性的影响 . 杂粮作物，28（3）：169-171.
王玉明，张子义，樊明寿 . 2009. 马铃薯膜下滴灌节水及生产效率的初步研究 . 中国马铃薯，23（3）：148-151.
王珍，李久生，栗岩峰 . 2013. 土壤空间变异对滴灌水氮淋失风险影响的模拟评估 . 水利学报，3：302-311.
王珍 . 2014. 滴灌均匀系数与土壤空间变异对农田水氮淋失的影响及风险评估 . 北京：中国水利水电科学研究院 .
危常州，马富裕，雷咏雯，等 . 2002. 棉花膜下滴灌根系发育规律的研究 . 棉花学报，14（4）：209-214.

肖俊夫，刘祖贵，俞希根，等. 2000. 滴灌条件下不同供水模式对棉花产量及品质的影响. 棉花学报，12（4）：194-197.
肖明，钟俊平，赵黎. 1998. 棉田土壤温度与气温的关系及膜地增温效应对有效气积温的补偿作用的研究. 新疆农业大学学报，21（4）：257-261.
谢英，荷栗丽，洪坚平，等. 2012. 施氮与灌水对夏玉米产量和水氮利用的影响. 植物营养与肥料学报，18（6）：1354-1361.
徐杰. 2015. 覆膜与滴灌对东北春玉米产量及水氮利用效率的调控效应研究. 北京：中国农业大学博士学位论文.
徐泰森，孙 扬，刘彦萱，等. 2016. 膜下滴灌水肥耦合对半干旱区玉米生长发育及产量的影响. 玉米科学，24（5）：118-122 .
徐学选，陈国良，穆兴民. 1994. 春小麦水肥产出协同效应研究. 水土保持学报，（4）：72-78.
许翠平，刘洪禄，车建明，等. 2002. 秸秆覆盖对冬小麦耗水特征及水分生产率的影响. 灌溉排水，21（3）：24-27.
许迪，高占义，李益农. 2008. 农业高效用水研究进展与成果回顾. 中国水利水电科学研究院学报，6（3）：199-206.
杨邦杰，隋红建. 1997. 土壤水热运动模型及其应用. 北京：中国科学技术出版社.
杨宁，孙占祥，张立桢，等. 2015. 基于改进 aquacrop 模型的覆膜栽培玉米水分利用过程模拟与验证. 农业工程学报，31（s1）：122-132.
杨文彬，白栋才，董心澄，等. 1989. 玉米覆膜栽培地积温效应对根系及植株生长发育的影响. 植物生态学与地植物学学报，13（3）：282-288.
杨永辉，武继承，张玉亭，等. 2016. 耕作与保墒措施对小麦不同生育阶段水分利用及产量的影响. 华北农学报，31：103-110.
姚宁，周元刚，宋利兵，等. 2015. 不同水分胁迫条件下 DSSAT-CERES-Wheat 模型的调参与验证. 农业工程学报，31（12）：138-150.
易镇邪，王璞，屠乃美. 2008. 氮肥类型对夏玉米及后作冬小麦产量与水、氮利用的影响. 干旱地区农业研究，26（2）：11-17.
袁家富. 1996. 麦田秸秆效应及增产作用. 生态农业研究，4（3）：61-65.
张冬梅，池宝亮，黄学芳，等. 2008. 地膜覆盖导致旱地玉米减产的负面影响. 农业工程学报，24（4）：99-102.
张凤翔，周明耀，徐华平，等. 2005. 水肥耦合对冬小麦生长和产量的影响. 水利与建筑工程学报，3（2）：22-24.
张海林，陈阜，秦耀东，等. 2002. 覆盖免耕夏玉米耗水特性的研究. 农业工程学报，18（2）：36-40.
张恒嘉，李晶. 2013. 绿洲膜下滴灌调亏马铃薯光合生理特性与水分利用. 农业机械学报，44（10）：143-151.
张吉祥，汪有科，员学锋，等. 2007. 不同麦秆覆盖量对夏玉米耗水量和生理性状的影响. 灌溉排水学报，26（3）：69-71.
张金珠，王振华. 2014. 干旱区秸秆覆盖对滴灌棉花生长及产量的影响. 排灌机械工程学报，4：350-355.
张均华，刘建立，张佳宝. 2012. 作物模型研究进展. 土壤，44（1）：121-130.
张立祯，曹卫星，张思平，等. 2003. 基于生理发育时间的棉花生育期模拟模型. 棉花学报，15（2）：97-103.
张瑞富，杨恒山，毕文波，等. 2011. 超高产栽培下氮肥运筹对春玉米干物质积累及转运的影响. 作物杂志，1：41-44.
张守都，栗岩峰，李久生. 2018. 基于 DNDC 模型的东北半湿润区膜下滴灌玉米施肥制度优化. 中国水利水电科学研究院学报，16：113-121.
张旺锋，王振林，余松烈，等. 2002. 膜下滴灌对新疆高产棉花群体光合作用冠层结构和产量形成的影响. 中国农业科学，35（6）：632-637.
张喜英，陈素英，裴冬，等. 2002. 秸秆覆盖下的夏玉米蒸散、水分利用效率和作物系数的变化. 地理科学进展，21（6）：583-592.
张向前，黄国勤，赵其国. 2014. 间作条件下秸秆覆盖对玉米叶片光合特性和产量的影响. 中国生态农业学报，22（4）：414-421.
张向前，张贺飞，钱益亮. 2016. 不同秸秆覆盖模式下小麦植株性状、光合及产量的差异. 麦类作物学报，36：120-127.
张晓伟，黄占斌，李秧秧，等. 1993. 滴灌条件下玉米的产量和 WUE 效应研究. 水土保持研究，6（1）：72-75.
张彦群，康绍忠，丁日升，等. 2013. 西北旱区葡萄园水碳通量耦合模拟. 水利学报，44：40-49.
张彦群，王建东，龚时宏，等. 2014. 滴灌条件下冬小麦田间土壤蒸发的测定和模拟. 农业工程学报，30（7）：91-98.
张彦群，王建东，龚时宏，等. 2015. 滴灌条件下冬小麦施氮增产的光合生理响应. 农业工程学报，31：170-177.
张彦群，王建东，龚时宏，等. 2017. 秸秆覆盖和滴灌制度对冬小麦光合特性和产量的影响. 农业工程学报，33（12）：162-169.
张振华，蔡焕杰，杨润亚，等. 2004. 沙漠绿洲灌区膜下滴灌作物需水量及作物系数研究. 农业工程学报，20（5）：97-100.
张振华，蔡焕杰，杨润亚. 2005. 基于 CWSI 和实际耗水量的塑膜覆盖滴灌作物需水量研究. 中国农村水利水电，3：4-6.
张忠学，聂堂哲，王栋. 2016. 黑龙江省西部半干旱区玉米膜下滴灌水、氮、磷耦合效应分析. 中国农村水利水电，2：1-4.
张卓. 2014. 膜下滴灌及滴灌量对玉米产量和水分利用效率的影响. 通辽：内蒙古民族大学硕士学位论文.
赵风华，王秋凤，王建林，等. 2011. 小麦和玉米叶片光合-蒸腾日变化耦合机理. 生态学报，31（24）：7526-7532.
郑利均，贾彪，何海兵，等. 2013. 膜下滴灌制种玉米需水量与需水规律的研究. 新疆农业科学，50（11）：2000-2005.
仲爽，李严坤，任安. 2009. 不同水肥组合对玉米产量与耗水量的影响. 东北农业大学学报，2：44-47.
周和平，王少丽，吴旭春. 2014. 膜下滴灌微区环境对土壤水盐运移的影响. 水科学进展，25（6）：816-824.
Acharya C L，Hati K M，Bandyopadhyay K K，et al. 2005. Encyclopedia of Soils in the Environment. Vol. 2. Oxford：Elsevier：521-532.
Agbenin J O，Olojo L A. 2004. Competitive adsorption of copper and zinc by a Bt horizon of a savanna Alfisol as affected by pH and selective removal of hydrous oxides and organic matter. Geoderma，119（1-2）：85-95.
Allen R G，Pereira L S，Raes D，et al. 1998. Guidelines for Computing Crop Water Requirements，FAO Irrigation and Drainage Paper 56. Rome，Italy：Food and Agriculture Organization of United Nations.

Arnon I. 1975. Physiological principles of dryland crop production// Gupta US., physiological aspects of dry land farming. New York: Universal Press.

Bai J, Wang J, Chen X, et al. 2015. Seasonal and inter-annual variations in carbon fluxes and evapotranspiration over cotton field under drip irrigation with plastic mulch in an arid region of Northwest China. Journal of Arid Land, 7 (2): 272-284.

Ball J T, Woodrow I E, Berry J A. 1987. A model predicting stomatal conductance and its contribution to the control of photosynthesis under different environmental conditions. Progress in Photosynthesis Research, 4 (4): 221-224.

Balwinder S, Eberbacha P L, Humphreysb E, et al. 2011. The effect of rice straw mulch on evapotranspiration, transpiration and soil evaporation of irrigated wheat in Punjab, India. Agric. Water Manage, 98: 1847-1855.

Behera S K, Panda R K. 2008. Effect of fertilization and irrigation schedule on water and fertilizer solute transport for wheat crop in a sub-humid sub-tropical region. Agriculture, Ecosystems and Environment, 130: 141-155.

Benasher J, Charach C, Zemel A. 1986. Infiltration and Water Extraction from Trickle Irrigation Source: The Effective Hemisphere Modell. Soil Science Society of America Journal, 50 (4): 882-887.

Benbi D K. 1990. Efficiency of nitrogen use by dryland wheat in a subhumid region in relation to optimizing the amount of available water. Journal of Agricultural Science, 115 (115): 7-10.

Bhella H S. 1988. Tomato response to trickle irrigation and black polyethylene mulch. Journal of the American Society for Horticultural Science, 113: 543-546.

Bi Y, Qiu L, Zhakypbek Y, et al. 2018. Combination of plastic film mulching and AMF inoculation promotes maize growth, yield and water use efficiency in the semiarid region of Northwest China. Agricultural water Management, 201: 278-286.

Boast C W, Robertson T M. 1982. A "micro- lysimeter" method for determining evaporation from bare soil: description and laboratory evaluation. Soil Science Society of America Journal, 46: 25-32.

Brandt A, Bresler E, Diner N, et al. 1971. Infiltration from a trickle source: I. Mathematical models. Soil Science Society of America Journal, 35 (5): 675-682.

Braune H, Müller J, Diepenbrock W. 2009. Integrating effects of leaf nitrogen, age, rank, and growth temperature into the photosynthesis-stomatal conductance model LEAFC3-N parameterized for barley (*Hordeum vulgare* L.) . Ecological Modelling, 220: 1599-1612.

Bristow K, Cote C, Thorburn P, et al. 2000. Soil wetting and solute transport in trickle irrigation systems. Proceedings of the 6th international micro-irrigation congress.

Bu L, Liu J , Zhu L, et al. 2013. The effects of mulching on maize growth, yield and water use in a semi-arid region . Agricultural Water Management, 123 (10): 71-78.

Bufon V B, Lascano R J, Bednarz C, et al. 2012. Soil water content on drip irrigated cotton: comparison of measured and simulated values obtained with the Hydrus 2D model . Irrigation Science, 30 (4): 259-273.

Byrd G, Sage R, Brown R. 1992. A comparison of dark respiration between C_3 and C_4 plants. Plant Physiol, 100: 191-198.

Cabrera-Bosquet L, Albrizio R, Araus J L, et al. 2009. Photosynthetic capacity of field-grown durum wheat under different N availabilities: A comparative study from leaf to canopy. Environmental and Experimental Botany, 67 (1): 145-152.

Cai G, Fan X, Yang Z, et al. 1998. Gaseous Loss of Nitrogen from Fertilizers Applied to Wheat on a Calcareous Soil in North China Plain. Pedosphere, (1): 45-52.

Camp C R. 1998. Subsurface drip irrigation: a review. Transactions of the ASAE, 41: 1353-1367.

Ceccon P, Costa L D, Vedove G D, et al. 1995. Nitrogen in drainage water as influenced by soil depth and nitrogen fertilization : a study in lysimeters. European Journal of Agronomy, 4 (3): 289-298.

Chen S Y, Zhang X Y, Pei D, et al. 2007. Effects of straw mulching on soil temperature, evaporation and yield of winter wheat: field experiments on the North China Plain. Annals of Applied Biology, 150 (3): 261-268.

Chen W, Hou Z, Wu L, et al. 2010. Evaluating salinity distribution in soil irrigated with saline water in arid regions of northwest China. Agricultural Water Management, 97 (12): 2001-2008.

Cote C M, Bristow K L, Charlesworth P B, et al. 2003. Analysis of soil wetting and solute transport in subsurface trickle irrigation. Irrigation Science, 22 (3-4): 143-156.

Dalal R C, Strong W M, Cooper J E, et al. 2013. Relationship between water use and nitrogen use efficiency discerned by ^{13}C discrimination and ^{15}N isotope ratio in bread wheat grown under no- till. Soil and Tillage Research, 128: 110-118.

DeJonge K C, Ascough J C II, Andales A A, et al. 2012. Improving evapotranspiration simulations in the CERES-Maize model under limited irrigation. Agricultural Water Management, 115: 92-103.

Ding R, Kang S, Li F, et al. 2013. Evapotranspiration measurement and estimation using modified Priestley-Taylor model in an irrigated maize field with mulching. Agricultural and Forest Meteorology, 168: 140-148.

Doltra J, Muñoz P. 2010. Simulation of nitrogen leaching from a fertigated crop rotation in a Mediterranean climate using the EU-Rotate_ N and Hydrus-2D models. Agricultural Water Management, 97 (2): 277-285.

Duchemin B, Hadria R, Erraki S, et al. 2006. Monitoring wheat phenology and irrigation in Central Morocco: on the use of relationships between evapotranspiration, crop coefficients, leaf area index and remotely- sensed vegetation indices. Agricultural Water Management, 79: 1-27.

Efthimiadou A, Bilalis D, Karkanis A, et al. 2010. Combined organic/inorganic fertilization enhance soil quality and increased yield, photosynthesis and sustainability of sweet maize crop. Australian Journal of Crop Science, 4: 722-729.

Eldoma I M, Li M, Zhang F, et al. 2016. Alternate or equal ridge- furrow pattern: which is better for maize production in the rain-fed semi-arid Loess Plateau of China? Field Crops Research, 191: 131-138.

Evans J R. 1989. Photosynthesis and nitrogen relationships in leaves of C3 plants. Oecologia, 78: 9-19.

Evans J, Farquhar G D. 1991. Modeling Canopy Photosynthesis from the Biochemistry of C3 Chloroplast. In: America A S O A. Modelling Crop Photosynthesis- from Biochemistry to Canopy. CSSA Special Publication: 1-15.

Evett S R, Warrick A W, Matthias A D, et al. 1995. Wall material and capping effects on microlysimeter temperatures and evaporation. Soil Science Society of America Journal, 59 (2): 329-336.

Fan Y, Ding R, Kang S, et al. 2017. Plastic mulch decreases available energy and evapotranspiration and improves yield and water use efficiency in an irrigated maize cropland. Agricultural Water Management, 179 (1): 122-131.

Farquhar G D, Ehleringer J R, Hubick K T. 1989. Carbon isotope discrimination and photosynthesis. Annual Review of Plant Physiology and Plant Molecular Biology, 40: 503-537.

Farquhar G D, Sharkey T D. 1982. Stomatal conductance and photosynthesis. Annual Review of Plant Physiology, 33 (1): 317-345.

Feddes R A, Kowalik P J, Zaradny H. 1978. Simulation of Field Water Use and Crop Yield. Wageningen: Centre for Agricultural Publishing and Documentation.

Feng Y, Gong D Z, Mei X R, et al. 2017. Energy balance and partitioning in partial plastic mulched and non-mulched maize fields on the Loess Plateau of China, Agric Water Manage, 191: 193-206.

Feng Y, Gong D, Mei X, et al. 2017. Energy balance and partitioning in partial plastic mulched and non-mulched maize fields on the Loess Plateau of China. Agricultural Water Management, 191: 193-206.

Fentabil M M, Nichol C F, Neilsen G H, et al. 2016. Effect of micro-irrigation type, n-source and mulching on nitrous oxide emissions in a semi- arid climate: an assessment across two years in a merlot grape vineyard. Agricultural Water Management, 171: 49-62.

Foulkes M J, Hawkesford M J, Barraclough P B, et al. 2009. Identifying traits to improve the nitrogen economy of wheat: recent advances and future prospects. Field Crops Research, 114: 329-342.

Gajri P R, Arora V K, Chaudhary M R. 1994. Maize growth responses to deep tillage, straw mulching and farmyard manure in coarse textured soils of NW India. Soil Use Management, 10: 15-20.

Gao Z Q, Yin J, Miao G Y, et al. 1999. Effects of tillage and mulch methods on soil moisture in wheat fields of the Loess Plateau, China. Pedosphere, 9: 161-168.

Geofrey K, Joseph N, Dorcas K. 2014. Effects of irrigation water and mineral nutrients application rates on tissue contents and use efficiencies in seed potato tuber production. International Journal of Plant and Soil Science, 3 (9): 1153-1166.

Ghaffari A, Cook H F, Lee H C. 2001. Simulating winter wheat yields under temperate conditions: exploring different management scenarios. European Journal of Agronomy, 15: 231-240.

Ghannoum O. 2009. C4 photosynthesis and water stress. Annals of Botany, 103: 635-644.

Gheysari M, Mirlatifi S M, Homaee M, et al. 2009. Nitrate leaching in a silage maize field under different irrigation and nitrogen fertilizer rates. Agricultural Water Management, 96 (6): 946-954.

Gong D, Hao W, Mei X, et al. 2015. Warmer and wetter soil stimulates assimilation more than respiration in rainfed agricultural ecosystem on the China Loess Plateau: the role of partial plastic film mulching tillage. PLoS One, 10 (8): 136-158.

Gong D, Mei X, Hao W, et al. 2017. Comparison of ET partitioning and crop coefficients between partial plastic mulched and non-mulched maize fields. Agricultural Water Management, 181: 23-34.

Gonzalez-Herrera R, Martinez-Santibañez E, Pacheco-Avila J, et al. 2014. Leaching and dilution of fertilizers in the Yucatan karstic aquifer. Environmental Earth Sciences, 72 (8): 2879-2886.

Guan D, Al-Kaisi M M, Zhang Y, et al. 2014. Tillage practices affect biomass and grain yield through regulating root growth, root-bleeding sap and nutrients uptake in summer maize. Field Crop Research, 157: 89-97.

Gärdenäs A I, Hopmans J W, Hanson B R, et al. 2005. Two-dimensional modeling of nitrate leaching for various fertigation scenarios under micro-irrigation. Agricultural Water Management, 74 (3): 219-242.

Ham J M, Kluitenberg G J, Lamont W J. 1993. Optical properties of plastic mulches affect the field temperature regime. J. Am. Soc. Hort. Sci, 118 (2): 188-193.

Han J, Jia Z, Wu W, et al. 2014. Modeling impacts of film mulching on rain-fed crop yield in Northern China with DNDC. Field Crops Research, 155: 202-212.

Hanson B R, Šimůnek J, Hopmans J W. 2006. Evaluation of urea- ammonium- nitrate fertigation with drip irrigation using numerical modeling. Agricultural Water Management, 86 (1-2): 102-113.

Havlin J L, Beaton J D, Tisdale S L, et al. 2005. Soil fertility and fertilizers: an introduction to nutrient management. Upper Saddle River, NJ: Pearson Prentice Hall.

He J, Dukes M D, Hochmuth G J, et al. 2009. Applying GLUE for estimating CERES-Maize genetic and soil parameters for sweet corn production. Transactions of the ASABE, 52 (6): 1907-1921.

He J, Dukes M D, Hochmuth G J, et al. 2011. Evaluation of sweet corn yield and nitrogen leaching with CERES-maize considering input parameter uncertainties. Transactions of the ASABE, 54 (4): 1257-1268.

He J, Dukes M D, Hochmuth G J, et al. 2012. Identifying irrigation and nitrogen best management practices for sweet corn production on sandy soils using Ceres- maize model. Agricultural Water Management, 109 (9): 61-70.

He J, Jones J W, Graham W D, et al. 2010. Influence of likelihood function choice for estimation crop model parameters using the generalized likelihood uncertainty estimation method. Agricultural Systems, 103: 256-264.

He J. 2008. Best management practice development with the CERES-Maize model for sweet corn production in North Florida. Dissertation, Agricultural and Biological Engineering Department. Gainesville, FL: University of Florida.

He Z, Calvert D, Alva A, et al. 2000. Nutrient leaching potential of mature drape fruit trees in a sandy soil . Soil Science, 165 (9): 748-758.

Hillel D. 1980. Application of Soil Physics. Pittsburgh: Academic Press.

Hoogenboom G, Jones J W, Wilkens P W. 2010. Decision Support System for Agrotechnology Transfer (DSSAT) v. 4. 5. Honolulu: University of Hawaii.

Hou X Y, Wang F X, Han J J, et al. 2010. Duration of plastic mulch for potato growth under drip irrigation in an arid region of Northwest China. Agricultural and Forest Meteorology, 150 (1): 115-121.

Irmak S. 2005. Crop evapotranspiration and crop coefficients of *Viburnum Odoratissimum* (Ker-gawl). Applied Engineering in Agriculture, 21 (3): 371-381.

Jiao Y, Hendershot W H, Whalen J K. 2004. Agricultural Practices Influence Dissolved Nutrients Leaching through Intact Soil Cores. Soil Science Society of America Journal, 68 (6): 2058-2068.

Jones C A, Kiniry J R. 1986. CERES- Maize: A Simulation Model of Maize Growth and Development. College Station, TX: Texas A&M University Press.

Jones J W, Hoogenboom G, Porter C H, et al. 2003. The DSSAT cropping system model. European Journal of Agronomy, 18 (3/4): 235-265.

Ju X T, Liu X J, Zou G Y, et al. 2002. Evaluation of pathway of nitrogen loss in winter wheat and summer maize rotation system. Agricultural Sciences in China, 1 (11): 1224-1231.

Ju X, Liu X, Zhang F, et al . 2004. Nitrogen fertilization, soil nitrate accumulation, and policy recommendations in several agricultural regions of China. AMBIO: a Journal of the Human Environment, 33 (6): 300-305.

Kadiyala M D M, Jones J W, Mylavarapu R S, et al. 2015. Identifying irrigation and nitrogen best management practices for aerobic rice- maize cropping system for semi- arid tropics using CERES- rice and maize models. Agricultural Water Management, 149: 23-32.

Kandelous M M, Šimūnek J. 2010. Numerical simulations of water movement in a subsurface drip irrigation system under field and laboratory conditions using HYDRUS- 2D. Agricultural Water Management, 97 (7): 1070-1076.

Kang S, Gu B, Du T, et al. 2003. Crop coefficient and ratio of transpiration to evapotranspiration of winter wheat and maize in a semi-humid region. Agricultural Water Management, 259 (3): 239-254.

Kiggundu N, Migliaccio K W, Schaffer B, et al. 2012. Water savings, nutrient leaching, and fruit yield in a young avocado orchard as affected by irrigation and nutrient management. Irrigation Science, 30 (4):

275-286.

Klocke N L, Currie R S, Aiken R M. 2009. Soil water evaporation and crop residues. Transactions of the ASABE, 52: 103-110.

Kromdijk J, Ubierna N, Cousins A B, et al. 2014. Bundle- sheath leakiness in C4 photosynthesis: a careful balancing act between CO_2 concentration and assimilation. Journal of Experiment Botany, 65: 3443-3457.

Kumar S, Dey P. 2011. Effects of different mulches and irrigation methods on root growth, nutrient uptake, water-use efficiency and yield of strawberry. Scientia Horticulturae, 127 (3): 318-324.

Leuning R. 2002. Temperature dependence of two parameters in a photosynthesis model. Plant, Cell and Environment, 25 (9): 1205-1210.

Leuning R. 1995. A critical appraisal of a combined stomatal-photosynthesis model for C3 plants. Plant Cell and Environment, 18 (4): 339-355.

Li D, Tian M, Cai J, et al. 2013a. Effects of low nitrogen supply on relationships between photosynthesis and nitrogen status at different leaf position in wheat seedlings. Plant Growth Regulation, 70 (3): 257-263.

Li F M, Guo A H, Wei H. 1999. Effects of clear plastic film mulch on yield of spring wheat. Field Crops Research, 63 (1): 79-86.

Li H, Zhao C, Huang W, et al. 2013b. Non- uniform vertical nitrogen distribution within plant canopy and its estimation by remote sensing: A review. Field Crop Research, 142: 75-84.

Li J, Zhang J, Rao M. 2004. Wetting patterns and nitrogen distributions as affected by fertigation strategies from a surface point source. Agricultural Water Management, 67 (2): 89-104.

Li J, Zhang J, Ren L. 2003. Water and nitrogen distribution as affected by fertigation of ammonium nitrate from a point source. Irrigation Science, 22 (1): 19-30.

Li S X, Wang Z H, Li S Q, et al. 2013c. Effect of plastic sheet mulch, wheat straw mulch, and maize growth on water loss by evaporation in dryland areas of China. Agricultural Water Management, 116 (2): 39-49.

Li S, Kang S, Li F, et al. 2008. Evapotranspiration and crop coefficient of spring maize with plastic mulch using eddy covariance in northwest China. Agricultural Water Management, 95 (11): 1214-1222.

Li Z J, Zhao A P, Ding H B, et al. 2006. Production effect of corn under whole-year furrow-film cultivation in dryland . Agricultural Research in the Arid Areas, 24 (2): 12-17.

Limon-Otetga A, Sayre K D, Francis C A. 2000. Wheat and maize yields in response to straw management and nitrogen under a bed planting system. Agronomy Journal, 92: 295-302.

Ling G, El-Kadi A I. 1998. A lumped parameter model for nitrogen transformation in the unsaturated zone. Water Resources Research, 34 (2): 203-212.

Liu C A, Jin S L, Zhou L M, et al. 2009. Effects of plastic film mulch and tillage on maize productivity and soil parameters. European Journal of Agronomy, 31 (4): 241-249.

Liu C A, Zhou L M, Jia J J, et al. 2014. Maize yield and water balance is affected by nitrogen application in a film-mulching ridge-furrow system in a semiarid region of china. European Journal of Agronomy, 52 (Part B): 103-111.

Liu C M, Zhang X Y, Zhang Y Q. 2002. Determination of daily evaporation and evapotranspiration of winter wheat and maize by large- scale weighing lysimeter and micro- lysimeter. Agricultural and Forest Meteorology, 111 (2): 109-120.

Liu C M, Zhuo C Q, Zhang S F, et al. 2005. Study on water production function and efficiency of wheat. Geographical Research, 24: 1-10.

Liu H J, Kang Y. 2006. Calculation of crop coefficient of winter wheat at elongation heading stages. Trans. CSAE, 22 (10): 52-56.

Liu H L, Yang J Y, Tan C S, et al. 2011. Simulating water content, crop yield and nitrate-N loss under free and controlled tile drainage with subsurface irrigation using the DSSAT model. Agricultural Water Management, 98: 1105-1111.

Liu M X, Yang J S, Xiao M, et al. 2012a. Effects of irrigation water quality and drip tape arrangement on soil salinity, soil moisture distribution, and cotton yield (*Gossypium hirsutum*, L.) under mulched drip irrigation in Xinjiang, China. Journal of Integrative Agriculture, 11 (3): 502-511.

Liu Y, Pereira L S. 2000. Validation of FAO methods for estimating crop coefficients. Trans. CSAE, 16 (5): 26-30.

Liu Y, Yang H, Li Y, et al. 2017. Modeling effects of plastic film mulching on irrigated maize yield and water use efficiency in sub- humid northeast China. International Journal of Agricultural & Biological Engineering, 10 (5): 69-84.

Liu Z, Yang X, Hubbard K G, et al. 2012b. Maize potential yields and yield gaps in the changing climate of northeast China. Global Change Biology, 18: 3441-3454.

Louarn G, Lecoeur J, Lebon E. 2008. A three- dimensional statistical reconstruction model of grapevine (*Vitis vinifera*) simulating canopy structure variability within and between cultivar/training system pairs. Annals of Botany, 101 (8): 1167-1184.

Lovelli S, Pizza S, Caponio T, et al. 2005. Lysimetric determination of muskmelon crop coefficients cultivated under plastic mulches. Agricultural Water Management, 72 (2): 147-159.

Lu X, Li Z, Sun Z, et al. 2015. Straw mulching reduces maize yield, water, and nitrogen use in northeastern China. Agronomy Journal, 107: 406-413.

Luo S, Zhu L, Liu J, et al. 2015. Sensitivity of soil organic carbon stocks and fractions to soil surface mulching in semiarid farmland. European Journal of Soil Biology, 67: 35-42.

López-Cedrón F X, Boote K J, Pineiro J, et al. 2008. Improving the CERES-Maize model ability to simulate water deficit impact on maize production and yield components. Agronomy Journal, 100 (2): 296-307.

Matthias A D, Salehi R, Warrick A W. 1986. Bare soil evaporation near a surface point- source emitter. Agricultural Water Management, 11: 257-277.

Mccullough D E, Girardin P, Mihajlovic M, et al. 1994. Influence of N supply on development and dry matter accumulation of an old and a new maize hybrid. Canadian Journal of Plant Science, 74: 471-477.

Medlyn B E, Dreyer E, Ellsworth D, et al. 2002. Temperature response of parameters of a biochemically based model of photosynthesis. II. A review of experimental data. Plant Cell and Environment, 25 (9): 1167-1179.

Mehdi B B. 1999. Yield and nitrogen content of com under different tillage practices. Agronomy Journal, 91 (4): 631-636.

Mei X, Hao W. 2017. Comparison of ET partitioning and crop coefficients between partial plastic mulched and non-mulched maize fields. Agricultural Water Management, 181: 23-34.

Meshkat M, Warner R C, Workman S R. 1998. Comparison of water and temperature distribution profiles under sand tube irrigation. Transactions of the ASAE, 41 (6): 1657-1663.

Migliaccio K W, Schaffer B, Crane J H, et al. 2010. Plant response to evapotranspiration and soil water sensor irrigation scheduling methods for papaya production in south Florida. Agricultural Water Management, 97 (10): 1452-1460.

Moratiel R, Martinez-Cob A. 2011. Evapotranspiration of grapevine trained to a gable trellis system under netting and black plastic mulching. Irrigation Science, 30: 167-178.

Müller J, Eschenröder A, Christen O. 2014. LEAFC3-N photosynthesis, stomatal conductance, transpiration and energy balance model: finite mesophyll conductance, drought stress, stomata ratio, optimized solution algorithms, and code. Ecological Modelling, 290: 134-145.

Müller J, Wernecke P, Diepenbrock W. 2005. LEAFC3-N: a nitrogen sensitive extension of the CO_2 and H_2O gas exchange model LEAFC3 parameterized and tested for winter wheat (*Triticum aestivum* L.). Ecological Modelling, 183: 183-210.

Ngwira A R, Aune J B, Thierfelder C. 2014. DSSAT modelling of conservation agriculture maize response to climate change in Malawi. Soil and Tillage Research, 143: 85-94.

Niu J, Peng Y, Li C, et al. 2010. Changes in root length at the reproductive stage of maize plants grown in the field and quartz sand. Journal of Plant Nutrition and Soil Science, 173 (2): 306-314.

Osaki M, Shinano T, Kaneda T, et al. 2001. Ontogenetic changes of photosynthetic and dark respiration rates in relation to nitrogen content in individual leaves of field crops. Photosynthetica, 39: 205-213.

Otegui M E, Andrade F H, Suero E E. 1995. Growth, water use, and kernel abortion of maize subjected to drought at silking. Field Crop Research, 40: 87-94.

O' Neal M R, Frankenberger J R, Ess D R. 2002. Use of CERES-Maize to study effect of spatial precipitation variability on yield. Agricuitural Systems, 73: 205-225.

Pal M, Rao L S, Jain V, et al. 2005. Effects of elevated CO_2 and nitrogen on wheat growth and photosynthesis. Biologia Plantarum, 49: 467-470.

Paponov I A, Sambo P, Erley G S A, et al. 2005. Grain yield and kernel weight of two maize genotypes differing in nitrogen use efficiency at various levels of nitrogen and carbohydrate availability during flowering and grain filling. Plant and Soil, 272: 111-123.

Peng Y, Li C, Fritschi F B. 2014. Diurnal dynamics of maize leaf photosynthesis and carbohydrate concentrations in response to differential N availability. Environment Experimental Botany, 99: 18-27.

Pramanik K, Bera A K. 2013. Effect of seedling age and nitrogen fertilizer on growth, chlorophyll content, yield and economics of hybrid rice (*Oryza sativa* L.). International Journal of Agronomy and Plant Production, 4 (5): 3489-3499.

Prieto J A, Louarn G, Perez P J, et al. 2012. A leaf gas exchange model that accounts for intra-canopy variability by considering leaf nitrogen content and local acclimation to radiation in grapevine (*Vitis vinifera* L.). Plant Cell and Environment, 35 (7): 1313-1328.

Puntel L A. 2012. Field characterization of maize photosynthesis response to light and leaf area index under different nitrogen levels: a modeling approach. Iowa: Iowa State University.

Qin W, Hu C, Oenema O. 2015. Soil mulching significantly enhances yields and water and nitrogen use efficiencies of maize and wheat: a meta-analysis. Scientific Reports, 5: 162-170.

Qiu G, Ben-Asher J, Yano T, et al. 1999. Estimation of soil evaporation using the differential temperature method. Soil Science Society of America Journal, 63: 1608-1614.

Qiu G, Yano T, Momii K. 1998. An improved methodology to measure evaporation from bare soil based on comparison of surface temperature with a dry soil. Journal of Hydrology, 210: 93-105.

Ramos T B, Šimůnek J, Gonçalves M C, et al. 2012. Two-dimensional modeling of water and nitrogen fate from sweet sorghum irrigated with fresh and blended saline waters. Agricultural Water Management, 111 (4):

87-104.

Rawson H M, Clarke J M. 1988. Nocturnal transpiration in wheat. Aust. J. Plant Physiol, 15: 397-406.

Reshmi S, Sandipta K. 2008. Sequence analysis of DSSAT to select optimum strategy of crop residue and nitrogen for sustainable rice-wheat rotation. Agronomy Journal, 100: 87-97.

Ritchie J T. 1985. A user-orientated model of the soil water balance in wheat//Day W, Atkin R K. Wheat Growth and Modelling. NATO ASI Science. New York: Springer.

Ritchie J T. 1998. Soil water balance and plant water stress. In: Tsuji G Y, Hoogenboom G, Thornton P K. Understanding Options for Agricultural Production. Dordrecht, Netherlands: Kluver Academic: 41-54.

Ronald E P, Shirley H P. 1984. No-Tillage Agriculture Principles and Practices. New York: Nostrand Reinhold Company.

Rosa R, Tanny J. 2015. Surface renewal and eddy covariance measurements of sensible and latent heat fluxes of cotton during two growing seasons. Biosystems Engineering, 136: 149-161.

Saliendra N Z, Meinzer F C, Perry M, et al. 1996. Associations between partitioning of carboxylase activity and bundle sheath leakiness to CO_2, carbon isotope discrimination, photosynthesis, and growth in sugarcane. Journal of Experimental Botany, 47: 907-914.

Sau F, Boote K J, Bostick W M, et al. 2004. Testing and improving evapotranspiration and soil water balance of the DSSAT crop models. Agronomy Journal, 96: 1243-1257.

Scopel E, Silva D, Corbeels F A M, et al. 2004. Modelling crop residue mulching effects on water use and production of maize under semi-arid and humid tropical conditions. Agronomie, 24: 383-395.

Serrago R A, Alzueta I, Savin R, et al. 2013. Understanding grain yield responses to source-sink ratios during grain filling in wheat and barley under contrasting environments. Field Crop Research, 150: 42-51.

Shangguan Z, Shao M, Dyckmans J. 2000. Effects of nitrogen nutrition and water deficit on net photosynthetic rate and chlorophyll fluorescence in winter wheat. Journal of Plant Physiology, 156: 46-51.

Sharkey T D. 1985. Photosynthesis in intact leaves of C3 plants: physics, physiology and rate limitations. Botanical Review, 51: 53-105.

Shi J, Yasuor H, Yermiyahu U, et al. 2014. Dynamic responses of wheat to drought and nitrogen stresses during re-watering cycles. Agricultural Water Management, 146 (146): 163-172.

Shiukhy S, Raeini-Sarjaz M, Chalavi V. 2014. Colored plastic mulch microclimates affect strawberry fruit yield and quality. International Journal of Biometeorology, 59 (8): 1061-1066.

Shrivastava P K, Parikh M M, Sawani N G. 1994. Effect of drip irrigation and mulching on tomato yield. Agricultural Water Management, 25 (2): 179-184.

Shukla S, Shrestha N K, Goswami D. 2014a. Evapotranspiration and crop coefficients for seepage-irrigated watermelon with plastic mulch in a sub-tropical region. Transactions of ASABE, 57 (4): 1017-1028.

Shukla S, Shrestha N K, Jaber F H, et al. 2014b. Evapotranspiration and crop coefficient for watermelon grown under plastic mulched conditions in sub-tropical Florida. Agricultural Water Management, 132: 1-9.

Shukla S, Shrestha N K. 2015. Evapotranspiration for plastic-mulched production system for gradually cooling and warming seasons: measurements and modeling. Irrigation Science, 33: 387-397.

Singh R, Nye P H. 1984. Diffusion of urea, ammonium and soil alkalinity from surface applied urea. Journal of Soil Science, 35 (4): 529-538.

Skaggs T H, Trout T J, Rothfuss Y. 2010. Drip irrigation water distribution patterns: effects of emitter rate, pulsing, and antecedent water. Soil Science Society of America Journal, 74 (6): 1886-1896.

Skaggs T, Trout T, Šimůnek J, et al. 2004. Comparison of HYDRUS-2D simulations of drip irrigation with experimental observations. Journal of Irrigation and Drainage Engineering, 130 (4): 304-310.

Skillman J B. 2008. Quantum yield variation across the three pathways of photosynthesis: not yet out of the dark. Journal of Experimental Botany, 59: 1647-1661.

Steiner J C. 1994. Standing stem persistence in no-tillage farming to reduce costs and improve yields, no tillage can reduce erosion to acceptable level. Southeastern Soil Erosion Control and Water Quality Workshop: 68-70.

Sui J, Wang J, Gong S, et al. 2015. Effect of nitrogen and irrigation application on water movement and nitrogen transport for a wheat crop under drip irrigation in the North China Plain. Water, 7: 6651-6672.

Sui J, Wang J, Gong S, et al. 2018. Assessment of maize yield-increasing potential and optimum N level under mulched drip irrigation in the Northeast of China. Field Crops Research, 215: 132-139.

Sun H Y, Liu C M, Zhang X Y. 2006. Effects of irrigation on water balance, yield and WUE of winter wheat in the North China Plain. Agricultural Water Management, 85 (1-2): 211-218.

Taghavi S A, Marino M A, Rolston D E. 1984. Infiltration from trickle irrigation source. Journal of Irrigation Drainage Engineering, 110 (4): 331-341.

Tao Z, Li C, Li J, et al. 2015. Tillage and straw mulching impacts on grain yield and water use efficiency of spring maize in Northern Huang-Huai-Hai Valley. The Crop Journal, 3: 445-450.

Tarara J M. 2000. Microclimate modification with plastic mulch. Hortscience, 35 (2): 169-180.

Thornley J H. 1976. Mathematical Models in Plant Physiology. London: Academic Press (Inc.).

Tian Y, Su D, Li F, et al. 2003. Effect of rainwater harvesting with ridge and furrow on yield of potato in semiarid areas. Field Crops Research, 84 (3): 385-391.

Timsina J, Godwin D, Humphreys E, et al. 2008. Evaluation of options for increasing yield and water productivity of wheat in Punjab, India using the DSSAT-CSM-CERES-Wheat model. Agricultural Water Management, 95: 1099-1110.

Tolk J A, Howell T A, Evett S R. 1999. Effect of mulch, irrigation, and soil type on water use and yield of maize. Soil and Tillage Research, 50: 137-147.

Tomasz G, Bogdan K. 2008. Effect of mulch and tillage system on soil porosity under wheat (*Triticum aestivum*), Soil & Tillage Research, 99: 169-178.

Trifonoy P, Lazarovitch N, Arye G. 2018. Water and nitrogen productivity of potato growth in desert areas under low-discharge drip irrigation. Water, 10 (970): 1-16.

Unger P W. 1978. Straw-mulch rate effect on soil water storage and sorghum yield. Soil Science Society of America Journal, 42: 486-491.

Unger P W. 1994. Managing Agricultural Residues. Boca Raton, FL: Lewis Publishers, 448.

van de Griend A A, Owe M. 1994. Bare soil surface resistance to evaporation by vapor diffusion under semiarid conditions. Water Resource Research, 30 (2): 181-188.

van Donk S J, Tollner E W. 2004. Soil temperature under a dormant Bermuda grass mulch: simulation and measurement. Transactions of ASAE, 47 (1): 91-98.

van Genuchten M T. 1980. A closed-form equation for predicting the hydraulic conductivity of unsaturated soils. Soil Science Society of America Journal, 44 (5): 892-898.

Vial L K, Lefroy R D B, Fukai S. 2015. Application of mulch under reduced water input to increase yield and water productivity of sweet corn in a lowland rice system. Field Crops Research, 171: 120-129.

von Caemmerer S, Furbank R T. 2003. The C4 pathway: an efficient CO_2 pump. Photosynthesis Research,

77: 191.

von Caemmerer S, Millgate A, Farquhar, GD, et al. 1997. Reduction of Ribulose- 1, 5- Bisphosphate Carboxylase/Oxygenase by antisense RNA in the C4 Plant *Flaveria bidentis* leads to reduced assimilation rates and increased carbon isotope discrimination. Plant Physiol, 113: 469-477.

Vos J G M, Putten P, Birch C J. 2005. Effect of nitrogen supply on leaf appearance, leaf growth, leaf nitrogen economy and photosynthetic capacity in maize (*Zea mays* L.) . Field Crop Research, 93: 64-73.

Vos J G M, Sumarni N. 1997. Integrate crop management of hot pep-per under tropical low land conditions: effect of mulch on cropper for mance and production. Journal Horticultural Science, 72 (3): 415-424.

Vrugt J A, Hopmans J W, Šimunek J. 2010. Calibration of a two-dimensional root water uptake model. Fluid Phase Equilibria, 17 (2): 121-124.

Wahbi A, Shaaban A S A. 2011. Relationship between carbon isotope discrimination (Δ), yield and water use efficiency of durum wheat in Northern Syria. Agricultural Water Management, 98 (12): 1856-1866.

Wang F, Feng S Y, Hou X Y, et al. 2009a. Potato growth with and without plastic mulch in two typical regions of Northern China. Field Crops Research, 110 (2): 123-129.

Wang F, Wu X X, Shock C C, et al. 2011. Effects of drip irrigation regimes on potato tuber yield and quality under plastic mulch in arid northwestern china. Field Crops Research, 122 (1): 78-84.

Wang H, Ju X, Wei Y, et al. 2010. Simulation of bromide and nitrate leaching under heavy rainfall and high-intensity irrigation rates in North China Plain . Agricultural Water Management, 97 (10): 1646-1654.

Wang H, Liu C, Zhang L. 2002. Water saving agriculture in China: an over view. Advances in Agronomy, 75: 135-168.

Wang J, Zhang Y, Gong S, et al. 2017. Transpiration, crop coefficient and yield for drip-irrigated winter wheat with straw mulching in North China Plain. Field Crops Research, 217: 218-228.

Wang N, Wang J, Wang E, et al. 2015a. Increased uncertainty in simulated maize phenology with more frequent supra-optimal temperature under climate warming. European Journal of Agronomy, 71: 19-33.

Wang X, Li Z, Xing Y. 2015b. Effects of mulching and nitrogen on soil temperature, water content, nitrate-N content and maize yield in the Loess Plateau of China. Agricultural Water Management, 161: 53-64.

Wang Y, Jarvis P G. 1990. Description and validation of an array model-MAESTRO. Agricultural and Forest Meteorology, 51 (s 3-4): 257-280.

Wang Y, Xie Z, Malhi S, et al. 2009b. Effects of rainfall harvesting and mulching technologies on water use efficiency and crop yield in the semi-arid Loess Plateau, China. Agricultural Water Management, 96 (3): 374-382.

Wang Z, Bian Q, Zhang J. 2018. Optimized water and fertilizer management of mature jujube in xinjiang arid area using drip irrigation. Water, 10 (1467): 1-13.

Wang Z, Jin M, Simunek J, et al. 2013. Evaluation of mulched drip irrigation for cotton in arid Northwest China. Irrigation Science, 32 (1): 15-27.

Wang Z, Kang S, Jensen C R, et al. 2012. Alternate partial root-zone irrigation reduces bundle-sheath cell leakage to CO_2 and enhances photosynthetic capacity in maize leaves. Journal of Experimental Botany, 63: 1145-1153.

Warrick A W. 1974. Time-Dependent Linearized Infiltration. I. Point Sources1. Soil Science Society of America Journal, 38 (3): 383-386.

Watts D G, Martin D L. 1981. Effects of water and nitrogen management on nitrogen leaching loss from sands.

Transactions of the ASAE. , 24: 911-916.

Wicks G A, Crutchfield D A, Burnside O C. 1994. Influence of wheat (Triticum aestivum) straw mulch and metolachlor on corn (Zea mays) growth and yield. Weed Science, 42: 141-147.

Williams D G, Gempko V, Fravolini A, et al. 2001. Carbon isotope discrimination by Sorghum bicolor under CO_2 enrichment and drought. New Phytologist, 150: 285-293.

Wullschleger S. 1992. Biochemical limitations to carbon assimilation in C3 plants-a retrospective analysis of the A/Ci curves from 109 species. Journal of Experimental Botany, 44: 907-920.

Xue X, Mai W, Zhao Z, et al. 2017. Optimized nitrogen fertilizer application enhances absorption of soil nitrogen and yield of castor with drip irrigation under mulch film. Industrial Crops & Products, 95: 156-162.

Yaghi T, Arslan A, Naoum F. 2013. Cucumber (*Cucumis sativus*, L.) water use efficiency (WUE) under plastic mulch and drip irrigation. Agricultural Water Management, 128 (13): 149-157.

Yan Z, Gao C, Ren Y, et al. 2017. Effects of pre-sowing irrigation and straw mulching on the grain yield and water use efficiency of summer maize in the North China Plain. Agricultural Water Management, 186: 21-28.

Yang K, Wang F, Shock C C, et al. 2016. Potato performance as influenced by the proportion of wetted soil volume and nitrogen under drip irrigation with plastic mulch. Agricultural Water Management, 203: 231-238.

Yang N, Sun Z X, Feng L S, et al. 2015. Plastic film mulching for water-efficient agricultural applications and degradable films materials development research. Advanced Manufacturing Processes, 30 (2): 143-154.

Ya-Dan D U, Cao H X, Liu S Q, et al. 2017. Response of yield, quality, water and nitrogen use efficiency of tomato to different levels of water and nitrogen under drip irrigation in northwestern china. Journal of Integrative Agriculture, 16 (5): 1153-1161.

Yin X, Struik P C. 2009. C3 and C4 photosynthesis models: An overview from the perspective of crop modelling. NJAS Wageningen Journal of Life Sciences, 57: 27-38.

Zhang G, Liu C, Xiao C, et al. 2017a. Optimizing water use efficiency and economic return of super high yield spring maize under drip irrigation and plastic mulching in arid areas of China. Field Crops Research, 211: 137-146.

Zhang H P, Theib Y O, Sonia G. 1998. Water-use efficiency and transpiration efficiency of wheat under rain-fed conditions and supplemental irrigation in a Mediterranean-type environment. Plant Soil, 201: 295-305.

Zhang H, Xiong Y, Huang G, et al. 2016. Effects of water stress on processing tomatoes yield, quality and water use efficiency with plastic mulched drip irrigation in sandy soil of the Hetao irrigation district. Agricultural Water Management, 203: 152-159.

Zhang J, Tumarebi H, Wang Z H. 2012. Study on consumption characteristics of cotton under drip irrigation with film in north Xinjiang. Procedia Engineering, 28: 413-418.

Zhang X Y, Chen S Y, Liu M Y. 2005. Improved water use efficiency associated with cultivars and agronomic management in the North China Plain. Agronomy Journal, 97: 783-790.

Zhang X, Pei D, Hu C. 2003. Conserving groundwater for irrigation in the North China Plain. Irrigation Science, 21: 159-166.

Zhang Y, Oren R, Kang S. 2011. Spatiotemporal variation of crown-scale stomatal conductance in an arid*Vitis vinifera* L. cv. merlot vineyard: direct effects of hydraulic properties and indirect effects of canopy leaf area. Tree Physiology, 32 (3): 262-279.

Zhang Y, Wang J, Gong S, et al. 2017b. Nitrogen fertigation effect on photosynthesis, grain yield and water use efficiency of winter wheat. Agricultural Water Management, 179: 277-287.

Zhang Y, Wang J, Gong S, et al. 2018. Effects of film mulching on evapotranspiration, yield and water use efficiency of a maize field with drip irrigation in Northeastern China. Agricultural Water Management, 205: 90-99.

Zhang Z, Hu H, Tian F, et al. 2014. Soil salt distribution under mulched drip irrigation in an arid area of northwestern china. Journal of Arid Environments, 104 (4): 23-33.

Zhao H, Xiong Y C, Li F M, et al. 2012. Plastic film mulch for half growing-season maximized WUE and yield of potato via moisture-temperature improvement in a semi-arid agroecosystem . Agricultural Water Management, 104 (2): 68-78.

Zhao J, Yang X, Dai S, et al. 2015. Increased utilization of lengthening growing season and warming temperatures by adjusting sowing dates and cultivar selection for spring maize in northeast china. European Journal of Agronomy, 67: 12-19.

Zhao L, Zhao W. 2015. Canopy transpiration obtained from leaf transpiration, sap flow and FAO-56 dual crop coefficient method. Hydrological Processes, 29 (13): 2983-2993.

Zhao S, Yang Y, Qiu G, et al. 2010a. Remote detection of bare soil moisture using a surface-temperature-based soil evaporation transfer coefficient. International Journal of Applied Earth Observation and Geo-information, 12: 351-358.

Zhao W, Liu B, Zhang Z. 2010b. Water requirements of maize in the middle Heihe River basin, China. Agricultural Water Management, 97 (2): 215-223.

Zhou J, Wang C, Zhang H, et al. 2011. Effect of water saving management practices and nitrogen fertilizer rate on crop yield and water use efficiency in a winter wheat-summer maize cropping system. Field Crops Research, 122 (2): 157-163.

Zhou L, Jin S, Liu C, et al. 2012. Ridge-furrow and plastic-mulching tillage enhances maize-soil interactions: opportunities and challenges in a semiarid agroecosystem. Field Crops Research, 126: 181-188.

Zhou L, Li F, Jin S, et al. 2009. Computing Naturally in the Billiard Ball Model. Berlin Heidelberg: Springer.